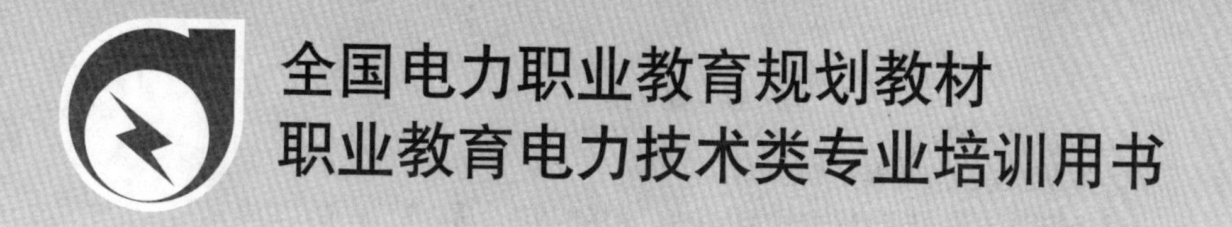

GAODIANYA JISHU

高电压技术

（第二版）

主　编　张晓蓉
副主编　张　力
编　写　徐坊降
主　审　苏庆民

中国电力出版社
CHINA ELECTRIC POWER PRESS

内 容 提 要

本书为全国电力职业教育规划教材。

全书共分10章，主要内容包括气体放电、液体和固体介质的电气性能、绝缘预防性试验、绝缘强度试验、高压电气设备绝缘、波动过程、雷电过电压及防雷设备、内部过电压、电力系统过电压保护和电力系统绝缘配合等。全书内容突出紧密联系现场实际的特色。注重理论与实践的结合。

本书可作为电力职业院校电力技术类专业教材，也可作为电力职工技能培训教材和生产技术人员的参考用书。

图书在版编目（CIP）数据

高电压技术/张晓蓉主编．—2版．—北京：中国电力出版社，2014.7（2019.5重印）
全国电力职业教育规划教材
ISBN 978-7-5123-5920-8

Ⅰ.①高… Ⅱ.①张… Ⅲ.①高电压－技术－职业教育－教材 Ⅳ.①TM8

中国版本图书馆CIP数据核字（2014）第108664号

中国电力出版社出版、发行
（北京市东城区北京站西街19号 100005 http://www.cepp.sgcc.com.cn）
北京雁林吉兆印刷有限公司印刷
各地新华书店经售
*
2008年10月第一版
2014年7月第二版 2019年5月北京第九次印刷
787毫米×1092毫米 16开本 16.75印张 404千字
定价 40.00 元

前言

为适应电力职业教育教学改革的新形势，编者在吸收近几年教学改革成果和经验的基础上，立足于调整课程结构，更新教学内容，提高教学质量。因此在内容的深度和广度上力求做到“少而精”和理论联系实际的原则，既注重了基础知识和基本技能，更注重知识的综合运用及解决现场实际问题的能力的培养，使教材更加贴近实际、贴近应用；在文字的叙述上力求简洁、精当、通俗，易于理解。本书在吸收以往教材精华的基础上，完善了直击雷防护措施，增加了直流输电系统高电压技术的内容，使教材与现场的联系更加密切，实用性更强，满足了迅速发展的电力工业对高电压技术的需求。

全书共10章，由国网技术学院张晓蓉担任主编，并编写了第5～10章内容；国网技术学院张力担任副主编，并编写了第1～4章内容。全书由张力统稿。

本书由苏庆民担任主审。

本书可作为职业院校电力工程专业、供用电技术专业学生的教材，也可作为电力职工技能培训教材及生产技术人员的参考用书。

在本书编写过程中，得到了国网技术学院各级领导的大力支持，得到了省内多家企业的支持。学院内、外专家给予了热情的帮助，尤其是学院电力系魏剑、陶苏东、马文建和王晓玲等老师提出了许多宝贵意见，在此一并表示感谢。

限于编者水平，疏漏和不足之处在所难免，敬请广大读者批评指正。

编　者

2014年4月

目 录

绪　论

为充分利用自然资源，降低电能生产成本，发电厂通常建在动力能源附近，这就需要采取相应措施将巨大电能输送至远方用户，因而产生远距离高电压输电和配电问题。高电压技术作为工程技术中的一门学科，是因为大功率远距离输电的发展而产生的。

随着输电电压等级的提高，我国规定 1～220kV 为高压，330～765kV 为超高压，1000kV 及以上为特高压。

为满足电力工业迅速发展的需要，世界各国大力发展大型电站，从而促使电力系统扩展，这就势必使输电向超高压与特高压、大容量、远距离方面发展。世界上第一条 400kV 超高压输电线路于 1952 年建成；20 世纪 60 年代一些国家实现 750kV 级；20 世纪 80 年代初，有些国家已在研究和建设 1100～1500kV 级的特高压输电线路。我国自 20 世纪 80 年代起，国家电网已逐步建成以 500～1000kV 为主的输电网架，直流输电电压已达到±800kV。

由于交、直流输电系统和超高压及特高压电网的建成，带来一系列高压技术问题，最突出的问题是对电气设备绝缘材料的要求不断提高，设备中所用绝缘逐渐增多，绝缘费用在设备成本中所占比例也就随之加大，设备的体积与质量随之增大。若不采取新技术，将使设备绝缘的制造困难重重。因此，研制新材料，设计优良的绝缘结构，更安全可靠、经济、合理地解决设备绝缘问题显得日益突出，这就需要对各类绝缘材料的特性进行研究。随着输电电压等级的提高，过电压问题更为突出和复杂，因而必须同时考虑如何限制过电压。高电压技术就是专门研究电气设备绝缘和电力系统过电压的一门学科。

高电压技术课程包括电介质理论基础和过电压两大部分。高电压技术是随着输电电压的提高而处在发展中的一门学科，还有许多问题有待进一步研究。它的很多数据与结论来自运行经验统计和实际测量，在很多方面要采用概率统计法，并以生产实际中的统计资料为依据进行综合分析，所以是一门实践性很强的学科。在进行理论分析时，还应注意工程计算、经验公式、经验数据、试验结论等问题间的配合。因此，学习本课程应结合有关规程，做到理论联系实际。

高电压技术是高职高专及中等职业学校电力类各专业必修的一门重要专业课。学生通过学习并结合生产中所获得的实践知识，能初步掌握正确使用绝缘和一般的高电压试验技术；熟悉过电压及其保护方法；能解决工作中所遇到的高电压技术问题，为电力系统安全可靠地运行和电力工业发展作出应有贡献。

第1章

气 体 放 电

在电力系统中，空气作为气体电介质应用最为广泛，如架空线路和母线的相与相之间、相对地、变压器外部绝缘、隔离开关断口等，都是利用空气作为绝缘材料的。因此，研究气体电介质的电气性能是高电压技术的一项最基本任务，有着重要的实际意义。

在通常情况下，由于宇宙射线及地层放射物质的作用，气体中带电离子很少（约10000对/cm^3），在正常工作电压下，气体的电导电流极小，可视为良好的绝缘介质。当气体间隙上电压增大至某一临界值时，电导电流剧增形成导电性很强的通道，气隙失去绝缘性能，这种现象称为气体间隙的击穿，即气体放电。

气体间隙击穿后的放电形式主要有四种：电源容量小、气压较低的密封玻璃管内会发生辉光放电，如验电笔中的氖管、霓虹灯中的放电，均为典型辉光放电；当气隙中出现明亮细放电火花，称为火花放电；在电源容量较大、气压高时会发生电弧放电形式；在极不均匀电场中，尖端电极表面局部电场增强，先出现的放电称为电晕放电。

气体间隙的绝缘强度与很多因素有关。当电场形式不同时，其放电电压和放电特性相差较大；当外加电压种类（直流、交流、雷电冲击电压）不同时，击穿电压也不相同；大气条件变化对击穿电压将产生一定影响；单纯气体与处在空气中的固体介质发生的沿面放电发展过程和放电电压也不同，因此如何合理地使用气体介质以及如何提高气体间隙的击穿电压等问题，是本章的主要任务。工程上常利用典型电场击穿电压的试验数据，来分析各种情况下气体间隙的放电过程和击穿电压。

§1.1 气体间隙中带电质点的产生与消失

气体间隙（简称气隙）之所以发生气体放电现象而丧失绝缘能力，是由于气隙中产生大量带电质点使之转为导电状态造成的。气体是一种具有可逆性的电介质，当带电质点消失后，将会自动恢复其绝缘性能。

一、气体原子的激发与游离

中性原子带正电的原子核周围有不同的轨道，每条轨道有若干带负电的电子沿轨道绕原子核旋转。当电子位于离原子核最近的轨道上时，电子具有最小的位能，电子的能级最低。当气体原子接受外界能量（强电场、光照射、高温）后，将引起原子内部能量的增加与改变，若电子由较低能级运转轨道跃至较高能级的运转轨道，但未脱离原子核的束缚，此过程称为原子的激发或激励。如果原子接受外界能量足够大，以致使原子的一个或几个电子脱离原子核的束缚，变成自由电子与正离子，此过程称为气体原子的游离（又称电离）。

二、气体间隙中带电质点产生方式

气隙中带电质点的产生方式主要是气体原子游离，另外还有一种特殊方式，即负离子的形成。

1. 气体游离的形式

依照作用于原子的能量形式的不同，游离有以下形式：

(1) 碰撞游离。气体原子在电场作用下，电子与离子被加速获得动能，与中性原子发生碰撞，当电子或离子动能足够大时，可使气体原子发生游离。碰撞游离主要是自由电子与气体原子相碰撞而引起的，因为自由电子质量小，容易获得较大的速度，积累起足够动能去引起碰撞游离。而离子体积由于质量大、运动速度慢、积累动能小，不容易发生离子碰撞游离。

(2) 光游离。由光辐射引起气体原子（分子）游离的过程称为光游离。光是频率不同的高能电磁辐射，具有粒子性，视为质点，称为光子。普通可见光不能发生光游离，自然界或人工照射具有短波长的如宇宙射线、紫外线、χ与γ射线中的光子将引起光游离。另外，放电过程本身，被激励的原子回到原始状态；正负离子中和（复合）成中性原子（分子）时，以光子形式放出能量，导致光游离。由于光子以光速度传播，故极易引起光游离。光游离在气体放电发展过程中起着重要作用。

(3) 热游离。高温下的气体，如发生电弧放电时，弧柱内温度高达数千度，气体在高炽热状态下所引起的游离过程，称为热游离。

(4) 金属表面游离。电子从金属电极表面逸出来的过程，称为表面游离。金属表面释放出电子所需要的能量称为逸出功或逸出电位，逸出功的大小取决于金属的种类及表面状态。按作用于金属的能量形式，金属表面游离有正离子撞击阴极、金属表面受光照射、强电场发射和热电子发射四种形式。

2. 负离子的形成

在气体放电过程中，因游离而产生自由电子和正离子外，还同时产生带负电的离子，称为负离子。自由电子与中性分子相遇，若两者相对运动速度较小，自由电子便依附于中性分子形成负离子。气体中含有一定量负离子时，气体则呈负电性，即负电性气体。负离子虽是带电质点但不容易引起游离，所以负离子对气体放电起着阻碍作用，使气体的耐电强度有一定提高。

三、气体中带电质点的消失

气体间隙放电发展过程中，同时存在着两个相反的物理过程：一是因游离产生带电质点的过程；二是因去游离使带电质点消失的过程。当去游离过程大于游离过程时，带电质点将消失，气体会自动恢复其绝缘性能。带电质点的消失主要通过扩散和复合两种方式。

(1) 带电质点的扩散。当气体中带电质点浓度分布不均匀时，带电质点由高浓度区向低浓度区运动，使气隙中各处带电质点的浓度分布均匀，这种现象称为带电质点的扩散。扩散是由热运动造成的，与气体状态有关，当气体压力低时或温度高时，扩散过程就强烈。

(2) 带电质点的复合。正离子与负离子或电子相遇时，正负电荷彼此中和还原为中性分子（原子）的过程称为复合。电子与离子相比，质量小、运动速度快，与正离子相遇时，由于相对运动速度大，相互作用时间短，直接复合的可能性很小。而正负离子间的复合就比较容易，故气隙中正负离子的复合概率较大，为主要复合形式。复合过程的快慢与空间带电质点的浓度有关，正负离子浓度愈大，复合过程就愈快。另外，如气体具有负电性，必然产生一定量级的负离子，有利于复合过程的进行。

在复合过程中将有能量释放，通常是以光子的形式释放出来，而形成光辐射。此外，被激励的分子回到原始状态时，也以光子形式释放其能量。

§1.2 均匀电场中的气体放电

经实验分析表明，电场的均匀程度对气体放电发展过程和放电电压有很大影响。20世纪初，汤逊于实验室中在均匀电场、低气压、短间隙的条件下进行了放电实验。根据试验结果提出比较系统的放电理论和计算公式，这是最早的气体放电理论。由于受到实验条件的限制，汤逊放电理论有一定的局限性。随着电网电压等级的提高和试验工作的不断完善，高气压、长间隙、大气条件下实验工作的开展，又总结出大气条件下气体间隙击穿的流注放电理论。利用这两个放电理论，可在广泛范围内分析气体放电过程和确定电气强度。本节主要讨论均匀电场中的气体放电过程和击穿电压。

一、气体放电基本过程

1. 均匀电场气体的伏安特性

图1-1所示为均匀电场中气体间隙的伏安特性，图1-1（a）为置于空气中的两平行板电极，两极间电场是均匀分布的。当在板电极间施加直流电压U时，气隙中的电流I与极间电压U的关系为气隙的伏安特性，如图1-1（b）所示。气隙在外界游离能（天然辐射线或人工光源）作用下，逐渐升高外加电场E，测量两极板间电压U和回路中的电流I，绘制出均匀电场中气体间隙的伏安特性曲线。

2. 非自持放电、自持放电

平行板电极施加直流电压后，气隙在外部光源照射下产生少量带电质点，带电质点在电场作用下定向移动形成电流。起初，电流随外施电压的升高而增大，如图1-1（b）中0—a段所示。逐渐升高外施电压U使$U_a \leqslant U \leqslant U_b$时，电流几乎维持不变，见曲线a—b段。这时，外界游离能作用下气隙中单位时间内所产生的带电质点全部形成电流，但很微弱，气隙仍有良好的绝缘性能。当电压增大到U_b后，电流随电压的升高而增加较快，见曲线b—c段。此时气隙中出现了新的电子碰撞游离过程，电子在足够强的电场作用下，已积累起足以引起碰撞游离的动能，使游离过程增强，电流增长加快。当外加电压继续升高（$U_b \leqslant U \leqslant U_c$）时，气隙中的电流虽增长较快，但数值仍很小，气隙仍有良好的绝缘强度。这时气隙的放电过程依靠外界游离能来维持，若外界游离能消失，放电也将随之停止，这种需要依靠外电场和外界游离能共同作用才能维持的放电过程称为非自持放电。当外加电压升至某一临界值（U_c）后，气隙中发生了强烈的游离，电流剧增，此时气隙中的放电过程已不需要外界游离能的影响，仅靠电场作用即可继续进行，这种仅需要电场作用维持的放电过程，称为自持放电。在自持放电过程中，气隙中电流很大，气隙的绝缘性能完全丧失、

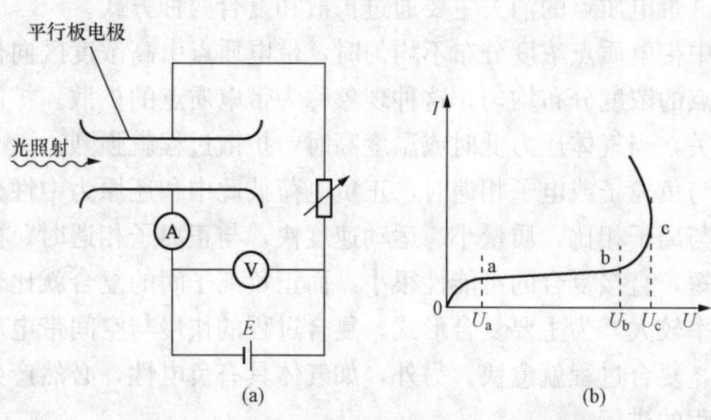

图1-1 均匀电场中气体间隙的伏安特性

（a）实验装置原理图；（b）均匀电场中气隙的伏安特性

转入良好的导电状态，并伴有声、光等现象，气隙被击穿。

由非自持放电转入自持放电的电压称为起始放电电压，见图1-1（b）中的U_c。电场比较均匀时，在起始放电电压作用下可使整个气隙实现完全击穿。

二、气体放电理论

1. 汤逊放电理论

当气隙外加电压超过U_b后，见图1-1（b）中b点。气隙在较强电场与外界游离因素共同作用下，出现电子碰撞游离过程，因游离所产生的电子在由阴极向阳极运动中得到加速，动能增加，并不断与中性分子相碰撞产生游离。新产生的电子与原有电子一起在电场作用下，获得足够动能后又引起新的游离过程，此过程反复进行，电子数目将按$e^{\alpha d}$规律增长，其中α为电子碰撞游离系数，d为两极间距离。电子自增殖过程剧烈从而形成电子崩。电子崩出现后使气隙中电流急剧增加，但仍是非自持放电。

当气隙上电压升至U_c时，强烈的碰撞游离将同时产生等量正离子，这些正离子在电场作用下向阳极运动，其中有一定数量的正离子集聚在阴极附近形成表面游离，使阴极表面游离的电子数目为

$$N_e = \gamma(e^{\alpha d} - 1) \tag{1-1}$$

式中　α——电子碰撞游离系数，又称第一游离系数；

γ——阴极表面游离系数，又称第二游离系数，γ决定于阴极材料和表面状态。

此时气隙同时存在着α和γ过程，由γ过程所产生的光子照射气隙，再引起碰撞游离产生新的电子崩（又称二次崩）。此时气隙的放电即使无外界游离因素的影响，也可仅靠电场来维持，放电转入自持放电。

汤逊放电理论能较好地解释低气压、短间隙、均匀电场中的放电过程，已被实验所证实。但它用来解释大气中长间隙（Pd较大）放电过程时，有以下几点与实际不相符：

（1）根据汤逊放电理论计算出来的击穿过程所需时间，与实际击穿时间有很大差别，而实际测得的时间比计算值要小10～100倍。

（2）根据汤逊放电理论，阴极材料的性质在击穿过程中起着重要作用，而实验表明，气体在大气压力下，间隙击穿电压与阴极材料无关。

（3）按汤逊放电理论，气体放电沿整间隙均匀、连续地发展，但在大气中气体击穿时，出现有分支的明亮细通道。

由此可知，汤逊理论只适用于Pd值较小的范围内。经实验证实，当Pd过小趋于真空，或Pd值过大$\left(Pd>200\times\frac{1031}{760}\right)$，气隙中的击穿过程已发生变化，汤逊理论已不适用。

2. 巴申放电定律

早在汤逊放电理论之前，巴申从实验中总结出：当气体性质和电极材料一定时，气隙的放电电压U_b是气压P与间隙距离d乘积的函数，即

$$U_b = f(Pd)$$

均匀电场中三种不同性质气体的击穿电压U_b与Pd的关系曲线如图1-2所示。三条曲线呈U形。在某Pd值下，击穿电压U_b有一最小值，这是由于对应于此Pd值下，气体间隙最容易出现游离，并使放电达到自持。当Pd减小或增大时，间隙击穿电压U_b都将提高。巴申放电定律在工程中得到广泛应用，如真空断路器和空气断路器等。

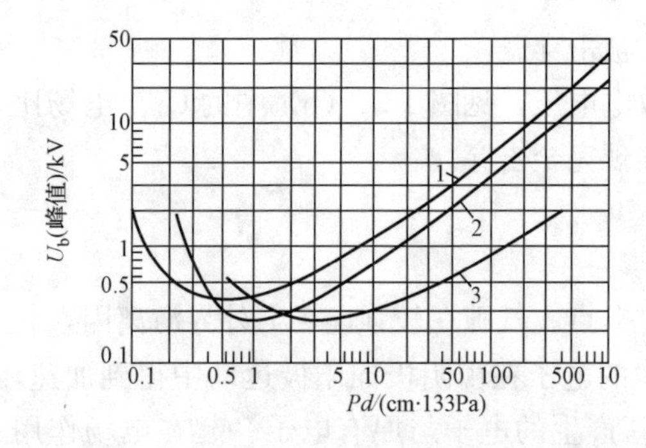

图 1-2 均匀电场中三种气体的击穿电压 U_b 与 Pd 的关系

1—空气；2—氢气；3—氖气

3. 流注放电理论

流注放电理论是在电雾室中，通过均匀电场、短间隙的放电实验，经分析研究综合而来。流注理论目前还不够周密，只限于大气条件下气体放电过程的定性描述。流注放电理论与汤逊理论的根本区别，在于流注放电理论考虑了空间电荷对外电场的畸变作用及光游离的影响。流注放电理论可以较好地说明大气压力下空气击穿的过程。

流注放电理论解释大气中长间隙的放电，主要有两个过程：一是电子崩过程；二是流注形成过程。间隙的放电过程先从电子崩开始，然后由电子崩转为流注，从而使间隙实现击穿。

（1）电子崩过程。气隙在强电场作用下，由碰撞游离产生大量电子形成电子崩。由于电子运动和扩散作用大于正离子，朝向正极方向的崩头集中大量电子，形成密度很大的负空间电荷，而正离子则缓慢向负极运动形成正空间电荷，其分布由崩头直至崩尾，如图 1-3（a）、（b）所示。

由正负空间电荷合成后形成的电场如图 1-3（d）所示。它使气隙电场分布发生畸变，崩头的游离过程更强烈，电场越畸变，崩的前后电场明显增强，如图 1-3（c）、（d）所示。崩头将辐射大量光子，崩中间区域电场较弱，有利于复合过程和被激励的分子回到原始状态，它也将有光子辐射，其结果必然引起空间光游离，此时属于非自持放电。

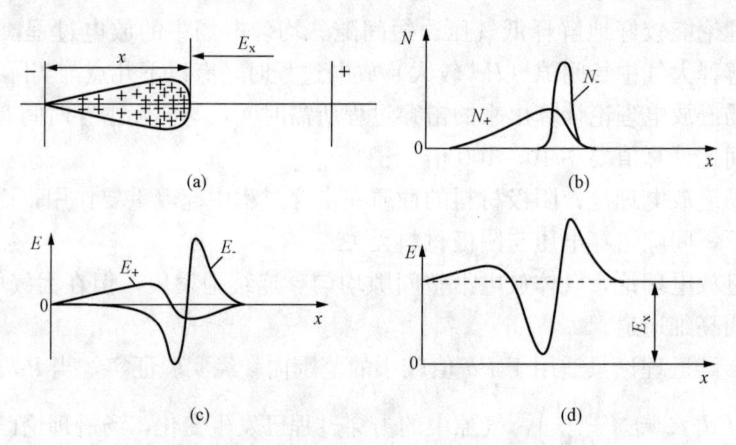

图 1-3 平行板电极间电子崩空间电荷对外电场的畸变作用

（a）电子崩示意图；（b）电子崩中空间电荷的浓度分布；（c）空间电荷的电场分布；（d）合成电场

（2）流注的形成。图 1-4 所示为电子崩发展为流注，气隙被击穿过程。图 1-4（a）所示，电子崩形成后，由于崩头前电场很强，游离过程剧烈，电子崩很快通过整个间隙。电子崩空间电荷密度很大，以致加强了崩头、崩尾电场，并辐射大量光子而引起空间光游离，如图 1-4（b）所示。光子受到崩头前强电场的作用而产生新的电子崩（称为二次电子崩），如图 1-4（c）所示。二次崩头部电子被主崩头部正离子吸引进入主崩头部区域内，汇合后成为充满正、负带电质点、导电性极强的混合通道，称为流注，如图1-4（d）所示。由于流注通道导电性良好，又因二次崩留下正空间电荷，使得流注头部前后出现强电场，故流注发展很迅速，如图1-4（e）所示。当流注发展到阴极后，整个间隙被导电性能好的带电质点通道所贯通，于是间隙实现击穿，如图1-4（f）所示。此时放电转入自持放电。

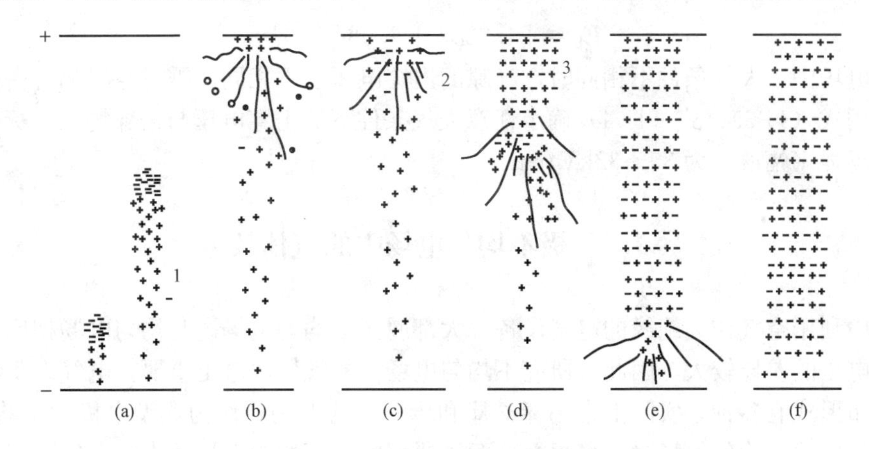

图1-4　正流注的产生及发展

1—主电子崩；2—二次电子崩；3—流注

上述流注为阳流注。如果外加电压比间隙击穿电压高得多，电子崩不需要通过整个间隙，其头部游离即已相当强烈，足以形成流注，当流注发展到阳极时，间隙击穿。这种形式的流注为负流注或阴流注。

综上所述，可知电子崩的空间电荷对外电场发生畸变作用；使电场增强，游离更加强烈；辐射的光子引起空间光游离而出现二次电子崩，与主崩汇合后形成流注；流注通道导电性很好，流注发展迅速，当流注贯穿两极时，间隙击穿。间隙完全失去绝缘性能，放电转入自持放电。

4. 均匀电场中由非自持放电转入自持放电的条件

由汤逊放电理论实验总结的条件为

$$\gamma(e^{\alpha d}-1)=1 \tag{1-2}$$

其中，α、d、$e^{\alpha d}$、γ的意义与式（1-1）相同。其物理意义为：在外界游离能的作用下产生一个有效起始电子，自阴极出发通过两极间距离d到达阳极，其间因碰撞游离电子增加到$e^{\alpha d}$个，减去原有的有效起始电子，共增加（$e^{\alpha d}-1$）个电子，并有相同数量的对应正离子。正离子射入阴极，因γ过程释放出的电子为$\gamma(e^{\alpha d}-1)$个。此时间隙中始终有一个有效电子维持放电过程，放电已不再依赖外界游离能作用，而仅依靠气隙本身即可维持放电。达到自持放电的条件，从而转入自持放电。

三、均匀电场中气隙的击穿电压

只有在短间隙的均匀电场中，讨论空气的击穿电压才有实用价值。均匀电场中气隙的击穿电压与大气状态有关，而与外加电压种类（直流、工频、冲击电压）无关。均匀电场中放电电压分散性较小。所谓放电电压分散性是指气体间隙在相同的试验条件下，多次加压试验其击穿电压值无重复性。

均匀电场空气击穿电压U_b的经验公式为

$$U_b = 24.22\delta d + 6.08\sqrt{\delta d} \tag{1-3}$$

式中 d——两平行极板间距离，cm；

δ——空气相对密度，修正方法可参阅式（1-8）。

空气的击穿场强为

$$E_b = 24.22\delta d + 6.08\sqrt{\delta / d} \tag{1-4}$$

均匀电场中，大气条件不相同时，气隙的击穿电压也不相同，需对空气相对密度 δ 修正后方可利用式（1-3）、式（1-4）确定任意大气条件下的击穿电压与击穿场强。标准大气条件下击穿场强（幅值）为 30～32kV/cm。

§1.3 极不均匀电场中的气体放电

工程中利用空气作为绝缘的电气设备，大都属于不均匀电场。与均匀电场相比，放电过程和放电电压的差异较大，因此，研究不均匀电场中的气体放电更重要。电气设备绝缘结构的电场分布形式有多种，实际上常用棒—棒和棒—板的电场，作为典型电极的不均匀电场，若遇到其他形式不均匀电场时，可根据这两种典型电极不均匀电场的击穿电压数据来估算绝缘距离。极不均匀电场中的气体放电有两大特性：一是电晕放电；二是极性效应。

一、极不均匀电场中的电晕放电

1. 电晕放电现象

不均匀电场中，气隙上电压升高至某一临界值（起始放电电压）时，在曲率半径较小的尖电极附近空间，局部场强将首先达到引起强烈游离的数值，尖电极附近很薄一层空气中达到自持放电条件，在这局部区域内形成自持放电。在光线较暗时可以看到该电极周围有薄薄的发光层，其发光像“月晕”，所以称为电晕放电。这个发光层称电晕层，电晕层外电场很弱，不会发生游离过程。发生电晕放电时，还伴有“咝咝”的声音，同时发出臭氧气味。电晕放电只是在尖电极表面很薄一层气隙满足自持条件时才发生自持放电，而整个气隙场强较低，仍具有很高的绝缘强度。电晕放电现象是极不均匀电场中特有的一种自持放电。

2. 电晕放电的危害

高压线路、母线发生电晕放电会产生许多危害。放电过程中的光、声、热等效应以及化学反应都将引起能量损失。电晕电流是多个断续高频脉冲波，形成高频电磁波传播到空间，严重干扰周围的无线电通信和测量。电晕放电还使空气发生化学反应，生成臭氧及氧化氮气体，对电极和绝缘起腐蚀、老化作用，特别是严重地危害设备内部有机绝缘。因此，研究电晕放电，如何限制电晕放电，是高电压技术中的一项重要任务。

3. 电晕起始电压、起始场强

作用在气隙上的电压升高至某一数值时，发生电晕放电。刚发生电晕放电时的临界电压称为电晕起始电压；尖电极表面（电晕层内）的场强称为电晕起始场强。

为防止出现电晕放电，工程上采取了许多措施加以限制。如高压电器采用曲率半径较大的电极；超高压与特高压线路采用分裂导线；利用均压装置改善电场分布等方法，都是为了提高电晕起始电压而避免出现电晕放电。实际电气设备的绝缘结构比较复杂，电极形状与表面状态及各种因素的影响相差很大，准确计算电晕起始电压十分困难，一般采用（皮克）经验公式计算电晕起始电压与起始场强。

二、极不均匀电场放电过程和极性效应

由以上分析可知，极不均匀电场中，气隙尚未击穿前，首先出现电晕放电。实际上在临近出现电晕放电前，尖电极表面游离已相当强烈，大量的空间电荷使电场发生畸变，对整个气隙放电发展和击穿电压产生很大影响。

实际中常用棒—板电极作为典型不均匀电场来讨论放电过程和击穿电压。无论棒电极的极性如何，空间游离总是从棒电极表面开始，以后的放电发展过程和击穿电压与尖电极的极性有着密切关系。由于尖电极的极性不同，空间电荷对外电场的畸变作用也不相同，对电晕起始电压和击穿电压的影响也就不同。其他实验条件完全相同而仅是尖电极的极性不同时，所造成的气隙击穿电压不相同，这种现象称为极性效应，已被实验所证实。极性效应同样是极不均匀电场放电过程中的一种放电特性。

1. 非自持放电阶段、电子崩的产生

（1）正棒—负板时。正棒电极表面强场区产生电子崩，如图1-5（a）所示。崩头朝向正棒，崩中电子很快与正棒电极中和，正棒电极表面积聚大量正离子构成正空间电荷，正空间电荷削弱了正棒电极表面电场与游离过程。电子崩难以形成流注，电晕起始电压较高。

（2）负棒—正板时。负棒电极表面强场区产生电子崩，如图1-6（a）所示。崩头朝向正板，电子迅速向正板运动并消失在弱场区，不可能引起游离。正离子缓慢向负棒运动，部分正离子可能形成表面游离，负棒表面始终滞留部分正离子形成正空间电荷，使负棒表面电场加强。电子崩容易形成流注而产生电晕放电，电晕起始电压较低。

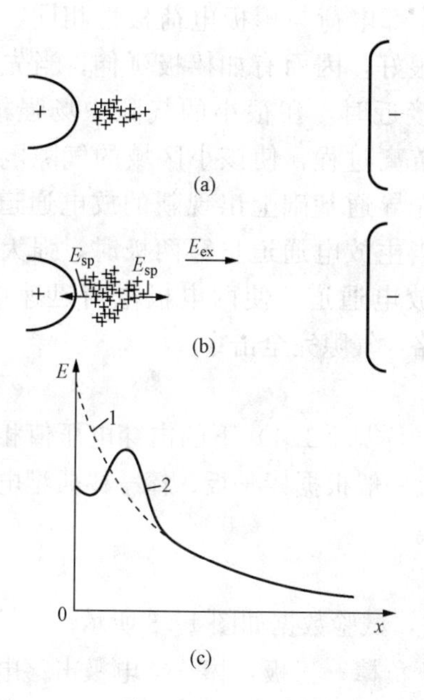

图1-5　正棒—负板间隙中非自持放电阶段空间电荷对外电场的畸变作用

E_{ex}—外电场；E_{sp}—空间电荷的电场

1—外加电场分布；2—畸变的电场分布

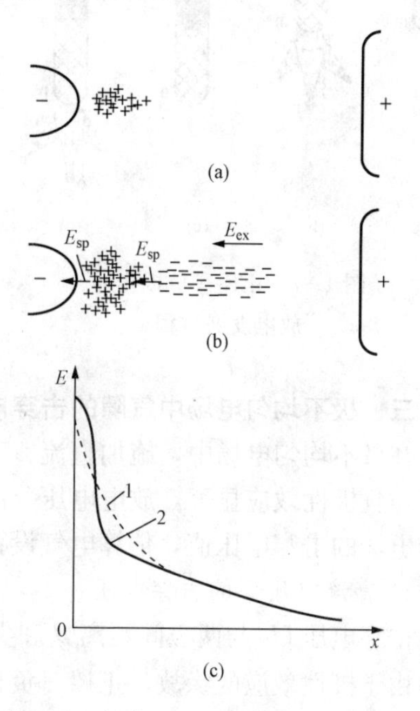

图1-6　负棒—正板间隙中非自持放电阶段空间电荷对外电场的畸变作用

1—外加电场分布；2—畸变的电场分布

2. 自持放电阶段、流注的产生

随着外加电压的升高，棒电极表面电场增强形成流注，出现电晕放电。由于棒电极的极

性不同，空间电荷对棒极表面和整个间隙的影响也不同，从而致使间隙的放电过程和击穿电压也就不相同——极性效应。

（1）正棒—负板时。正棒电极表面形成流注，电子崩尾部正空间电荷的电场 E_{sp} 和外电场 E_{ex} 作用方向相同，如图 1-5（b）所示，畸变的电场加强了朝向负板间电场，如图 1-5（c）中曲线 2 所示。畸变后的电场得到增强，使流注更容易向负板发展，流注头部与负板间电场将进一步增强，流注迅速发展并贯穿到负板，气隙很快被击穿，故它的击穿电压较低。

（2）负棒—正板时。负棒电极表面正空间电荷的电场 E_{sp} 和外电场 E_{ex} 作用方向相反，如图 1-6（b）所示。畸变后的电场削弱了朝向正极板间电场，如图 1-6（c）中曲线 2 所示。外加电压升高时，负棒表面的流注形成较容易但向正板发展却很困难，造成流注发展缓慢，故它的击穿电压较高。

3. 先导放电

当棒—板间气隙在 1m 以上时，工程上可认为是长间隙。在流注发展到一定长度后，强烈的游离过程使空气温度升高，特别在流注通道根部温度可达数千度，产生炽热的高游离火花通道。新的流注会使火花热游离通道伸长，这种热游离通道的伸长称为先导放电。图 1-7 所示为正棒—负板先导放电发展过程，由于极性效应的缘故，负棒—正板时的放电电压较正棒—负板时高。

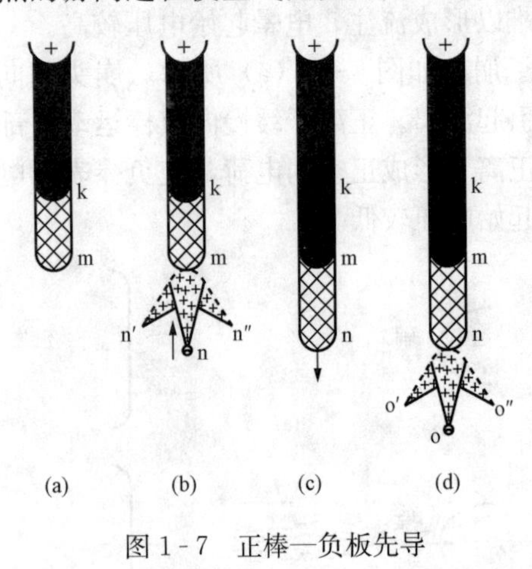

图 1-7　正棒—负板先导放电发展过程

4. 主放电过程

先导通道头部电荷与棒极电荷极性相同，先导通道内导电性很好，因而有如棒极延伸。当先导通道头部与负板接近时，在很小的气隙中场强极大，引起更强烈的游离过程，使该小区域的气隙电导迅速增大，在原先导通基础上出现新的放电通道——主放电通道。当主放电通道贯穿两极时，强大的主放电电流流过放电通道，使两电极电荷迅速中和，类似两电极短路，气隙完全击穿。

三、极不均匀电场中气隙的击穿电压

在极不均匀电场中，施加直流、工频及冲击电压（详见§1.4）下的击穿电压值相差较明显，且极性效应显著，放电电压分散性较大。工程上一般根据棒—板、棒—棒典型电极不均匀电场的击穿电压值，估算电气设备气隙的绝缘距离。

1. 直流电压下的击穿电压

击穿电压 U_b 与两极间距离 d 和尖电极的极性有关，试验数据如图 1-8 所示。

由于极性效应的缘故，正棒—负板的击穿电压低于负棒—正板，棒—棒电极击穿电压介于极性不同的棒—板之间。这是因为棒—棒电极为对称电场，有两个强场区域，游离出现后相当于电极几何尺寸加大，改善了电场分布，击穿电压有所提高，其结果高于正棒—负板、低于负棒—正板。

2. 工频电压下的击穿电压

工频电压作用下气隙击穿，总是发生在正棒—负板电压达到幅值时，击穿电压幅值和直流电压下正棒—负板的击穿电压很相近，如图 1-9 所示。由图 1-9 可见，除起始部分外，

击穿电压 U_b 与距离 d 近似为直线关系。棒—棒电极的平均击穿场强约为 3.8kV/cm（有效值）或 5.36kV/cm（幅值）；棒—板电极的稍低，约为 3.35kV/cm（有效值）或 4.8kV/cm（幅值）。

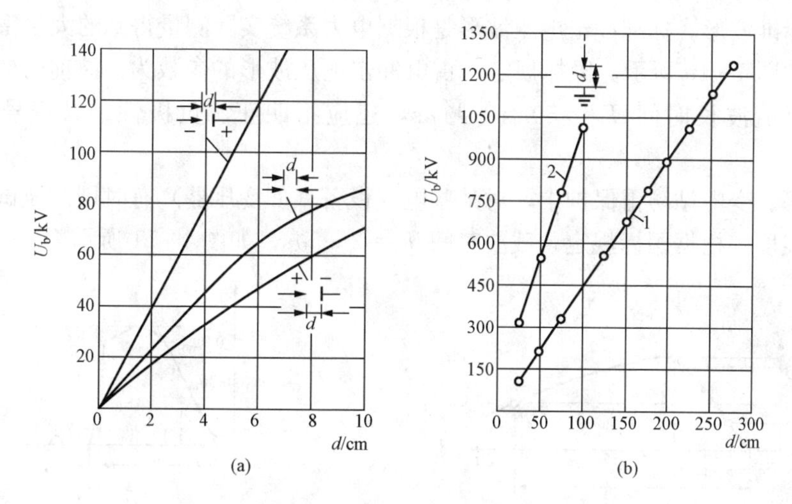

图 1-8　棒—板、棒—棒间隙的直流击穿电压 U_b 与气隙距离 d 的关系

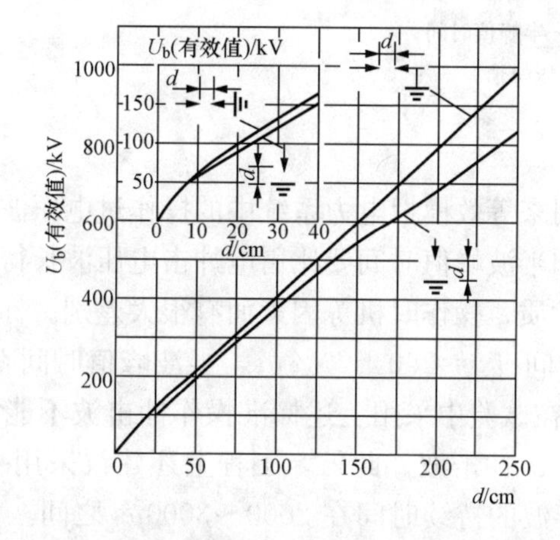

图 1-9　棒—板、棒—棒气隙的工频击穿电压 U_b 与气隙距离 d 的关系

§1.4　雷电冲击电压下气体间隙的击穿

一、冲击电压标准波形

冲击电压波形对气隙的击穿特性和击穿电压影响很大，工程中所遇到的冲击电压波形分雷电冲击电压和操作波冲击电压两种波形，前者用于分析气隙在雷电冲击电压下的击穿特性和击穿电压；而后者仅用来模拟内部过电压中的操作过电压波。

1. 雷电冲击电压标准波形、截波波形

雷电冲击电压是指持续时间很短，只有几微秒到几十微秒的非周期变化的电压。雷电作用时间短暂，产生极高的电压，对高压电气设备绝缘危害最大，是造成电力系统事故的主要因素。为保证设备在雷电作用下不被损坏，在雷电过后能继续安全可靠地运行，因此研究雷电冲击电压下气隙的击穿特性具有重要实际意义。

雷电冲击电压下气隙的击穿与施加的冲击电压波形有密切关系，为便于比较实验结果，我国规定了标准波形。标准冲击电压波形是根据电力系统实际测量得到的大量雷电过电压波形制定的，如图 1-10 所示。国标规定，雷电冲击电压波形的参数为：波前时间 $T_1=1.2\pm30\%\mu s$，半峰值波长时间 $T_2=50\pm20\%\mu s$，还应指明正、负极性，以符号 $\pm1.2/50\mu s$ 表示。

在发电厂、变电站防雷保护中，对某些电气设备（如变压器）有时用截波试验电压表征其冲击绝缘强度。根据国标规定，截波时间 $T_c=2\sim5\mu s$，如图 1-11 所示。

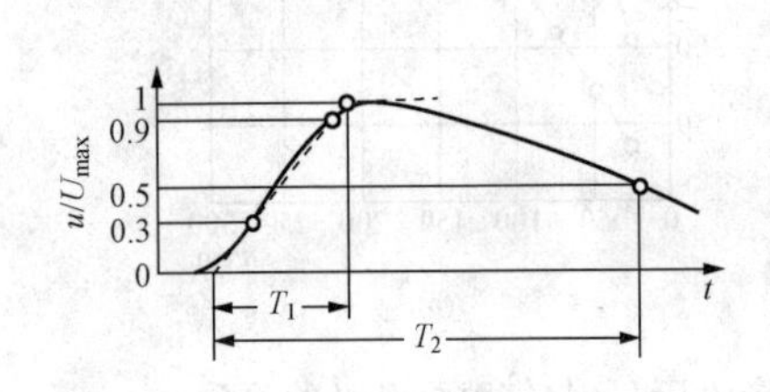

图 1-10　标准雷电冲击电压波形

T_1—波前时间；T_2—半峰值时间；

U_{max}—冲击电压峰值

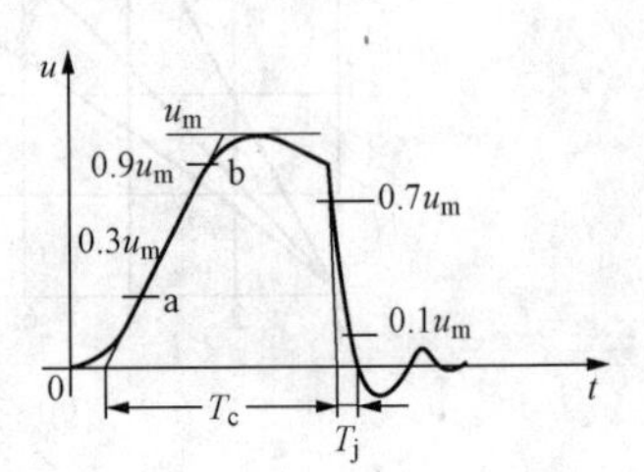

图 1-11　标准截波波形

2. 操作冲击电压波形

标准操作冲击电压波用来等效模拟电力系统中的操作过电压波，近年来趋向于非周期性双指数波，它的波前时间和半波峰值时间要比雷电冲击电压波长得多，随着电压等级、系统参数、断路器性能、操作性质、操作时机等因素而有很大差别。标准的操作冲击电压波形如图1-12（a）所示。波前时间 $T_{cr}=250\pm20\%\mu s$，半波峰值时间 $T_2=2500\pm60\%\mu s$，可写成 $250/2500\mu s$ 冲击波。当在试验中采用上述标准操作冲击波不能满足要求或不适应时，推荐 $100/2500\mu s$ 和 $500/2500\mu s$ 冲击波。此外，工程上还建议采用一种衰减振荡波形，如图 1-12（b）所示。第一个半波的持续时间在 $2000\sim3000\mu s$ 之间，极性相反的第二个半波的峰值约为第一个半波的 88%。

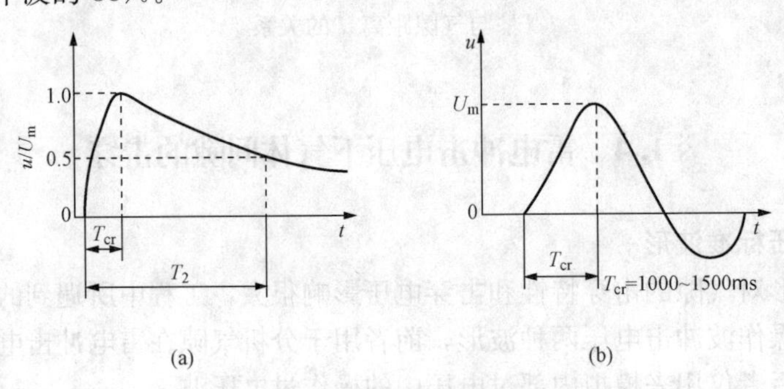

图 1-12　操作冲击试验电压波形

（a）非周期性双指数冲击波；（b）衰减振荡波

T_{cr}—波前时间；T_2—半峰值；U_m—冲击电压峰值

二、放电时延

气隙在雷电冲击电压下的击穿电压值与击穿时间有很大关系，冲击电压下的气隙击穿电压比持续电压要高得多。施加持续电压时，升压时间为 t_1，电压为 U_0 时气隙击穿，如图 1-13 所示。当施加的冲击电压幅值为 U_0、时间为 t_1 时，气隙并不立刻击穿，而需要经过 t_d 时间才完成击穿。气隙实现击穿，不仅需要有足够的电压，而且电压作用时间还必须充分，这是因为放电发展总需要一定的时间，两个条件同时满足时，气隙才能实现击穿。全部放电时间由三部分组成，即

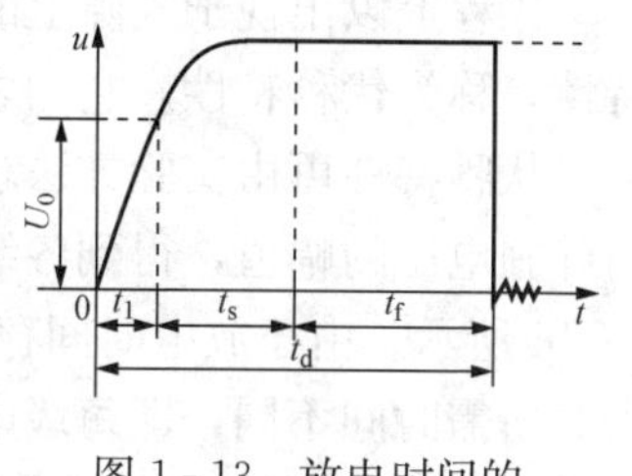

图 1-13　放电时间的各组成部分

$$t = t_1 + t_s + t_f \tag{1-5}$$

其中

$$t_d = t_s + t_f \tag{1-6}$$

式中　t_1——加压时间，t_1 前气隙不可能击穿，到达 t_1 时，一般认为击穿过程还未开始，μs；

t_d——放电时延，冲击电压下气隙击穿所需时间比持续电压下击穿所需时间所延长的时间；

t_s——放电统计时延，从 t_1 开始到出现第一个有效电子时所需时间，其值具有统计性，应服从统计规律，μs；

t_f——放电形成时延，自出现第一个有效电子到气隙实现击穿的时间，μs。

放电时延 t_d 与电场形式有很大关系。在均匀电场中，由于场强很高，放电发展速度很快，所以放电形成时延较短。极不均匀电场中放电时延较长，对于长间隙，放电时延主要取决于放电形成时延。

三、雷电冲击50%击穿电压

当电场形式、极间距离和气体状态一定时，在持续电压下，气隙具有确定的击穿电压值。但冲击电压下存在明显的放电电压分散性，确切的击穿电压很难确定。实际中采用下述方法。保持外施冲击电压波形不变，逐渐升高电压的幅值，电压幅值较低时，气隙不发生击穿。随着外施电压的升高，就有可能发生击穿。换句话说，多次加压试验时，有时发生击穿，有时不击穿。随着电压幅值的继续升高，多次施加电压时，气隙发生击穿的百分比越来越大。为了说明气隙绝缘承受冲击电压的能力，希望求得刚好发生击穿时的电压，但在实验中此值很难确定。所以工程上采用 50%冲击击穿电压值，代表气隙的冲击绝缘强度。即在多次施加电压时，以其中半数导致击穿的电压值，表征气隙耐受冲击电压的特性，用 $U_{50\%}$ 表示。

为描述气隙在冲击电压下的放电特性，引入冲击系数 β，即

$$\beta = U_{50\%} / U \tag{1-7}$$

式中　$U_{50\%}$——气隙 50%冲击击穿电压；

U——持续击穿电压。

冲击系数 β 与电场形式有关，均匀电场和稍不均匀电场中 $\beta \approx 1$；极不均匀电场中 $\beta > 1$。

四、伏秒特性及实际意义

1. 伏秒特性

工程上以出现于气隙上的电压最大值和放电时间的关系，表征气隙在冲击电压下的击穿特性，称为伏秒特性。它们之间的关系曲线为伏秒特性曲线。

伏秒特性可由实验方法求取。对同一气隙，在保持外施电压波形不变的前提下，逐渐升高外施电压的幅值，得到各级放电电压 u 与放电时间 t 的关系，绘制出伏秒特性曲线，如图 1-14 所示。由于放电时间存在分散性，在同一幅值冲击电压下进行多次击穿实验时，每次击穿所需时间不同，即每级电压下可得一系列的放电时间。因此伏秒特性不是一条光滑且不规则的曲线，而是以冲击放电电压上下限值为界的一条形（带）状区，如图 1-15 所示。

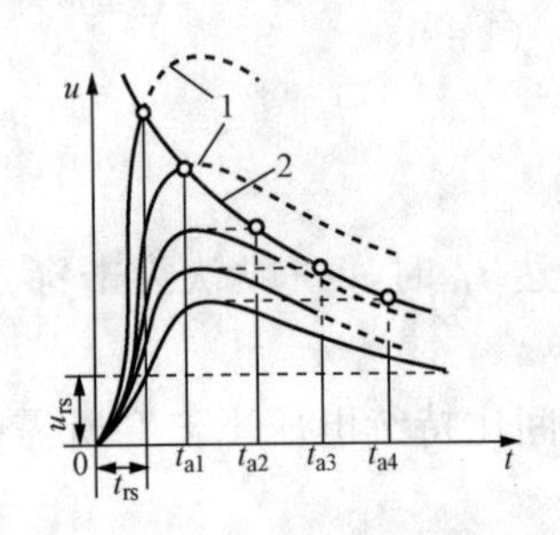

图 1-14 伏秒特性绘制示意图

1—冲击电压；2—伏秒特性

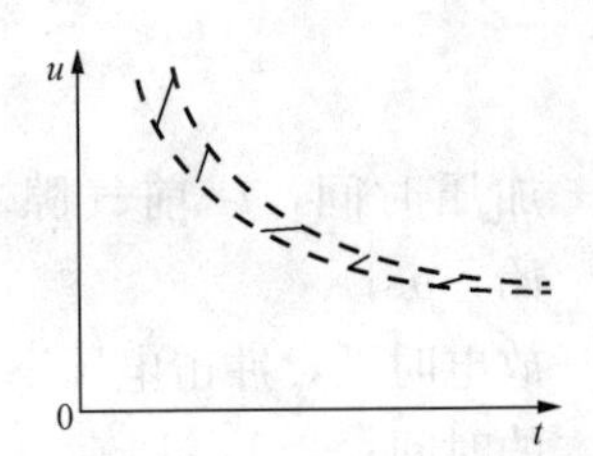

图 1-15 伏秒特性曲线形状

伏秒特性曲线的特征，取决于电场的均匀程度。均匀或稍有不均的电场中，由于击穿场强高、放电发展快、放电时延短和放电电压分散性小，所以伏秒特性曲线较平坦；而极不均匀电场中的伏秒特性曲线则比较陡，如图 1-16 所示。

2. 伏秒特性实际意义

电力系统过电压防护中，常采用保护设备（如放电间隙、避雷器）实现对被保护设备（如变压器、断路器、电机等）的保护，这种保护设备与被保护设备间的关系称为绝缘配合。图 1-17 所示为绝缘配合简单的原理接线图，实际上是保护设备避雷器 F 与被保护设备变压器 T 两伏秒特性曲线间的配合（详见§10.3）。

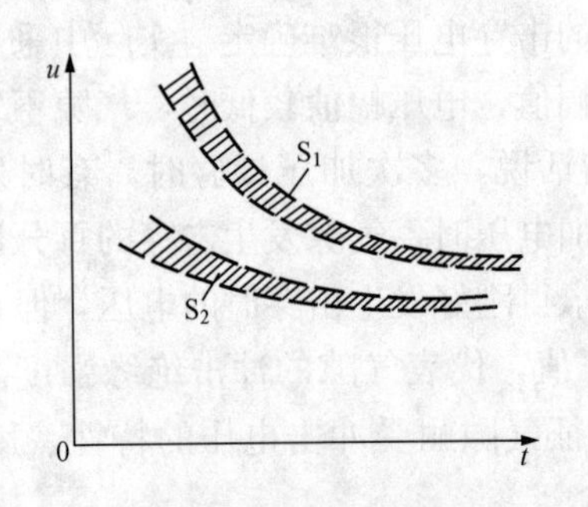

图 1-16 伏秒特性曲线的特征

S_1—极不均匀电场气隙的伏秒特性；

S_2—均匀与稍不均匀电场气隙的伏秒特性

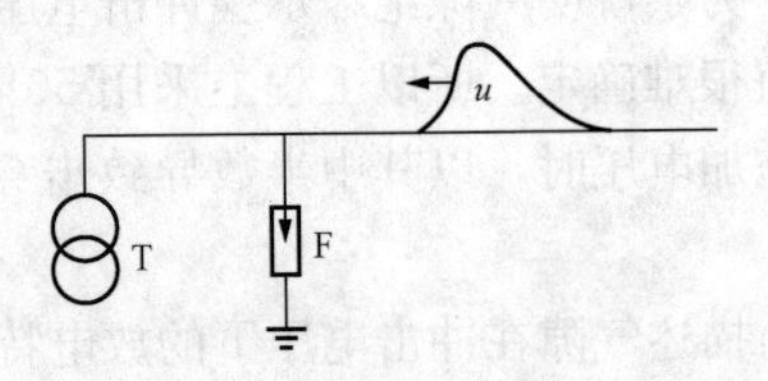

图 1-17 绝缘配合简单原理接线

为保证避雷器 F 可靠保护变压器 T，要求避雷器伏秒特性的上包线始终低于变压器伏秒特性曲线的下包线。在图 1-16 中，若 S_1 为变压器伏秒特性曲线，S_2 为避雷器伏秒特性曲线，则它们之间的绝缘配合是正确的。由图 1-16 可知，在不同幅值过电压下和不同电压作用时间内，变压器都能受到避雷器的可靠保护。

为了更好地进行绝缘配合，保护设备一定要起到可靠保护作用，要求保护设备的伏秒特性曲线应尽量平坦些，这就需要采用电场比较均匀的结构。

§1.5　大气状态对气体间隙击穿电压的影响

气体间隙的击穿电压及绝缘子的闪络电压与大气条件（气压、温度、湿度）有关。大气条件不同时，击穿电压与闪络电压随之而变。任意大气条件下气隙的击穿电压和设备外绝缘的闪络电压，必须换算到标准大气条件下才能进行比较。国标 GB 311.2—1983 中规定：标准大气条件气压 $P_0=101.33$kPa、温度 $t_0=20$℃、绝对湿度 $h_0=11\text{g/m}^3$，还规定实验条件下与标准大气条件下击穿电压相互间的换算方法。在估算外绝缘的击穿电压时，应考虑到运行地点大气条件变化的影响。高压电气设备试验标准中规定的试验电压值是按标准大气条件下制定的，因此，当实验条件与标准大气条件不相同时，一定要按规定的方法进行换算。

一、空气相对密度 δ 不同时击穿电压的换算

当气压或温度改变时，其结果都反映为气体相对密度 δ 的变化。空气相对密度 δ 为实验条件下的空气密度 δ_s 与标准大气条件下的空气密度 δ_0 之比。因空气相对密度与大气压力成正比、与温度成反比，所以

$$\delta=\frac{\delta_s}{\delta_0}=\frac{P/T}{P_0/T_0}=\frac{P}{P_0}\frac{T_0}{T}=\frac{P}{101.33}\times\frac{273+20}{273+t}$$

$$=0.289\times\frac{P}{273+t} \tag{1-8}$$

式中　P——试验条件下空气的压强，kPa；

t——试验条件下空气的温度，℃。

在大气条件下，气体间隙的击穿电压随空气相对密度 δ 的增加而升高，当 δ 在 0.95～1.05 范围内时，气隙的击穿电压与空气密度成正比，与标准大气条件下（$\delta=1$）相差极少。试验条件下空气相对密度为 δ 时的击穿电压 U 换算到标准大气条件下的击穿电压时，其计算式为

$$U=\delta U_0 \tag{1-9}$$

式中　U_0——标准大气条件下气隙的击穿电压值，见附录 1；

U——试验条件下气隙的击穿电压幅值。

式（1-9）对于均匀电场、不均匀电场，施加直流、工频、冲击电压都适用。

二、湿度不同时对击穿电压的影响

湿度反映空气中所含水蒸气量的多少，单位为 g/cm^3。经实验表明，空气湿度对击穿电压产生一定影响。均匀电场与稍不均匀的电场中，击穿电压随空气湿度的增加而略有提高，但程度甚微，工程上可不计。但在极不均匀电场中，击穿电压随空气湿度的增加确有明显提高。这是由于水分子容易吸附电子形成负离子，负离子质量大、运动速度慢、气隙中的游离过程被削弱，从而使得击穿电压提高。关于湿度修正击穿电压的方法，DL/T 596—1996《电气设备预防性试验规程》中已有相关规定，详见该规程或有关资料。

三、海拔的影响

随着海拔的增加，空气逐渐稀薄，气压与空气相对密度下降，因此，气隙的击穿电压随

之降低，可由巴申实验曲线所证明。根据规程有关规定，用于海拔高于1km、低于4km处的电气设备外绝缘的试验电压，应乘以修正系数K_a，K_a的计算式为

$$K_a = \frac{1}{1.1 - H \times 10^{-4}} \quad (1-10)$$

式中 H——安装地点的海拔，m。

§1.6 提高气体间隙击穿电压的措施

工程中很多电气设备采用空气间隙作为绝缘介质。为保证具有足够高的电气强度，又要减小设备尺寸，即采用尽量小的间隙距离，为此需要采取措施，以提高气隙的击穿电压。

提高气体间隙击穿电压的措施可概括为两方面：一是改善电场分布，使其分布尽量均匀，具体方法又分为两种，一种是改进电极形状，另一种是利用气隙放电产生的空间电荷对外电场的畸变作用；二是利用其他方法来削弱气隙中的游离过程。

实际应用中，仅靠改善电场分布的方法还不够，更多的情况下，是采用削弱它的游离过程来提高击穿电压。

当空气压力增大（高气压）或降低（真空）时，气隙中的游离过程都将被削弱，而显著提高其击穿电压，已被巴申实验所证明；若采用高耐电强度的气体，如SF_6（六氟化硫）、CCl_2F_2（氟利昂）代替空气，由于它们具有很强的负电性，游离受到抑制，游离过程被削弱，同样，击穿电压也将提高。

一、改进电极形状以改善电场分布

如前所述，均匀与稍不均匀电场气隙平均击穿场强比极不均匀电场气隙的平均击穿场强要高得多。电场越均匀，平均击穿场强越高，因此，尽量采用较均匀电场。但是在实际中很多情况下无法避免出现不均匀电场，这就需要改进电极形状，以改善电场分布。一般采用下列两种方法。

1. 增大电极曲率半径

电极曲率半径增大后，电极表面电场分布得到改善，提高了起始放电电压和击穿电压。如高压套管端部加装球形屏蔽罩、高压装置中的均匀环等，都可避免在工作电压下出现电晕放电。

2. 改善电极表面状态

在电极加工时，一定要将电极边缘部分做成光滑圆弧形，消除边缘效应；还应避免出现毛刺、尖棱角，以降低电极表面的局部强电场，提高起始放电电压。

二、在极不均匀电场中采用屏障

极不均匀电场棒—板间隙中，放置固体绝缘材料，如纸板或绝缘纸，只要放置的位置合适，可显著提高气隙击穿电压。所采用的固体介质称为屏障，又称极间障。屏障所起作用，称为屏障效应。屏障本身耐电强度并无多大关系，而是靠屏障阻止空间电荷的运动，利用屏障所积聚的空间电荷改善电场，使其分布均匀，达到提高击穿电压的目的。极不均匀电场加入屏障后，间隙仍有明显的极性效应，屏障效应还与外加电压的种类有关。

1. 直流电压下屏障的作用

图1-18所示为直流电压下棒—板气隙中击穿电压与屏障位置的关系曲线。

(1) 正棒—负板。游离出现的正空间电荷，在电场作用下向负板运动，由于受到屏障机械阻挡，正空间电荷积聚在屏障上，受棒极同极性电荷排斥作用，空间电荷在屏障上呈均匀分布，如图1-18 (a) 所示。正空间电荷与负板间构成比较均匀电场，改善了整个气隙电场分布，因而提高了气隙的击穿电压。

屏障效应与屏障在气隙中的位置有关，当屏障与棒极距离为气隙距离的15%～20%时，气隙的击穿电压提高得最多，可达到无屏障时的3～4倍，如图1-18 (c) 所示。

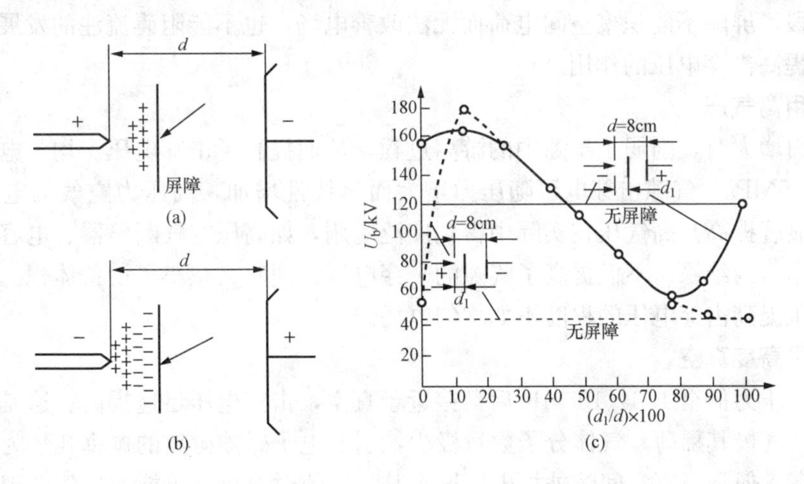

图1-18　直流电压下棒—板气隙中击穿电压与屏障位置的关系曲线

(2) 负棒—正板。游离产生的电子，在电场作用下向正板运动，受屏障阻挡后运动速度降低，由于空气负电性的缘故形成负离子。负离子受电场和负棒同极性电荷的排斥作用，而积聚在屏障面上，并沿着屏障呈比较均匀分布，如图1-18 (b) 所示。由负离子形成的负空间电荷与正板间构成比较均匀电场，改善了气隙大部分电场分布，击穿电压明显提高，如图1-18 (c) 所示。

(3) 屏障在气隙中的位置。屏障在气隙中的位置对击穿电压影响较大，当屏障与负棒间距离 d_1 较小时，击穿电压明显提高。当屏障向正板逐渐靠近时，击穿电压随之逐渐下降，屏障过分靠近正板，其击穿电压比无屏障时还低。主要原因有：一是负空间电荷与正板间所形成的电场均匀程度逐渐下降，即屏障效应降低；二是随着距离的减小，负空间电荷与正板间又形成新的不均匀电场，还有可能造成负离子扩散，使屏障与正板间电场更加不均匀。在这两方面因素的影响下，气隙击穿电压大幅度降低，导致比无屏障时击穿电压还要低，如图1-18 (c) 所示。

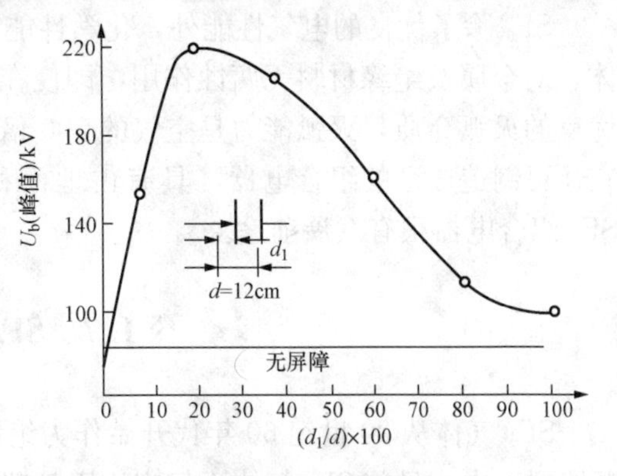

图1-19　工频电压下棒—板气隙的击穿电压和屏障位置的关系

2. 工频电压下屏障的作用

图1-19所示为工频电压下正棒—负板间

隙设置屏障后击穿电压和屏障位置的关系。工频电压下的屏障同样具有积聚电荷、改善电场分布的作用。由于极性效应的缘故，击穿总是发生在正棒—负板时，这与直流电压下的正棒—负板很相似。

3. 冲击电压下屏障的作用

冲击电压下屏障仍能提高击穿电压。实验表明，正棒—负板时可显著提高气隙的击穿电压，而负棒—正板时屏障效应较差，与无屏障时相差不大。

综上所述，极不均匀电场中利用屏障可提高气隙击穿电压，只要放置的位置合适，屏障效应显著。但是，均匀电场中设置屏障不能提高气体间隙的击穿电压，这是因为击穿前没有电晕放电阶段，屏障不能积聚空间电荷而无法改善电场，也不能阻碍流注的发展，因此屏障也就起不到提高击穿电压的作用。

三、采用高气压

空气压力增大时，削弱了气隙中的游离过程，从而提高了击穿电压。均匀电场中，当压力增至1～1.5MPa，气隙击穿电压随压力增大而呈线性增加，高压力空气的电气强度和灭弧能力都将显著提高。高气压在实际中得到广泛应用，如高压空气断路器、电容器等都是采用压缩空气作为内绝缘，不但提高了气隙的击穿电压，同时又减小了设备体积。不均匀电场中，增大气压提高击穿电压的程度不如均匀电场。

四、采用高度真空

当气隙中压力低至133×10^{-4}Pa后，接近于真空，击穿电压迅速提高。这是由于接近真空的间隙，空气极其稀薄，气体分子数目极少，引起电子碰撞游离的概率几乎为零，所以其击穿电压很高。但是，真空间隙外加电压增至某一数值时，仍有可能发生放电现象。主要是在强电场下，阴极释放出的电子经过间隙到达阳极过程中，几乎没发生碰撞现象，积累起足够大的动能撞击阳极，可使阳极直接发射正离子，正离子向阴极运动并撞击阴极又产生二次电子，如此过程反复进行，真空中带电质点增加而导致击穿。

五、采用高耐电强度气体

含有卤族元素的化合物，如SF_6、CCl_2F_2等，其电气强度比空气高得多。SF_6在正常压力下是空气的2.5倍，提高压力时甚至高于一般液体或固体介质的绝缘强度。

SF_6的负电性强于空气，分子容易吸附电子成为负离子，削弱了游离过程，并加强了复合过程，使SF_6气体击穿电压显著提高。

SF_6除了优良的电气性能外，化学性能比较稳定，是一种无色、无味、无毒、不燃的气体，对金属及绝缘材料无腐蚀作用，即使在放电过程中也不易分解。此外，SF_6气体是一种优良的灭弧介质，灭弧能力是空气的100倍，极适用于高压断路器、电容器等，详见§1.7。它还可制造成套的组合电器，具有占地面积小、运行安全可靠、维护量小且方便等优点。SF_6组合电器很有发展前途。

§1.7 SF_6气体的特性

SF_6气体从20世纪60年代开始作为绝缘材料和灭弧介质使用于某些电气设备（首先是断路器）中。目前SF_6气体不仅应用于某些单一的电气设备中，而且被广泛采用于将多种变电设备集于一体并密封SF_6气体的封闭式气体绝缘组合电器（Gas Insulated Switchgear，简称GIS）和充气管道输电线等装置中。

一、SF_6 的绝缘性能

SF_6 属于卤化物，具有很高的绝缘强度。因为 SF_6 气体具有很强的电负性，容易俘获自由电子而形成负离子，且负离子质量大，在电场作用下运动速度很慢，引起碰撞游离的能力就变得很弱，大大地削弱了放电发展过程，因而 SF_6 气体的电气强度很高。

电场的不均匀程度对 SF_6 电气强度的影响远比空气大得多。只有均匀电场中的 SF_6 才能有高的电气强度。换言之，SF_6 优异的绝缘性能只有在电场比较均匀的条件下，才能得到充分的发挥。

1. 均匀电场中 SF_6 的击穿

对电负性的气体，在放电发展过程中，除了考虑电子碰撞游离系数 α 外，还应计及自由电子附着离子的过程，有效碰撞游离系数 $\overline{\alpha}$ 应为

$$\overline{\alpha} = \alpha - \eta \tag{1-11}$$

式中　α——电子碰撞游离系数；

η——自由电子附着离子形成负离子的系数。

均匀电场中电子增长规律的表达式为

$$n_e = n_0 e^{(\alpha-\eta)d} \tag{1-12}$$

式中　n_0——阴极表面处的初（起）始电子数；

n_e——到达阳极电子数；

d——两极间距离。

由式（1-12）可见，到达阳极的电子数目要比空气少一个 η 系数。较均匀电场中 SF_6 气体达到自持放电的条件为

$$(\alpha - \eta)d = K \tag{1-13}$$

经实验研究表明，对于 SF_6 气体，常数 $K=10.5$，相应的击穿电压为

$$U_b = 88.5Pd + 0.38 \quad (\text{kV}) \tag{1-14}$$

式中　P——气压，MPa。

在实际工程应用中，通常 $Pd>1\text{MPa}\cdot\text{mm}$，所以式（1-14）可近似地写成

$$U_b \approx 88.5Pd \quad (\text{kV}) \tag{1-15}$$

式（1-14）和式（1-15）表明，较均匀电场中的 SF_6 气体的击穿特性，也遵循巴申放电定律。它在0.1MPa（1atm）下的击穿场强 $E_b=U_b/b\approx 88.5\text{kV/cm}$，几乎是空气的三倍。

在气体绝缘电气设备中最常见的是稍不均匀电场气隙，其击穿场强存在两个特性：一是击穿场强 E_b 并不与气压成正比，E_b 增加的少些；二是极性效应对于气隙击穿电压的影响与极不均匀电场是相反的，负极性下的击穿电压反而比正极性时低10%左右。

2. 极不均匀电场中 SF_6 的击穿

在极不均匀电场中，SF_6 气体的击穿有两个异常现象：一是工频击穿电压随气压的增加出现"驼峰"；二是在驼峰区域内的雷电冲击击穿电压明显低于工频击穿电压，如图1-20所示。

极不均匀电场中 SF_6 气体击穿的异常现象与放电过程中空间电荷的运动有关。当空间电荷运动到棒电极端部表面时，起到对棒电极的屏蔽作用，改善了棒电极表面电场分布，从而提高了击穿电压。但在雷电冲击电压下，作用时间非常短暂，空间电荷来不及运动到最佳空

间位置，屏蔽作用减弱，故其击穿电压低于工频击穿电压下的击穿电压；另外，气压增至0.1～0.2MPa时，空间电荷运动阻力增大，空间电荷形成的屏蔽作用降低，工频击穿电压也随之下降。所以，SF_6 气体应避免使用在极不均匀电场中。

3. 影响击穿电压的其他因素

SF_6 气体绝缘除了电场均匀程度对击穿电压有重大影响外，还有许多影响因素造成击穿场强下降。

(1) 电极表面光洁度。当电极表面粗糙时，会使击穿电压降低。电极表面粗糙度 R_a 对 SF_6 气体电气强度的影响如图1-21所示。

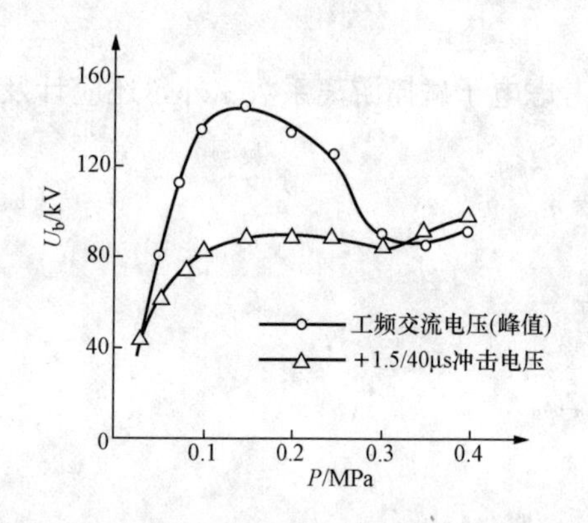

图1-20 "针—球"气隙（针尖曲率半径1mm，球直径100mm，极间距离30mm）中 SF_6 气体的工频击穿电压（峰值）与正极性冲击击穿电压的比较

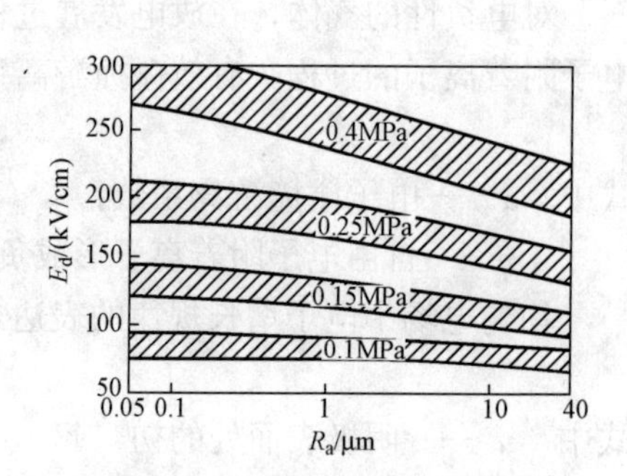

图1-21 电极表面粗糙度对 SF_6 气体电气强度的影响

电极表面粗糙度大时，表面突起的局部电场强度要比气隙的平均电场强度大得多，容易首先达到起始放电电压从而诱发整个气隙的击穿。

(2) 杂质的影响。当 SF_6 气体中含有杂质时，特别是导电微粒对击穿电压影响也很大。导电微粒有两类，固定微粒和自由微粒，固定微粒对击穿电压的影响如上所述相似，而自由微粒在极间的运动呈跳动形式，对 SF_6 气体的绝缘性能产生更大不利影响。

由图1-21可见，提高 SF_6 气体压力对提高其耐电强度是很有效的。不过压力愈高时，电极表面粗糙度和杂质对电场的影响就愈严重，故气压一般选择在 $0.1\text{MPa} \leqslant P_{\theta=20℃} \leqslant 0.4\text{MPa}$ 范围内为最佳。

二、SF_6 理化特性方面的若干问题

1. 化学特性

SF_6 的分子结构为六个氟原子围绕着一个中心硫原子，对称布置在八面体各个顶端，相互共价键结合，硫原子和氟原子的电负性都很强，故其键合的稳定性很高，在不太高的温度下，接近惰性气体的稳定性。

SF_6 的分子量（为146）和密度（相同条件下为空气的5倍）都较大，属重气体，在通常使用条件（$-40℃ \leqslant \theta \leqslant 80℃$，$P < 0.6\text{MPa}$）下呈气态，只有当 $\theta < -25℃$ 时，才考虑防止液化措施。

SF_6 的稳定性很高，在500K温度的持续作用下，它不会分解，也不会与其他绝缘材料发生化学反应。在电弧和局部放电的高温作用下，SF_6 会离解成硫原子和氟原子，硫原子和氟原子会重新结合还原成 SF_6 分子。

2. 液化问题

SF_6 高压断路器的气压在 0.7MPa 左右，而 GIS 中除断路器外其他设备的充气压力一般不超过 0.45MPa。如果充气压力为 0.75MPa，相对应的液化温度约为 −25℃，如果 20℃时的充气压力为 0.45MPa，则相对应的液化温度为 −40℃。可见一般不存在液化问题，只有在高寒地区才需要对断路器采取加热措施或采用 SF_6-N_2 混合气体来降低液化温度。

3. 含水量的影响

在 SF_6 气体中所含的各种杂质或杂质组合中，危害性最大的是水分，如果杂质气体中含有氧气时，其危害性就会更加严重。SF_6 气体与氧气作用时，生成低氟化物，当空气中含有水分时，这些低氟化物会与水发生继发性反应，生成腐蚀性很高的氢氟酸、硫酸之类的物质，引起绝缘材料腐蚀，造成电气强度下降和导致机械故障。温度低时还会引起固体介质表面凝露，使得闪络电压急剧下降。因此，无论是新安装的还是运行中的 SF_6 气体绝缘设备，必须对含水量进行严格的检测和控制（详见§3.7）。

4. 毒性分解物

纯净的 SF_6 气体是无毒、惰性气体，180℃以下时它与电气设备其他绝缘材料的相容性与氮气相似。但 SF_6 的分解物有毒，并对绝缘材料有腐蚀作用，因此必须采取措施以保证人身和设备的安全。

使 SF_6 气体分解的原因有电子碰撞、热和光辐射。引起分解的原因主要是前两种因素，均因放电而出现。电弧的高温会引起 SF_6 气体的迅速分解；火花放电、电晕放电或局部放电也会引起 SF_6 的分解。

为了消除气体绝缘电气设备中的毒性气体生成物，通常采用吸附剂，它有两方面的作用，即吸附分解物和吸收水分。常用的吸附剂有活性氧化铝和分子筛，吸附剂的放置量不小于 SF_6 气体重量的 10%。

三、SF_6 混合气体

虽然 SF_6 气体有良好的绝缘性能和稳定的化学性能，但由于价格较高、液化温度不够低、而且对电场均匀性要求较高，所以，目前国内外正在研究使用 SF_6 的混合气体来代替纯 SF_6 气体。

经研究实验表明：以常见廉价气体如 N_2、CO_2 或空气与 SF_6 混合成的混合气体，即使加入少量的 SF_6 气体，其电气强度也有很大的提高。由于 SF_6 气体在一定条件下，能与氧气、水蒸气等发生反应，生成某些有害的化合物，所以不宜将 SF_6 气体与空气或氧气混合，而应与惰性气体混合，最为廉价的惰性气体是 N_2，所以应用最多的是 SF_6-N_2 混合气体。

若在混合气体中发生放电，则可能有微量的 SF_6 与 N_2 相互反应，产生无害的气态氮氟化物 NF_2 和 NF_3。混合气的化学性能稳定，运行中对电气设备无任何危害，可与纯 SF_6 气体同样对待。

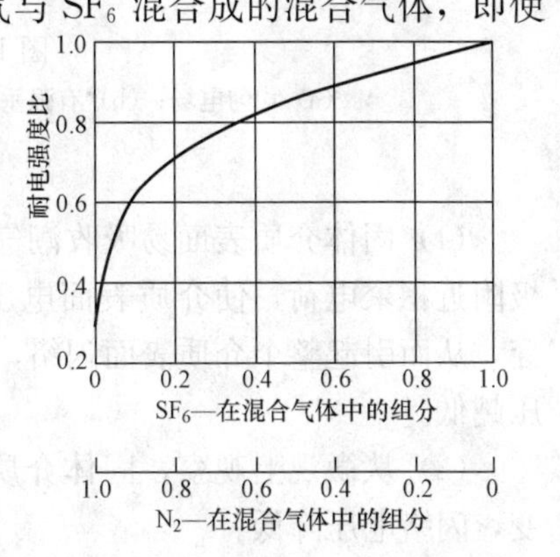

图 1-22 SF_6-N_2 混合气体的相对耐电强度

不同比例混合气体的相对耐电强度（以纯 SF_6 气体的耐电强度为基准）也不同，如图 1-22 所示。当 N_2 的含量小于40%时，混合气体的相对耐电强度降低很少，即使有80%的N_2与20%的SF_6组成混合气，其耐电强度也达到纯N_2或纯空气耐电强度的两倍以上。工程上采用的混合比通常为50%：50%或60%：40%。

§1.8 沿面放电

电气设备的带电体必须用固体绝缘材料来支撑或悬挂，如输电线路的悬式绝缘子、棒式绝缘子、隔离开关的支持绝缘子等。当极间电压超过某一值时，在固体介质和空气的交界面上出现放电现象，这种气体沿固体介质表面发生的放电，称为沿面放电，又称沿面闪络，简称闪络。在中性点直接接地系统中发生沿面放电时，将引起断路器跳闸，造成供电中断。沿面放电是一种形式特殊的气体放电，沿面放电发展和放电电压受绝缘子表面状态与大气条件等因素的影响很大，电力系统的停电事故中沿面放电是主要因素之一。

一、气体沿固体介质表面的放电

沿面放电与固体介质表面电场分布有密切关系，固体介质表面电场分布有三种形式。

1. 均匀电场中的沿面放电

电力线与固体介质表面相平行，固体介质的表面并不受电场作用，且处于均匀电场中的固体介质并不引起电场分布的改变，如图1-23（a）所示。但均匀电场中固体介质的沿面闪络电压比空气或固体介质单独存在时的放电电压还低，主要原因有：

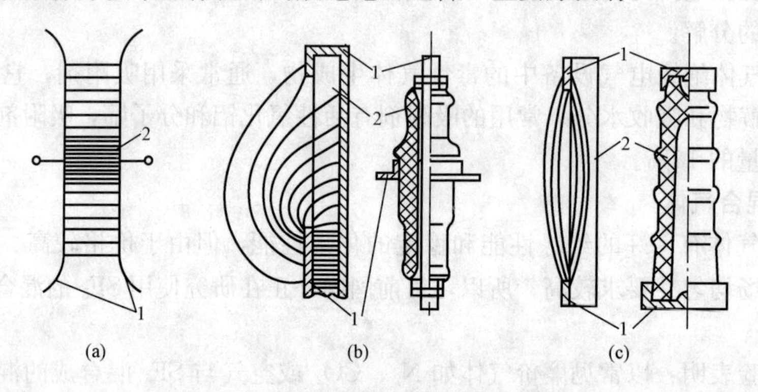

图1-23 介质表面电场的典型分布

（a）均匀电场；（b）有强垂直分量的极不均匀电场；（c）有弱垂直分量的极不均匀电场

1—电极；2—固体介质

（1）固体介质表面易吸收潮气形成水膜，水具有离子电导，离子在电场中运动逐渐在电极附近积聚电荷，使介质表面电压分布不均匀，电极附近电场最强，使两电极附近空气击穿，从而引起整个介质表面闪络，导致闪络电压降低。越容易吸潮的介质，它的沿面放电电压越低。

（2）从微观上观察，固体介质表面粗糙而电阻不均匀，致使介质表面电场分布发生畸变，闪络电压降低。

（3）若电极与固体介质接触面存在气隙，气隙将承受高场强而容易发生局部放电，放电产生的带电质点到达介质表面时，引起原有电场畸变，从而降低闪络电压。

2. 极不均匀电场具有强垂直分量时的沿面放电

固体介质处于不均匀电场中，介质表面电场可分解为两个分量：与介质表面相垂直的法线分量和与介质表面相平行的切线分量。

具有强垂直分量的典型设备如高压套管、电力电缆等，如图 1-23（b）所示。它的闪络电压较低，放电时对绝缘的危害也最大。以套管为例分析沿面放电发展过程，如图 1-24 所示。

当外施电压达到某一数值时，紧靠法兰边缘空气发生游离，首先出现电晕放电，如图 1-24（a）所示。随着外施电压的升高，电晕放电火花向前延伸，形成许多平行的细线状火花，如图 1-24（b）所示。细线状火花放电途径形状如同刷毛，又称为刷形放电，电晕放电和细线状火花放电同属于辉光放电。细线状火花中的带电质点被电场的法线分量紧压在介质表面上，在切线分量的作用下向前运动，使介质表面局部发热。随着外施电压的升高放电电流随之增大，局部发热的火花放电通道出现热游离，使通道中带电质点剧增，电导急剧增加，并使个别火花通道头部电场迅速增强，导致火花放电通道迅速发展，放电转入光亮较强的树枝状火花，如图 1-24（c）所示。这种树枝状火花放电在法兰处不断改变位置，又称为滑闪放电。当外施电压继续升高时，树枝状放电火花延伸到另一电极，形成沿面闪络。此后根据电源容量，放电可转入火花或电弧放电。

套管的等值电路可用图 1-25 所示电路来表示。

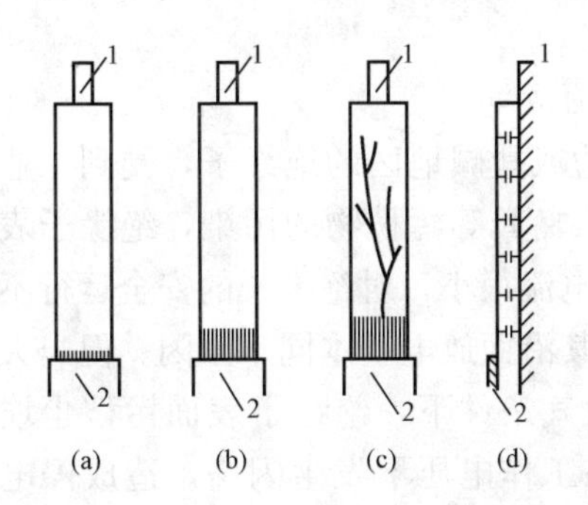

图 1-24　沿套管表面放电示意图

（a）电晕放电；（b）刷形放电；（c）滑闪放电；（d）套管表面电容等值电路

1—导电杆；2—法兰

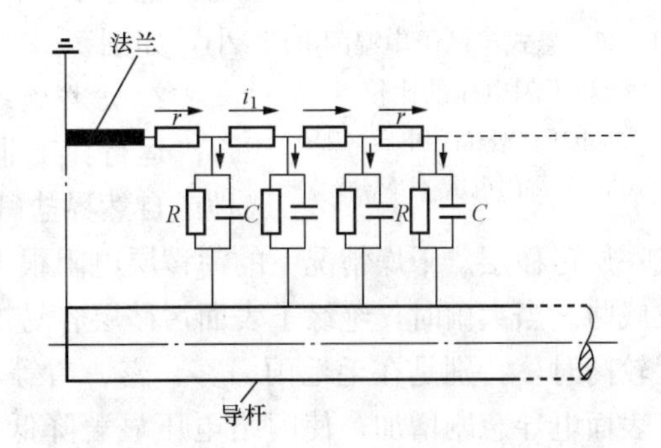

图 1-25　套管等值电路图

C—表面电容；R—体积电阻；r—表面电阻

套管施加工频电压时，沿套管表面将有电流通过，由于 R 与 C 的存在，沿套管表面通过的电流是不相等的，越靠近法兰，电流越大，单位长度上的电压降也就越高，法兰的电场最强。当法兰的表面场强高于电晕起始场强时，便首先出现电晕放电。

为提高套管的沿面闪络电压，工程上采取多种措施，其主要出发点是减小表面电容 C，调整介质表面电位分布。例如：增大绝缘厚度（加大法兰处的套管外径）；采用介电系数小的介质（瓷—油组合介质）；靠近法兰的套管表面涂半导体漆或半导体釉，以降低该处表面电阻，调整电场使其均匀分布，使滑闪电压和闪络电压有所提高。

3. 极不均匀电场具有强切线分量时的沿面放电

支持绝缘子属于此种情况，如图 1-23（c）所示。此时电极本身的形状和布置已使电场分布很不均匀，介质表面积聚电荷使电位重新分布所造成的电场畸变，一般不会显著降低沿面闪络电压。

此外，由于电场垂直分量较小，介质表面电容电流很小，不会发生局部热游离现象，无明显的滑闪放电过程，因此介质厚度对闪络电压无影响。为提高闪络电压，首先改进电极形状，以改善电极附近电场作为主要措施。增大户外高压支持绝缘子的裙边、额定电压220kV及以上的绝缘子顶端装设均压环，都可提高闪络电压。

二、绝缘子串的湿闪与污闪

1. 绝缘子串经雨淋后的沿面放电

绝缘子淋雨后，瓷裙上部表面形成一层导电水膜，电导电流增大引起表面发热。整个湿润表面发热并不均匀，出现局部电导电流密度较大处水膜发热而被烘干，场强增大引起局部放电，从而导致沿面闪络。这种热过程发展缓慢，雷电冲击电压下淋雨对绝缘子串的闪络电压无多大影响。工频电压下，当绝缘子串不长时，其湿闪电压显著低于干闪电压（低15%～20%）。由于淋雨情况下沿绝缘子串的电导较均匀，故电压分布也比较均匀，湿闪电压基本按绝缘子串长度而呈线性增加，如图1-26所示。干燥情况下的绝缘子串表面状态截然不同，电压分布不均匀，绝缘子串的干闪络电压随绝缘子串长度的增加而增加很小，如图1-26所示。

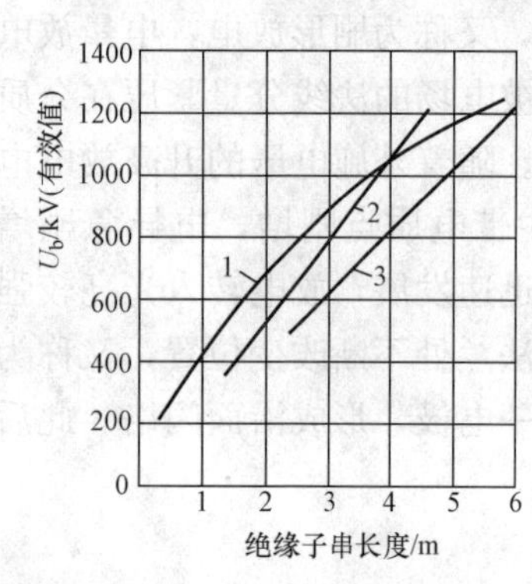

图1-26 悬式绝缘子串湿闪电压和干闪电压的比较

1—干闪电压；2—湿闪电压（ПМ—4.5）；3—湿闪电压（ПМ—8.5）

2. 污秽绝缘子的沿面放电

运行在工业区、海边或盐碱地区的绝缘子，受到工业污秽或自然界盐碱、飞尘、鸟粪等污秽物的污染，绝缘子表面形成一层污秽层。干燥情况下的污秽层电阻很大，泄漏电流很小，对绝缘子的安全运行不会形成威胁。当大雨时，绝缘子表面污秽层容易被冲掉，其沿面放电基本同于湿闪。但当大气湿度较高时，特别是在毛毛雨、雾、露、雪等不利的大气条件下，绝缘子表面污秽尘埃受潮，表面电导急剧增加，使闪络电压显著降低，甚至在工作电压下发生闪络，造成停电事故。据工业地区统计，雾天的污闪事故占输电线路事故的21%。污闪事故造成大面积停电，严重危及电力系统的安全运行。

绝缘子污闪放电的发展机理较复杂，影响因素也很多，如污秽尘埃的数量、污秽层的导电性能、天气潮湿程度与潮湿过程，放电发展过程中某种因素的偶然出现所造成影响程度等。所有这些因素都具有很大的随机性，使污闪发展复杂化，造成污闪电压降低。

为防止绝缘子的污闪，以保证电力系统的安全运行，工程上一般采取以下措施：

（1）定期清扫绝缘子，有条件时可带电用水冲洗。

（2）适当增加绝缘子片数、选用防污型绝缘子或合成绝缘子。

（3）在绝缘子表面涂憎水涂料，如有机硅、地蜡涂料等，使之在潮湿天气下难以形成连续水膜，闪络电压不会显著降低。

（4）采用半导体釉绝缘子，利用半导体釉层通过均匀的泄漏电流加热烘干污秽层，使介质表面保持干燥，可提高污闪电压。

三、绝缘子串上的电压分布

我国35kV及以上输电线路，多使用盘形悬式绝缘子串作为线路绝缘，绝缘子串的片数取决于线路的绝缘等级。一般情况下，35kV用2～3片、110kV用7片、220kV用13～14片、330kV用19～22片、500kV用28～30片。线路电压等级越高，绝缘子串的片数也就相应增多，增长了绝缘子串的长度。这给线路运行带来一系列问题，其中最突出的就是沿绝缘子串的电压分布不均匀。

悬式绝缘子串，由于绝缘子的金属部件与铁塔或导线间有电容存在，使绝缘子串的电压分布不均匀，等值电路如图1-27所示。图中，C为绝缘子的电容，C_E为绝缘子金属部件对地电容，C_L为绝缘子金属部件对导线电容。一般C为50～70pF、C_E为4～5pF、C_L为0.5～1pF。

如果只考虑绝缘子对地电容C_E的影响时，电容电流与电位分布如图1-27（a）所示。由于绝缘子串对地存在着电位差，对地电容C_E构成绝缘子串的分流支路，通过C_E的电流经铁塔入地。绝缘子串中靠近导线的绝缘子通过的电流最大，电压降也就最大。如果只考虑绝缘子对导线间电容C_L的影响，电容电流与电位分布如图1-27（b）所示。各C_L与相应的C并联，因此使各级绝缘子电容C所通电流逐级增加，而靠近铁横担的绝缘子通过电流最大，电压降也最大。实际上C_E和C_L同时存在，绝缘子串上合成后的电容电流和电位分布如图1-27（c）所示。

由上可知，由于C_E的作用，靠近导线端的绝缘子的电压降最大；由于C_L的作用，靠近横担端的绝缘子的电压降最大。但$C_E>C_L$，C_E的影响要比C_L大，所以绝缘子串靠导线端电压降比靠横担端电压降要高。

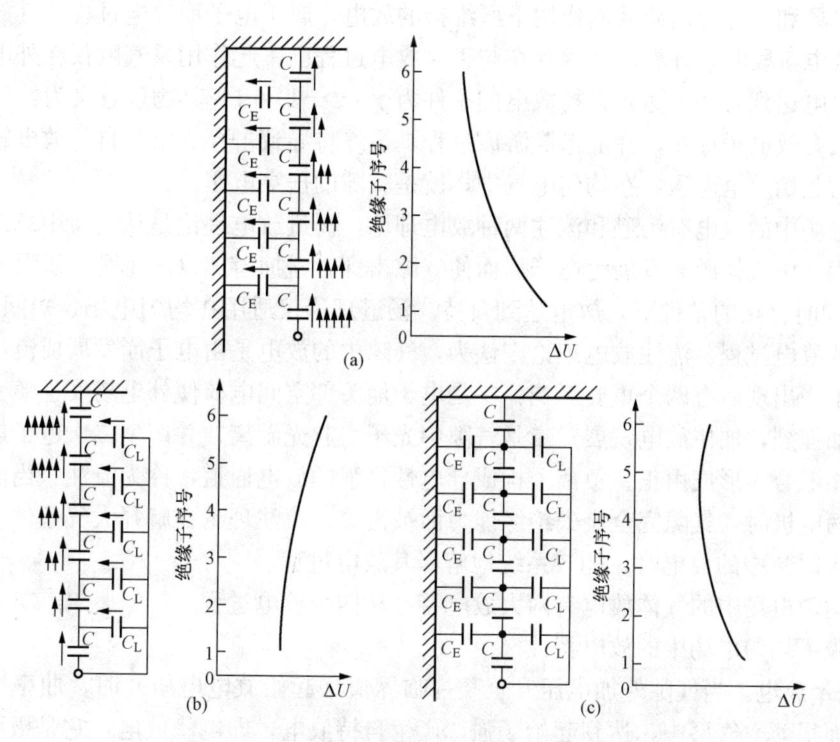

图1-27　绝缘子串的等值电路及电压分布曲线

（a）只考虑对地电容C_E；（b）只考虑导线间电容C_L；

（c）同时考虑C_E及C_L

因绝缘子串电压分布不均匀，靠近导线第一片绝缘子上电压降过高，容易发生电晕，而在工作电压下产生电晕是不允许的。为了改善绝缘子串上的电压分布，可在绝缘子串靠导线端安装均压环。均压环加大了绝缘子对导线的电容 C_L，从而使电压分布得到改善。220kV 及以上输电线路可考虑使用均压环。

本章要点

气体电介质主要是空气，在电力系统中应用相当广泛，如架空线路、母线相与相之间和相对地、变压器外部绝缘、隔离开关的断口等。在外加电压较低（工作电压）时，空气中的电导电流极小，可视为良好的绝缘介质。当外加电压大于起始放电电压时，电导电流急剧增加，气体间隙由原来的绝缘状态变为导通状态，这种现象称为气体放电，即气体击穿。根据电源容量的大小、空气压力的高低、气体间隙击穿后的形式，主要有辉光放电、火花放电、电晕放电和电弧放电四种。

气隙中的电导电流由带电质点所致，产生方式主要有气体游离和负离子的形成两种。气体游离分为热游离、碰撞游离、光游离和阴极表面游离四种形式；负离子的形成则削弱了气隙中的游离过程，空气介质的这种负电性，起到提高击穿电压的作用。气隙击穿后，带电质点主要通过扩散和复合过程而消失，气隙将会自动恢复其绝缘性能。

均匀电场中气体放电有两个过程，即非自持放电和自持放电过程（阶段）。非自持放电阶段是由电场和外部游离源共同作用下所维持的放电，属于电子崩放电过程，其放电很不稳定；自持放电阶段时，外界游离源存在与否对放电过程已不起作用，气隙仅在外电场作用维持下，使放电达到自持。达到自持放电的条件为 $\gamma(e^{\alpha d}-1)=1$，其物理意义为：气隙中只要始终有一个有效电子存在，并能形成游离过程，最终将导致击穿。由非自持放电转入自持放电的电压为起始放电电压，在均匀电场中，就是气隙的击穿电压。

均匀电场中的放电有汤逊和流注两种放电理论，汤逊放电理论是从实验中总结得到的气隙放电过程，由气体游离发展为电子崩而使气隙击穿，碰撞游离（α 过程）和阴极表面游离（γ 过程）同时存在的条件下，放电达到自持。汤逊理论仅适用在均匀电场、短间隙（Pd 值较小）中的放电过程。流注放电理论则认为，气隙中的放电是由电子崩发展成流注而使气隙击穿。电子崩出现后有两个重要影响：一是电子崩头部空间电荷使外电场发生畸变，崩头前方电场更加强烈，加快放电发展；二是气隙中光子引起光游离，并产生二次电子崩，受主崩吸引与之相汇合，形成由正、负离子构成导电性很强的放电通道，称为流注。当流注完全形成并贯穿两电极时，气隙完全丧失绝缘能力而被击穿。流注理论在解释大气条件下、长间隙（Pd 值较大时）中的放电时，能较系统地解释其放电过程。

极不均匀电场中的气体放电有两大放电特性和四个放电过程。

（1）极不均匀电场中的放电特性。

1）电晕放电。当气隙外加电压升至某一临界值（起始放电电压）时，曲率半径较小的尖电极表面很薄空气层中，达到起始场强，产生自持放电，即电晕放电，它是极不均匀电场中特有的一种自持放电形式。由于电晕层内游离所产生的正空间电荷，使尖电极表面电场分布发生畸变，从而影响了电晕起始电压，使得正棒—负板的电晕起始电压比负棒—正板时高。

2）极性效应。极不均匀电场中，尖电极表面发生游离所产生的正空间电荷，使整个气隙的电场分布发生畸变，而对放电发展和放电电压产生影响，由于尖电极的极性不同，所以这种影响也就不同。仅尖电极的极性不同，而其他试验条件完全相同时，负棒—正板的击穿电压比正棒—负板的要高。

（2）极不均匀电场中的放电过程分为非自持放电、自持放电、先导放电和主放电四个阶段。

1）非自持放电阶段。属于电子崩发展过程，放电不稳定，极性效应对放电发展有影响，负棒—正板中的放电容易。

2）自持放电阶段。棒电极附近放电达到自持，形成流注，放电过程稳定，属于电晕放电。

3）先导放电阶段。长间隙中，流注发展到一定长度后，流注根部的高温引发强烈的热游离，形成火花放电通道，火花放电通道的延伸形成先导放电。

4）主放电阶段。先导放电通道头部电荷极性与棒极相同，先导放电发展迅速，先导头部到达板电极时，放电通道贯穿两极，电荷中和，形如两极短路，气隙完全击穿。

雷电冲击电压下气隙击穿的放电过程和击穿电压与持续电压（直流、工频电压）下的击穿有很大差别，且与很多因素有密切关系。

雷电冲击电压波形对击穿电压有重大影响，我国规定的标准冲击全波波形：波头长度 $T_1=1.2\pm30\%\mu s$，波长 $T_2=50\pm20\%\mu s$，必须指明正、负极性，用符号 $\pm1.2/50\mu s$ 表示。

标准操作冲击电压波用来等效模拟操作过电压波，工程中趋向于非周期性双指数波，$250/2500\mu s$。若在试验中不能满足要求或不适应时，可采用 $100/2500\mu s$ 和 $500/2500\mu s$ 冲击波。

由于冲击电压下气隙的放电电压具有分散性，所以其放电所需时间比持续电压击穿所需时间延长了一段时间 t_1，即放电时延。它由放电统计时延 t_s 和放电形成时延 t_f 两部分组成。均匀电场中，由于具有较高平均场强，放电过程发展较快，所以，放电时延较短，统计时延决定了放电时延。不均匀电场中的放电时延与均匀电场的情况相反。

由于雷电冲击电压下的气隙放电电压具有分散性和放电时延，气隙准确的放电电压值很难确定。工程中采用“取半”的方式，即用50%冲击放电电压值（$U_{50\%}$）来代表气隙的冲击放电电压。

气隙的冲击放电电压值与击穿所需时间有着密切关系，工程中将作用在气隙上的最大电压幅值与击穿所需时间之间的关系，称为伏秒特性。在实际的绝缘配合中，被保护设备的伏秒特性曲线的下包线，应始终位于保护设备的伏秒特性曲线上包线之上。为使保护设备具有良好的保护特性，一般通过改善电场分布使伏秒特性曲线变得平坦些，以及采取正确的绝缘配合方式，作为绝缘配合的主要措施。

工程中常以标准大气条件下气隙的击穿电压来评定它的电气强度。当试验条件下的气压、温度、湿度及海拔与标准大气状态不相符时，将直接影响到气隙的游离过程，因而击穿电压也就不相同，必须加以修正。

为了更好地利用气体介质，实际中采取多种措施来提高击穿电压。主要有两种途径：一种是改善电场分布，使其尽量均匀；另一种是采取其他方式，削弱气隙中的游离过程。改善电极形状与极不均匀电场中采用屏障，是属于改善电场分布来提高气隙击穿电压；采用高气压与高度真空，则属于削弱气隙中的游离过程，而直接采用高耐电强度气体（如 SF_6）代替空气时，效果更好且具有更重要的实际意义。

由于 SF_6 具有很高的电气强度和稳定的化学性能与物理性能，它的使用越来越广泛。SF_6 的电气强度之所以比空气高约 3 倍，是因为它的电负性远强于空气；化学性能很稳定，很适合开关电器中作为灭弧介质，其灭弧能力是空气的 100 倍。SF_6 气体在运行中要注意两点：一是使用在较均匀电场中，充分发挥其电气强度和理化特性；二是 SF_6 电器密封性能要好，防止水分带来的危害。当采用混合气体后，可以降低 SF_6 电器的造价和液化温度不够的问题。

气体沿着固体介质表面发生的放电现象，称为沿面放电即沿面闪络，简称“闪络”。研究沿面闪络具有很重要的实际意义。

按照电场在固体介质表面分布分为三种情况。①固体介质处于均匀电场中，它的闪络电压比空气或固体介质单独存在时放电电压还低，主要原因是固体介质表面容易吸潮形成“水膜”而具有电导，电荷逐渐在电极附近积聚而使电场增强，发生游离后使闪络电压降低。②固体介质处于不均匀电场中受到强垂直分量作用时，闪络电压很低，绝缘套管属于此种绝缘结构。闪络从套管根部（法兰处）开始，分电晕放电、刷形放电、滑闪放电、沿面闪络四个阶段。提高闪络电压最主要是减小固体介质表面电容系数 C_0 的影响，可通过改善法兰附近电场分布和增加绝缘厚度等措施来提高闪络电压。③固体介质处于极不均匀电场中受强切线分量作用时，支持绝缘子就属于此种绝缘结构。由于电场已不均匀，所以闪络电压较低。实际中常利用改进电极形状以改善电场分布，另外对于户外支持绝缘子，还采用增大沿面放电距离等方法来提高闪络电压。

雨淋状态下绝缘子串的湿闪络电压及污闪电压。当绝缘子串的片数较少时，湿闪络电压比干闪络电压低，但绝缘子串片数较多时，其湿闪络电压比干闪络电压要高，这是由于雨淋下绝缘子表面状态相同，电压分布均匀所致。

污秽绝缘子的闪络电压较低，特别是潮湿的污秽绝缘子很容易发生污闪。污闪络发展过程很复杂，影响因素很多，与绝缘子表面污秽物质的成分、厚度、潮湿程度和局部放电发展情况等因素有直接关系，工程上采取了多种措施来提高其污闪电压。

由于绝缘子串对地及对导线存在电容，使得绝缘子串上电压分布很不均匀。当绝缘子串对导线间电容小于对地电容的作用时，使靠近导线附近绝缘子上电压降较大，特别是第一片绝缘子上电压降最高，将导致发生电晕造成老化而损坏。为此在靠近导线第一片绝缘子上装设均压环，加大绝缘子对导线间电容，以改善电场分布，使绝缘子串上电压较均匀分布。

思考与练习

1-1　何谓气体放电？气体放电有哪几种主要形式？

1-2　气体间隙中带电质点产生和消失的主要方式有哪几种？

1-3　何谓非自持放电和自持放电？这两种放电过程的根本区别在哪里？

1-4　均匀电场中由非自持放电转化为自持放电的条件是什么？其物理意义是什么？

1-5　汤逊放电和流注放电理论的实质是什么？各适用范围是多少？

1-6　大气中长间隙的放电分为哪几个阶段？

1-7 何谓电晕放电？高压输电线路上为何容易发生电晕放电？

1-8 电晕放电有什么危害？如何限制电晕放电现象？

1-9 何谓极性效应？极不均匀电场中为何有这种极性效应？

1-10 在棒—板气隙极不均匀的电场中，当棒电极的极性不同时，比较电晕起始电压和击穿电压的大小有什么不同？为何有这种不同？

1-11 雷电冲击电压作用下的气隙，放电时延由哪几部分组成？试述均匀电场和极不均匀电场中的放电时延各有何特性。

1-12 何谓气隙的伏秒特性？影响伏秒特性曲线形状的主要因素是什么？

1-13 雷电50%冲击放电电压的意义是什么？试述为什么采用$U_{50\%}$表示气隙的击穿电压。

1-14 气体间隙的冲击系数β是如何定义的？其值的大小有何意义？

1-15 空气相对密度是如何定义的？空气的压强、温度、湿度和海拔不同时对击穿电压各产生何影响？

1-16 提高气隙击穿电压的途径有几种？有哪些主要措施？

1-17 何谓屏障效应？

1-18 SF_6气体的绝缘强度大约为多高？与空气相比有何特点？

1-19 为什么SF_6气体要使用在较均匀电场中？若电场不均匀时会带来哪些不利影响？

1-20 如果SF_6电器中水分超过规定值，会造成哪些危害？

1-21 运行中的SF_6电器应注意哪些事项？

1-22 何谓沿面放电？按固体介质表面上的电场分布有哪三种情况？举例说明。

1-23 气体沿套管瓷表面产生沿面放电分几个过程？提高闪络电压有何措施？

1-24 比较悬式绝缘子串的干闪、湿闪、雷电冲击电压下闪络电压的高低？

1-25 悬式绝缘子串上工频电压是如何分布的？为改善其电压分布有何措施？

1-26 为提高户外支柱绝缘子的闪络电压，工程上一般采取什么措施？

1-27 何谓绝缘子的污闪？防止发生污闪有什么措施？

第 2 章

液体和固体介质的电气性能

液体和固体介质是电气设备的主体绝缘材料。液体介质除用作绝缘外，还作为载流导体和铁磁材料（铁芯）的冷却剂，在油断路器中还作为灭弧材料。固体介质除用作绝缘材料外，还常作为导电体的支撑与固定物，有时作为极间屏障和覆盖层。

对用作绝缘材料的液体和固体介质，不仅要求有较高的绝缘强度，而且还要求在电、热、机械、化学和物理等方面都具有良好的性能。为此必须重点研究它们的击穿机理和电气性能；影响电气性能的各种因素；判断绝缘老化程度的一般方法；如何正确使用绝缘材料；提高电气强度所采取的措施。

电介质在电场作用下的物理现象及相应的物理量有极化（ε_r）、电导（R_∞）、损耗（$\tan\delta$）和绝缘强度（E_j）。本章重点研究电介质在电场作用下所发生的物理现象和性能。

§2.1 电 介 质 的 极 化

一、电介质的分类

电介质可分为中性和极性两大类。

1. 中性电介质

物质由分子或离子构成，构成分子的原子由带正电的原子核与带负电的电子所组成，其正、负电荷量彼此相等。无外电场（$E=0$）作用时，正、负电荷的作用中心重合，原子对外不呈现电性，如图 2-1（a）所示。当原子受到外电场（$E\neq0$）作用时，电子运转轨道对原子核发生有限位移，正、负电荷作用中心不再重合，形成偶极子，如图 2-1（b）所示。此时电介质对外呈现电性。当去掉外电场后，原子中的正、负电荷靠内力作用回到原始状态，如图 2-1（a）所示。

由离子构成物质分子，无外电场（$E=0$）作用时，正、负离子的电荷量彼此相等，作用中心重合，对外不呈现电性，如图 2-2（a）所示。在外电场（$E\neq0$）作用时，正、负离子在晶格内发生有限位移，正、负离子作用中心不再重合，使分子对外呈现电性，如图 2-2（b）所示。当去掉外电场时，正、负离子靠内力回到原始状态，如图 2-2（a）所示。

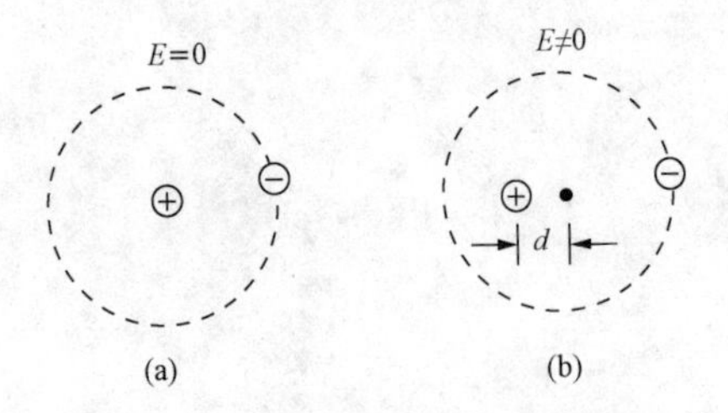

图 2-1　中性电介质在电场作用下分子正、负电荷变化示意图

（a）无外电场作用时；（b）有外电场作用时

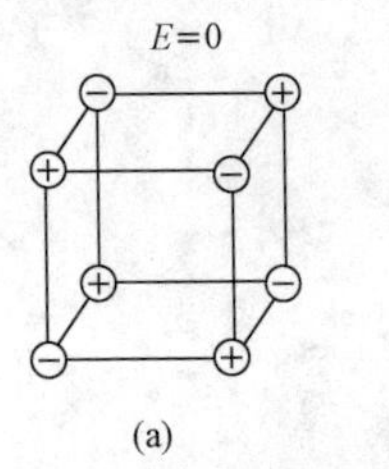

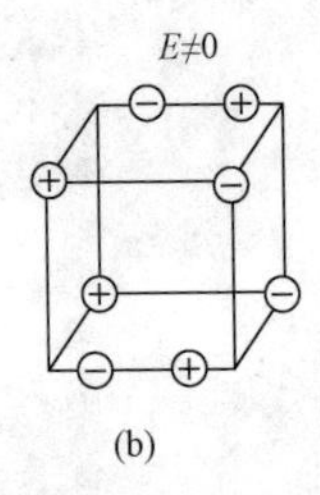

图 2-2　中性电介质在电场作用下正、负离子变化示意图

（a）无外电场作用时；（b）有外电场作用时

2. 极性电介质

某些物质由偶极子构成，偶极分子是一种特殊分子，其正、负电荷间存有永久性电矩，使电子的作用中心和原子核不再重合，形成永久性偶极子。无外电场（$E=0$）作用时，介质中的偶极子靠自身的热运动处于紊乱状态，单个偶极子虽对外呈现电性，但整个介质对外不呈现电性，如图2-3（a）所示。

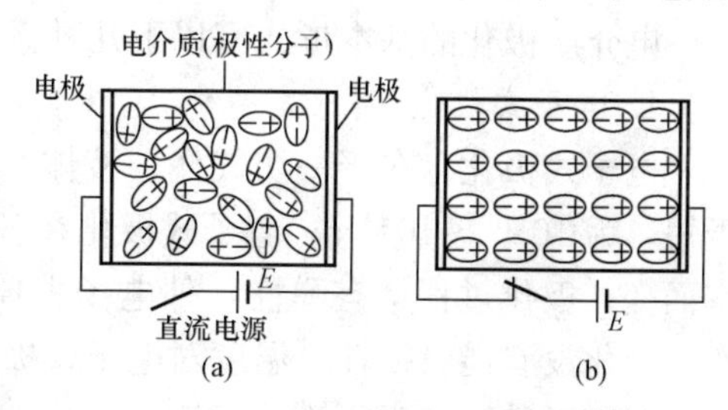

图2-3　极性电介质在电场作用时偶极子变化示意图

（a）无外电场作用时；（b）有外电场作用时

极性介质在外电场作用时，偶极子顺电场转向作有规则的排列，其结果使整个介质对外呈现电性，如图2-3（b）所示。当去掉外电场时，偶极子靠热运动又呈紊乱状态。

二、电介质的极化现象

以平行板电容器为例说明电介质的极化现象，如图2-4所示。先将平行板电容器放在密封容器内并抽真空，极板上施加直流电压U，两极板上分别充有正、负电荷Q_0，如图2-4（a）所示。极板上电荷量为Q_0，即

$$Q_0 = C_0U \tag{2-1}$$

式中　C_0——真空电容器的电容量；

U——外加直流电压。

如果在两电极间放入一块厚度与极间距离相等的极性固体介质，施加同样电压U，由于固体介质的偶极子顺着电场而转作有规则的排列，其结果使介质表面出现与极板电荷异号的束缚电荷，如图2-4（b）所示。由于外加电源电压U一定，两极间的电场强度应维持不变，所以必须再从电源中吸收与束缚电荷等量而符号相反的电荷Q'补充到极板上。放入固体介质后极板上电荷量自Q_0增加到Q_0+Q'，此时电容器的电容量相应地增加到C，即

$$C = \frac{Q_0 + Q'}{U} \tag{2-2}$$

真空电容器的电容量C_0为

$$C_0 = \frac{Q_0}{U} \tag{2-3}$$

为描述电容器极板间放入固体介质前后电容量和电荷的变化，引入相对介电常数ε_r来表征，即

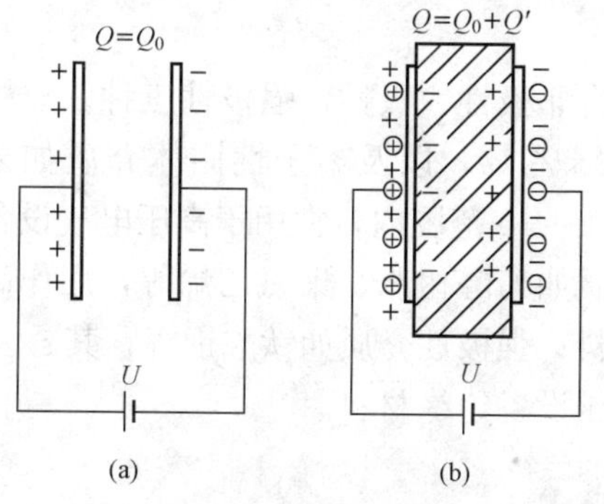

图2-4　电介质极化现象

（a）电极间为真空；（b）电极间有介质

$$\varepsilon_r = \frac{C}{C_0} = \frac{Q_0 + Q'}{Q_0} = \frac{\varepsilon}{\varepsilon_0} \tag{2-4}$$

式中　ε——介质的介电常数；

ε_0——真空的介电常数，$\varepsilon_0 = 8.86\times10^{-14}$F/cm。

综上所述，电介质在电场作用下，中性介质正负电荷作用中心发生的弹性位移和极性介质偶极子顺着电场而转作有规则的排列，使原来中性的介质对外呈现电性，这种现象称为电介质的极化。由于介质的极化，介质表面出现了束缚电荷，在极板上另外需吸引一部分电荷Q'，使极板上电荷量增多，并造成电容量

增大。相对介电常数 ε_r 的大小表征介质极化的强弱。

三、极化形式

电介质极化的基本形式有以下几种。

1. 电子式极化

电子式极化存在于一切气体、液体、固体介质中，极化过程如图 2-1 所示。极化时间极短，为 $10^{-15}\sim10^{-14}$s；电子式极化在各种频率的交变电场中均能产生极化，故 ε_r 不随频率而变；极化过程具有弹性，外电场去掉后，依靠正、负电荷内力（吸引力）回到原始状态，极化没有能量损耗；温度对电子式极化稍有影响，随温度的升高极化减弱但甚微，具有负的温度系数，工程中不计温度的影响。

2. 离子式极化

固体无机化合物如云母、陶瓷、玻璃等属于离子结构，极化过程如图 2-2 所示。离子式极化时间很短，为 $10^{-13}\sim10^{-12}$s，在所有电工频率范围内可认为 ε_r 与频率无关；极化过程也具有弹性，没有能量损耗；温度对离子式极化有影响，即温度升高时 ε_r 有所增加，具有正的温度系数。

以上两种极化都是在电场作用下，正、负电荷作用中心发生位移引起的，所以称为位移式极化。由于极化过程没有能量损耗，又称为无损极化。

3. 偶极子极化

偶极子极化发生在一切极性介质中，如蓖麻油、氯化联苯、松香、橡胶、胶木、聚氯乙烯和纤维素等都属于偶极子结构的极性介质，极化过程如图 2-3 所示。偶极子极化是非弹性的，偶极子转向时，需要克服偶极子间的作用力，因而有能量损耗；极化时间较长，为 $10^{-10}\sim10^{-2}$s，与电源频率有关，频率较高时偶极子来不及转动，因而 ε_r 减小；温度对 ε_r 有很大影响，温度升高时，偶极分子间的结合力减弱，ε_r 将增大，但温度过高或过低时，分子转向困难，因而又使 ε_r 下降，如图 2-5 所示。

综上所述可知：

(1) 气体介质由于密度小，无论是非极性气体还是极性气体，ε_r 均很小，工程上近似认为 $\varepsilon_r=1$。

(2) 液体介质可分为中性（或弱极性）、极性与强极性三种。中性液体介质的 ε_r 在 1.8～2.5 之间，变压器等矿物油属于此类；极性液体介质的 ε_r 在 3～6 之间，如蓖麻油、氯化联苯等；强极性液体如酒精、水等，虽然 ε_r 很大（$\varepsilon_r>10$），但由于电导也很大，不能作为高压绝缘材料。

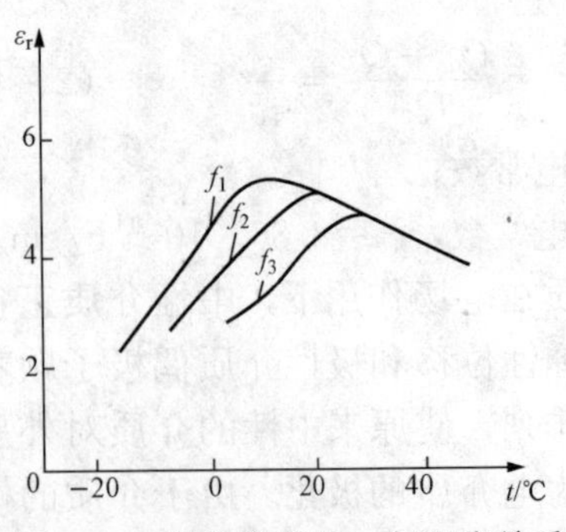

图 2-5 氯化联苯的 ε_r 与温度关系曲线（频率 $f_1<f_2<f_3$）

(3) 固体介质分为非极性、极性、强极性三种。非极性介质如聚乙烯、聚苯乙烯，以及离子性固体介质如云母、陶瓷等，其 ε_r 在 2～10 范围内，常用于高压电气设备的绝缘材料；极性介质如酚醛树脂、聚氯乙烯等，用作高压电气设备的绝缘材料；强极性介质如钛酸钡等，其 ε_r 虽很大，但不能用作高压设备绝缘材料。

4. 夹层式极化

上述三种极化形式是在单一介质中发生的，但高压电气设备的绝缘结构由不同的电介质组合而成，故又称为组合介质。如以两种介质构成的夹层介质为例，分析其交界面极化过程，如图 2-6 所示。

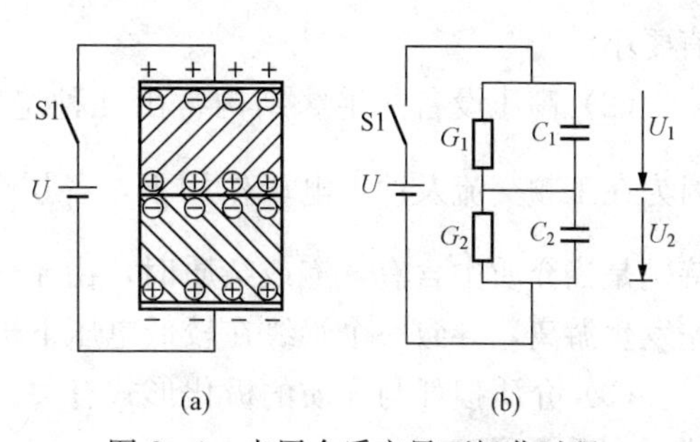

图 2-6　夹层介质交界面极化过程
（a）两夹层介质；（b）等值电路图
C_1、C_2—各介质的电容；G_1、G_2—各介质的电导；
U_1、U_2—一、二层介质上的电压

S1 闭合瞬间（$t=0$），由于频率很高，电压分配与各层介质的电容成反比，即

$$\left.\frac{U_1}{U_2}\right|_{t=0}=\frac{C_2}{C_1} \tag{2-5}$$

当 $t\to\infty$ 电路达到稳态时，电容相当于开路，电流全部通过电导，两介质上电压 U_1、U_2 与各层介质电导成反比，即

$$\left.\frac{U_1}{U_2}\right|_{t\to\infty}=\frac{G_2}{G_1} \tag{2-6}$$

由于是两夹层介质，即 $\varepsilon_1\neq\varepsilon_2$，$G_1\neq G_2$，将夹层介质视为不均匀介质，即

$$\frac{G_2}{G_1}\neq\frac{C_2}{C_1}$$

于是

$$\left.\frac{U_1}{U_2}\right|_{t=0}\neq\left.\frac{U_1}{U_2}\right|_{t\to\infty} \tag{2-7}$$

由式（2-7）可明显看出 S1 闭合后，夹层介质中起始电压（$t=0$）的分配不等于稳态时（$t\to\infty$）的电压分配，即在夹层介质极化过程中，两介质间存在着一个电压（电荷）重新分配过程。

设 $C_1>C_2$，即 $G_1<G_2$，则有

$t=0$ 瞬间

$$\left.\frac{U_1}{U_2}\right|_{t=0}=\frac{C_2}{C_1}\quad(U_1<U_2)$$

$t\to\infty$ 达到稳态

$$\left.\frac{U_1}{U_2}\right|_{t\to\infty}=\frac{G_2}{G_1}\quad(U_1>U_2)$$

由上式可知，夹层介质极化过程中，的确存在一个电压重新分配过程，但任何时刻都应满足 $U=U_1+U_2$ 关系。根据 $C_1>C_2$ 的条件，两介质极化过程中，U_2 是下降的，即 C_2 上的部分电荷通过 G_2 释放掉；而 C_1 却要从电源再补充吸收部分电荷（称吸收电荷），C_1 充电后 U_1 升高。

吸收电荷的多少和吸收过程的快慢，与绝缘尺寸和绝缘材料的运行状况有密切关系。当电气设备的绝缘结构一定时，干燥完好的绝缘介质的电导很小，夹层极化过程进行得很缓慢，从几秒到几十分钟，有时甚至长达几个小时；当绝缘介质受潮后，电导增大，使极化过程的完成时间大大缩短。工程上常利用极化过程完成的快慢（即吸收过程）来判断介质的绝缘状况。

四、电介质极化在工程中的实际意义

（1）选择绝缘材料时，一定注意 ε_r 的大小。如选择电容器的绝缘材料，一方面要注意材料的绝缘强度，另一方面希望 ε_r 值大些。这样在相同电容量的情况下，可以减小电容器的体积。至于其他设备的绝缘结构，如电力电缆、电机定子线圈槽口处的绝缘等，则希望 ε_r

值要小。

（2）高压设备的绝缘结构常由几种绝缘材料组合而成，要注意各材料 ε_r 的相互配合。因为在工频交流及冲击电压作用下，各层介质的电场强度 E 分布与 ε_r 成反比，即 $\frac{E_1}{E_2}=\frac{\varepsilon_2}{\varepsilon_1}$。特别是当介质中含有气泡或杂质时，由于气泡和杂质的介电常数 ε_r 小，承受较高的场强将先发生游离，导致整个绝缘在较低电压下被击穿。

（3）介质损耗与介质的极化形式有关。介质损耗要引起发热，是造成绝缘热老化和击穿的一个重要因素。

（4）在绝缘预防性试验中，利用夹层极化的吸收电荷过程来判断绝缘受潮情况。

§2.2 电介质的电导

一、电介质的绝缘电阻

1. 电介质绝缘电阻的意义

任何电介质都不是绝对的绝缘体，介质中总会有一定数量联系较弱的和含有杂质的带电质点存在。在电场作用下，这些带电质点作定向运动，形成泄漏电流即电导电流。在加压初期，介质中有电导电流和极化电流，当 $t\to\infty$ 时极化过程完毕，介质中仅有电导电流 I_∞，与之相对应的介质电阻值，即为介质的绝缘电阻。当外加直流电压 U 一定时，介质的绝缘电阻与电导电流成反比，即

$$R_\infty=\frac{U}{I_\infty} \tag{2-8}$$

介质绝缘电阻的高低，决定了电导电流的大小。介质受潮时绝缘电阻下降而电导电流增大，它将引起介质发热、温度升高、加速介质老化，使用寿命缩短。在绝缘预防性试验中，可根据 R_∞ 值的大小判断绝缘材料的优劣。

2. 电介质电导的特点

电介质的电导与金属电导有本质区别，电介质的电导是离子在电场下运动而形成的。电导电流主要由两部分构成，一是介质的分子离子化，形成电子和正离子；二是介质中的杂质离子。通常情况下的介质电导极小，而金属电导为电子电导且极大。

电介质的电导与温度有密切关系，温度越高，离子的热运动越剧烈，容易形成电导电流。另外，高温下介质分子离子化能力增强，形成较大的电导，即介质的电导率随温度升高而增加。电阻率则按指数规律下降，故电介质的绝缘电阻具有负的温度系数；而金属的电阻率随温度升高而增加，具有正的温度系数。

二、电介质的吸收现象

当电气设备的绝缘结构与外加直流电压 U 一定时，随着加压时间的增长，回路中电流由大到小逐渐衰减，当 $t\to\infty$ 时，电流趋于某一稳定值，这种电流随时间的增长而衰减的现象，称为介质的吸收现象。介质在直流电压下的等值电路，如图 2-7（a）所示。

直流电压下介质中的电流由三部分组成。

（1）i_0 为电容电流，大小由电极间几何电容 C_0 的数值和电子与离子的极化强弱决定，又称几何电流，存在时间很短，很快衰减到零。

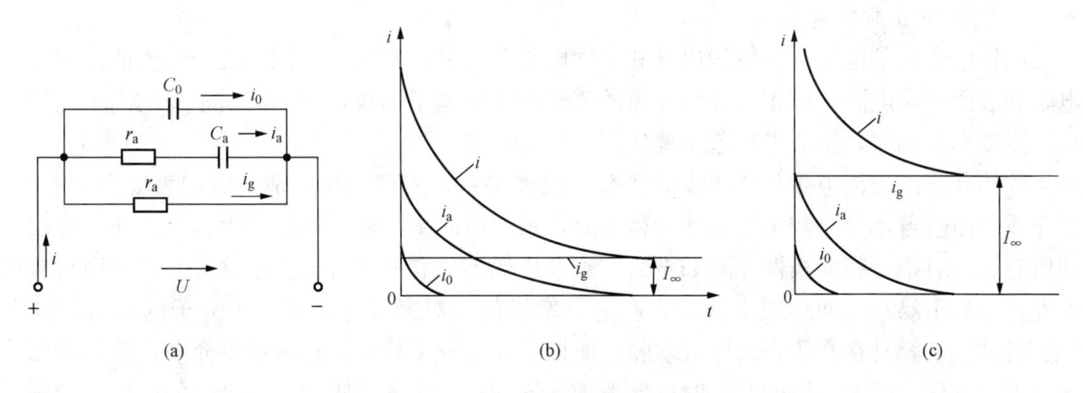

图 2-7　绝缘介质内电流的变化

(a) 等值电路；(b) 干燥介质的电流；(c) 受潮后介质的电流

(2) i_a 为吸收电流，大小由介质偶极式极化和夹层极化的程度来确定，数值较大且衰减缓慢，衰减时间长达几秒甚至几十秒钟。因极化过程有能量损失，等值电路中用 r_a 和 C_a 串联支路来代表。

(3) i_g 是电导电流，它不随时间变化，当绝缘结构和外加直流电压一定时，i_g 为常数，即 $i_g=I_\infty$。介质中流过的总电流为

$$i = i_0 + i_a + I_\infty \tag{2-9}$$

电介质的吸收现象和介质体积及介质运行状态有很大关系。当设备体积较大且试验条件一定时，干燥完好的介质吸收过程进行得很缓慢，吸收现象明显，如图 2-7 (b) 所示。受潮后的介质，由于电导电流很大，吸收过程进行得很快，吸收现象就不明显。受潮愈严重，其吸收过程就愈快，吸收现象也就愈不明显。

在实际中常利用介质的吸收现象并测量吸收比 $K\left(K=\frac{R_{60''}}{R_{15''}}\right)$来判断其优劣。

三、电介质的电导

1. 气体电介质的电导

当空气间隙上外加电场强度低于击穿场强时，电导电流极小，可忽略不计，绝缘电阻趋于无穷大。当外加场强高于起始场强时，电导电流明显增大。

2. 液体电介质的电导

构成液体电介质电导的因素主要有两种：一是液体电介质的分子和杂质分子离子化为离子，构成离子电导；二是液体中的胶状体质点吸附电荷后变成带电质点，构成电泳电导。

中性和弱极性液体电介质的分子离子化能力极差，其电导主要取决于杂质电导。极性液体介质除杂质电导外，还与其分子离子化能力有关，电导较大。对于强极性的液体，如水、酒精等，即使是高度纯净，由于电导很大，也不能作为绝缘材料使用。

综上所述可知，杂质对液体介质的电导影响很大，工程中使用的液体介质总含有杂质，特别是水分，必要时需作纯净处理，以减少杂质电导的影响。另外，液体介质的电导还与温度有关，温度升高时，离子在热状态下运动阻力减小，同时分子或原子热状态下离子化能力增强，都会使电导增大。

3. 固体电介质的电导

固体电介质的电导分为体积电导和表面电导两部分，其大小分别取决于介质的体积绝缘电阻和表面绝缘电阻。体积电导由介质的离子和杂质离子构成，固体介质本身的离子电导很小，温度不太高时，杂质电导起主要作用。

固体介质的表面电导与介质表面状态有很大关系，表面干燥、清洁时，表面电导很小。当介质表面附着水分、灰尘等其他污秽物时，表面电阻率下降，电导加大。此外还与介质的性质有关，对中性和弱极性介质如石蜡、聚苯乙烯、硅有机物等，由于这种介质表面具有憎水性，水分不易在表面形成水膜，表面电导率很低；对陶瓷等介质，水分子的附着力很强（亲水性质），容易在介质表面形成水膜，所以表面电导率较大；对玻璃等介质，介质表面易溶于水，电导率较大，温度升高时电导率随之增加；对于那些吸潮能力较强的介质，如纤维材料、纸板等多孔性介质，工作在潮湿环境中，不仅表面电导大，而且体积电导也增大，使用时应采取措施进行防潮处理，以增大表面绝缘电阻。

四、绝缘电阻在工程实际中的意义

(1) 在绝缘预防性试验中，以绝缘电阻值或利用介质的吸收现象来判断绝缘的优劣或是否受潮，是重要试验项目之一。

(2) 工作在直流电压下的夹层介质，电压分布与介质电导成反比，使用时要注意所用介质的电导率，应使介质得到充分合理地使用。

(3) 绝缘介质在使用时，要注意使用的环境条件，特别是湿度。

(4) 对电气设备而言，并不是所有情况下都要求绝缘电阻高，有些情况下还要设法降低某些部位的绝缘电阻值。例如，高压套管靠法兰附近涂半导体釉（或漆），高压电机铁芯槽口处线圈涂半导体漆或其他半导体绝缘材料，以降低表面电阻值，改善电场分布，防止发生电晕。

§2.3 电介质的损耗

一、电介质的损耗

任何电介质在电压作用下都有一定的能量损耗。一种是由极性介质的极化和夹层介质极化引起的极化损耗，另一种是由介质电导引起的电导损耗，都不可逆地消耗在介质中。损耗将导致介质发热，使介质温度升高，促使介质老化，降低介质的使用寿命。

直流电压下仅有介质电导损耗，用电导率这个物理量完全可以表达，不必再引入介质损耗概念。但在交流电压下，除电导损耗外，还有周期性极化引起的极化损耗。为此必须引入介质损耗这一物理量，表征介质在交流电压下引起的有功功率损耗，如图 2-8 所示。

由于介质有损耗，电流分解为有功和无功两个分量，如图 2-8 (b)、(c) 所示，即

$$\dot{I} = \dot{I}_R + \dot{I}_C \tag{2-10}$$

介质消耗的有功功率 P，由图 2-8 (b)、(d) 可得

$$P = Q\tan\delta = U^2\omega C\tan\delta \tag{2-11}$$

由式 (2-11) 可以计算出介质的有功功率损耗。但是，用有功功率 P 来表示介质损

耗很不方便，因为P值和试验电压、试验条件、试品尺寸等因素有关，不同试品间难以相互比较，就同一试品而言，不同的试验条件下所测P值也不同，利用P值的变化来发现介质是否存在缺陷，在实践中是难以做到的。由式（2-11）可知，工频电压下它的U、ω、C都为常数，则$P\propto\tan\delta$。当介质受潮或存在其他缺陷时，将引起有功分量$\dot{I}_R$（即$\tan\delta$）增大。由此可见，用$\tan\delta$值完全可以表征P的大小，所以，实际中用$\tan\delta$值来评定介质的品质。

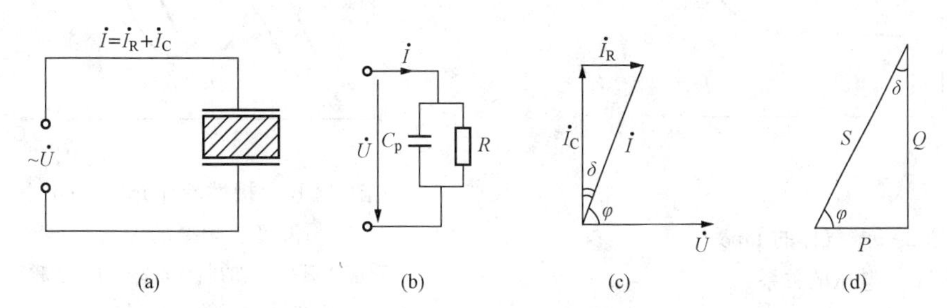

图2-8　交流电压下测量介质损耗

（a）接线图；（b）等值电路（并联）；（c）相量图；（d）功率三角形

由图2-8（b）可知，有损耗的介质可用一个理想电容器C_p和一个有效电阻R的并联（或串联，结论相同）等值电路来表示。由图2-8（c）相量图可得

$$\tan\delta=\frac{\frac{U}{R}}{U\omega C_p}=\frac{1}{\omega C_p R} \tag{2-12}$$

式中　ω——电源角频率。

由式（2-12）可知，介质的损耗仅取决于$\tan\delta$，而$\tan\delta$则取决于介质的特性，$\tan\delta$就成为判断介质损耗大小的物理量。$\tan\delta$称为介质损耗角正切，δ称为介质损耗角。

当设备的绝缘结构和试验条件一定时，其中ω与C_p为常数，由式（2-12）可知$\tan\delta$与R成反比，即$\tan\delta\propto\frac{1}{R}$。当绝缘受潮和有缺陷时，绝缘电阻下降，泄漏电流增大，介质损耗角正切值随之增加。由此可知，介质损耗角正切$\tan\delta$的大小与绝缘运行状态有直接关系，测量$\tan\delta$值并结合历史上所测$\tan\delta$，检查其$\tan\delta$值有无明显增大，依此来判断设备绝缘的优劣，这具有重要的实际意义。

二、各类电介质的损耗

1. 气体电介质的损耗

电场作用下的气体介质，除了电导和极化两种损耗外，还有气体游离引起的损耗。当电场强度不足以产生碰撞游离时，气体中损耗是由电导引起的，损耗极小（$\tan\delta<4\times10^{-8}$），工程中不计这种损耗。所以，常用的气体（如空气、氮气、SF_6）可用作标准电容器的介质。当空气介质外加电压U超过起始电压U_0时，气体介质发生局部放电，损耗急剧增加，如图2-9所示，这时已发展成电晕损耗。高压线路上的电晕放电最典型。

2. 液体电介质的损耗

中性或弱极性液体的损耗主要来源于电导，其损耗很小，损耗与温度间的关系和电导相似。

极性液体（如蓖麻油、氯化联苯等）以及极性与中性的混合物（如电缆胶是松香和变压器油的混合物）都具有电导和极化两种损耗，其损耗与温度、频率间都有关系，如图 2-10 所示。

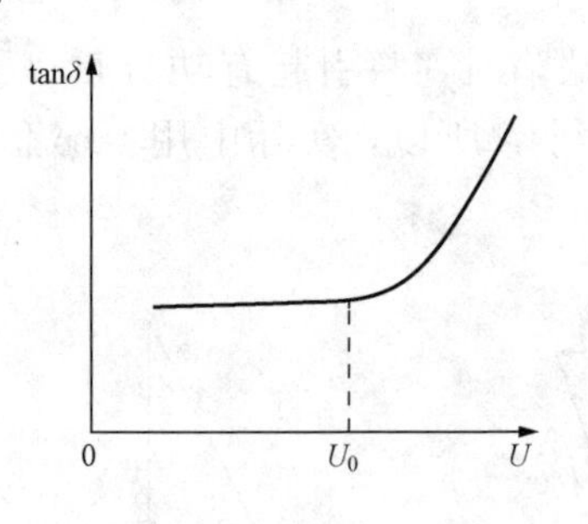

图 2-9 气体的 tanδ 与电压的关系

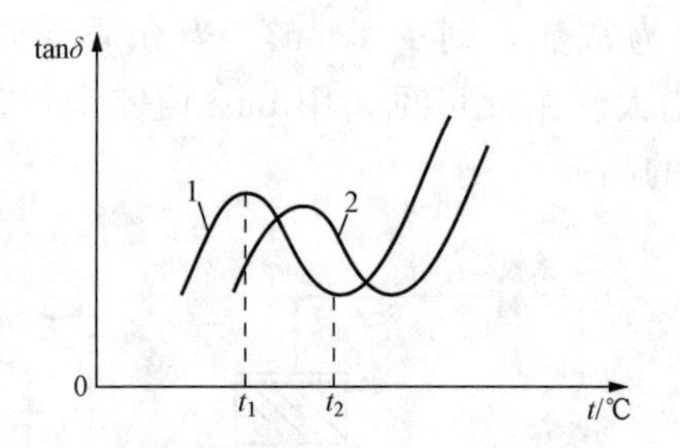

图 2-10 极性液体介质 tanδ 与温度、频率的关系

1—对应于频率 f_1 的曲线；2—对应于频率 f_2 的曲线（频率 $f_2>f_1$）

曲线 1 的解释为：当温度 $t<t_1$ 时，由于温度较低，电导和极化损耗都很小，随着温度升高，液体黏度下降，偶极子容易转向极化增强，使极化损耗显著增加。同时电导损耗也随着温度的上升而略有增加，所以在这一段范围内 tanδ 随温度升高而上升，直到 $t=t_1$ 时达到极大值。

在 $t_1<t<t_2$ 范围内，随着温度升高，偶极子热运动加快，妨碍偶极子在电场作用下转向作有规则的排列，极化强度减弱，在 $t=t_2$ 时 tanδ 出现极小值。

$t=t_2$ 后，极化损耗已不占主要部分，电导损耗随温度升高而急剧上升，所以 tanδ 重新随温度上升而增加。

液体介质的损耗还与外加电压频率有很大关系，如图 2-10 所示。当 $f_2>f_1$，即频率增加时，tanδ 的极大值出现在较高温度处。因为液体只有在温度较高时黏度减小，偶极子随外加电压的交变作正、反向充分转动，只有在某一温度范围内才会出现频率增加 tanδ 也增大的现象。

3. 固体电介质的损耗

固体介质通常分为分子式结构介质、离子式结构介质、不均匀结构介质和强极性电介质四大类。强极性电介质在高压设备中极少使用，所以只讨论前三种介质。

（1）分子式结构介质。它有中性和极性两种。中性的如石蜡、聚苯乙烯、聚乙烯、聚四氟乙烯等，其损耗主要由电导引起。这些介质电导极小，介质损耗也非常小，在高频下均可使用。极性介质如纸、纤维材料、纤维板等，以及含有极性基的化合物如聚氯乙烯、有机玻璃、酚醛树脂、硬橡胶等，tanδ 值较大。此类介质的 tanδ 与温度、频率关系较大，与极性液体很相似，高频下 tanδ 值增加很多。

（2）离子式结构介质。tanδ 值与结构特性有关。结构紧密的离子晶体不含有使晶格发生畸变的杂质时，主要是由电导引起的损耗，tanδ 值极小，如云母。云母不仅 tanδ 值很小，而且绝缘强度高，耐热性好，耐游离性能好，是优良的绝缘材料，高频下仍可使用。

结构不紧密的离子式结构中，存在离子松弛式极化现象，这种极化与偶极子极化很相近，极化过程有能量损耗，所以 $\tan\delta$ 值较大，如玻璃、陶瓷属于此类介质。不同组分的玻璃或陶瓷，其 $\tan\delta$ 值相差悬殊。

（3）不均匀结构介质。在工程上经常遇到此类介质，如云母制品、油浸纸、胶纸绝缘等。它们的损耗取决于各成分的性能和数量间的比例。

三、介质损耗在工程中的实际意义

（1）在设计绝缘结构时，必须注意绝缘材料的 $\tan\delta$ 值，如 $\tan\delta$ 值过大会引起严重发热，使材料容易劣化，导致热击穿。

（2）绝缘预防性试验中，测量 $\tan\delta$ 值是重要试验项目，绝缘受潮或劣化时，$\tan\delta$ 将急剧增大。绝缘内部发生局部放电可根据 $\tan\delta=f(U)$ 的曲线（见图 2-9）来判断。

（3）作为绝缘材料，$\tan\delta$ 值越小越好。但利用介质发热制作的干燥或加热设备，则希望介质 $\tan\delta$ 值大一些好，利用介质损耗发热加速干燥过程比一般外部加热方式效果要好。

§2.4　液体电介质的击穿

一、电力工业用油

电力工业广泛采用的绝缘油（即变压器油）是一种矿物油，是石油经化工处理分馏出汽油、柴油后，经过各种化工加工精炼后得到的系列产品，主要用于变压器、互感器、油断路器、电力电缆和电容器等。它起着绝缘、冷却、灭弧、浸渍、填充等作用。

使用绝缘油作为介质的电气设备，它们的工作可靠性很大程度上取决于绝缘油的性能和质量。绝缘油是各种烃类、树脂、有机酸和一定杂质的混合物。运行中的油受到空气中的氧、高温及其他催化和不正常的因素作用，会导致油的劣化与老化，使油的品质下降，电气强度降低。为保证电气设备的安全运行，对运行中的油必须定期抽样检查。根据规程的规定，从设备中取出的油样其击穿电压应不小于表 2-1 所列数值。

检查油样的电气强度，必须使用标准油杯，如图 2-11 所示。试前应先将油杯进行清洁、干燥处理，使用 ϕ2.5mm 的标准专用铜棒校正两极间距离。取油样盖上玻璃板静止10min，按 3～5kV/s 匀速升压直至油间隙击穿，记录击穿电压数值。间歇 5min 后再试第二次，依此方法试验 5 次，取 5 次击穿电压的平均值，即为油样的工频击穿电压值。试验结束后应记录室温与空气相对湿度，以备校正时使用。

表 2-1　　油样的击穿电压标准

油样击穿电压/kV 电压等级/kV	新油及再生油	运行中的油
15 及以下	25	20
20～35	35	30
63～220	40	35
330	50	45
500	60	50

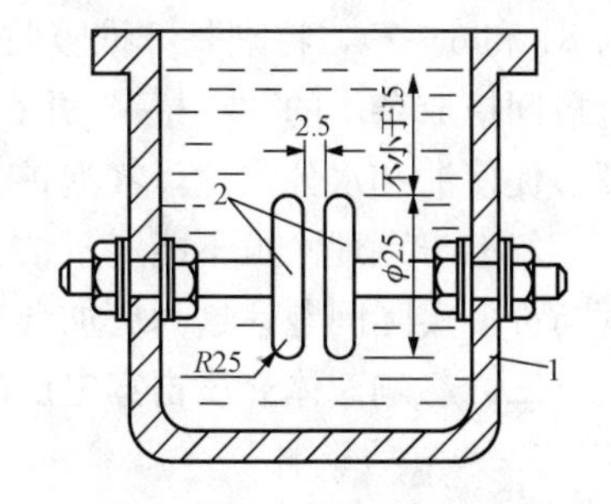

图 2-11　标准试验油杯

1—绝缘外壳；2—黄铜电极

对运行中变压器及套管用油，还有其他性能指标：如闪点不小于135℃；50℃时黏度不大于9.6；酸值不大于0.01mg(KOH)/g（油）；对DB系列绝缘油的凝固点分别为−10℃、−25℃、−45℃ $\tan\delta$(70℃)≤2%等。

运行中的绝缘油出现老化现象对变压器安全运行危害极大。油受到氧、水分、高温、局部放电等因素的作用后，发生油颜色变深、黏度和酸值增大、闪点降低等劣化现象，并有沉淀物产生，使其电气和其他性能下降。

氧化后的油生成过氧化物，并分解生成醇、酮、树脂，它们又能生成有机酸、水分、泥状沉淀物。其中有机酸的化学反应，使油劣化过程加快，沉积在固体介质表面上的沉淀物，容易引起油中的沿面放电。运行中在温度、阳光照射、局部放电、水分等因素作用下，都可使油的氧化反应加剧，促使油的老化。所有这些因素都会促使绝缘油电气及其他性能降低，严重威胁变压器的安全运行。

二、液体电介质的击穿过程

液体电介质主要是变压器油，纯净度较高时电气强度非常高，击穿场强比空气大3～7倍。其击穿机理主要分为电击穿理论和气泡（小桥）击穿理论。

1. 电击穿理论

电击穿理论认为：油隙在强电场作用下，阴极发射电子形成碰撞游离；另外，游离后的正离子在阴极附近形成正空间电荷层，增强阴极表面的电场，使阴极发射电子能力增强，加剧油中游离过程。在这两种因素作用下，电子剧增，形成强烈的电子碰撞游离而导致击穿。

2. 气泡击穿理论

气泡击穿理论认为：即使在比较纯净的绝缘油中也有可能存在气泡，另外电子碰撞游离和其他原因也能产生气泡。在交流电压作用下，电场强度按绝缘油和气泡的介电常数成反比分布。由于气泡的介电常数 $\varepsilon_r=1$，而绝缘油的介电常数 $\varepsilon_r=2.2$，气泡上的电场强度 E 是油的2.2倍，而气泡的击穿场强只有油的1/6～1/3，所以，气泡容易发生游离。气泡发生游离后使油的温度升高，游离过程加剧，将产生大量带电质点撞击油分子，油又分解出气体，扩大了气体通道，游离的气泡在电场作用下容易排列成贯穿两极的“小桥”，击穿就可能在此通道中发生。

对于运行中的液体介质总难免会侵入一些杂质，如变压器油中常含有水分、固体绝缘脱落的纤维或其他杂质。当油中侵入水分和纤维时，由于水和纤维的介电常数都很大（ε_r 分别为81和6～7），特别是纤维吸收水分后，很容易沿电场方向极化并作定向排列，逐渐在两电极间搭成杂质的“小桥”，并在两极间形成电导较大的通道，引起泄漏电流增大，温度升高，促使油和水分汽化，气泡扩大，最终导致击穿。

气泡击穿理论虽不能定量估算变压器油的击穿电压的数值，但可以定性解释油的击穿过程与许多实际问题，这为更加合理地使用液体介质提供了依据。

三、影响液体介质击穿电压的主要因素

1. 杂质的影响

杂质主要是水分和纤维。变压器油运行在不同环境中，吸收水分的能力与程度是不同的，水分可使变压器油的击穿电压显著下降，如图2-12所示。

水分在油中呈溶解、悬浮和沉积三种状态。高度溶解状态的水分，如含水量不大，电导

无显著增加，对油的击穿电压影响不大。悬浮状态的细小水滴很容易在电场作用下极化，并在两极间排列成导电的“小桥”，使油的击穿电压明显下降，如图 2 - 12 所示。由图 2 - 12 可见，当变压器油中的含水量仅万分之几，可使击穿电压显著下降。在一定温度下，油溶解水分有一定限度，超过此限度时水分会沉积于设备外壳底部，对击穿电压不再产生新的影响。沉积状态的水对击穿电压影响不大。

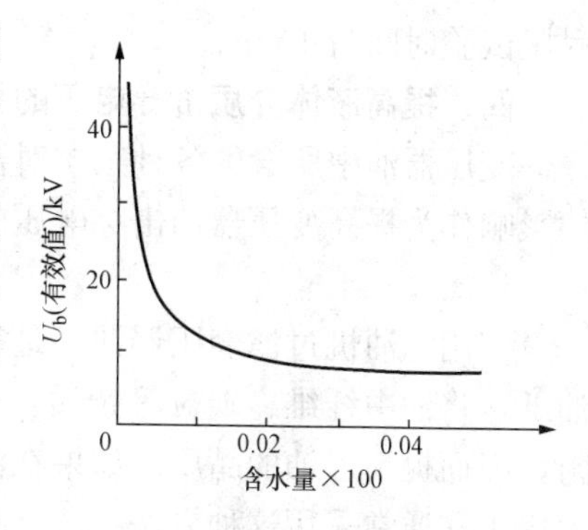

图 2 - 12　标准油杯中变压器油的工频击穿电压和含水量的关系

当变压器油含有纤维时，对击穿电压也有影响，特别是吸收水分后使击穿电压明显下降。因为纤维材料吸收水分后变成强极性材料，在电场作用下很容易极化，并搭成导电性良好的“小桥”而击穿。

2. 温度的影响

温度对油击穿电压的影响，随油的品质、电场均匀程度以及电压种类的不同而有所差异，图 2 - 13 所示为均匀电场中工频击穿电压与温度之间关系曲线。变压器油干燥时，温度对击穿电压影响很小，如图 2 - 13 曲线 1 所示。当油受潮后，温度对击穿电压影响较大，如图 2 - 13 曲线 2 所示。当温度在－10～0℃范围内，油中的水分呈悬浮状态，容易形成“小桥”，所以击穿电压出现最小值。0℃后，随温度的升高水分在油中溶解度增加，击穿电压提高。当温度升至 60～80℃时，击穿电压达到最大值。80℃以后，由于水分和油开始发生汽化产生气泡，击穿电压开始降低。

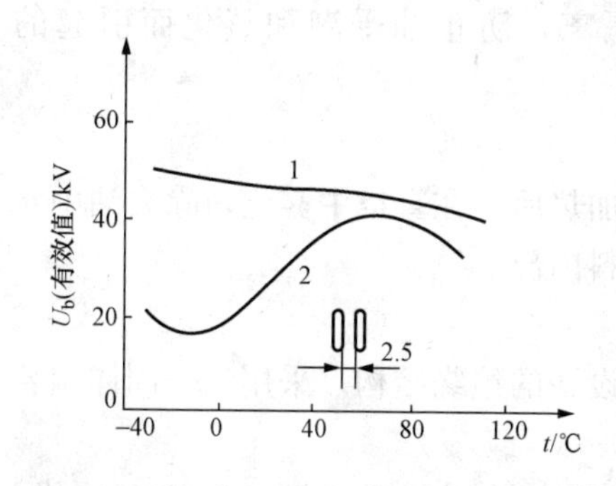

图 2 - 13　均匀电场中工频击穿电压（U_b）与温度（t）之间关系曲线
1—干燥的油；2—受潮的油

3. 压力的影响

若油中不含有气体，压力对击穿电压无影响。当油中含有气体时，其工频击穿电压随油的压力增大而升高。压力增大时，气体在油中的溶解量增大，气泡的局部放电起始电压提高。冲击电压下，含气体的变压器油因气泡等杂质对冲击击穿电压没有影响，所以其击穿电压与压力无关。

4. 电场均匀程度的影响

油的品质较高时，改善电场均匀程度能大幅度提高工频、直流击穿电压。但品质较差的油，因其中的杂质已使电场发生畸变，改善电场均匀程度提高击穿电压的效果不明显。冲击电压下，因杂质“小桥”来不及形成，改善电场的均匀程度，可提高变压器油的冲击击穿电压。

5. 电压作用时间的影响

运行中的变压器油总含有杂质，杂质的积聚与介质发热、形成“小桥”都需要一定过程和时间，所以油的击穿电压随电压作用时间的增长而下降。当油的品质较高且温度增高时，电压作用时间对击穿电压的影响减小。

当油比较纯净时，1min 的击穿电压与长时间的击穿电压相差不大，因此规定设备工频耐压试验时间为 1min。

四、提高液体介质击穿电压的措施

变压器油中所含的各种杂质对击穿电压有很大影响，因此，提高油的品质以及减少杂质的影响作为提高变压器油击穿电压的主要措施。

1. 过滤

使用滤油机过滤变压器油，是提高油品质的重要措施。通过滤油机使油在压力下经过滤油纸，将油中纤维、碳粒等杂质被滤纸阻挡而除掉，油中水分和有机酸也被滤纸纤维所吸附，因而提高了油的品质。如果在油中加白土、硅胶（或矽胶）等吸附剂后效果更好。油的大修工作通常采用这种方法。

对于运行中的油，利用热虹吸内装的硅胶（或矽胶）可有效地将油中有机酸、水分和树脂滤掉，同样保证了油的品质，提高了击穿电压。

2. 防潮

新装或大修后的绝缘部件，浸油前必须烘干，必要时应真空干燥注油。检修中的绝缘部件，如变压器的内绝缘体，经油浸后应尽量减少暴露在空气中的时间，必要时需采取防潮措施。

运行中的电气设备，其油面直接与大气接触容易受潮和发生氧化。因此，中、小容量的变压器呼吸器内装吸附剂（一般为硅或矽胶）；大型变压器油枕中放置耐油隔膜覆盖油面，也可采用充氮气等方法，使油面与大气相隔离，防止油受潮和氧化而引起的品质下降。

3. 祛气

为除去油中的气体和水分，先将油通过预置过滤器加热后，在真空中雾化，除去油中水分和气体。经祛气和干燥后的油，有利于油渗入绝缘材料内部。

4. 采用油和固体介质的组合绝缘

为减少杂质的影响，提高油的击穿电压，一些电气设备的绝缘结构，采用油—固体组合绝缘结构，其中变压器的绝缘结构最典型。

（1）覆盖层。在曲率半径较小的电极上包以很薄的电缆纸，形成油—纸组合绝缘，如图 2-14（a）所示。覆盖层很薄，其电气强度很低，不会改变油中电场分布。主要是利用它阻止油中杂质形成的“小桥”直接与电极接触而形成导电通路，限制小桥中的电流，阻碍杂质小桥击穿过程的发展，使油的工频击穿电压显著提高，在均匀电场中可提高 70%～100%；在极不均匀电场中可提高 10%～15%。所以在充油的电气设备内很少采用裸导体。

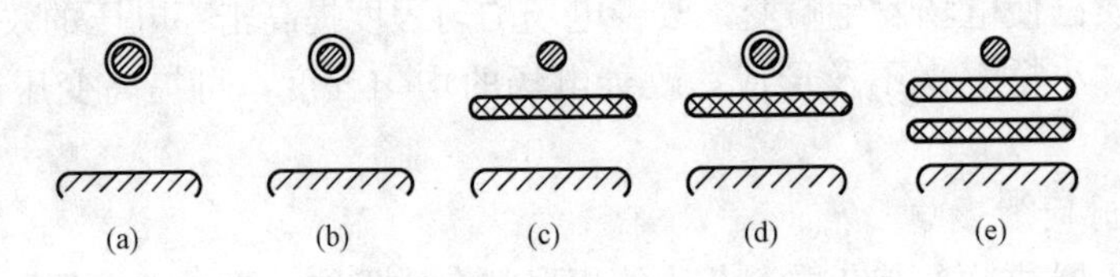

图 2-14　油—纸组合绝缘

（a）覆盖层；（b）绝缘层；（c）、（d）、（e）屏障

（2）绝缘层。在不均匀电场中，曲率半径较小电极上包缠上具有一定厚度的绝缘材料，

形成绝缘层，构成油—纸组合绝缘，如图 2 - 14（b）所示。绝缘层既能阻止“小桥”的形成，又起绝缘作用，同时使该电极绝缘层表面油中最大场强降低，油中的电场分布得到改善，显著地提高了油的工频击穿电压和冲击击穿电压。例如，变压器高压绕组和分接开关引线上包缠的绝缘层。

（3）屏障。又称为极间障，如图 2 - 14（c）所示。在油间隙中放置厚度为 1～5mm，尺寸应与电极相应的层压纸板或层压布板构成屏障。屏障阻止“小桥”的形成与发展，改善了极间电场分布，极不均匀电场中的屏障效应最显著。图 2 - 14（c）、（d）所示分别为电极包缠覆盖层和绝缘层的油—纸组合绝缘结构。

在电压等级较高设备如电力变压器、套管中，采用多重屏障，如图 2 - 14（e）所示。

多重屏障将油间隙分割成多个小间隙，即变压器中薄纸筒、小油道的绝缘结构。小间隙中击穿过程不易形成和发展，小间隙的击穿场强比长间隙高，从而提高了整个油隙的击穿电压，绝缘使用更加合理，变压器的尺寸、质量减小，在工程中有很高的实际意义。

5. 油纸绝缘

电气设备所使用的绝缘纸（包括纸板）纤维间含有大量的空隙，因此干纸的电气强度是不高的（100～150kV/cm），用绝缘油浸渍后，整体绝缘性能可大大提高。前面所述的油—纸（包括纸板）组合绝缘是以液体介质为主体的组合绝缘，其目的就是提高油隙的电气强度。而油纸绝缘（包括已浸渍过的塑料薄膜）则是以固体介质为主体的组合绝缘，液体介质只是用作填充空隙的浸渍液，因此这种组合绝缘的击穿场强很高。

绝缘纸和绝缘油配合互补，油纸绝缘的击穿场强可达 500～600kV/cm，大大地超过了各组成成分的电气强度。

组合绝缘按其成分与设备绝缘的不同分为多种，广泛应用于电缆、电容器、电容式套管等电气设备中。这种组合绝缘存在两个缺点：一是纤维材料容易受到污染，特别是水分；二是散热条件差。

此外，油—纸组合绝缘（包括前面的油—固体组合绝缘）中的电场不是均匀分布的，由于各组成成分的 ε_r 不同，其电场分布也就不同。直流电压作用下，电场在各组成成分的电阻率成正比分布，而交流与冲击电压下，电场则与各组成成分的 ε_r 成反比分布。造成 ε_r 小的介质因受较高电场而率先击穿，从而诱导整个组合绝缘击穿，致使组合绝缘的击穿场强大大下降。特别是组合绝缘中含有杂质（水分或气隙）时，这种情况更为严重，运行中的设备应给予足够的重视。

6. 防尘

油中浸入灰尘，将降低油的绝缘性能，所以应保持油和浸油设备的清洁，防止灰尘污染。在制造或大修绝缘体、线圈及装配过程中，都应注意防尘，必要时应采取防尘措施。

§2.5 固体电介质的击穿

固体电介质在电场作用下，当电压达到某一临界值时，通过介质的电流急剧增加，介质内部形成导电通道，绝缘性能丧失，这种现象称为固体介质的击穿。发生击穿时的临界电压和场强，分别称为击穿电压和击穿场强。

固体介质击穿与气体、液体介质不同，击穿后有明显的烧痕、裂缝或焦状孔洞的放电通道。外加电压消失后，不能自行恢复原有绝缘性能，击穿是不可逆的过程。

一、固体电介质的击穿形式

固体电介质的击穿可分为电击穿、热击穿和电化学击穿三种形式。

1. 电击穿

对固体介质施加较高电压后，内部少量自由电子受到强电场的作用得到加速，产生碰撞游离，使电子数增加，从而导致击穿。

电击穿的主要特征是电压作用时间短，击穿电压高，击穿过程发展极快，约 $10^{-8}\sim10^{-6}$ s，介质发热不显著；击穿电压与电场均匀程度有关而与周围环境温度无关。

2. 热击穿

固体介质在长期电压作用下，由于介质损耗使介质发热、温度升高。若介质产生的热量大于散发的热量，介质的温度将继续升高；由于介质具有负的温度系数，介质损耗随温度的升高而增加，介质可能会出现温度过高，造成绝缘性能严重下降，甚至发生介质烧焦、熔化现象，使固体介质完全丧失绝缘性能而击穿。如果介质存有局部损伤或缺陷，该处损耗增大，介质温度升高，击穿就会在该处发生。

热击穿的主要特征是发生热击穿时，介质发热显著，特别是击穿通道处温度很高。环境温度高时热击穿电压明显下降。热击穿电压随外施电压作用时间的增长而下降。外施电压频率越高，击穿电压明显下降。周围媒质的散热能力差时，热击穿电压也要降低。另外，固体介质厚度越厚和 $\tan\delta$ 很大时，容易发生热击穿，而且热击穿电压很低。

3. 电化学击穿

运行中的固体介质长期（数千小时或数年）受到电、热、化学腐蚀和机械力等因素的复合作用，绝缘性能逐渐发生不可逆的劣化过程，促使绝缘性能变坏，电气强度严重降低。以致在低于热击穿或电击穿的电压作用下，即可发生击穿，这种因绝缘劣化而引起的击穿称为电化学击穿。

绝缘劣化的主要原因是绝缘内部出现局部放电。运行数年的设备，绝缘普遍存在着老化现象，其内部不可避免地存在着某种缺陷，如固体绝缘内部的气泡或电极与绝缘接触处的气隙。这些气泡、气隙或局部绝缘表面的电场可能很强，就容易发生局部放电或电晕现象，这种放电并不立即形成贯穿性通道，而仅仅是发生在局部。放电过程中所产生的氧化氮、臭氧等气体对绝缘产生化学腐蚀作用，加速了绝缘的劣化过程；同时游离产生的离子撞击绝缘亦造成破坏作用，这种作用对有机介质（如纸、布、漆、油等）特别严重。

另外局部放电时，损耗增加，温度上升很高，严重时还有可能出现局部烧焦现象。所有这些都将导致绝缘进一步劣化，绝缘性能继续下降，击穿电压显著降低。

二、影响固体电介质击穿电压的主要因素

1. 电压作用时间

外施电压作用时间对击穿电压影响很大，图 2-15 所示为常用电工纸板的工频击穿电压与电压作用时间的关系曲线，按曲线的特征可分三个区域。区域 A：与雷电冲击电压下

气隙的伏秒特性很相似，击穿电压随电压作用时间的缩短而升高，电压作用时间由 10μs 缩短到 2/5μs 时，击穿电压升高约 60%～70%。区域 B：在较宽的范围内击穿电压与电压作用时间无关，在这个区域内，电压作用时间短（μs 级），热、化学等因素来不及起作用，属于电击穿过程。区域 C：随外施电压作用时间的增长（从几十小时到数年），击穿电压显著降低，属于热击穿或电化学击穿过程。

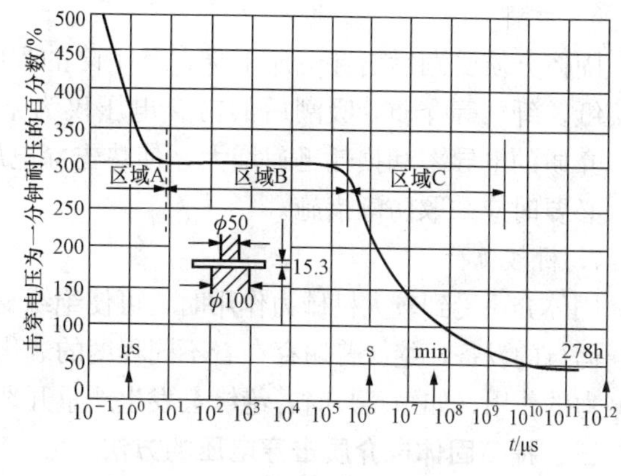

图 2-15　电工纸板的工频击穿电压与电压作用时间的关系曲线

2. 温度

图 2-16 所示为工频电压下电工瓷的击穿电压与温度的关系。当电工瓷的温度低于某临界温度 t_0 以下时，击穿电压较高且与温度无关，属于电击穿。温度升高至 t_0 值以上时，由于周围温度升高，散热困难，形成热击穿，温度越高，热击穿电压就越低。对于不同的绝缘材料，临界温度 t_0 是不同的，即使同一种绝缘材料，厚度增大时 t_0 值也要降低。

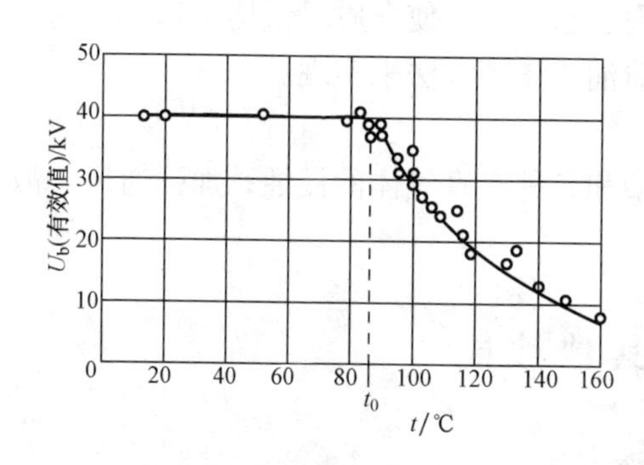

图 2-16　工频电压下电工瓷的击穿电压与温度的关系

3. 电场均匀程度

均匀致密的固体介质，在均匀电场中，击穿电压最高，击穿电压与介质厚度成线性关系；不均匀电场中，击穿电压很低且随介质厚度的增加而增加缓慢。当介质厚度增加时，散热困难容易出现热击穿。故电场均匀时，还应采取措施如真空干燥、浸油或浸漆，以消除介质内部的气隙和杂质所引起的局部放电现象，固体介质的均匀性得到改善，击穿电压可明显提高。

4. 电压种类

对于同一固体介质、同一电场情况下，在直流、工频和冲击电压作用下的击穿电压是不同的。直流电压下，介质损耗小，局部放电弱，因此直流击穿电压比工频击穿电压（幅值）要高。在冲击电压作用下，由于电压作用时间极短，固体介质只有在更高电压下才能发生游离，所以冲击击穿电压比持续（即直流和工频）击穿电压高得多。

5. 累积效应

电气设备的绝缘在制造或运行中，内部不可避免地存在某些弱点，在冲击电压或工频耐压试验时，介质内部会发生局部放电并留下局部损伤痕迹，但未形成击穿。但经多次冲击电压或耐压试验后，这些弱点或局部损伤将会得以发展，从而使得击穿电压降低，最终导致介质击穿，这种现象称为固体介质的“累积效应”。随着冲击或工频耐压次数的增多，固体介质的击穿电压将会下降。

6. 受潮

固体介质受潮后击穿电压下降，其下降的程度与介质特性有关。对易受潮的介质，如棉纱、纸、纤维等介质，吸潮后的击穿电压仅为干燥时的百分之几。这是因介质含水量增大时，介质的电导率和损耗迅速增大，使热击穿电压下降，所以对运行中的电气设备要注意防潮，必要时应采取防潮措施。

7. 机械负荷

固体介质受到较大机械力作用时，可使绝缘材料出现变形、裂缝，击穿电压将明显下降。长期运行的设备，绝缘普遍存在着不同程度的老化现象，使绝缘变脆、弹性减弱，若再经较大机械力的作用（如短路）时，绝缘会发生严重开裂、变形和松脱现象，以致丧失绝缘性能。

三、提高固体电介质击穿电压的方法

为提高固体电介质的电气强度，一般从以下几方面采取措施。

1. 设计优良的绝缘结构

使各部分绝缘材料都得到充分合理地使用。在改善电场分布的同时，要注意电极与介质的接触面，消除接触面处的气隙，必要时应采取均压措施，防止气隙出现局部放电。

2. 提高绝缘的制造工艺水平

采取适当措施清除固体介质中残留的杂质、气泡、水分等，使介质尽量均匀致密。制造过程中可通过精选材料，改善工艺、真空干燥、浸渍油或漆等方法来实现。

3. 改善绝缘的运行条件

根据绝缘性能和运行条件，应采取防潮、防污染和各种有害气体的侵蚀；加强通风、散热和冷却措施。

§2.6 电介质的其他性能

一、电介质的热性能

电气设备在运行中，载流导体与导磁材料都要发热，绝缘材料因损耗也要发热。设备工作在一定环境温度中，其介质所能允许的长期运行最高工作温度和短时的容许温度由介质的耐热性能所决定。介质在长期运行中不允许超过最高工作温度，在此温度下，可保证设备安全、可靠地运行。我国生产的各种绝缘材料根据其耐热性能，划分为7个等级，其最高持续工作温度如表2-2所示。

表2-2 绝缘材料的耐热等级

级别	最高持续工作温度/℃	材料举例
Y(0)	90	未浸渍过的木材、棉纱、天然丝和纸等材料或其组合物；聚乙烯、聚氯乙烯、天然橡胶
A	105	矿物油及浸入其中的Y级材料；油性漆、油性树脂漆及其漆包线
E	120	由酚醛树脂、糠醛树脂、三聚氰胺甲醛树脂制成的塑料、胶纸板、胶布板；聚酯薄膜及聚酯纤维；环氧树脂；聚氨酯及其漆包线；油改性三聚氰胺漆
B	130	以合适的树脂或沥青浸渍、黏合或涂复过的或用有机补强材料加工过的云母、玻璃纤维、石棉等制品；聚酯漆及其漆包线；使用无机填充料的塑料

续表

级别	最高持续工作温度/℃	材料举例
F	155	用耐热有机树脂或漆所黏合或浸渍的无机物（云母、石棉、玻璃纤维及其制品）
H	180	硅有机树脂、硅有机漆、或用它们黏合或浸渍过的无机材料；硅有机橡胶
C	>180	不采用任何有机黏合剂或浸渍剂的无机物，如云母、石英、石板、陶瓷、玻璃或玻璃纤维、石棉、水泥制品、玻璃云母模压品等；聚四氟乙烯塑料

绝缘材料在运行中，一般情况下不允许超过表 2-2 所规定的温度，否则绝缘材料将迅速老化、寿命缩短。例如，A 级绝缘若温度超过 8℃，则寿命缩短一半，通常称为热老化 8℃规则。实际上由于耐热等级不同，规则并不都是 8℃，如 B 级绝缘为 10℃，H 级绝缘为 12℃。

二、电介质的老化性能

电气设备的绝缘在长期运行中，受到电、热、化学和机械力等因素的影响和作用，会发生一系列物理、化学变化，致使其电气、机械及其他性能逐渐发生一系列不可逆的劣化过程，这个现象称为绝缘的老化。

促使绝缘老化的原因很多，其中热、电和机械力的作用最大，此外还有水分（潮气）、氧化、某种射线、微生物等因素的作用。所有这些因素往往可能同时存在、彼此相互影响、相互加强，从而加速了老化过程。

研究绝缘老化的原因，并采取相应措施抑制绝缘的老化过程，以提高其耐老化性能和设备安全运行的安全性，是工程中的重要任务。

1. 电介质的热老化

电气设备在高温的作用下，电介质在短时间内就会发生明显的热劣化现象；即使设备温度不太高，但作用时间很长，绝缘性能也会发生不可逆的劣化，这就是介质的热老化。温度高时，热老化过程就短，绝缘老化得越快，寿命也就越短。

固体介质在高温作用下，其内部的带电质点还会发生热离解现象，使介质中出现更多的带电质点，因而介质的电导增大，极化损耗随温度的升高而增大，介质总的损耗急剧增加，从而使介质温度进一步升高，电导和损耗随之进一步增大。如果设备通风散热条件不好时，其后果必然加速介质的热老化，严重时有可能在运行电压下导致热击穿。

液体介质的热老化主要表现为油的氧化，温度越高、氧化速度就越快。对变压器油而言，每增高 10℃，氧化速度大约增加一倍。当油温高达 115～120℃时，油开始热裂解，这一温度称为油的临界温度。此外，局部过热会使变压器油老化，局部过热处会分解出多种能溶于油的微量气体，通过检测这些微量气体的成分与数量，可以较正确地分析判断变压器内部的热性故障。

2. 电介质的电老化

电介质在外施高电压或强电场作用下，介质内部出现局部放电所发生的老化。

局部放电引起固体介质腐蚀，加剧老化过程，导致损坏的原因如下：

（1）局部放电产生的带电粒子不断撞击绝缘引起破坏，特别是有机介质更为严重。这些带电粒子具有 10eV 的能量，大于高分子的能量（约 4eV），可能破坏高分子的结构，造成裂解。

（2）放电能量中有一部分转为热能，而且热量不易散出，结果使绝缘内部温度升高而引起热裂解，若存有气隙时可能因气隙体积膨胀而使绝缘开裂、脱层。

（3）局部放电区域，强烈的复合会产生高能光辐射线，引起绝缘分解。

（4）局部放电过程中产生的臭氧和硝酸，是强烈的氧化剂和腐蚀剂，对介质产生严重的化学腐蚀，加速介质的老化过程。特别是对纤维、树脂、浸渍剂等绝缘发生化学破坏，是造成电化学老化的主要因素。

各种绝缘材料耐受局部放电的性能有很大差别，如云母、玻璃纤维等无机材料有很好的耐受局部放电能力。所以，在高压旋转电机中，为了限制局部放电的发生，常应用此类绝缘材料。同时，对于所使用的黏合剂和浸渍剂，也应选用耐受局部放电性能优良的树脂。

有机高分子聚合物绝缘材料耐受局部放电性能比较差，所以在采用这一类绝缘材料时，应该使设计的工作场强比局部放电起始场强为低，以保证设备的使用寿命。

绝缘油的电老化主要是局部放电引起油温升高而导致油的裂解和产生溶解于油中的一系列微量气体。此外，油中的局部放电还可能产生聚合蜡状物质附在固体介质表面上，影响散热性并加速固体介质的热老化。

三、其他因素对电介质性能的影响

1. 耐寒性

在低于某一温度时，绝缘材料会发生固化、变脆或开裂现象。为保证电气设备在可能出现的低温情况下运行可靠，绝缘材料根据其热性能，在长期运行中不得低于其最低许可温度，因此选择绝缘材料时要注意其耐寒性。

2. 耐弧性

这是针对可能发生沿面闪络的材料而言的，有的绝缘材料耐电弧而不破坏，不耐受电弧的绝缘会留下灼伤痕迹，有的绝缘材料会被电弧破坏。因此实际中，应根据工作条件选择绝缘材料。

3. 导热性

它与材料的热击穿强度及热稳定性关系较大，常用的大部分绝缘材料其热传导能力比金属小得多。

4. 耐热冲击稳定性

当温度发生急剧变化时，脆性材料（如玻璃、陶瓷、硬塑料等）由于介质膨胀与收缩很不均匀，造成介质开裂或炸纹，反映介质这种现象的能力称为耐热冲击稳定性。

另外，固体介质的软化点、液体介质的黏度等也都属于热性能参数。

5. 机械性能

固体绝缘材料可分为脆性、塑性、弹性材料三种，它们的机械性能差别很大。同一种材料的抗拉、抗压和抗弯强度间可能相差很大，如电瓷是脆性材料，抗压强度为 $5000kg/cm^2$，抗弯强度不大于 $800kg/cm^2$，因此选择材料时要考虑到不同受力形式下工作的可靠性。

6. 吸潮性能

水分被吸到介质内部或吸附在介质表面后，给介质造成许多危害并使其性能变坏。材料的吸潮能力与结构有关，对于湿度大的地区，要尽量采用吸潮性小的材料，必要时对材料进行表面防潮处理。

7. 化学性能及抗生物特性

化学性能主要是材料的化学稳定性，如固体介质的抗腐蚀性（抗氧、臭氧、酸、碱、盐等的腐蚀）；抗溶剂的稳定性（如耐油、耐漆性）；液体介质抗氧化性能等。工作在湿热带地区的绝缘材料，还应注意材料的抗生物（霉菌、虫害）特性，必要时需进行防腐、防霉、除虫害等保护措施。

本章要点

1. 电介质在电场作用下的极化现象

这种现象是电介质的分子（原子）微观上的“质”的物理变化过程，引入介质的相对介电常数 ε_r 来表征这种变化的强弱（或大、小）。按极化特点（性质）分为电子式极化、离子式极化、偶极式（又称松弛式）极化和夹层（组合）极化四种形式。由于电气设备的绝缘结构为夹层介质，在夹层介质极化过程中存在着电压（电荷）的重新分布过程，因而也就有电荷的吸收过程。

2. 绝缘材料并不是绝对的“绝缘”体

绝缘材料在电压作用下总有一定的泄漏电流（电导电流），用绝缘电阻或电导（电导率）来表征。由于电介质的极化，直流电压作用下介质中的电流随加压时间的增长而衰减的现象，称为介质的吸收现象。由于运行中的介质状态不同，其干燥与受潮后的吸收现象亦不同，工程上常利用介质的吸收现象来判断介质的绝缘状况。电介质种类很多，电导的形式与大小也各不相同。

3. 电介质的损耗

电介质的损耗包括两部分：一是有损极化造成的能量损失；二是电导电流所产生的能量损失。利用介质损失角正切 $\tan\delta$ 值可较准确地反映介质损耗变化。若 $\tan\delta$ 值增大，介质发热温度升高，性能变差，严重时会造成介质损坏。$\tan\delta$ 的增大是设备出现不能安全运行的主要因素之一。

4. 液体电介质

液体电介质主要是变压器油。击穿机理可分为电击穿理论和气泡击穿理论两种。电击穿理论是液体分子由电子碰撞游离为基础而导致击穿；气泡击穿理论是由电子碰撞游离所产生的气泡和其他原因产生的气泡，在气泡中发生气体放电引起液体介质击穿。由实验经分析表明：纯净度较高的油是由气泡形成导电性良好的气泡“小桥”造成油的击穿；对于运行中的油总含有杂质，其中吸收水分的纤维最容易搭成杂质“小桥”而导致击穿。

影响油击穿电压的因素很多，其中杂质中的水分影响最大。为更好地使用液体介质，工程上所采用的过滤、防潮、祛气和防尘措施都是为了减少杂质所引起的影响。而油—固体组合绝缘是用来抑制“小桥”的形成与发展，从而提高油的击穿电压。当采用多油道小间隙的绝缘结构时，击穿电压提高最显著，这种绝缘结构在变压器和套管中应用最广泛。

近年来，油纸绝缘结构应用越来越广泛，由于用绝缘油浸渍后填充了其空隙，构成了油纸绝缘结构，充分发挥了固体介质的高绝缘强度性能，击穿场强高达 500～600kV/cm。这种绝缘结构技术上比油—固体组合绝缘结构更加先进，所以高电压等级的变压器逐渐用油—纸绝缘结构代替油—固体组合绝缘结构。

5. 固体电介质

结构致密的固体电介质只有在高电压下发生电子碰撞游离时才有可能击穿。击穿形式可分为三种：高电压作用下发生电击穿；由于介质损耗和电导增大，所以使固体介质发热温度过高，造成绝缘性能下降发生热击穿；固体介质与电极接触面出现气隙或局部场强高处（如电机绕组出槽口处），将承受较高场强而发生局部放电，放电过程所产生的有害气体（如臭氧）对介质造成严重化学腐蚀，使绝缘性能迅速下降，最终导致电化学击穿。

影响固体介质击穿电压的因素很多，与设备的绝缘结构、材料性能、工作环境、运行状况等因素都有密切关系，情况复杂。实际中常利用改善设备的工作条件和周围环境，作为主要措施来提高设备工作的可靠性。

6. 电介质其他性能

电介质在长期运行中，在电、热、化学等各种因素的影响和作用下，发生不可逆的劣化过程，称为电介质的老化。老化形式有两种：一是电老化，引起电老化的主要原因是设备内部出现局部放电；二是热老化，正常运行时介质的发热温度不高，最严重的是介质存在局部缺陷，由于局部绝缘强度下降，电导将增大，致使介质局部过热，当介质温度高时，局部过热就更加严重，局部出现热老化的危害就越大。

除电气性能外，还有耐热性、耐寒性、机械性能、吸潮性能等其他性能，这些非电气性能将直接影响到绝缘材料的电气性能。

思考与练习

2-1　电介质在电场作用下发生什么物理现象？各用什么物理量来表示？

2-2　试述电介质极化的定义，极化形式及其各自特点。

2-3　电介质的介电常数 ε_r 是如何定义的？其物理意义是什么？

2-4　夹层介质中的吸收过程是由什么原因引起的？吸收过程中有什么特征？

2-5　电介质的绝缘电阻是如何定义的？

2-6　电介质的电导电流与金属的传导电流性质上有何区别？各有何特点？

2-7　何谓电介质的吸收现象？干燥情况下与受潮后的介质其吸收现象各有何特点？

2-8　电介质 $\tan\delta$ 的意义是什么？在实际测量电介质的损耗时，为何不直接测量有功损失 P，而去测量 $\tan\delta$ 值？

2-9　讨论电介质的 $\tan\delta$ 有何实际意义？

2-10　比较气体、液体、固体电介质的 $\tan\delta$ 各有哪些主要特点？

2-11　试述液体电介质的“小桥”击穿理论，影响击穿电压的主要因素有哪些？

2-12　何谓变压器油的老化？引起老化有哪些因素？

2-13　为提高变压器油的电气强度，工程上常采取哪些措施？

2-14　固体电介质的击穿形式分几种？各有哪些特点？

2-15　何谓固体电介质的老化？有哪两种形式？引起老化的主要因素有哪些？

2-16　绝缘材料分为哪几个耐热等级？举例说明工程中常用绝缘材料长期运行时的工作温度。

2-17　什么是油—固体组合绝缘？什么是油—纸绝缘？两种绝缘结构有何区别？

2-18　电介质除电气性能外，还有哪些主要的性能？

第3章

绝缘预防性试验

电力系统由众多的电气设备所组成，个别设备发生故障将会威胁整个系统的安全供电，造成部分甚至全部停电，给工农业生产造成不可挽回的损失，严重时还会发生人身伤亡和设备损坏的重大事故。因此，对设备绝缘按规定进行检测试验工作，是防患于未然，保证电力系统安全、经济运行的重要措施之一。对运行中的电气设备绝缘按规定定期进行的试验工作，称为绝缘预防性试验。

绝缘的缺陷是造成设备故障的根本原因。一种是制造或大修过程中潜伏的；另外一种是运行中在外界因素如工作电压、过电压、过电流、机械力、潮湿、脏污等作用下逐渐发展的。绝缘中可能存在的缺陷分两种：一种是分布性缺陷，其缺陷分布于介质整体，如绝缘整体受潮、普遍老化等；另一种是集中性缺陷，制造或大修时遗留在绝缘内部的气泡、气隙，绝缘子瓷件开裂等均属于集中性缺陷。集中性缺陷按其发展的程度可分为贯穿性和非贯穿性的两种。

用于检测缺陷的试验方法很多，不同的试验对象和绝缘结构所采用的试验方法不尽相同，通常将绝缘预防性试验项目分为非破坏性试验和破坏性试验两大类。

非破坏性试验在较低的试验电压下检查绝缘的各种特性，根据测量结果并结合历次试验记录，通过综合分析来判断绝缘的运行状况。该试验项目的种类繁多，如绝缘电阻和吸收比测量、泄漏电流试验、介质损耗角正切值的测量、局部放电测量、电压分布的测量等。这种试验方法简便，对绝缘优劣的检查是行之有效的，但因试验电压较低，有些缺陷不能充分暴露。目前正在研究和发展带电监测，即在正常运行电压下直接进行测量，比传统的试验方法施加电压高，更符合实际，而且可以实现连续带电测量，并实现微机控制和数据处理。

§3.1 绝缘电阻和吸收比的测量

一、电介质的绝缘电阻和吸收比

当介质两端刚加上直流电压 U 初始阶段，电容电流 i_0 很快消失，吸收电流 i_a 随时间的推移逐渐衰减完毕，而泄漏电流 I_R 不随时间而变，介质中的总电流 i 由大到小逐渐衰减，最终稳定为 I_∞。而介质的绝缘电阻 R，则由小逐渐增大，当总电流 i 稳定在 I_∞ 时，其绝缘电阻则对应地稳定在 R_∞，介质的吸收过程结束。此时外加直流电压 U 与稳定情况下的泄漏电流 I_∞ 之比，为介质的绝缘电阻 R_∞，即 $R_\infty=\dfrac{U}{I_\infty}$，如图 3-1 所示。

当被试品干燥良好时，介质内杂质离子很少，此时被试品施加直流电压后参与导电的离子数量较少，泄漏电流很小，绝缘电阻 R_∞ 很大，如图 3-1（a）所示。但当被试品绝缘电阻受潮或存在较严重的贯穿性集中缺陷时，介质内离子数量增加，在相同直流电压下的泄漏电流也相应增大，绝缘电阻 R_∞ 将大为下降，如图 3-1（b）所示。因此，可以根据所测得的绝缘电阻值来判断介质的绝缘状况。

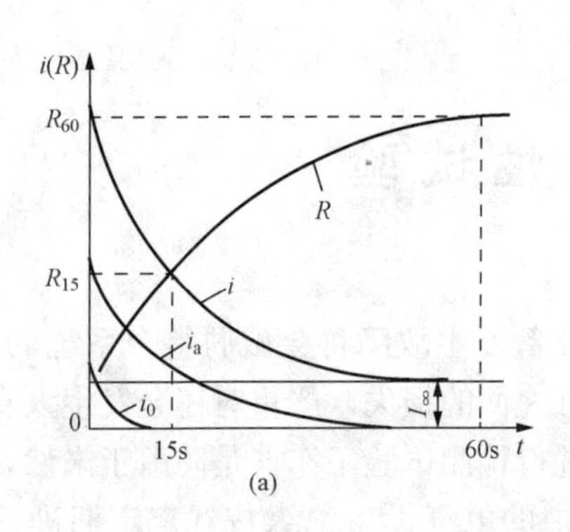

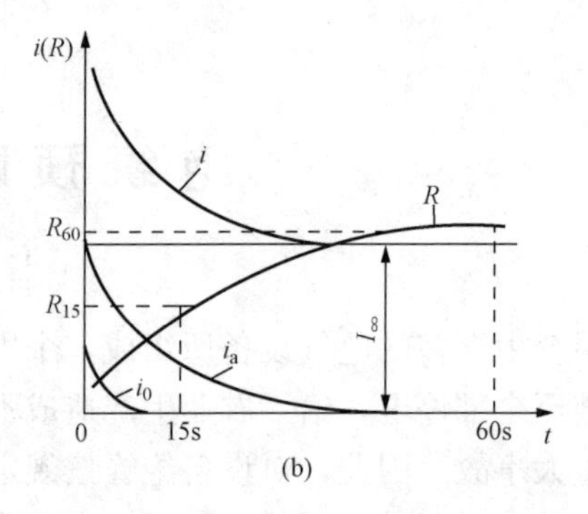

图 3-1　介质的吸收过程和绝缘电阻变化

（a）干燥时；（b）受潮时

对于那些体积较大的电气设备，由于吸收过程较长，它的绝缘电阻值随着吸收过程的进行而逐渐增大，在测量这类设备的绝缘电阻时，应加压一定时间（一般为 1min）待 R 值稳定后再读取测量值，此时所测的 R 值才是真实的绝缘电阻 R_{∞}。

利用兆欧表还可以同时测量被试品的吸收比。所谓吸收比是指在同一次试验过程中，60s 时的绝缘电阻值 R_{60} 和 15s 时的绝缘电阻 R_{15} 之比 K（或 15s 时的泄漏电流与 60s 时的泄漏电流之比），如图 3-1 所示，即

$$K = R_{60}/R_{15}$$

$$K = I_{15}/I_{60} \qquad (3-1)$$

如上所述，在绝缘干燥良好的状态下，其泄漏电流 i_g（即 I_{∞}）一般很小，吸收电流相对较大，因而吸收比 K 就较大，此时 $K \geqslant 1.3$，如图 3-1（a）所示；但当绝缘受潮时，电介质的极化就会加强，吸收电流增大，最主要是泄漏电流增加得更显著，使得总电流增大，绝缘电阻减小，K 值随之减小而趋近于 1，如图 3-1（b）所示。所以，根据吸收比 K 的大小，同样可以判断绝缘的状况。规程有关条文规定，$K \geqslant 1.3$ 时，吸收比 K 合格，绝缘良好；若 $K < 1.3$，吸收比 K 不合格，绝缘受潮。

测量吸收比一般只适用于变压器、大型电机、电力电缆等大容量的被试品，这些设备大多采用多层组合绝缘，且多采用 B 级绝缘材料，其吸收过程较长，吸收现象明显。而对于小容量的被试品吸收现象并不明显，一般不测吸收比。

二、兆欧表工作原理

测量绝缘电阻和吸收比的基本仪器是兆欧表，俗称摇表。常用的兆欧表按额定电压区分有 500、1000、2500V 和 5000V 等几种规格。它由手摇直流发电机和测量机构组成，如图 3-2 所示。测量机构由永久磁铁、电压线圈、电流线圈和指针等构成。电压线圈和电流线圈绕向相反，置于不均匀的磁路气隙中，可以带动指针自由转动。由于没有弹簧游丝，在不测量时，指针可停留在任意位置，这种表头称为流比计表头。

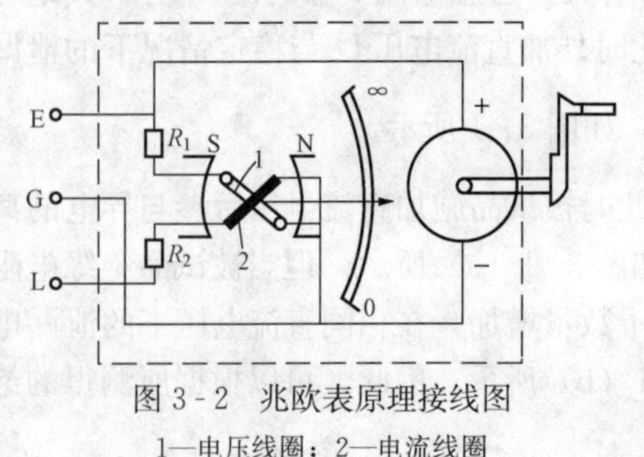

图 3-2　兆欧表原理接线图

1—电压线圈；2—电流线圈

兆欧表外部有三个接线端子，即线路端子（火线）L，接地端子 E 和屏蔽端子 G。测量时被试品接于 L 和 E 之间。

当L和E之间开路（不接被试品）时，摇动直流发电机的手柄，就会有直流电流（该电流是恒定不变的）通过电压线圈，产生的力矩使线圈作逆时针旋转。由于没有其他力矩与之平衡，因而带动指针也作反时针偏转，指向∞处。

当L和E短路时，摇动手柄，这时电压线圈和电流线圈将同时有电流流过。由于电压线圈比电流线圈匝数多、线径细，两个回路电阻相差悬殊，电流线圈通过的电流比电压线圈上的大得多，产生的力矩（顺时针方向）也大得多，此时，线圈将带动指针顺时针方向转向“0”处。

当L和E之间接入被试品后，此时摇动手柄，被试品在直流端电压作用下通过电流 I，该电流同时通过电流线圈。当它产生的力矩和电压线圈的力矩达到平衡时，指针停留在刻度盘上某个位置，其指示值即为该被试品的绝缘电阻值。

用兆欧表测量绝缘电阻时，被试品接于L和E两端之间。当被试品有表面泄漏时，表面泄漏电流会通过兆欧表的电流线圈，使测量值偏小。为了避免被试品表面泄漏电流的影响，可以在被试品被测绝缘表面缠上金属屏蔽电极P，再将屏蔽电极用导线与兆欧表的屏蔽端子G连接，图3-3所示为用兆欧表测电缆绝缘电阻的原理接线图。这样，被试品表面泄漏电流通过屏蔽电极时，被屏蔽电极所“收集”，并经屏蔽端子G直接进入兆欧表发电机的“一”极，而不进入电流线圈，所以表面泄漏电流对测试结果不再产生影响。

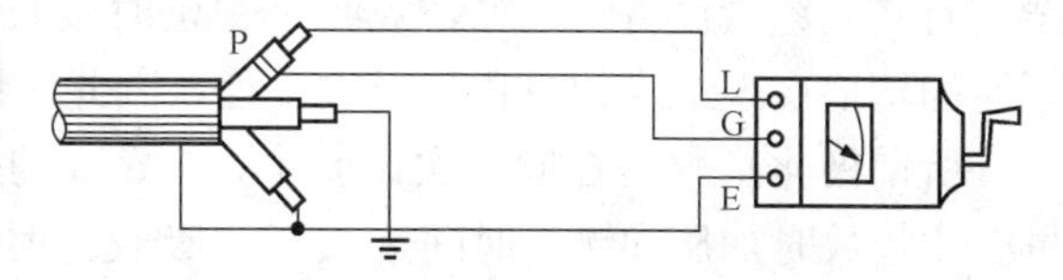

图3-3　用兆欧表测电缆绝缘电阻原理接线

三、结果判断

根据测试结果，可以从以下几个方面进行比较，以便对该被试品绝缘状况作出准确的判断。

1. 与规定值作比较

DL/T 596—2005《电力设备预防性试验规程》（以下简称规程）对一些电气设备的绝缘电阻值和吸收比作了具体的规定，如要求FS型阀型避雷器的绝缘电阻不低于2500MΩ；电容型电流互感器末屏对地绝缘电阻不低于1000MΩ。要求110～330kV电力变压器的吸收比不低于1.3；容量6000kW及以上同步发电机采用环氧粉云母绝缘时吸收比不小于1.6等。只要将试验结果与规程规定值作比较，便可得出绝缘是否合格的结论。

2. 与该被试品历次试验结果比较

规程对有些设备的绝缘电阻值和吸收比不作具体规定，但要求与上次或历次试验结果进行比较。如换算至同一温度的电力变压器绝缘电阻，与前一次测试结果比较应无明显变化；配电变压器绕组的绝缘电阻不得低于上次结果的70%等。

3. 三相之间进行比较

电气设备绝缘电阻值或吸收比除了符合上述要求外，三相绝缘电阻值应基本平衡，6000kW及以上同步发电机，除要求绝缘电阻不得低于历年正常值的1/3外，还要求各相或各分支绝缘电阻值的差值不应低于最小值的100%。

4. 与同类型产品比较

规程对有些设备的绝缘电阻不作具体要求，而是根据运行经验自行规定，如规程对电磁式电压互感器的绝缘电阻就要求自行规定。这时，可以将试验结果与同类产品的试验结果相比较，再与历次试验结果进行比较，根据变化规律和趋势进行全面分析后作出判断。

本次绝缘电阻值与上次绝缘电阻值进行比较时，应在相同温度下进行，因为温度对绝缘电阻值的影响较大。一般温度每升高10℃，绝缘电阻下降0.5～0.7倍，其变化程度随绝缘的种类而异。对于容量较大的电力变压器，不同温度下的绝缘电阻值的换算式为

$$R_2 = R_1 \times 1.5^{\frac{t_1 - t_2}{10}} \tag{3-2}$$

式中　R_1，R_2——对应于温度 t_1、t_2 时的绝缘电阻值，MΩ。

其他绝缘结构与之相似的电气设备如电压互感器等，也可参照式（3-2）进行温度换算。

应该指出，这种换算是近似的，最好在相近温度下进行试验。

吸收比是同一次试验中两个绝缘电阻（或泄漏电流）的比值，因此其数值与被试品的几何尺寸、绝缘的材料和结构等因素无关，且受温度的影响也较小，所以不必进行温度换算。

四、极化指数与绝缘测试仪

随着电力系统的高速发展，系统电压等级提高，设备容量增大，其绝缘结构也日趋复杂。有些大容量设备的绝缘，吸收过程延时较长，吸收时间远大于1min，测其吸收比往往不能确切地反映绝缘的极化和吸收过程，因此应该测量它的极化指数。

所谓极化指数是在同一次试验中，10min的绝缘电阻值和1min的绝缘电阻值之比。测量极化指数时加压和测量时间远大于测吸收比时的1min，因而极化指数更能全面地反映绝缘的极化和吸收过程。

规程对有些电气设备的极化指数作了具体的规定。如容量为6000kW以上的同步发电机，采用沥青浸胶及烘卷云母绝缘，它的极化指数不应小于1.5；若采用环氧粉云母绝缘，极化指数不应小于2.0；水内冷定子绕组可自行规定。容量为1.6MVA以上的电力变压器绕组绝缘的极化指数不应小于1.5。

由于测量极化指数的时间长达10min，用普通的兆欧表进行测试难以实现，需采用先进的兆欧表。绝缘测试仪是新一代测量介质绝缘电阻和吸收比的仪器，如图3-4所示。绝缘测试仪的电源有两种方式：正常测量时可用机内免维护蓄电池（12V）供电；若测量时电池电量不足，可应急使用AC 220V电源供电。额定测试电压分为两档，分别为2500V和5000V，误差为5%。测试仪正面显示屏分上、下两部分，分别显示环境温度、绝缘电阻及任意时刻绝缘电阻、测量时间、测试端电压、吸收比和极化指数等。另外，测试仪还有记忆绝缘性能参数值的功能，测试过程中蜂鸣器声响提示，测试功能齐全，使用方便、可靠并且稳定。

测试仪的外部连接情况与普通兆欧表相同，也有三个外接端子，即线路端子L、接地端子E和屏蔽端子G。测量时的试验接线和普通兆欧表相同。不同厂家生产的绝缘测试仪结构和型式上略有差异，但原理基本相同。

五、测量绝缘电阻时的注意事项

（1）根据规程的规定，测量不同被试品的绝缘电阻和吸收比 K 值时，应选择电压等级合适的兆欧表。

（2）历次试验应使用同一只或同型号兆欧表，使测试结果更具可比性。

（3）试品的对外连线应拆除。现场测试互感器等一次设备时，为了避免损坏二次设备，应注意与二次设备隔离。若所测被试品的绝缘电阻过低，应进行分解试验，以便找出绝缘电阻最低的部位。

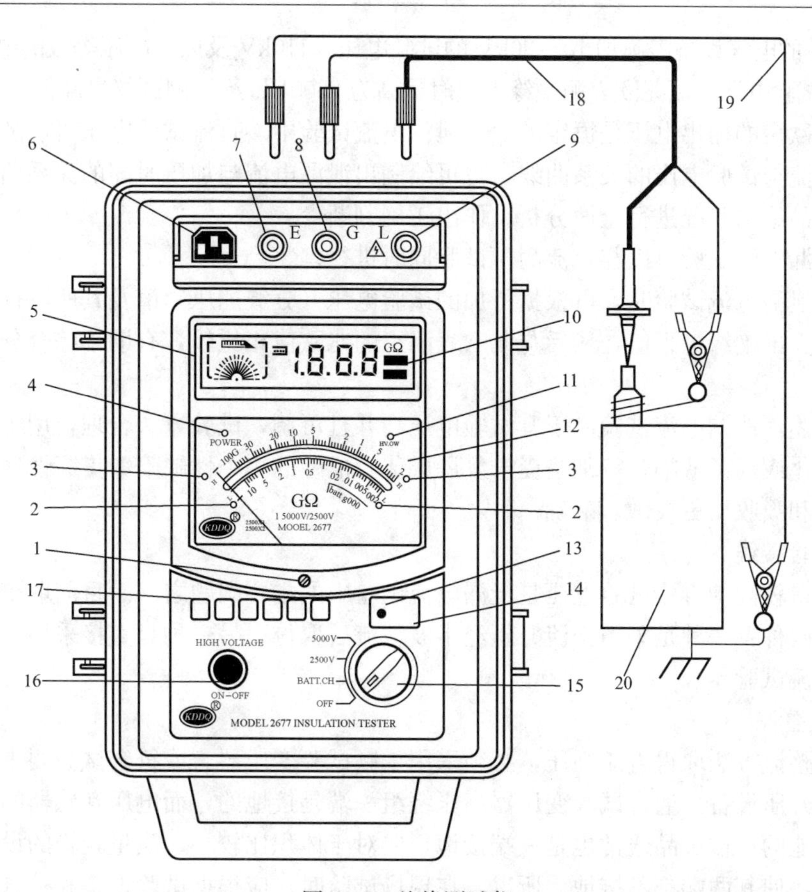

图3-4　绝缘测试仪

1—机械零位调节钮；2—低量程指示灯（绿）；3—高量程指示灯（红）；4—电源指示灯（绿）；5—LCD显示屏；6—充电电源插座；7—E端（接地）；8—G端（屏蔽）；9—L端（线路）；10—LCD数字显示屏；11—高压指示灯（红）；12—表盘；13—温度传感器；14—蜂鸣器；15—功能开关；16—高压开关按钮；17—测试选择按键（6个）；18—测试线（红）；19—接地线（黑）；20—被测试品

（4）屏蔽电极的位置应尽量靠近L端，但两者不得碰触。

（5）对于大容量被试品，试验结束前应先断开测量回路，再停止摇动兆欧表，以免被试品上的电荷释放时损坏兆欧表。

（6）整个测试过程应保持恒定转速，转速最低不得低于额定转速（120r/min）的80%，以防止引起较大的测量误差。结束后应记录温度和湿度，以便进行比较和判断。

§3.2　泄漏电流的测量

一、测量泄漏电流的目的和特点

对被试品施加较高的直流试验电压，在该试验电压下被试品绝缘所通过的电流为其泄漏电流，根据所测数值的大小（或变化）可判断设备的绝缘情况。从试验原理上看，测量泄漏电流和测量绝缘电阻是相同的，但还有其特点：

（1）测量泄漏电流时，施加于被试品的直流试验电压比测量绝缘电阻时要高得多。通常

35kV及以下的电气设备需施加10～30kV的试验电压；110kV及以上电压等级的电气设备需施加40kV的试验电压。用兆欧表测绝缘电阻时最高为2500V（绝缘测试仪最高仅为5000V）。

（2）兆欧表的输出电压是恒定的。在泄漏电流试验中，直流试验电压可以随意调节，绘制出泄漏电流与试验电压的关系曲线，也可绘制出泄漏电流与加压时间的关系曲线，从而有助于对被试品绝缘状况进行全面分析，作出正确判断。

（3）泄漏电流试验可以与直流耐压试验同时进行。

（4）做泄漏电流试验时，可根据所加的试验电压（分级加压）值及其所测得对应的泄漏电流值，计算出绝缘电阻值，然后与兆欧表测得的兆欧值相比较，有助于综合分析设备的绝缘状况。

综上所述，泄漏电流试验由于其试验电压高并且可调，试验方法合理，用于检测设备绝缘受潮、劣化或局部缺陷，特别是尚未发展成比较危险的集中性缺陷如贯穿性通道时，比测量绝缘电阻和吸收比更灵敏、准确。

二、试验接线

如何取得较高的直流试验电压是泄漏电流试验中的主要问题之一。目前取得直流高压常用的方法有两种：一种是采用交流升压经半波整流后取得；另一种是直接采用直流高压发生器（或称直流试验器）。

1. 半波整流

用半波整流方法取得直流高压，必须采用工频试验变压器，或符合试验要求的电压互感器作为交流升压设备。通常试验变压器高压绕组一端是接地的，而电压互感器的高压绕组两端都是不接地的。被试品通常也是一端接地，但对于体积比较小、质量较轻的设备可用绝缘支持物架起，使其两端都不接地。所以，在现场试验时，应根据试验设备和被试设备的接地情况，选择合理的接线方式。

用半波整流测量泄漏电流的接线如图3-5所示。图中，VD为高压整流硅堆，作为整流元件；R为水电阻，用于限制被试品一旦击穿时的回路电流；测量泄漏电流的仪表是微安表。图3-5（a）所示为微安表接在低压侧的情况。它的优点是微安表处于低压侧，读数比较安全、方便，高压测量引线等对地杂散电容通过的泄漏电流，均可经过变压器接地端泄入地中，且测量比较准确。这种接线方法要求被试品两端均不接地，因而只适用于实验室和被试品比较轻、小的场合。

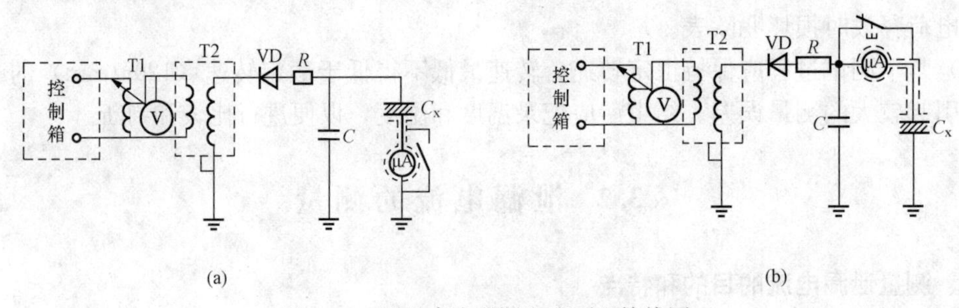

图3-5　测量直流泄漏电流原理接线图

（a）微安表处于低压侧；（b）微安表处于高压侧

图3-5（b）所示为微安表接在高压侧的情况，它适用于被试品一端直接接地的场合。为了消除高压引线对地杂散电流产生的影响，需将微安表至被试品间的高压引线屏蔽起来，

使高压引线的对地杂散电流不通过微安表，测量结果准确。这种接线的微安表处于高电位，为读数方便需采取安全措施，如把微安表置于绝缘台上，或人站在绝缘垫上读数等。

2. 直流高压发生器

直流高压发生器是直流试验的专用设备，它以工频交流为电源，采用倍压整流或先变换为高频升压后，再整流的方法取得直流高压，如图3-6所示。图3-6所示为用直流高压发生器测量泄漏电流的原理接线图。直流高压发生器设有调压器、电压表、微安表以及过流过压保护装置，输出直流高压可达60kV，使用方便，测量准确度也较高。通常将其制成便携式，适合现场测试。

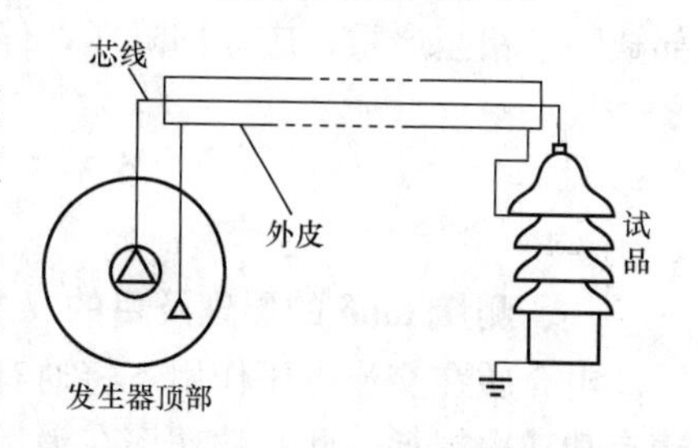

图3-6　用直流高压发生器测泄漏电流原理接线

三、试验结果判断方法

根据测量结果，一般可从以下几个方面来判断被试品的情况：

（1）在规程中，对有些电气设备的泄漏电流允许值作了具体规定，如40.5kV及以上少油断路器的泄漏电流一般不大于10μA。只要将测得泄漏电流值与规程规定的允许值作比较，即可直接判断绝缘的优劣。

（2）规程对有些设备的泄漏电流值并不作具体规定，但要求和上次试验结果作比较，或三相之间进行比较。例如，电力变压器绕组的泄漏电流与上一次测试结果比较应无明显变化，6000kW及以上同步发电机定子绕组在规定的试验电压下，各相泄漏电流的差别不应大于最大值的100%等。

直流泄漏试验同绝缘电阻测量一样，温度对试验结果的影响极为显著。所以两次结果比较应在同一温度下进行。对于B级绝缘发电机，通常将泄漏电流值折算至接近运行状态温度75℃时的数值，再进行比较，折算公式为

$$I_{75℃}=I_t\times 1.6^{\frac{75-t}{10}} \tag{3-3}$$

式中　t——试验时被试品温度，℃；

I_t——对应于t℃的泄漏电流值，μA。

对于A级绝缘的被试品，换算公式为

$$I_{t2}=I_{t1}\times e^{\alpha(t_2-t_1)} \tag{3-4}$$

式中　α——温度指数，$\alpha\approx0.05\sim0.06/℃$；

I_{t1}、I_{t2}——对应于t_1、t_2的泄漏电流值，μA。

为提高试验的灵敏度，使结果更加准确，通常要求在30～80℃温度范围内进行试验。

四、泄漏试验的注意事项

（1）用半波整流方法进行泄漏试验时，应选择合适的试验变压器（或互感器）、高压硅堆和水电阻，防止因试验变压器容量不足，或高压硅堆反向耐压不够而使试验受阻。

（2）为保证人身安全，试验电源合闸时，应有警示装置（如警铃等）。

（3）为防止加压过程中出现脉冲或击穿引起的大电流通过微安表，应在微安表旁并接一个刀开关。当需读数值时断开刀开关（微安表接在高压侧时，应使用绝缘工具操作），读值毕再合上，将微安表短接。

（4）用半波整流试验小电容量被试品泄漏时，为使直流试验电压稳定，应加滤波电容，滤波电容的容量通常为0.1μF。

(5) 泄漏试验时（其他直流试验也一样），被试品上施加的直流高压应为负极性。

(6) 在试验过程中如微安表指针大幅度摆动或微安表读数随时间不断增大，说明介质内部缺陷已相当严重，应立即降压，停止试验。

§3.3 介质损失角正切值测量

一、测量 tanδ 的原理及目的

电介质在交流电压作用下将通有泄漏电流和极化电流，即电介质在交流电压作用下存在着有功功率损耗。此有功功率在消耗过程中使绝缘内部产生热量，引起介质发热。介质的有功损耗越大，绝缘的发热越严重，从而使介质的有功损耗进一步增加，构成恶性循环。

介质发热会加速绝缘的热老化，引起介质的劣化过程，情况严重时，会在绝缘薄弱处直接形成热击穿。所以，介质损耗的大小是衡量绝缘状况的一项很重要的指标。

介质损耗是以介质损失角正切值 $\tan\delta$ 来表示的，它是在交流电压作用下，电介质中交流电流的有功分量与无功分量的比值。在一定的电压和频率下，介质中的交流电流有功分量越大，$\tan\delta$ 越大，表明介质的有功损耗越大。与功率损耗 P 不同，$\tan\delta$ 反映的是介质内单位体积能量损耗的大小，它与电介质的几何尺寸无关。因此，介质结构上的不均匀性对 $\tan\delta$ 值的影响非常大。对于体积较大，由多种绝缘材料组成的被试品，测量 $\tan\delta$ 值不易检测出绝缘的局部缺陷。因为，带有集中性缺陷的绝缘是不均匀的，可以看成是两部分介质并联组成的绝缘，其整体的介质损耗为这两部分之和，即

$$P = P_1 + P_2$$

或

$$\omega CU^2\tan\delta = \omega C_1U^2\tan\delta_1 + \omega C_2U^2\tan\delta_2$$

$$\tan\delta = \frac{C_1\tan\delta_1 + C_2\tan\delta_2}{C_1 + C_2}$$

设缺陷部分的绝缘体积为 V_2，电容量为 C_2，而良好部分体积为 V_1，电容量为 C_1，当试品体积较大，而缺陷为小部分集中性缺陷时，$V_2 \ll V_1$，$C_2 \ll C_1$，可得

$$\tan\delta \approx \tan\delta_1 + (C_2\tan\delta_2/C_1)$$

当绝缘良好，不存在缺陷时，$\tan\delta = \tan\delta_1$，若部分绝缘有缺陷，增加的部分是 $C_2\tan\delta_2/C_1$。只有绝缘的缺陷足够大时，其在整体 $\tan\delta$ 中的反映才会明显。

由于电机、电缆这类电气设备，其绝缘的体积较大，且多为复合绝缘，内部存在的缺陷多为运行中形成的集中性缺陷，用测 $\tan\delta$ 来检测绝缘缺陷效果很差。因此，对运行中的电机、电缆等设备通常不作这项预防性试验。

对于由单一绝缘材料构成的均匀电介质，测量 $\tan\delta$ 能够灵敏地检测出严重的局部缺陷和受潮、绝缘老化等整体缺陷。对油质劣化的检测效果也较好。对于那些体积小，电容量小的设备，如电流互感器、套管等，无论是集中性缺陷还是分布性缺陷，通过测 $\tan\delta$ 都能有效地发现。对于能够进行分解试验的电气设备，通过测量 $\tan\delta$，对发现局部缺陷也有很好的效果。

总之，测量 $\tan\delta$ 是检测电气设备绝缘状况较灵敏而有效的主要试验项目之一，目前广泛地应用于高压电气设备的出厂试验和绝缘预防性试验中。

二、试验方法

1. 西林电桥

(1) 西林电桥的工作原理。测量 $\tan\delta$ 的仪器和方法较多，以前普遍采用的是西林电桥。

西林电桥有多种型号，如QS1型、QSA型、QS2型、QS3型等。它们的原理大同小异。西林电桥的原理接线如图3-7所示，其四个桥臂中，C_N为标准无损空气电容器，是外接设备；Z_x为被试品；在电桥内只有R_3和Z_4这两个桥臂。R_3为无感可调电阻箱。Z_4由C_4和R_4并联构成，其中C_4为可调十进位变容箱；R_4为固定电阻，其值为3184.7(10000/π)Ω。

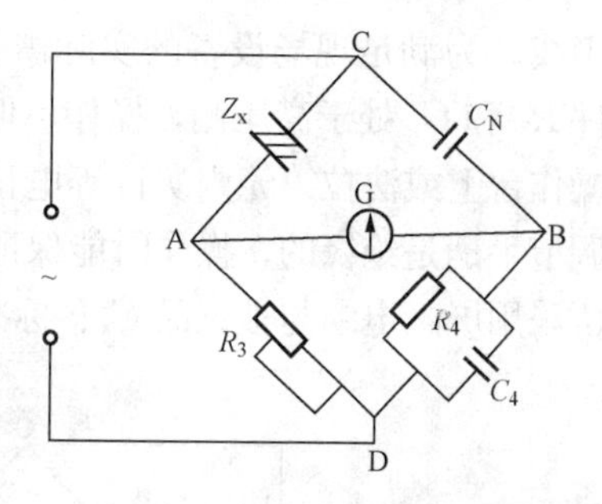

图3-7　西林电桥原理接线图

在C、D两端施加交流试验电压（对额定电压为10kV及以上的被试品，施加10kV试验电压；额定电压小于10kV的，施加被试品的额定电压），调节R_3和C_4使电桥中检流计G的指示为零，此时电桥达到平衡，桥臂阻抗之间存在如下关系

$$\frac{Z_x}{Z_3}=\frac{Z_N}{Z_4} \tag{3-5}$$

其中

$$Z_x=\frac{R_x\frac{1}{j\omega C_x}}{R_x+\frac{1}{j\omega C_x}}\text{（并联等值电路）}$$

$$Z_3=R_3,\quad Z_N=\frac{1}{j\omega C_N}$$

$$Z_4=\frac{R_4\frac{1}{j\omega C_4}}{R_4+\frac{1}{j\omega C_4}}$$

化简式（3-5），并使等式两边的实部与实部相等，虚部与虚部相等，即可求得

$$\tan\delta=\frac{1}{\omega C_xR_x}=\omega C_4R_4 \tag{3-6}$$

$$C_x=C_N\frac{R_4}{R_3}\frac{1}{1+\tan^2\delta}\approx\frac{C_NR_4}{R_3} \tag{3-7}$$

式中　C_N——标准空气电容器电容量，C_N=50pF；

R_3，R_4——桥臂电阻；

$\tan\delta$——被试品的介损值。

将R_4=10000/π代入式（3-6）中，可得

$$\tan\delta=C_4 \tag{3-8}$$

由式（3-8）可知，西林电桥平衡时，C_4的读数就是被试品的介质损失角正切值。同时式（3-7）表明，可以用西林电桥来测量被试品的对地电容，而被试品的对地电容大小对判断绝缘状况是有帮助的。当绝缘受潮时，被试品对地电容会明显增加。

（2）西林电桥试验接线。用西林电桥测量$\tan\delta$时，常用的接线方式有正接线和反接线两种：①正接线。图3-8（a）所示为西林电桥正接线，高压施加于被试品和标准电容一端，R_3和Z_4处在低电位端。它的优点是电桥可调部件R_3和C_4均处于低压侧，操作比较安全、方便且准确。但被试品两极均需对地绝缘，而运行中的电气设备通常为一极直接接地。②反

接线。为满足现场设备的实际需要，常采用反接线，如图 3-8（b）所示。由于电桥可调部件 R_3 和 C_4 处于高压侧，操作不但不安全，且不方便。这样操作者和电桥可同处于对地绝缘的操作台上或法拉第笼内实行等电位操作，也可使用绝缘操作杆操作。国产 QS1 型西林电桥的调节手柄是绝缘的，操作时能保证人身安全。图 3-9 所示为西林电桥反接线的实际接线图。电桥采用屏蔽电缆与被试品 C_x、标准电容器 C_N 连接，以消除外部磁场或电场对电桥的干扰。

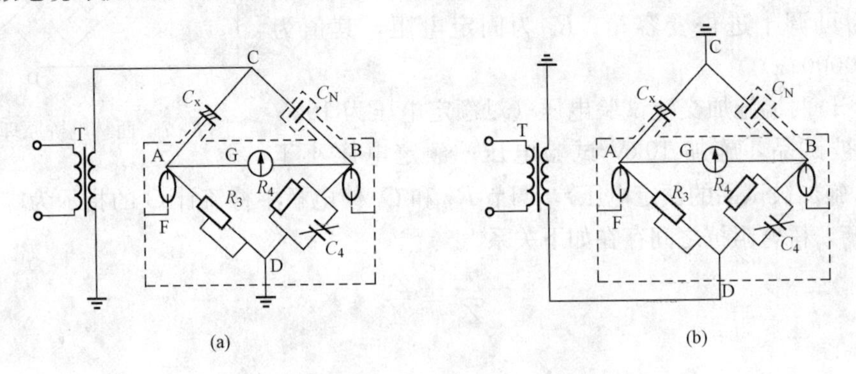

图 3-8　西林电桥试验接线原理图

（a）正接线；（b）反接线

（3）试验结果判断。当试验电压和频率一定时，tanδ 值受温度的影响比较大，如 35kV 以上电压等级的电力变压器绕组在 30℃时的 tanδ，要求不大于 2%，在 50℃时，要求不大于 4%。为了便于比较，两次试验应尽可能在相同温度下进行。当温度在 10～30℃范围内时，电力变压器绕组的 tanδ 值在不同温度下的换算公式为

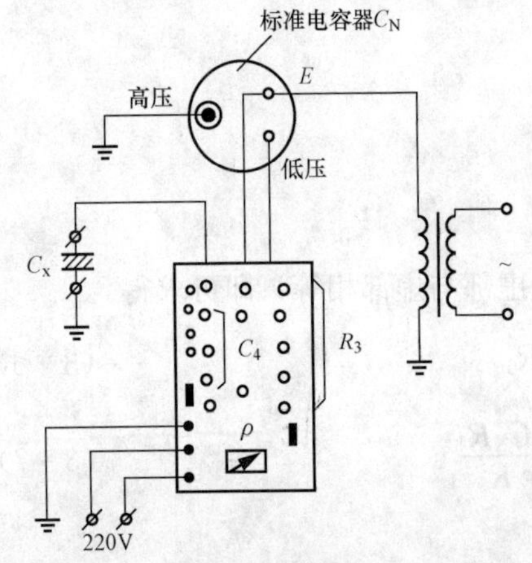

图 3-9　西林电桥反接线的实际接线

$$\tan\delta_2 = \tan\delta_1 \times 1.3^{\frac{t_2 - t_1}{10}} \tag{3-9}$$

式中　$\tan\delta_1$，$\tan\delta_2$——对应于温度 t_1、t_2 时的 tanδ 值。

除此之外，试验电压对 tanδ 值也有影响（不考虑频率的影响）。良好绝缘的 tanδ 值随电压的升高无明显增加；若绝缘内部有缺陷，则 tanδ 的值将随电压的升高显著增加。

（4）试验注意事项。

1）被试品必须切断对外连接线，并使表面清洁、干燥。

2）在不影响测量的情况下，应尽可能缩短 C_x、C_N 引线的长度。

3）QS1A 型电桥的抗干扰电路的取样电源，在使用过程中不允许反相，即电桥的取样电源应接在试验电源前。

4）在调节电桥的过程中，应先调 R_3，再调 C_4，并且从高位到低位调节，使平衡指示器有明显变化，以利电桥尽快平衡。

5）能分解的被试品应拆开，测量各部分的 tanδ 值，便于准确判断绝缘状况。

6）不得使大电容电流通过电桥。在试验过程中若出现异常情况，应立刻停止试验，待查明原因，消除缺陷后再继续试验。

2. 自动介损测量仪

数字式自动介损测量仪具有抗干扰能力强、测量精度高、安全可靠性高和使用方便等优点。我国最早使用的是瑞士（Tettex2818）介损测量仪，目前，现场广泛使用的各厂家生产的介损测量仪与Tettex2818基本相同。

（1）测量原理。数字式介损测量仪的基本测量原理为矢量电压法，即利用两个高精度电流传感器，把流过标准电容器C_N和测试品C_x的电流信号i_N和i_x转换成适合计算机测量的电压信号U_N和U_x，然后经过模数转换、A/D取样将电流模拟信号变成数字信号，通过FFT（快速傅立叶变换法）数学运算，分离出基波信号并进行数字滤波，分别求出这两个电压信号进行矢量运算，从而得到被测电流信号i_N和i_x的基波分量及两矢量夹角δ和模之比。由于C_N为无损标准电容器，且电容量已知，故可方便地求出被试品的电容量C_x和介质损耗角$\tan\delta$等参数。

介损测量仪的工作原理框图如图3-10所示。图3-10（a）所示为不接地试品原理接线；图3-10（b）所示为测量接地试品的原理接线，由于测量接地试品时采用侧接线试验方式，测量部分全部处于低电位，故使用安全可靠，且易于实现全自动测量功能。

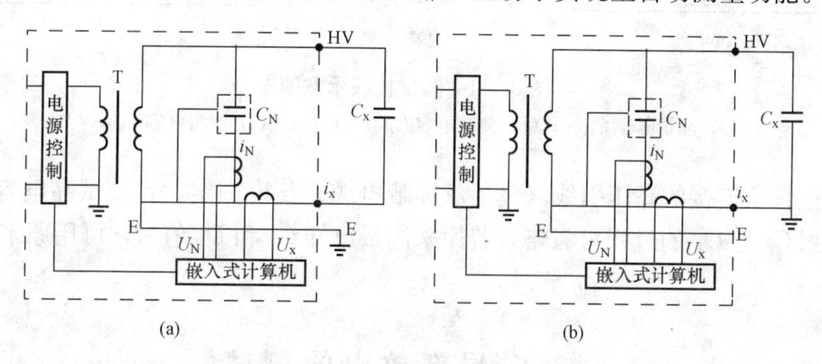

图3-10 测试仪工作原理框图
（a）不接地试品；（b）接地试品

（2）测试接线。数字式自动介损测量仪为一体化设计结构，使用时把试验电源输出端用专用高双屏蔽电缆（带插头接线挂钩）与被试品的高电位相连；测量输入端分为“不接地试品”和“接地试品”两个输出端，根据被试品是否是接地试品，用专用低压屏蔽电缆将输入端与被试品低压端相连，即可实现被试品电容量及介质损耗值的测量。

在测量接地试品时，接线原理如图3-11（b）所示。它与QS1型电桥及接线测量方式不同，以单相双绕组变压器为例（见图3-11），分析自动介损测量仪与QS1的区别。测量高压绕组对低压绕组的电容C_{H-L}时，按照图3-11（a）所示的方式连接试验回路，低压测量信号I_x应与测量仪的“不接地试品”输入端相连，相当于使用QS1型电桥的正接线测试方式。

测量高压绕组对低压绕组及对地电容C_{H-G}时，应按图3-11（b）所示的接线方式连接试验回路，低压测量信号I_x应与测量仪的“接地试品”输入端相连，并把低压绕组短路后与测量电缆所提供的屏蔽的E端子相连，这相当于QS1型的电桥的反接线测量方式。

（3）注意事项。在测量小电容量接地试品时，必须对试品电容量和介质损耗测试结果进行修正，以保证技术指标中所规定的测试精度。因为在测量接地试品时，测量系统的接地点就是被试品的接地点，测量回路的高压引线（包括双屏蔽电缆）对地杂散电容将并联在被试品的两端，使测量结果中含有附加误差。如果接地试品的电容量较大（一般超过 300pF）时，对地杂散电容引起的附加误差可忽略不计，否则就应对测量结果进行修正。修正的具体方法是进行二次测量，第一次先断开试品高压接线端，测量回路引线的误差因数，读出杂散电容 C_1 和介质损耗杂散因数 D_1；第二次高压引线接入被试品测量，读出电容量 C_2 和介质损耗因数 D_2，则被试品真实的电容量和介质损耗因数的计算式为

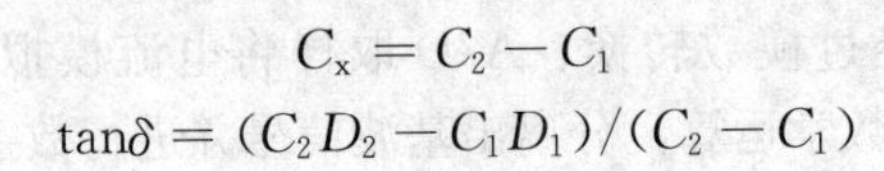

$$C_x = C_2 - C_1$$

$$\tan\delta = (C_2 D_2 - C_1 D_1)/(C_2 - C_1)$$

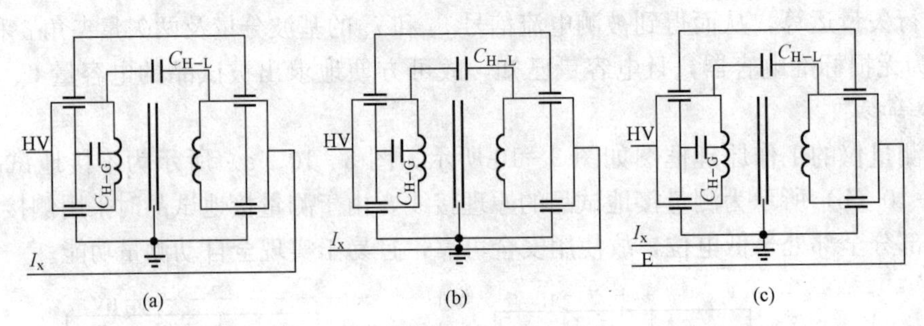

图 3-11　测试接线示意图

(a) 测量电容 C_{H-L}；(b) 测量电容 $C_{H-L}+C_{H-G}$；(c) 测量电容 C_{H-G}

如果测量仪所连接的高压引线（包括双屏蔽电缆）长度固定，且被试品电容量 C_x 超过 100pF 时，测 C_1 与 D_1 的过程可省略，若原来测量已知 C_1 和 D_1 值时，可用原来的 C_1 和 D_1 值进行修正。

§3.4　局部放电的测试

工程中常用的固体绝缘材料，不可能做得十分纯净致密，总是不同程度地含有一些分散状态的异物，如各种杂质、水分、气泡等。有些是在制造过程中遗留下来的，有些是在运行中绝缘材料的老化、分解等过程中产生的。由于各种杂质的电导和介电常数不同于绝缘材料，故在外电场作用下，这些杂质附近将积聚起比周围更高的电场。当外加电压升高到某一临界值时，杂质部位的场强将会超过其游离场强而发生游离放电，称之为局部放电。各种杂质中气泡最常见且影响最大。气泡的介电常数比周围绝缘材料的介电常数小得多，气泡上的场强就较高；气泡的击穿场强要比周围绝缘材料的击穿场强低得多。所以，分散在绝缘材料中的气泡成为发生局部放电的主要因素。

如外加电压为交变的，则局部放电就具有重复的、发生与熄灭相交替的特征。由于局部放电是分散地发生在极微小的空间内，同时，局部放电强度需要一个发展过程，所以，发生局部放电初始阶段并不影响整体绝缘材料的击穿电压。但是，局部放电时产生的电子、离子往复撞击绝缘介质，会使绝缘逐渐分解、破坏，分解出导电的和化学活性的物质，特别是臭氧，使绝缘介质氧化、腐蚀；同时，由于游离放电的缘故，带电粒子增多使该处的局部电场更加畸变，进一步加剧局部放电的强度；局部放电处也可能产生局部高温，使绝缘材料产生局部热老化。如果绝缘介质在正常工作电压下就有一定程度的局部放电，则在此过程中将会

加快绝缘的老化过程，当发展到一定程度时，就可能导致绝缘击穿电压降低，直致击穿。所以，测定绝缘介质在不同电压下局部放电强度的规律，能有效预示绝缘的情况，也是评价绝缘介质电老化速度的重要依据。

一、局部放电基本概念

若在固体或液体介质内部q处存在一个气泡，如图3-12（a）所示。C_q代表该气泡的电容，C_b代表与该气泡串联的那部分介质的电容，C_a代表其余完好介质的电容，即可得出图3-12（b）所示的等值电路。其中，放电间隙与C_q并联，q放电等值于该气泡发生的火花放电，Z则代表对应于气泡放电脉冲频率的电源阻抗。两极间电容为

$$C = C_a + \frac{C_b C_q}{C_b + C_q} \tag{3-10}$$

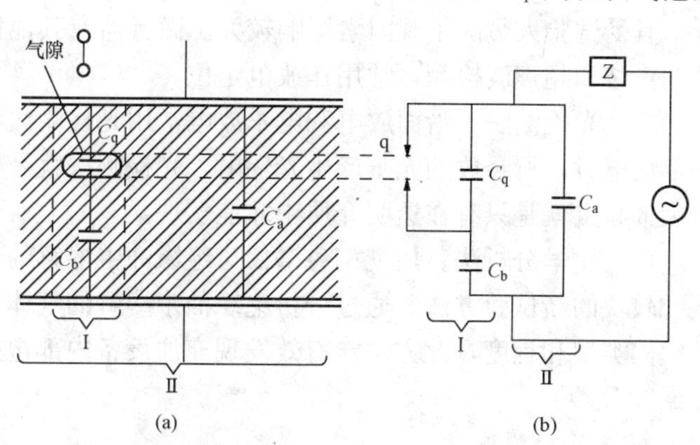

图3-12 绝缘内部气隙局部放电的等值电路
（a）示意图；（b）等值电路

当外加电压达到气泡（即间隙q上）的放电电压U_f时，其发生火花放电（相当于q间隙放电），q上电压从放电电压U_f迅速下降到熄灭电压U_x，火花熄灭，完成一次局部放电。在此局部放电期间，气泡上出现一个对应的局部放电电流脉冲，时间极其短暂（约为10^{-8}s），可认为瞬间完成，其电压下降一个$\Delta U = U_f - U_x$。

随着外加电压的继续升高，C_q上重新获得充电，直到U_q又达到U_f时，气泡发生第二次放电，依此类推，气泡上出现反复放电。

由于$C_a \gg C_b$，气泡上真实放电量q_r的表达式为

$$q_r = (C_q + C_b)(U_f - U_x) \tag{3-11}$$

式（3-11）中的C_q、C_b、U_f、U_x都无法测得，因而q_r也很难确定。当气泡放电时，被试品两端电压会下降一个ΔU_a。这相当于被试品放掉电荷q，由于$C_a \gg C_b$，被试品放掉电荷的表达式近似为

$$q \approx C_a \Delta U_a \tag{3-12}$$

式中 q——被试品视在放电量，通常以它作为衡量局部放电强度的一个重要参数。

由式（3-11）推理可得，被试品上视在放电量的表达式为

$$q = \frac{C_b}{C_b + C_q} q_r \tag{3-13}$$

由于$C_q \gg C_b$，视在放电量q要比真实放电量q_r小得多，但它们之间存在一定的比例关系，所以q值也相对反映q_r的大小。

二、局部放电检测方法

伴随着局部放电会出现多种效应，可以利用这些效应来进行检测。有些属于电气方面的，如电流脉冲、介质损耗突然增大、电磁波辐射等；另有一些现象属于非电方面的，如光、热、噪声、气压变化、化学变化等。

近年来，局部放电测试技术发展很快，检测方法也很多，具体可分为电气检测和非电检

测两大类。非电检测方法不够灵敏，也不够方便，一般只限于定性检测，即只能判断是否存在局部放电，而不能作定量的分析；目前应用得比较广泛和成功的是电气检测法，它不仅可以灵敏地检测出是否存在局部放电，还可判断放电的强弱程度。

1. 非电检测法

（1）噪声检测法。用人的听觉检测局部放电是最原始的方法之一，这种方法灵敏度很低，且受试验人员的主观因素影响较大。微音器或其他传感器和超声波探测仪等作为非主观性的声波和超声波检测，常用作放电定位。

（2）光检测法。沿面放电和电晕放电常用光检测法测量，而且效果很好。绝缘内部发生局部放电时，所释放的光子产生光辐射，光检测法就是检测局部放电所发出的光量，此方法最大的缺点就是只有在透明介质中才能实现。

（3）化学分析法。用气相色谱仪对绝缘油中溶解的气体进行气相色谱分析，是近年来发展比较快的新试验方法。通过分析绝缘油中溶解的气体成分和含量，能够判断设备内部隐藏的缺陷类型和程度，此方法能有效发现充油设备内部包括局部放电等的一些局部性缺陷（详见§3.5）。

2. 电气检测法

（1）脉冲电流法。此方法测量的是局部放电视在放电量。当发生局部放电时，试品两端出现一个瞬时的电压变化，在检测回路中引起一高频脉冲电流，将它变换成电压脉冲后，就可以用示波器等测量其波形或幅值，由于其大小与视在放电量成正比，通过校准就能得出视在放电量（单位：pC）。此方法灵敏度高，应用广泛。

用脉冲电流法测量局部放电的视在放电量，国际上推荐的有三种基本试验回路，即并联测试回路、串联测试回路和桥式测试回路，如图3-13（a）、（b）、（c）所示。

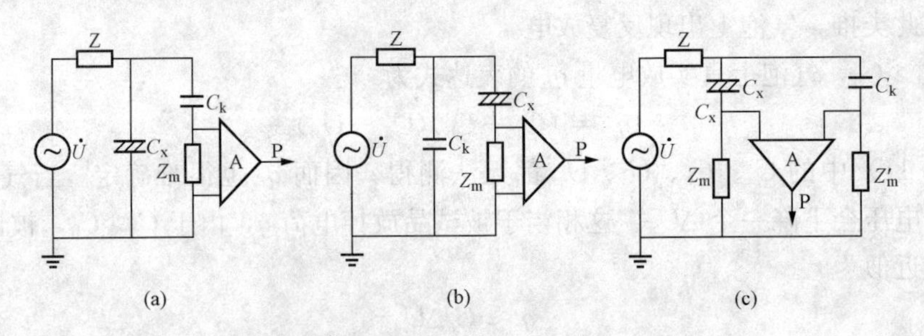

图3-13 用脉冲电流法检测局部放电的测试回路
（a）并联测试回路；（b）串联测试回路；（c）桥式测试回路

三种测试回路的基本目的都相同，即在一定的电压作用下，被试品 C_x 中产生的局部放电电流脉冲流过检测阻抗 Z_m，然后把 Z_m 上的电压或 Z_m 及 Z'_m 上的电压差加以放大后送到测量仪器P（示波器、峰值电压表、脉冲计数器等）上去，测得脉冲电压峰值与被试品的视在放电量 q 之值（pC）。

一般被试品都可以用一集中电容 C_x 来代表，耦合电容 C_k 为被试品 C_x 与检测阻抗 Z_m 之间提供一条低阻抗通道。当 C_x 发生局部放电时，脉冲信号立刻顺利耦合到 Z_m 上去，C_k 的残余电感应足够小，而且在试验电压下内部不能有局部放电现象；C_k 又起到隔离电源电压的作用。Z 为阻塞阻抗，它可以让工频高电压作用到被试品 C_x 上，但又阻止高压电源中的高频分量对测试回路产生干扰，也防止局部放电脉冲分流到电压中去，它实际上就是一只低通滤波器。

并联测试回路［见图3-13（a)］适用于一端接地的被试品，它的优点是流过C_x的工频电流不流过Z_m，适用于C_x较大的场合。串联测试回路［见图3-13（b)］适用于两端对地绝缘的被试品，当试验电源回路电容足够大时，可省去C_k。以上并联与串联回路为直测法测试，其共同不足的是抗干扰能力差。图3-13（c）所示为桥式测试回路，属于平衡法，被试品C_x和耦合电容C_k的低压端对地绝缘，检测阻抗则分为Z_m和Z'_m，分别接在C_x与C_k的低压端与地之间。此时测量仪器P测得的是Z_m与Z'_m上的电压差。桥式测试回路抗干扰性能好，这是因为桥路平衡时，外部干扰在Z_m和Z'_m上产生的干扰信号基本上相互抵消，工频信号也相互抵消；当C_x发生局部放电时，放电脉冲在Z_m和Z'_m上产生的信号都是相互叠加的。

Z_m上出现的脉冲电压经过放大器A放大后送到适当的测量仪器P，即可得出测量结果。

(2) 介质损耗法。局部放电要消耗能量，使绝缘介质产生附加损耗。外加电压越高，放电频度越大，附加损耗也就越大。介质损耗法就是利用西林电桥测量附加损耗来检测局部放电的。测出介质的$\tan\delta—U$关系曲线。根据图2-9所示，起始放电电压U_0便是局部放电的起始电压U_f。

本方法的优点是不需要增加专用测量仪器，操作也较简便。其缺点是灵敏度比脉冲电流法低得多，特别是介质受潮或其他因素随电压升高检测误差增大的现象，在实际检测中很难排除。

§3.5　测量电压分布

一、绝缘子串电压分布规律

某些电气设备在工作电压作用下，沿着绝缘结构的表面总会有一定的电压分布。绝缘表面比较清洁时，其电压分布规律取决于绝缘结构本身的电容和杂散（寄生）电容；而在表面污染或受潮时，则取决于表面电导。如果其中某一部分因损坏导致该处的绝缘电阻急剧下降时，则表面电压分布将有明显的改变。因此，通过测量绝缘表面上的电压分布亦能发现某些绝缘缺陷。

测量电压分布是绝缘预防性试验项目之一，适用于组合串联的绝缘结构。

在电力系统中有大量的绝缘子在运行，输电线路上的绝缘子串由若干片盘形绝缘子组成，220kV及以上电压等级的支柱绝缘子也由两个及以上元件串联组成，合成绝缘子及高压套管的裙边也由许多个裙边组成。运行中定期测量沿着绝缘子各组成元件的电压分布状况，检查是否存在局部绝缘缺陷，是电力系统中常规的试验项目。

当悬式绝缘子串表面比较清洁时，其电压分布取决于绝缘子本身的电容C、各元件与地（铁塔、架空地线等）间的电容C_E和导线对各元件间电容C_L，如图1-23（a)、(b）所示。运行中要同时考虑到C_E和C_L的作用，绝缘子串上实际的电压分布如图1-23（c）所示。

假如不存在C_E和C_L的影响，沿绝缘子串上的电压分布是均匀的，则每片上的电压降为$\Delta U=\dfrac{U}{n}$（n为绝缘子串的片数）。

由于对地杂散电容 C_E 造成一定的分流，使得靠近高压导线的那片绝缘子（编号为 1）流过的电流最大，因而电压也最大，其余各片上的电压分布依次减少，如图 1-23（a）所示；而导线对地电容 C_L 的电容则与其相反，使得靠近横担的那片绝缘子（编号为 n）流过的电流最大，因而电压也最高，其余各片上的电压分布依次减少，如图 1-23（b）所示。由于 $C_E>C_L$，所以 C_E 大于 C_L 的影响。运行中绝缘子串 C_E 与 C_L 的影响是同时存在的，其合成后的电压分布如图 3-14 所示（图 3-14 所示为 500kV 线路悬式绝缘子串上的电压分布）。由图 3-14 可知，绝缘子串上的电压分布是不均匀的，第一片绝缘子分到的电压 $\Delta U=\frac{500}{\sqrt{3}}\times 10\%\approx 29(\text{kV})$。实验表明，当盘形绝缘子上电压超过 22～25kV 时，已达到绝缘子的起始放电电压，该片绝缘子上将产生电晕放电。其后果是电晕放电电压引发该片绝缘子发生闪络，造成绝缘子串有效片数减少，出现新的电压不均匀分布；另外，还会引起金属件的腐蚀和严重的无线电干扰，这对于输电线路的正常运行是不允许的。

为了改善绝缘子串上电压分布，使其尽量均匀分布，特别是降低靠近导线附近的那几片绝缘子上的电压，工程中常用保护金具（即均压环）来改善靠近导线附近那几片绝缘子上的电压分布。均压环增大了靠近导线附近绝缘子 C_L 的值，补偿了 C_E 的影响，降低了导线附近绝缘子上的电压，从而改善了绝缘子串上的电压分布，如图 3-15 所示。工程中，我国对 220kV 及以上线路绝缘子串装设了均压环。

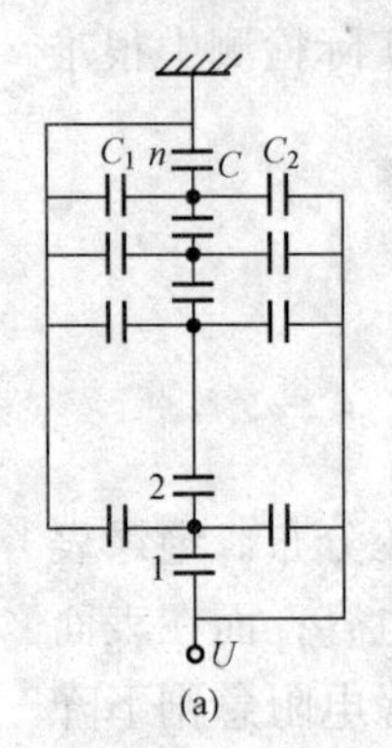

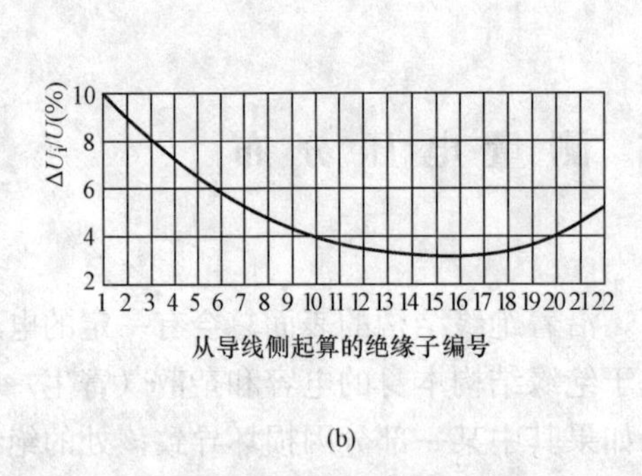

图 3-14 500kV 线路悬式绝缘子串上的电压分布

（a）等值电路；（b）电压分布

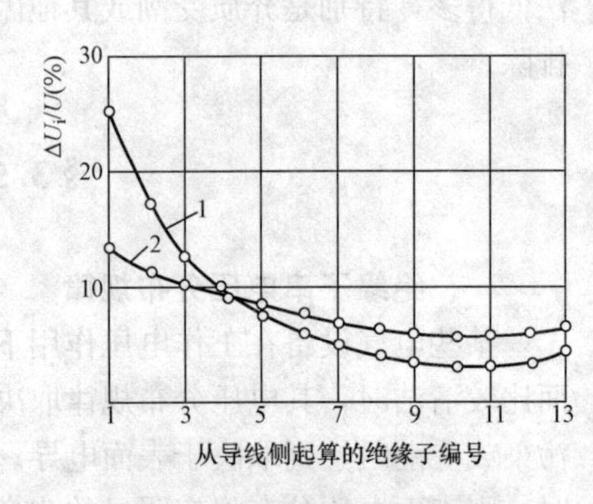

图 3-15 线路绝缘子串电压分布

1—无均压环时；2—装均压环时

对正常的电压分布曲线和实测结果进行比较，就能判断出绝缘子是否存在劣化或损坏现象。在运行中，当绝缘子串或支柱绝缘子中有一个或数个绝缘子劣化后，绝缘子串中各元件上的电压分布将与正常分布情况不同，电压分布曲线会发生畸变。畸变的形状随绝缘子劣化程度和劣化绝缘子的位置不同而异。图 3-16 所示为具有劣化绝缘子串的电压分布曲线发生畸变的情况。当绝缘子串或支柱绝缘子中有劣化元件时，此元件上分担的电压将比正常时分担的要小；其电压降低的数值随劣化程度而出现低值或零值绝缘子；将原来作用在它上面的电压转移到串中其他绝缘子上，特别是靠得最近的元件上电压升高最多，图 3-16 中的曲线 2 表明第 3 片为低值绝缘子。因此，必须把劣化了的绝缘子及时检测出。

二、绝缘串电压分布测量方法

测量电压分布的工具有短路叉、电阻分压杆、电容分压杆和火花间隙检验杆等。

1. 短路叉

这是检测损坏绝缘子（又称零值绝缘子）最简便的工具，其检测方法如图 3-17 所示。

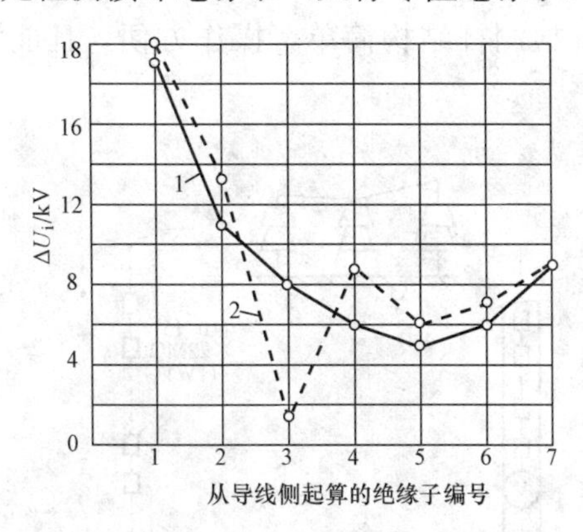

图 3-16 绝缘子串电压分布的比较

1—正常的电压分布；2—实际测得的电压分布

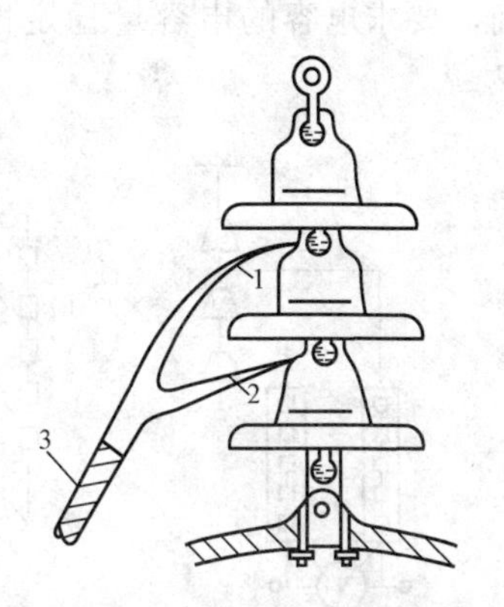

图 3-17 短路叉检测法

1、2—短路叉端子；3—绝缘杆

检测杆端部装上一个金属丝做成的叉子，把短路叉的一端 1 靠在绝缘子的钢帽上，另一端 2 与下面绝缘子的钢帽相碰时其间的空气隙会产生火花。被测绝缘子承受的分布电压愈高时出现火花放电愈早，则火花放电就愈强烈，由此根据放电强弱程度可以判断被测绝缘子承受电压的情况。如果被测绝缘是零值的，就不承受电压，因而就没有火花。这种测杆不能测出电压分布的具体数值，只能检查出零值绝缘子。

使用短路叉检测零值绝缘子时，注意当绝缘子串中的零值绝缘子片数达到了表 3-1 中的数值时，应立刻停止检测。此外，针式绝缘子及少于 3 片的悬式绝缘子串不准使用这种方法。

表 3-1 使用短路叉检测时零值绝缘子的片数

电压等级/kV	35	63	110	220	330	500
串中绝缘子片数/片	3	5	7	13	19	28
串中零值片数/片	1	2	3	5	4	6

2. 电阻分压杆

电阻分压杆的内部结构和接线如图 3-18 所示。其中（a）、（b）表示测量两点之间电位差的外部和内部连接图；（c）、（d）表示测量某点对地电位的外部和内部连接图。前者适用于 110kV 及以上电压等级的变电站和线路绝缘子串；后者适用于 35kV 变电站内支柱绝缘子的测量。图 3-18 中的 C 为滤波电容，一般采用 0.1～5μF 的电容；微安表可选 50～100μA 的量程。电阻杆的电阻值可按 10～20kΩ/V 选取，电阻表面爬距值按 0.5～1.5kV/cm 考虑，每个电阻的容量为 1～2W，整流管可选用普通的硅二极管。

电阻检测杆应预先在室内求出端部电压和微安表读数的关系，并应经常校准。在强电场附近测量时，要注意外界电场对表读数的影响，必要时采用适当的防干扰措施。用于测量的接地线要连接牢固，防止测量过程中脱开，发生危险。

3. 电容分压杆

电容分压杆与电阻分压杆类似，只是将电阻串和带有桥式整流的微安表，换成一个或几个串联且能承受被测电压的高压电容器；电容器的电容量应足够小，被测量的电压几乎都分布在电容器上，因此小量限的电压表就可以测量几千到几万伏的高电压。为使指示准确，要求电容的电容量稳定性要高。这种检测杆结构简单，操作方便，且能满足测量要求。

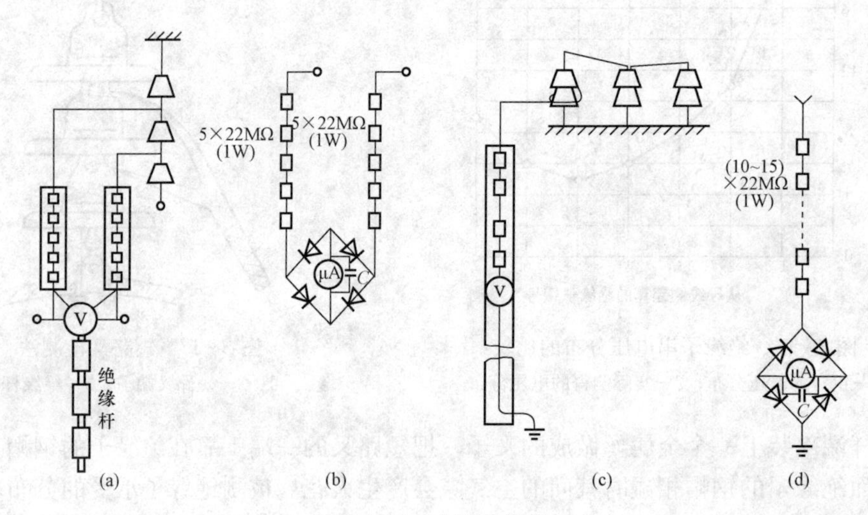

图 3-18 电阻分压杆

（a）测量两点电位差的外部连接；（b）测量两点电位差的内部连接；
（c）测量某点电位的外部连接；（d）测量某点电位的内部连接

4. 火花间隙检测杆

图 3-19 所示为可调火花间隙的检测杆，其测量部分是一个可调的放电间隙和一个小容量的高压电容器相串联。预先在室内校好放电间隙的放电电压值，并标在刻度板上，测杆在机械上可以旋转。当检测电极接到被测的绝缘子上后，便转动操作杆改变放电间隙，直至放电，即可读出相应于间隙距离在刻度板上所标出的放电电压值。如果某一元件上的分布电压低于规定标准值，而相邻其他元件的分布电压又高于标准值时，则该元件存有缺陷。为了防止因火花间隙放电短接了良好的绝缘元件而引起相对地闪络，可以用电容 C 与火花间隙串联后再接到探针上去。C 的值约为 30pF，和一片良好绝缘子的电容值接近。因为和 C 串联的火花间隙的电容只有几皮法，所以 C 的存在基本上不会降低作用于间隙上的被测电压，相对地就不会发生闪络。

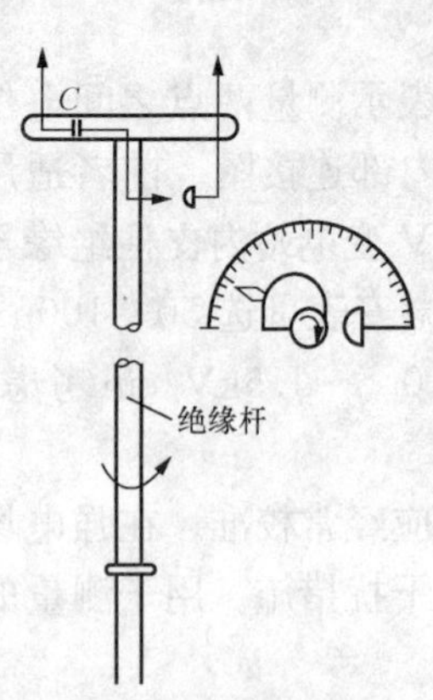

图 3-19 可调火花间隙的检测杆

火花间隙检测工具的缺点是，动电极容易损伤而变形，火花间隙的放电电压受大气条件的影响较大，且放电电压分散性大，使得检测准确性较差。另外，测量时劳动强度较大，时间也较长，因此，它仅用于检验性测量，对于零值绝缘子的检测还是有效的。

5. 数字式高压表

我国生产的 SG 系列数字式高压表可用于测量绝缘子表面某点对地电位，测量范围是 100～150kV，它具有自动变换量、液晶显示、数据保持等优点，还可配备微型数据存储器和打印设备，使用方便。

6. 绝缘子电压分布测量仪

近年来，我国有厂家（如南京苏特、武汉华福）生产出绝缘子电压分布自动检测仪。图3-20所示为ST5700型绝缘子检测仪的结构与连接示意图；图3-21所示为ED5700型绝缘子电压分布测量仪的装配图。这种自动检测仪与以上电压分布检测工具相比，具有仪器先进、结构合理、操作简便、大屏幕数字显示、数据直观易读等优点。

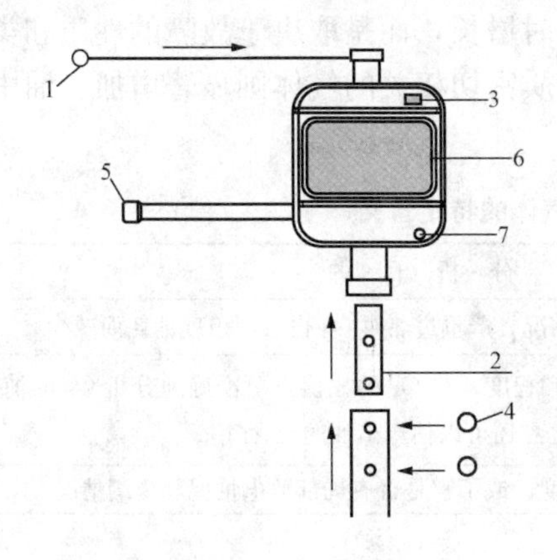

图3-20　ST5700型绝缘子检测仪结构与连接示意图

1—上接触电极（活动电极）；2—仪器与绝缘杆间连接杆；
3—仪器工作电源开关；4—连接杆与绝缘杆的紧固螺丝；
5—下接触电极（固定电极）；6—仪器显示屏；
7—仪器校正孔

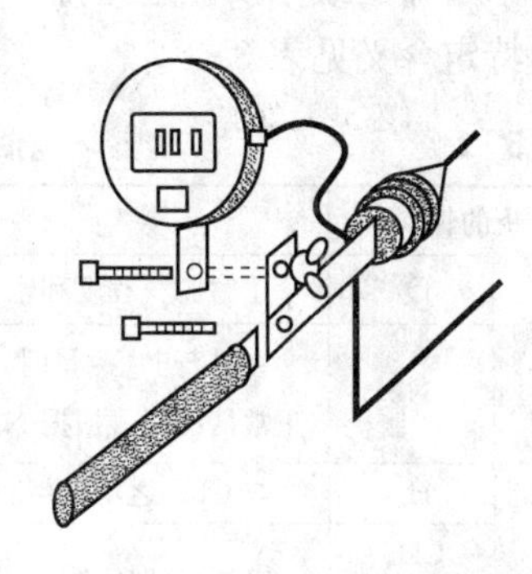

图3-21　ED5700型绝缘子电压分布测量仪的装配图

§3.6　绝缘油中溶解气体的色谱分析

绝缘油中溶解气体的气相色谱分析，是20世纪70年代以来电力系统推广的一项重要试验方法。用这种方法分析油中溶解气体组分及含量，可判断变压器及其他充油设备内部的潜伏性故障。目前，这种方法已得到普遍推广，国家和行业已有相应的标准并作为重要的手段加以规定，是变压器油常规试验中使用最频繁、也最为有效的方法。

一、变压器内部故障产生的气体

浸绝缘油的电气设备中如果存在局部过热或局部放电等情况，就会使绝缘油和固体绝缘材料分解，产生低分子烃类气体和H_2、CO_2、CO等气体，这些气体部分溶解在绝缘油中。不同性质的故障，不同的绝缘材料，分解产生的气体是不同的。因此，分析油中组成气体的成分、含量及随时间增长的规律，就可以鉴别出故障的性质、程度及其发展情况。这对于测定设备内部发展中的潜伏故障是很灵敏的，能及早确定设备内部（特别是变压器）的故障。因此，我国早已列入绝缘试验规程，并制定了相应的试验标准，特别适用于变压器、电抗器、互感器、充油套管、充油电缆等设备。

电气设备在正常运行过程中，绝缘油和有机绝缘材料也会发生逐渐老化现象，并分解产生某些气体，主要是CO和CO_2，还有些少量的H_2和烃类气体溶解于油中。但此时油中所含的这类气体量不会超过某些经验参考值（随不同的设备而异）；若存在某种故障时，油中所含相应的某些种类气体量就会增加，由此即可鉴定出故障性质及其程度。

油中溶解气体的检测种类，在国外多达12种（包含了C_3和部分C_4的组分，即丙烷、丙烯和异丁烷），我国则只规定了9种气体，即CO_2、CO、H_2、CH_4、C_2H_6、C_2H_4、C_2H_2、O_2、N_2，除O_2和N_2是推荐检测的气体外，其余7种都是故障情况下可能增长的气体，所以是必测组分。

二、油中溶解气体的特定意义

在故障情况下，不是上述的7种气体都同时增长，而是取决于故障的性质和类型，有的气体并不增加，或不明显地增加，而与故障性质密切相关的气体则显著增加。油中各种溶解气体的特定含义见表3-2。

表3-2　油中各种溶解气体的特定含义

被分析的气体		分析目的
推荐检测的气体	O_2	了解脱气程度和密封（或漏气）情况，严重过热时O_2也会因极度消耗而减少
	N_2	在进行N_2测量时，可了解N_2饱和程度，与O_2的比值可更准确地分析O_2的消耗情况。在正常情况下，根据N_2、O_2和CO_2之和还可以估算出油的总含气量
必测的气体	H_2	与CH_4之比可判断并了解过热温度，或了解是否有局部放电情况和受潮情况
	CH_4	了解过热故障的热点温度情况
	C_2H_6	
	C_2H_2	了解有无放电现象或存在极高的热点温度
	CO	了解固体绝缘的老化情况或内部平均温度是否过高
	CO_2	与CO结合，有时可了解固体绝缘有无热分解

当油中某些必测气体的含量达到一定浓度时，根据相关气体的某些经验参考值（又称比值）的增长情况，就可判断设备内部是否存在故障和故障的性质及类型。在油中溶解气体分析中，常把与故障性质密切相关的那些气体组分称为特征气体，如C_2H_6、CH_4和CO等气体。对某些电气设备绝缘油中气体含量的注意值见表3-3。

表3-3　某些电气设备绝缘油中气体含量的注意值

设备	气体组分	含量/[μL(气)/L(油)]	
		220kV及以上	110kV及以下
变压器油和电抗器	总烃	150	150
	乙炔	1	5
	氢	150	150
	一氧化碳	当CO>300时，相对产气>10%	
	二氧化碳	可与CO结合计算CO_2/CO的比值作参考	
电流互感器	总烃	100	100
	乙炔	1	2
	氢	150	150
电压互感器	总烃	100	100
	乙炔	2	3
	氢	150	150
套管	甲烷	100	100
	乙炔	1	2
	氢	500	500

电气设备故障可分为过热性的和放电性的两大类。它们各自会产生某些特征气体，大体上说，过热性故障将产生大量的烷烃、烯烃类气体；弱放电性故障（如局部放电、电晕放电等）将使烃和甲烷的含量增加；而强放电性故障（如火花放电，电弧放电等）的特征则是乙炔和烃的含量大增；当故障涉及周围固体绝缘时，则会引起一氧化碳和二氧化碳含量明显增加。不同故障类型所形成的气体组合特征见表3-4。

表3-4　不同故障类型所形成的气体组合特征

序号	故障类型	气体的组合特征
1	裸金属过热	总烃高，CO、CO_2 均在正常范围
2	金属过热并涉及固体绝缘	总烃高，开放式变压器 CO>300μL/L，乙炔在正常范围
3	固体绝缘过热	总烃在100μL/L左右，开放式变压器 CO>300μL/L
4	金属过热并有放电	总烃高，C_2H_2>5μL/L，H_2 含量较高
5	火花放电	总烃不高，C_2H_2>10μL/L，H_2 含量较高
6	电弧放电	总烃高，乙炔含量高并成为总烃的主要成分，H_2 含量也高
7	H_2 含量>100μL/L而其他指标均为正常，有多种原因应具体分析	

注　在电弧放电故障中，若CO、CO_2 含量高，则可能放电故障已涉及固体绝缘；但在突发性的电性故障中有时CO、CO_2 含量并不一定高，应结合气体继电器的气样分析后作出判断。

运行经验证明，用油中溶解气体色谱法检测充油设备内部故障，是一种灵敏和有效的检测方法，而且可以带电进行。但是由于设备的结构、绝缘材料、保护绝缘油的方式和运行条件等差别，迄今尚未制定出统一严密的试验标准。设备运行中若发现有问题，一般还需缩短测量时间周期，跟踪多做几次试验，再与历次气体分析的数据、运行记录、制造厂家提供的资料及其他同类设备试验结果相对照进行比较，综合分析后才能作出正确的判断。

三、油中溶解气体的色谱分析方法

1. 脱气方法

在对油中溶解气体进行分析之前，需先把溶于油中的气体脱出，常用的脱气方法有两类共五种。一类是利用真空脱气的原理把油中的气体脱出，这一类的脱气方法有水银法、薄膜法、饱和食盐法和水银托里拆利真空法四种。以上四种脱气方法，由于测定脱气率受油的黏度、温度和大气压力的影响较大，一般难以测准，使脱气环节成为影响分析结果的主要因素，现场中已很少使用。

新的脱气方法是利用油中气体在油气两相之间重建平衡的原理所建立起来的溶解平衡法（机械振荡法）。这种脱气方法是在封闭的注射玻璃管中加入一定体积的试油和高纯氮气，在恒定的温度下，经过一定时间的振荡，油中溶解的气体与高纯氮气之间重新建立了平衡，经过检测平衡后气体中各组分的浓度来求出溶解气体各组分的原有浓度。这种脱气方法显然不是完全脱气，但气体在平衡后浓度稳定，能把脱气方法造成的误差降到5%左右，提高了测试结果的准确性。

2. 气相色谱仪法

以上所述的脱气方法，存在的共同缺点就是检测准确性较低。为了提高检测精度，便于分析，以满足运行的要求，目前多采用色谱仪分析方法。

（1）色谱柱。色谱柱是色谱分析中把混合气体彼此分离并使同种气体汇集浓缩的关键性部件。色谱柱有空心色谱柱和填充色谱柱。它实际上就是在一根按规范要求的细长不锈钢管中填充了一定粒度的某种吸附剂（固定相）的管柱。油中脱出的混合气体注入进样口后，在不断流动的载气带动下，从管子的一端进入色谱柱并沿着管道通过其中的吸附剂而逐渐向前移动。在随载气流动过程中，由于吸附剂对混合气体中每种气体的吸附作用大小不同，吸附作用小的气体组分就移动得快些，吸附作用大的气体组分移动缓慢，这样就使混合气体中几种不同气体的流动速率逐渐产生差异。经过吸附和脱附过程的反复作用，不同的气体最终被完全分开。从过程上看，相同的气体汇集在一起被浓缩，并按相对固定的顺序先后流出色谱柱，色谱柱也被称为层析柱。每种气体在色谱柱内产生的吸附作用的大小，与填充吸附剂的种类、粒度有关，也与色谱柱的温度和载气的流速有关。常用的吸附剂有活性炭、硅胶、分子筛以及一些色谱专用的高分子多空微球等。

（2）鉴定器。色谱仪中的鉴定器是把从色谱柱依次流出的气体所产生的非电量信号定量地转变成电信号的重要计量元件。色谱仪的灵敏度和最小检测浓度主要取决于所用鉴定器的灵敏度。非电量信号经鉴定器转变成电信号后，由记录仪记录下来，形成色谱图，如图 3-22 所示。

目前使用的色谱分析仪至少是双柱双鉴定器的多气路系统：其中一个鉴定器是热导检测器（TCD），用于测定组分中的 H_2、O_2；另一个鉴定器是氢火焰离子化检测器（FID），用于测定 CH_4、C_2H_6、C_2H_4、C_2H_2 等转化成 CO_2、CO 的含量。

3. 气相色谱仪器的一般流程

在气相色谱仪中，色谱柱和鉴定器是两个关键器件，这些器件是为保持色谱柱和鉴定器的优良特性所必需的。色谱仪的整机是由气路系统、电气系统、调节系统和温控系统组成。规程中所推荐的色谱流程见有关资料。

4. 色谱仪的最小检测浓度

用于变压器油中溶解气体分析的气相色谱仪的型号较多。随着电力工业的迅速发展，有关标准要求色谱仪必须具备高的灵敏度。为满足对油中气体色谱分析的要求，色谱仪的最小检测浓度已成为选择色谱仪的一项重要指标，所用的色谱仪应达到表 3-5 所示的最小检测浓度。

表 3-5　色谱仪达到的最小检测浓度

气体组分	最小检测浓度/(μL/L)	气体组分	最小检测浓度/(μL/L)
C_2H_2	≤0.1	CO	≤20
H_2	≤5	CO_2	≤30

色谱仪的最小检测浓度的意义，是确保对测试含量很低的气体组分的测试值及其结论的可信度，最小检测浓度不仅反映了鉴定器的高精度，也反映了色谱仪整机所具有的低噪声水平，是评定整机性能的重要标志。

5. 色谱图

被分析的各种气体组分，由色谱柱分离出来的非电量信号经鉴定器转变为电信号后，由记录仪依次记录下来，成为一个有序的脉冲峰图，即色谱图，如图 3-22 所示（该图为变压器油中溶解气体的色谱图）。色谱图上的一个脉冲峰代表一个气体组分，而峰高乘峰面积则反映了该气体的浓度，所以，通过色谱图既可对被测气体定性也可对其定量。

当色谱柱和测试条件确定后，每种气体流出色谱柱的时间是固定的，因而其顺序也是确定的。每种气体的流出时间从进样开始算起到每个峰的最高点为止，这一时间在色谱分析上叫做保留时间，这是气体特有的。所以通过测定已知气体在相同条件下的保留时间就可以对其定性。此后在不改变色谱柱的情况下，对油中每种气体只要从顺序上就可以识别出来。

同样，在相同条件下测出混合标准气体的色谱峰，由于混合标准气中各种气体的浓度是已知的，通过已知气体在单位峰高或单位峰面积所代表的气体含量，就能求出被测气体的实际浓度。

对色谱峰的要求是尖而窄的对称峰为最好，但含量高时只要求对称性。对色谱图的要求是基线直，峰底与峰底之间不重合，即分离度好。

对尖而窄的对称峰采用峰高来计算，对宽峰用面积来计算。当色谱图出现不规则现象时，如不对称的“拖尾峰”或“馒头峰”，应重新调整色谱仪。

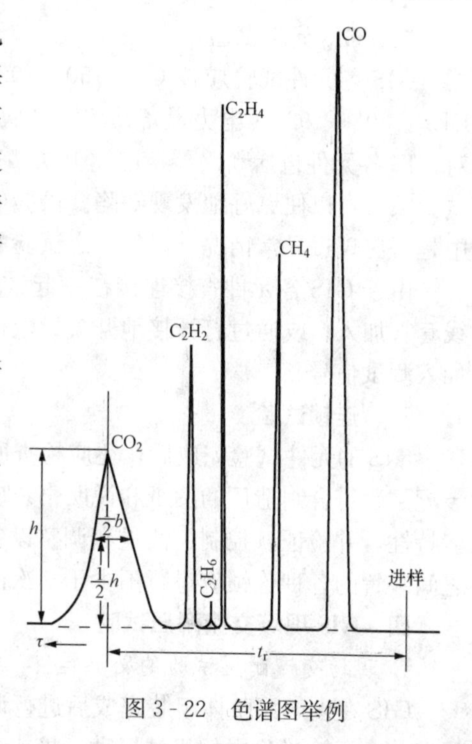

图3-22 色谱图举例

§3.7 GIS 试验

GIS系指气体绝缘金属封闭组合电器，它由断路器、隔离开关、接地开关、避雷器、电压互感器、电流互感器、套管和母线等元件直接连接在一起，并全部封闭在接地的金属外壳内，壳内充以一定压力的SF_6气体作为绝缘和灭弧介质。通常110kV及以下电压等级采用三相封闭式；220kV级常对断路器以外的其他元件采用三相封闭式；330kV及以上一般采用单相封闭式结构，有时对母线采用三相封闭式结构。GIS具有结构紧凑、占地面积和空间占有体积小、运行安全可靠、安装工作量小、检修周期长等优点。GIS试验包括元件实验、主回路电阻测量、SF_6气体微水量和检漏试验以及交流耐压试验等。

一、主回路电阻测量

GIS各元件安装完成后，一般在抽真空充SF_6气体之前进行主回路电阻测量。测量主回路的电阻，可以检查主回路中的连接和触头情况，应采用直流压降法测量，测试电流不小于100A。

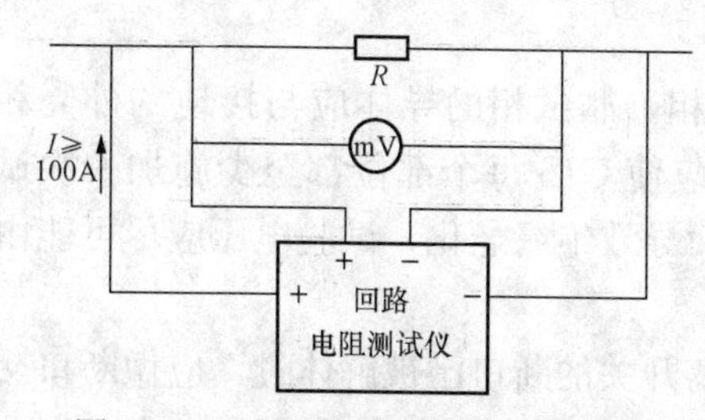

图3-23 主回路电阻测量的接线图

对于直流电压降法，可采用直流电源、分流器和毫伏表测量回路电阻，也可采用回路电阻测试仪来进行测量。两种测量方法的基本原理相同，测量时应注意接线方式带来的误差，电压测量线应在电流输出线的内侧，且应接在被测回路正确的位置，否则将产生较大的测量误差。主回路电阻测量的接线如图3-23所示。

二、GIS元件试验

GIS各元件试验应按GB 5150—1991《电气装置安装工程电气设备交接试验标准》或DL/T 596—1996《电力设备预防性试验规程》进行。在试验条件具备的情况下，应尽可能对GIS各元件包括断路器、隔离开关、接地开关、电压互感器、电流互感器和避雷器多做试验项目，以便更好地发现缺陷。试验前应了解试品的出厂试验情况、运输条件及安装过程中是否出现过异常情况，以便确定试验的重点，决定是否需要增加某些试验项目。

由于GIS各元件直接连接在一起，并全部封闭在接地的金属外壳内，测试信号通过出线套管加入；或通过打开接地开关导电杆与金属外壳之间的活动接地片，从接地开关导电杆加入测试信号。

三、连锁试验

GIS的元件试验完成后，还应检查所有管路接头的密封、螺钉、端部的连接，以及接线装配是否符合制造厂的图纸和说明书。应全面验证电气的、气动的、液压的和其他连锁的功能特性，并验证、控制、测量和调整设备（包括热的、光的）的动作性能。GIS的不同元件之间装置的各种连锁应进行不少于3次的试验，以检验其功能是否正确。

四、GIS现场交流耐压试验

1. 现场交流耐压试验的必要性

GIS在生产厂整体组装完成后进行调整试验，在试验合格后，以运输单元的方式运往现场安装。运输过程中的机械振动、撞击等可能导致GIS元件或组装件内部紧固出现松动或相对位移。安装过程中，在连接、密封等工艺处理可能出现失误，导致电极表面刮伤或安装错位造成电极表面遗留缺陷；另外，空气中悬浮的尘埃、导电微粒杂质和毛刺等在安装现场又难以彻底清理。这些缺陷如未在投运前检查出来，将引发绝缘事故。因此，GIS必须进行现场交流耐压试验。

2. 被试品的要求

GIS应完全安装好，SF_6气体充至额定密度，并已完成主回路电阻测量、各元件试验以及SF_6微水量和检漏试验。所有电流互感器二次绕组短路接地，电压互感器二次绕组开路并接地。

交流耐压试验前应将下列设备与GIS进行隔离：

（1）高压电缆和架空线；

（2）电力变压器和电磁式互感器；

（3）避雷器和保护火花间隙。

GIS的每一新安装部分都应进行耐压试验。同时，对扩建部分进行耐压试验时，相邻设备原有部分应断电并接地，以防止突然击穿给原有部分设备带来不良影响。

3. 试验电压的加压方法

试验电压应施加到每相导体和外壳之间，每次一相，非试相的导体应与接地的外壳相连，试验电压一般由进出线套管加进去。试验过程中应使GIS每个部位都至少施加一次试验电压的作用，为了避免同一部位多次承受试验电压而导致绝缘老化，试验电压应尽可能由几个部位分别施加。

现场一般只做相对地交流耐压，如果断路器和隔离开关的断口已被解体过，应做断口交流耐压试验，耐压值与相对地交流耐压值可为同一耐压值。若GIS整体电容量较大，则耐压试验可分段进行。

4. 交流耐压试验程序

GIS现场交流耐压试验的第一过程是“老练净化”，其目的是清除GIS内部可能存在的导电微粒或非导电微粒。这些微粒可能是由于安装时带入而未清理干净，或是多次操作后产生的金属碎屑，或是金属件的切削碎屑和电极表面的毛刺而形成的。通过“老练净化”使可能存在的导电微粒移动到低电场区域或微粒陷阱中烧蚀电极表面的毛刺，使其不再对绝缘起危害作用。“老练净化”电压值应低于耐压值，一般取最高工作相电压，时间为5min。

第二个过程是耐压试验，即在“老练净化”过程结束后进行交流耐压试验，时间为1min。

交流耐压试验程序和现场具体实施方案，可参照制造厂家的意见实施。

5. 交流耐压试验的判据

(1) 如果GIS的每一部件均已按选定的完整试验程序耐受规定的试验电压而无法击穿放电，则认为整体GIS通过试验。

(2) 在试验过程中如果发生击穿放电，可认为未通过试验。此时，应根据放电能量和放电引起的各种声、光、电化学等各种效应以及耐压试验过程中进行的其他故障诊断技术所提供的资料进行综合分析判断。

五、SF_6 气体的检测

为保证设备的安全运行以及工作人员的人身安全，按规定必须对 SF_6 气体的质量以及设备的密封情况做相应的检测，通常进行微水量和检漏试验。

1. 微水量的测试

通常设备内的 SF_6 气体中都含有微量水分，微水量的多少直接影响 SF_6 气体的使用性能。当微水量超标时，大量水分可能在设备内部绝缘件表面产生凝结水，附在绝缘件表面，造成沿面闪络，大大降低设备的绝缘水平；由于水分的存在，SF_6 气体在电弧作用下出现分解反应，并形成多种具有强烈腐蚀性和毒性的杂质，引起设备的化学腐蚀，毒性杂质还会危及工作人员的人身安全。因此，对于 SF_6 中的水分含量必须严格控制。

常用的现场 SF_6 气体微水量测试方法，依据所使用的仪器不同，主要有电解法、露点法和阻容法三种。

(1) 电解法。完全吸收式电解温度仪，采用库仑法测量气体中的微量水分（0～100μL/L），即在一定温度和压力下，被测气体以一定流量流经一个特殊的电解池，其水分全部被池内作为吸湿剂的膜层（P_2O_5）吸收，并被电解。当吸收和电解过程达到平衡时，电解电流正比于气体的水分含量，通过测量电解电流，便得知含水量。

(2) 露点法。使被测气体在恒定压力下，以一定流量流经露点仪测量室中的抛光金属镜面，该镜面的温度可人为地降低并可精确地测量。当气体中的水蒸气随着镜面温度的降低而达到饱和时，镜面上开始出现露（或霜），此时所测得镜面温度即为露点。再用相应的换算式或查表即可得到用体积比表示的湿度。

常用的露点仪可分为两大类，即目视露点仪和光电露点仪。对于目视露点仪，需凭经验操作，人为误差大，且需要制冷剂，现场测量不方便，目前基本不采用；而光电露点仪有相当高的准确度和精密度，操作简单方便，获得广泛的应用。

(3) 阻容法。阻容法是利用湿度灵敏元件的电阻值随环境湿度的变化而按一定规律变化的特性进行湿度测量的。通常使用的氧化铝湿敏元件，属于电容式敏感元件一类，它是通过电化学方法在金属铝表面形成一层多孔氧化膜，进而在膜上积淀一层薄金属，这样铝基体和金属膜便构成一个电容器。多孔氧化铝层会吸附环境气体中的水蒸气并与环境气体达到平衡，从而使两极间的电抗与水蒸气浓度呈一定关系，经过标定即可使用。

这类仪器具有操作简便，使用方便，抗干扰，响应快，测量范围宽等优点。其缺点是探头容易受到气体中粉尘、油污等杂质的污染，以及受到 SF_6 气体中的氧化物和硫化物的腐蚀，使探头工作性能下降，造成测量误差增大。

2. 泄漏试验

泄漏试验又称为检漏或密封试验。六氟化硫电气设备中，SF_6 气体的绝缘性能和灭弧能力主要依赖于足够的充气密度（压力）和气体的高纯度，气体的泄漏直接影响到设备的安全运行和操作人员的人身安全。所以，SF_6 气体检漏是六氟化硫设备交接试验和运行监督的主要项目之一。

检漏的方法包括定性检漏和定量检漏两大类。定性检漏通常使用定性检漏仪，也可使用定量检漏仪；定量检漏只能使用定量检漏仪。

(1) 定性检漏。定性检漏作为判断设备是否漏气的一种手段，通常作为定量检漏前的预试，用检漏仪进行的定性检漏还可以确定设备的漏点。常用的检漏方法有抽真空检漏和检漏仪检漏。

1) 抽真空检漏。设备安装完毕、在充入 SF_6 气体之前，必须进行抽真空处理，此时可同时进行检漏。方法为：将设备抽真空到真空度为 113Pa，再维持真空泵运转 30min 后关闭阀门、停泵，30min 后读取真空度 A，5h 后再读取真空度 B，若 $B-A$ 小于 133Pa，则认为密封性能良好。

2) 检漏仪检漏。设备充气后，将检漏仪探头沿着设备各连接口表面缓慢移动，根据一起读数或其声光报警信号来判断接口漏气情况。一般探头的移动速度以 10mm/s 左右为宜，以防止探头移动过快而错过漏点。

(2) 定量检漏。定量检漏可以测出泄漏处的泄漏量，从而得到气室的年漏气率。定量检漏的方法主要有压降法和包扎法（包括扣罩法和挂瓶法）两种。

1) 压降法。压降法适用于设备漏气量较大时或在运行期间测定漏气率。采用该法时需对设备各气室的压力和温度定期进行记录，一段时间后，根据首末两点的温度和压力值，在六氟化硫状态参数曲线上查出在标准温度（通常为 20℃）时的压力或者气体密度，然后用式 (3-14) 计算这段时间内的平均年漏气率 F_y

$$F_y = \frac{P_0 - P_t}{P_0} \frac{T_y}{\Delta t} \times 100\% \tag{3-14}$$

式中 F_y——年漏气率，%；

P_0——初始气体压力（绝对压力，换算到标准温度），MPa；

P_t——压降后气体压力（绝对压力，换算到标准温度），MPa；

T_y——一年的时间（12 个月或 365 天）；

Δt——压降经过的时间（与 T_y 采用相同单位）。

或者

$$F_y = \frac{p_0 - p_t}{p_0} \frac{T_y}{\Delta t} \times 100\% \tag{3-15}$$

式中　p_0——初始气体密度，g/L；

p_t——压降后气体密度，g/L。

如果将这段时间内记录的各点数据以时间为横坐标，换算后的压力或气体密度为纵坐标作图，即可详细了解该气室在这段时间内的泄漏情况和变化趋势。

2）包扎法。通常六氟化硫设备在交接验收试验中的定量检漏工作都使用包扎法进行，其方法是用塑料薄膜对设备的法兰接头、管道接口等处进行封闭包扎以收集泄漏气体，并测量或估算包扎空间的体积，经过一段时间后，用定量检漏仪测量包扎空间内的 SF_6 气体浓度，然后利用式（3-16）计算气室的绝对漏气率 F，则

$$F=\frac{CVP}{\Delta t} \tag{3-16}$$

式中　F——绝对漏气率，$MPa\cdot m^3/s$；

C——包扎空间内六氟化硫的气体浓度（$\times10^{-6}$）；

V——包扎空间的体积，m^3；

P——大气压力，一般为0.1MPa；

Δt——包扎时间，s。

相对年漏气率 F_y 的计算式为

$$F_y=\frac{F\times31.5\times10^6}{V_rP_r}\times100\% \tag{3-17}$$

式中　V_r——设备气室的容积，m^3；

P_r——设备气室的额定充气压力（绝对压力），MPa。

包扎时，一般用约0.1mm厚的塑料薄膜按接头的几何形状围一圈半，使接缝向上，尽可能构成圆形或方形（便于估算体积），经整形后将边缘用白布带扎紧或用胶带沿边缘粘贴密封。塑料薄膜与接头表面应保持一定距离，一般为5mm左右。包扎后，一般在12～24h内测量为宜，时间过长或过短都会影响到准确性。

对于小型设备可采用扣罩法检漏，即采用一个封闭罩（如塑料薄膜罩）将设备完全罩上以收集设备的泄漏气体进行检测。

本　章　要　点

（1）绝缘缺陷分为分布性缺陷和集中性缺陷两大类。非破坏性试验对检测分布性缺陷、贯穿性的集中性缺陷比较有效，而非贯穿性的集中性缺陷主要靠耐压试验或其他专门试验检测。

（2）测量绝缘电阻和吸收比是最常见的非破坏性试验项目。当绝缘存在分布性缺陷和贯穿性集中缺陷时，绝缘电阻会明显下降，测量绝缘电阻能判断绝缘状态的原因就在于此。测吸收比主要用于电容量比较大且采用复合绝缘的电气设备。绝缘受潮时，吸收过程就会缩短，吸收比 K 值下降，通过测量吸收比 K 值可判断绝缘是否受潮。测量绝缘电阻和吸收比的关键，在于掌握兆欧表的正确使用。

（3）测量泄漏电流与测量绝缘电阻的原理是相同的，只不过前者的试验电压更高一些，测量结果更为准确。所使用的试验设备不一样，对结果的判断方法也有所区别。

(4) 测量介质损失角正切值的原理。介质的损耗是介质的有功功率损耗，而有功功率损耗与通过介质的阻性电流有关。西林电桥测量的对象是阻性电流与容性电流的比值，即 $\tan\delta$。$\tan\delta$ 越大，表明阻性电流越大，介质损耗也就越大。西林电桥在于将 $\tan\delta$ 值设计成与面板上的可调电容数值相同，方便测量。

$\tan\delta$ 的测量是现场常做的基本试验项目之一，反映绝缘的整体缺陷非常灵敏，但对局部缺陷反应不灵敏，电桥易受干扰。

自动介质损测量仪与 QS 型电桥相比，具有安全可靠、使用方便、测量准确和不受外界电磁场干扰等优点，现场使用越来越广泛。

(5) 局部放电测量是近年来发展较快的试验项目。设备绝缘内部无论是制造还是运行过程中，必然存在着各种杂质，其中气泡最为普遍。由于气泡的 $\varepsilon_r=1$ 而承受较高电场，电场强度达到起始放电电压时，发生气泡游离放电，即局部放电。

由于工作电压是交变的，所以局部放电随工作电压也是重复的。最初的局部放电发生在分散而又微小的空间，局部放电的强弱有一个比较漫长的发展过程，并不影响整个绝缘的电气强度。但是，随着局部放电的进行与发展，局部放电所产生的带电质点将会反复撞击绝缘，造成绝缘的分解、破坏，特别是对有机绝缘造成的破坏更为严重；分解出导电的和化学物质，特别是臭氧，使绝缘氧化、腐蚀。另外，带电质点会使局部放电处的放电场强更加畸变，增强了局部放电场强，局部放电处伴随高温出现，局部出现热老化，在此物理过程反复作用下，绝缘逐渐老化，最终造成绝缘的电气强度下降，甚至击穿。

局部放电的测量分为非电检测和电气检测两大类。非电检测方法不够灵敏且不方便，所以工程中应用很少；而电气检测方法不仅能灵敏检测是否发生局部放电，还能检测出局部放电的强弱。

(6) 绝缘子是系统中使用数量最多的设备。由下列两方面原因造成绝缘子串上电压分布不均匀：一是绝缘子表面脏污和脏污程度不均匀时；二是绝缘子串对地电容 C_E 大于导线对地电容 C_L 的影响，造成靠近导线附近绝缘子上电场最强，容易发生电晕放电，造成绝缘子串有效片数减少，放电电压降低引发整串绝缘子闪络。

另外，若绝缘子串中某片因故绝缘下降或完全丧失绝缘能力（零值绝缘子），造成绝缘子串上电压分布不均匀，零值绝缘子上电压将转移到附近绝缘子上，使转移绝缘子上的电压升高，因电压升高而容易发生闪络，最终造成绝缘子串闪络。所以，测量绝缘子串上的电压分布，可以发现局部绝缘缺陷。

(7) 对于用油作为绝缘的设备特别是变压器，内部有某些故障时，会使绝缘油和固体介质分解，产生低分子烃类气体和 H_2、CO_2、CO 等气体并溶解在油中。不同故障分解的气体成分是不同的，故障程度直接影响到气体的含量，通过测量油中溶解气体的组分与含量，就可判断出设备内部故障的种类与程度。

设备内部故障分为过热性和放电性两大类：过热性故障将产生大量的烷烃类气体；弱放电性故障（局部放电）将使烃和甲烷的含量增加，而强放电性故障（火花放电、电弧放电）的特征则是乙炔和烃的含量大增。当故障涉及固体介质时，会引起 CO、CO_2 的含量增加。

油中溶解气体色谱分析方法，利用油中气体在油气两相之间重新平衡的原理所建立起来的溶解平衡法（机械震荡法）先把溶于油中的气体脱出；通过色谱柱把色谱分析中的混合气体彼此分离，并使同种气体汇集浓缩；再由鉴定把从色谱柱依次流出的气体所产生的非电量信号定量地转变成电信号，由记录仪记录下来，形成色谱图。

色谱图上的一个脉冲峰代表一种气体的组分，而峰高或面积则反映了该气体的浓度，所以，通过色谱图既可对被测的气体进行定性也可对其定量。

(8) 气体（SF_6）绝缘金属封闭组合电器（GIS）具有运行安全可靠、安装工作量小、检修周期长等优点。

GIS试验项目主要有主回路电阻测量、元件试验、连锁试验和现场交流耐压试验。在进行现场交流耐压试验前，必须先进行"老练净化"，其目的是消除GIS内部可能存在的导电微粒或非导电微粒。通过"老练净化"可使导电微粒移动到低电场区或微粒陷阱中，或烧蚀电极表面的毛刺，使其不再对绝缘起危害作用。

为了保证设备的安全运行以及工作人员的人身安全，必须对SF_6气体的质量以及设备的密封情况进行检测，即SF_6气体的含水量和设备泄漏测试。含水量的测试方法，依据所使用的仪器不同，主要有电解法、露点法和阻容法三种。检漏测试分定性检漏和定量检漏。

思考与练习

3-1　绝缘的缺陷分为哪几类？绝缘预防性试验又分为哪几类？

3-2　用绝缘电阻和吸收比的大小如何判断电气设备的绝缘状况？

3-3　测量体积较大设备的绝缘电阻时，为什么要先切断测量回路后停表？

3-4　为什么泄漏电流试验检查绝缘缺陷比绝缘电阻试验的灵敏度高？

3-5　如何根据泄漏电流的大小判断设备绝缘状况？

3-6　测量介质损失角正切值能发现何种绝缘缺陷？不能发现的是何种缺陷？试述其原理。

3-7　西林电桥有哪两种接线方法？各有什么优缺点？各适用于哪些范围？

3-8　测量$\tan\delta$时，哪些因素会对测量结果产生影响？

3-9　介质损耗测量仪与QS型电桥相比有哪些优点？

3-10　什么是局部放电？绝缘中发生局部放电时带来何伤害？

3-11　设备内部发生故障时，油中溶解气体有哪几种？必测特征气体有哪几种？

3-12　设备内部故障分哪几类？相应的特征气体如何变化？

3-13　试述油中溶解气体色谱分析方法。

3-14　测量绝缘子串的电压分布是如何发现其缺陷的？

3-15　什么叫GIS的"老练净化"？交流耐压试验前，"老练净化"的目的是什么？

3-16　SF_6气体检测项目有哪几种？为什么要进行这些检测项目？

第4章

绝缘强度试验

电气设备绝缘在运行中除了受到工作电压（工频电压或直流电压）的作用外，还会受到电力系统中可能出现的各种过电压的作用。设备绝缘在过电压作用下，能否承受过电压的作用而不发生损坏，这就必须用相应的高压试验以确定电气设备绝缘强度。所以，需要在高压试验室内产生出模拟过电压试验电压，如工频交流高电压、直流高电压、雷电冲击电压和操作冲击过电压等，用来考验设备各种绝缘耐受这些高电压的能力。由于单机容量的增大和输电电压等级的逐级提高，相应的试验电压也在不断提高，要获得各种符合要求的试验电压必须有相应的试验设备来实现。在制造这些试验设备和实际试验工作时，使得试验技术越来越高，难度越来越大，这是高压试验技术和电力工业发展首先需要解决的课题。

与非破坏性试验相比，绝缘在高压下的试验更加严格、实际、可信度更高，它能准确考察介质的绝缘裕度。由于绝缘强度试验电压很高，对绝缘有一定的破坏作用，故称为破坏性试验。绝缘强度试验应在非破坏性试验项目全部通过后才可进行，以避免对设备造成不必要的损坏。

§4.1 交流耐压试验

在预防性试验中，虽然对电气设备绝缘进行的一系列非破坏性试验能发现许多缺陷，但由于试验电压较低，对某些局部缺陷，特别是那些较危险的集中性缺陷往往不能彻底暴露，也就不能对设备的绝缘状况作出正确的判断。为了进一步揭露绝缘的缺陷，有必要进行破坏性试验，即耐压试验。

耐压试验可分为工频耐压试验、直流耐压试验、冲击耐压试验、倍频耐压试验等几种。

工频耐压试验是对被试品施加远高于设备工作电压的试验电压（工频），并经历一段时间（一般为1min）以鉴定其绝缘水平的试验方法。工频耐压试验是考验电气设备绝缘承受各种过电压能力的有效方法。由于工频试验电压值比设备正常工作电压高得多，对电气设备绝缘会造成一定的损伤，可能使局部缺陷扩大，甚至将缺陷部分的绝缘击穿。因此，电气设备必须待非破坏性项目全部通过后，方可进行耐压试验。

1. 工频耐压试验原理接线

工频耐压试验原理接线如图4-1所示。工频高压由工频试验变压器供给，调压设备通常利用自耦调压器。

工频试验变压器的工作原理与单相电力变压器基本相同，由于用途不同，它的结构和运行情况与普通电力变压器有很大的差别。工频试验变压器的工作电压高、变比大，一般都制作成单相（需要三相试验时，可采用三台单相试验变压器连接组合），而且工作电压可在很大范围内调节。由于工频试验变压器不会遭受大气过电压或内部过电压的袭击，因此它的绝缘裕度设计得比较小。除此之外，工频试验变压器的容量和发热等的裕度也很小，除了专门用于外绝缘污闪试验、线路电晕试验和电缆试验的试验变压器外，一般为0.5～1h短时工作制，只有当工作电压和电流均为额定值的70%以下时才允许长期运行。通常试验变压器高压侧的额定电流为0.1～1A。

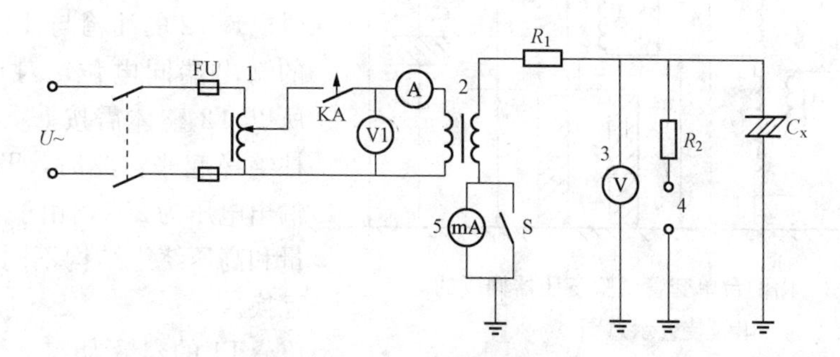

图4-1　工频耐压试验接线

1—调压器；2—试验变压器；3—工频高压测量仪器；4—保护球隙；5—毫安表

要获得理想的工频高压，必须选择合适的工频试验变压器，即变压器的额定电压、容量、输出电流及波形应能满足试验的要求。

（1）试验电压。要求试验变压器的额定电压U_N大于试验电压U_t，即$U_N>U_t$。当试验电压不超过250～300kV时，一般选用单台（单套管）试验变压器，高压绕组首端接高压套管、输出电压为U，其绕组末端接地，如图4-2（a）所示。高压绕组绝缘从首端至末端是逐渐降低的，这种试验变压器适合于试验电气设备的主绝缘。当试验电压为300～750kV时，可采用双套管（半绝缘）的试验变压器，其高压绕组的中点与铁芯和油箱相连，两端各经一只套管引出，高压绕组的绝缘按$U_N/2$设计，故称半绝缘试验变压器。当试验电压为$U_N/2$时，只需用一半高压绕组即可；当试验电压为U_N时，需将试验变压器对地按$U_N/2$绝缘起来，如图4-2（b）所示。由于高压绕组绝缘只需要按$U_N/2$设计，故这种试验变压器具有体积小、重量轻、降低了制造难度和价格等优点。另外，这种试验变压器不仅能试验一级的接地试品，还能试验两级加压的试品。

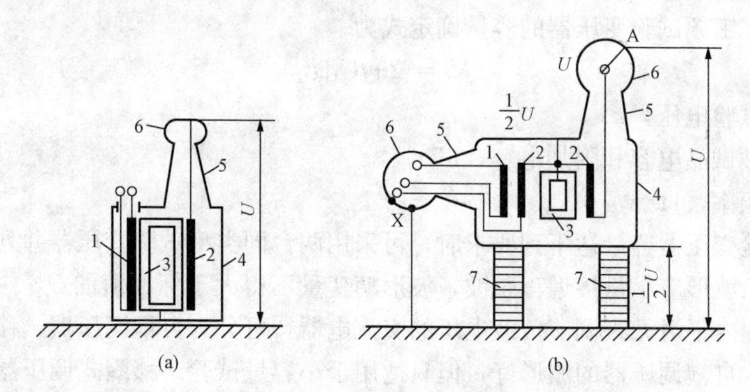

图4-2　试验变压器的接线与结构示意图

（a）单套管；（b）双套管

1—低压绕组；2—高压绕组；3—铁芯；4—油箱；5—套管；6—屏蔽极；7—绝缘支柱

当单台试验变压器不能满足试验电压要求时，可采用两台或三台串级式试验变压器，两台单套管试验变压器构成的串级装置示意图，如图4-3所示。T1的低压绕组1接试验电

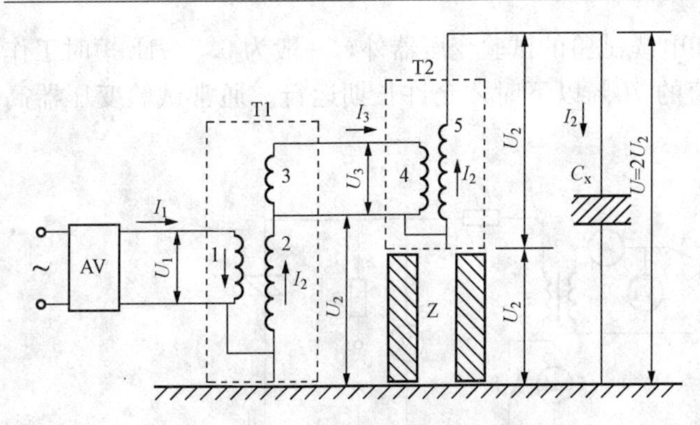

图4-3 由两台单套管试验变压器构成的串级装置示意图

1—T1的低压绕组；2—T1的高压绕组；3—累接绕组；4—T2的低压绕组；5—T2的高压绕组；T1—第一级试验变压器；T2—第二级试验变压器；AV—调压器；C_x—被试品；Z—绝缘支柱

源，高压绕组2末端接试变外壳（接地），首端再接上一只特殊的激磁（累接）绕组，用来给T2的低压绕组供电，T2的油箱与T1的高压绕组2的输出端同电位，对地电压为U_2，所以T2整体需按U_2对地经绝缘支柱绝缘起来。此时，T2的高压绕组输出电压为$2U_2$，由于T1与T2的容量和高压绕组结构不同，故位置不能互换。

T1的容量为

$$P_1 = U_1 I_1 = U_2 I_2 + U_3 I_3 = 2U_2 I_2$$

T2的容量为

$$P_2 = U_3 I_3 = U_2 I_2$$

两串级装置的制造容量为 $P = P_1 + P_2 = 3U_2 I_2$

输出容量 $P' = 2U_2 I_2$

容量利用率η为

$$\eta = P'/P = \frac{2U_2 I_2}{3U_2 I_2} = \frac{2}{3} \tag{4-1}$$

由式（4-1）可见，串级数越多，试验变压器的台数就越多，容量利用率也就越低，另外，串级数多时，漏抗也相应增大，从而降低了试验变压器的额定输出电压。

（2）电流。试验变压器的额定输出电流应大于试验所需电流，试验所需电流的估算式为

$$I_t = U_t \omega C_t \tag{4-2}$$

式（4-2）中的C_t包括被试品的电容量和附加电容量，被试品电容量可用西林电桥测得，附加电容为100～1000pF。

（3）容量。工频试验变压器的容量确定式为

$$S = 2\pi f C_t U_t^2 \tag{4-3}$$

式中 U_t——试验电压，kV；

C_t——被试品电容和附加电容，μF；

f——频率，Hz。

当一台试验变压器容量达不到要求时，可采用两台同类型试验变压器并列。

（4）波形。波形应尽量接近正弦波，波形畸变量不得大于标准值的5%。调压器是一种可以在一定范围内平滑无级调节负载电压的交流电器，可分为自耦调压器、移圈调压器和感应式调压器等。自耦调压器的波形好，但只适用于小容量试验。移圈式调压器和感应式调压器的容量可以做得很大，但波形容易发生畸变。感应式调压器的造价很高，不常采用。

保护球隙和限流电阻R_1、R_2共同构成了对整个试验回路的保护。

保护球隙主要是为了防止因误操作或发生谐振时，在被试品两端出现过高的电压而损坏被试品。保护球隙的放电电压通常调整在试验电压的115%～120%，过高会使保护球隙失去作用，过低会使球隙频繁放电，影响试验的顺利进行。

限流电阻 R_1 是用来限制被试品发生闪络时回路的电流，以保护工频试验变压器的高压绕组绝缘和被试品。并在被试品电容与试验变压器高压绕组间发生串联谐振时，起到阻尼和限压作用。限流电阻 R_1 的值不能太大，太大会造成较大压降，增加试验装置的有功损耗；太小又起不到保护作用。其数值一般取 0.1Ω/V（试验电压）。

限流电阻可采用金属线绕电阻或水电阻，比较常用的是水电阻。水电阻应有足够的长度，以免外部闪络。水不要充满，应留有膨胀的裕地，最好留有防爆孔。

限流电阻 R_2 是用来限制保护球隙放电时的回路电流，以免灼伤球表面，影响放电电压的特性。R_2 也可以采用水电阻，其阻值一般为 0.1～0.5Ω/V（试验电压）。

2. 工频高压的测量

工频高压的测量方法有许多种。在进行工频耐压试验时，可视情况选择其中的一种，也可以几种配合使用。

（1）在试验变压器低压侧测量。在工频试验变压器的低压侧测量电压，再通过变比换算至高压侧，即可得出被试品两端所承受的试验电压。有些工频试验变压器的低压侧带有测量线圈，匝数为高压侧的 $1/K$。测量线圈上接有电压表，其标尺刻度为换算至高压侧以后的“kV”值，可免去换算的麻烦。但试验电压较高时，由于存在容升现象，低压的测量值往往小于实际试验电压，使得测量不准确，严重时会因误判断而造成被试品闪络或损伤。

所谓容升现象是指试验变压器在电容性负载下，由于电容电流在线圈上会产生漏抗压降，使变压器高压侧电压发生升高的现象。进行工频耐压试验时，工频试验变压器的漏抗、电阻和被试品电容为串联关系，如图 4-4（a）所示，其相应的相量图如图 4-4（b）所示。因此，这种测量方法只适用于容量较小、电压等级较低、测量准确度要求不高的场合。

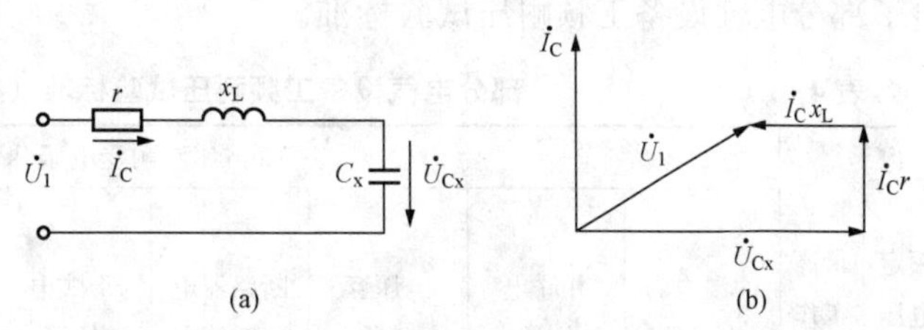

图 4-4　交流试验回路电压升高（容升）现象

（a）等效电路；（b）相量图

（2）用电压互感器测量。将电压互感器的一次绕组并联在被试品两端，测量二次绕组的电压，然后将测得的结果乘以互感器的变比，即可得出高压侧的电压。为了保证测量的准确度，一般电压互感器的精度不应低于1级，电压表不应低于 0.5 级。

（3）用高压静电电压表测量。高压静电电压表为静电系仪表。当高压施加于静电电压表的两个电极时，两极间产生的电场力使活动电极产生偏转，带动测量机构指示被测电压值。静电电压表既可测量交流高压，也可测量直流高压，测量结果准确、直观，但易受外部电磁场的干扰。当确认电表受电磁场干扰时应采取屏蔽措施。

（4）用铜球间隙测量。标准大气条件下，铜球间隙距离与放电电压之间存在着一定的关系。利用这种关系可以测量电压。由第 1 章 §1.2 可知，当球隙的电场比较均匀时，球隙的放电电压分散性较小。所以，球隙测量的准确度取决于球隙电场的均匀程度。当球隙一定时，为使球隙间电场均匀，通常要求 $D/d\leqslant 0.5$，其中 D 为铜球直径，d 为球隙的距离。同时要求球隙表面应清洁、光滑、干燥。

球隙测量高压的缺点是：通过放电才能进行测量，而放电往往会产生截波，对被试品和设备都会产生不利影响。影响气体放电电压的因素很多。为使测量结果准确，通常要求球隙周围较大的空间内无其他物体，所需试验场地面积较大。测量的结果还要做温度、气压的校正，将其换算至标准大气状态的放电电压值。

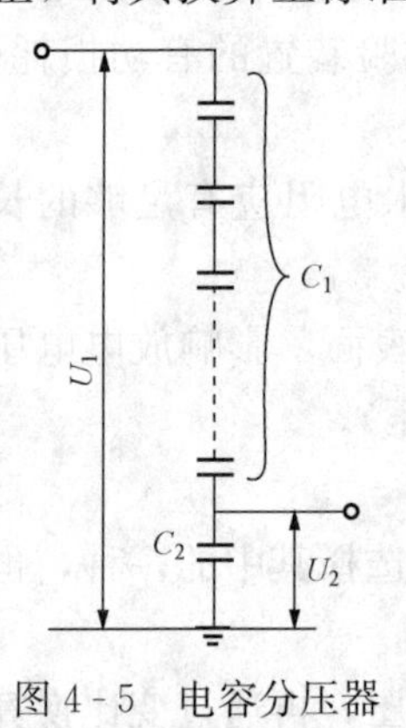

图 4-5　电容分压器原理图

（5）用电容分压器测量。电容分压器由一个小电容量电容 C_1（高压臂）和一个大电容量电容 C_2（低压臂）串联构成，如图 4-5 所示。用电压表测量 C_2 上的电压，然后按分压比计算出高压侧电压，分压比的计算式为

$$K=\frac{C_2+C_1}{C_1}\approx\frac{C_2}{C_1} \tag{4-4}$$

测量时，为了消除 C_2 上的残余电荷，使分压器有较好的升降特性，应在 C_2 两端并联一个电阻 R，一般取 $R>1/\omega C_2$，时间常数 $RC_2\approx1\sim2$s。另外，为使分压器能安全、正常工作，要求高压臂 C_1 有足够的长度，同时要求 C_1 的绝缘具有足够的耐压强度。为防外部闪络，必要时分压器顶部应装均压环，测量时应在低压臂 C_2 上并联过压保护装置。

3. 试验方法

（1）试验电压的选定。正确选择试验电压是交流耐压试验的关键问题之一。试验电压的大小将直接影响到它的试验目的，一方面要求能对被试品有比较严格的考验，另一方面要考虑因试验电压过高而引起的不应有的绝缘击穿。通常按规程规定选取试验电压。表 4-1 列出了部分电气设备工频耐压试验标准。

表 4-1　部分电气设备工频耐压试验标准（交接试验标准）

额定电压/kV	最高工作电压	1min 工频耐受电压/kV（有效值）																	
												穿墙套管							
		油浸电力变压器		并联电抗器		电压互感器		断路器电流互感器		干式电抗器		纯瓷和纯瓷充油套管		固体有机绝缘		支柱绝缘子、隔离开关		干式电力变压器	
		出厂	交接	出厂	交接	出厂	交接	出厂	交接	出厂	交接	出厂	交接	出厂	交接	出厂	交接	出厂	交接
3	3.5	18	15	18	15	18	16	18	16	18	18	18	18	18	16	25	25	10	8.5
6	6.9	25	21	25	21	23	21	23	21	23	23	23	23	23	21	32	32	20	17.0
10	11.5	35	30	35	30	30	27	30	27	30	30	30	30	30	27	42	42	28	24
15	17.5	45	38	45	38	45	38	40	36	40	40	40	40	40	36	57	57	38	42
20	23.0	55	47	55	47	50	45	50	45	50	50	50	50	50	45	68	68	50	43
35	40.5	85	72	85	72	80	72	80	72	80	80	80	80	80	72	100	100	70	60
63	69.0	140	120	140	120	140	126	140	126	140	140	140	140	140	126	165	165		
110	126.0	200	170	200	170	200	180	185	180	185	185	185	185	185	180	265	265		
220	252.0	395	335	395	335	395	356	395	356	395	395	360	360	360	356	450	450		
330	363.0	510	433	510	433	510	459	510	459	510	510	460	460	460	459				
500	550.0	680	578	680	578	680	612	680	612	680	680	630	630	630	612				

（2）试验过程。升压前应做好下列工作：了解被试品的非破坏性试验项目是否合格；多油设备应使其充分静止；调试保护球隙的放电电压；摇测被试品绝缘电阻；检查接线是否准

确合理；调压器应处于“零位”。

升压期间，应监视电压表和其他表计的指示情况。在未达到40%试验电压以前，升压速度可随意，后半段升压过程应匀速，升压速度为每秒3%～5%额定试验电压。升压速度应均匀不能过快或过慢，升至额定试验电压的时间为10～15s。

待被试品两端电压达到额定试验电压，即进入耐压过程。此时应注意观察试验电压是否符合规定要求，若太高，会使被试品造成不必要的损伤，太低则达不到试验的目的和要求。

对一般的电气设备，若无特殊说明，其耐压时间一般为1min；对安全用具，耐压时间通常为5min，耐压时间不能过长或过短，过长会使被试品发热或使缺陷扩展，造成不必要的损伤，过短则同样达不到试验的目的和要求。

耐压试验结束时，将电压降到零，切断电源。用兆欧表测量被试品的绝缘电阻，其值应不低于试验前的数值。

(3) 试验结果判断。被试品在试验电压作用下、在规定的持续时间内不发生击穿为合格，反之为不合格。

4. 试验时注意事项

(1) 试验时，调压器应从零开始按一定速度升压，调压器不在零位禁止合闸。

(2) 试验时的安全措施一定要落实，并要有专人负责。试验时非试验部分应可靠接地。

(3) 试验过程中若发现表计指针摆动或被试品、试验设备发出异常声响、冒烟、冒火等，应立即降低电压，切断电源，在高压侧挂接地线，待查明原因后再恢复试验。

(4) 试验过程中，因空气湿度、表面污秽引起被试品的表面闪络，不应认为被试品不合格，经过清洁、干燥处理后再进行试验。

(5) 试验结束时，应该把电压降到零后，再切断电源开关，防止高电压突然降为零而产生的高压脉冲损害被试品。

(6) 若出现试验后绝缘电阻值低于试前值，说明试验已在绝缘内造成损伤，应查明原因后进行处理。

§4.2 直流耐压试验

对于容量很大的被试设备，如长电缆段、电力电容器等，用工频交流高压进行绝缘试验时会出现很大的电容电流，这就要求工频高压试验装置具有很大的容量，而制造容量很大的试验装置在技术上很困难且很不经济。因此，用直流高压试验代替工频高压试验。

此外，随着高压直流输电技术的发展，直流输电工程逐渐扩大，因而必然需要进行多种型式的直流高电压试验。

直流高压不仅在电力系统得到重视，而且在其他科技领域中也得到了广泛的应用，其中包括高能物理、电子光学、X射线学及多种静电应用（如静电除尘、静电喷漆、静电纺纱）。

一、直流高电压的产生

为了获得直流高电压，高压试验室中通常将工频高压经高压整流器整流变换成直流高电压，或利用倍压整流原理制成的直流高压串级装置（直流高压发生器）产生出更高的直流试验电压。

1. 高压整流器

它是直流高压装置中的关键元件之一，采用额定反峰电压高达 200～300kV 的高压硅整流器。

为了描述高压整流器的工作条件和对它的技术要求，可利用图 4-6 所示的半波整流回路。

高压整流器的主要技术参数：

（1）额定整流电流。整流电流是指通过整流器的正向电流在一个周期内的平均值。

（2）额定反峰电压。当整流器阻断时，其两端容许出现的最高反向电压峰值，称为额定反峰电压。根据图 4-6 所示电路，在电路空载时，电容 C 充电完毕后，C 上的直流电压 U_C 将近似等于变压器高压侧交流电压的幅值 U_m，而整流器两端承受的反向电压 U_d 为 U_C 和变压器高压侧电压之和，即

$$U_d = U_C + U_m \sin\omega t = U_m(1 + \sin\omega t)$$

由此可见，最大反向电压 $U_d = 2U_m$，所以，整流器的额定反峰电压应大于滤波电容器上可能出现的最大电压的 2 倍，否则就会使整流器反向击穿或闪络。

为了制成额定反峰电压为 200～300kV 的高压硅整流器，需要采用若干 100～150kV 的高压硅堆，而每个硅堆又由许多硅元件串联组成，为了改善沿硅堆和硅元件上电压分布不均匀，在硅堆上都并联均压电容和均压电阻。

在图 4-6 所示的电路中，因接有负载 R_L，电容 C 上的整流电压的最大值 U_{max} 要低于交流电压幅值 U_m 一个 ΔU；在整流器处于截止状态时，电容 C 上的电压将向 R_L 放电而逐渐下降，直至最小值 U_{min}，因为此时第二个周期的充电过程开始，这样就在负载 R_L 出现了电压脉动现象，其幅度为 δU，如图 4-7 所示。

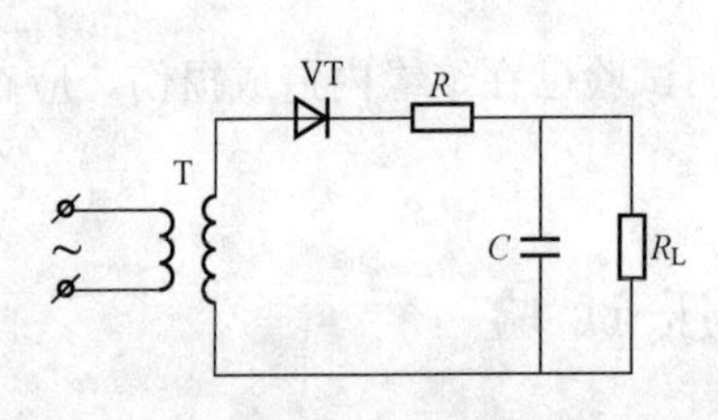

图 4-6　半波整流回路

T—高压试验变压器；VT—高压整流器；C—滤波电容器；R—限流（保护）电阻；R_L—负载电阻

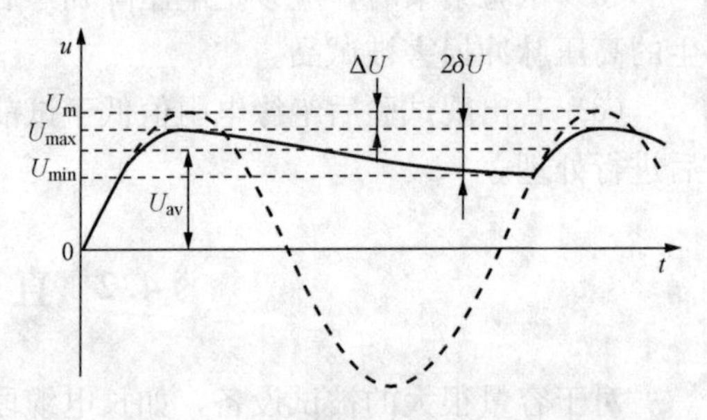

图 4-7　半波整流回路有负载时的输出电压波形

整流回路的技术参数为：

（1）额定平均输出电压 U_{av}

$$U_{av} \approx \frac{U_{max} + U_{min}}{2}$$

（2）额定平均电流 I_{av}

$$I_{av} = \frac{U_{av}}{R_L}$$

（3）电压脉冲系数（亦称纹波系数）

$$S=\frac{\delta U}{U_{av}} \tag{4-5}$$

式中　δU——电压脉动幅度，$\delta U=\frac{U_{max}-U_{min}}{2}$。

对于半波整流回路，它可以近似地表示为

$$\delta U=\frac{U_{av}}{2fR_LC}$$

由上式可知，负载电阻 R_L 越小（负载越大），输出电压的脉动幅度就越大；而增大滤波电容 C 或提高电源频率 f，均可减小电压脉动。一般直流高压试验装置的电压脉动系数 S 不大于 5%。

2. 倍压整流电路

上面所述的半波整流回路或桥式全波整流电路，所获得的最高直流电压为电源交流电压的幅值 U_m，在电源不变的情况下，采用倍压整流回路可获得（2～3）U_m 的直流电压，如图 4-8 所示。

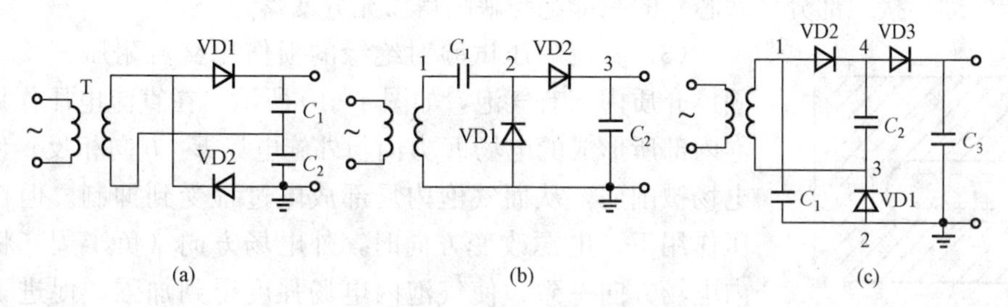

图 4-8　几种倍压整流回路

(a) 叠加 2 倍压整流电路；(b) 串级 2 倍压整流电路；(c) 3 倍压整流电路

在图 4-8（a）中，电源 T 在正半波期间经整流器 VD1 向电容器 C_1 充电，负半波时则经 VD2 向 C_2 充电，最后 C_1 和 C_2 上的电压均达 U_m，它们叠加起来在输出端可获得 $2U_m$ 的直流电压，这种倍压整流回路实质上是两个半波整流回路的叠加。

在图 4-8（b）中，电源是在负半波期间经 VD1 向 C_1 充电，而正半波期间电源与 C_1 串联起来经 VD2 向 C_2 充电，最后 C_2 上（输出端）可获得 $2U_m$ 的直流电压。

在图 4-8（c）中，电源正半波期间，VD1 导通 C_1 充电，使 3 点维持零电位；同时 VD2 导通向 C_2 充电，4 点获得 U_m 直流电压；电源负半波期间，3 点电位由零电位上升至 U_m，而 4 点电位由 U_m 直流电压升至 $2U_m$ 直流电压，VD3 导通向 C_3 充电，C_3 两端（输出端）可获得 $3U_m$ 直流电压。

3. 串级直流高压发生器

为了获得较高的直流试验电压，可利用图 4-8（b）中的倍压整流作为基本单元，多级串联起来组成一台串级直流高压发生器，如图 4-9 所示。要想获得更高的直流电压，只需要增加级数就可以了。图 4-9 所示为 4 级串级直

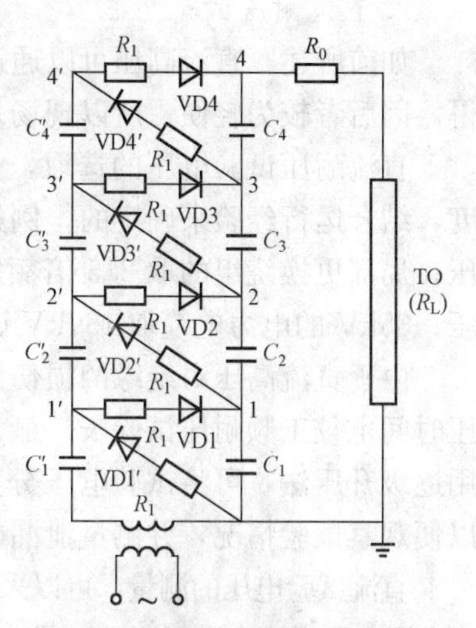

图 4-9　4 级串级直流高压发生器原理接线

流高压发生器的原理接线，理想空载输出电压为 $8U_m$ 的直流电压。

在实际装置中，由于要限制负载突然击穿时出现的短路电流和某些电容器发生击穿时流过高压硅整流器的过电流，以保护整流器不被损坏，所以还必须在装置输出端保护电阻 R_0，在每一高压硅整流器上串接限流电阻 R_1。

二、直流耐压试验

1. 直流耐压试验的特点

直流耐压试验是在被试品两端加上比较高的直流电压，并持续一定时间，以鉴定绝缘的电气强度。与交流耐压试验相比，它有以下特点：

（1）直流耐压试验时，通过被试品的电流仅为绝缘的直流泄漏电流，正常情况下，泄漏电流是很小的，因此直流耐压试验对试验电源容量的要求并不高，试验设备制造得比较轻便。

（2）做直流耐压时，通过电机绝缘的是泄漏电流而不是电容电流，所以绝缘表面没有显著的电压降，因此不论距接地点多远，电机的线棒与绝缘表面之间的电位差都是相当高的，这样就能使远离接地部分（铁芯）的端部绝缘缺陷得以充分暴露。

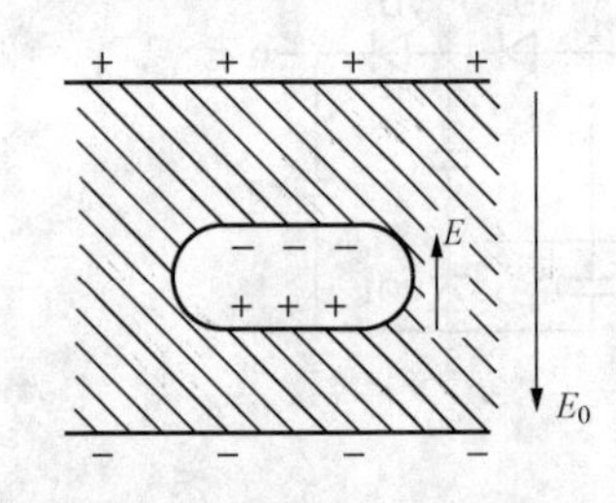

图 4-10　气隙局部放电情况
E_0—外施电场；E—内部形成电场

（3）直流耐压试验对绝缘的损伤比交流耐压试验要轻。如固体介质内部有气泡，如图 4-10 所示。在直流电压作用下，气泡内部所形成的电场 E 方向与外施电场 E_0 方向相反，使气泡内电场被削弱，从而气泡内局部放电过程受到抑制。但在交流电压作用下，电源改变方向时，外电场方向（负半周）将与气泡内电场方向一致，使气泡内电场强度得到加强，促进了局部放电的进行。所以做交流耐压试验时，几乎每个半波都要发生局部放电，这种局部放电会扩大局部缺陷，并使绝缘老化，电气性能降低。

由于交流电压和直流电压在被试品绝缘内分布情况不一样，所以对数量占极大部分的交流设备来说，直流耐压试验不如交流耐压试验严格和接近实际，且不能确定其绝缘裕度。

2. 直流耐压试验方法

如前所述，直流高压可以通过试验变压器，经高压硅堆的半波整流或直流高压发生器获得，因后者较为轻便，所以现场多用直流高压发生器。

直流耐压试验电压的选取，是参考交流耐压试验电压，并比较交、直流下绝缘击穿强度，结合运行经验来确定的。例如：对全部更换绕组的发电机定子，试验电压取 3 倍额定电压；局部更换绕组的取 2.5 倍额定电压；运行 20 年以上的非直流电机取 2～2.5 倍额定电压；35kV 的电力电缆取 130kV 试验电压等。

由于直流高压对绝缘的损伤比较轻，所以除了直流试验电压较工频试验电压高外，其耐压时间也较工频耐压试验长。额定试验电压下，直流耐压时间通常为 5～10min。试验时采用逐级升压法，可将试验电压分成若干级，每级大约为 0.5 倍额定电压，每级停留 1min，以便观察试验情况，并测量泄漏电流。

直流试验电压的测量，可以采用球隙和静电电压表，也可以采用电阻分压器加伏特表或采用高电阻串联微安表进行测量。图 4-11 所示为高电阻串联微安表测量的原理接线图。为使测量准确，微安表准确等级应为 0.5 级，量程为 0～50～100μA，R 值选取 10～20MΩ/kV，测量结果应为$U=IR$。

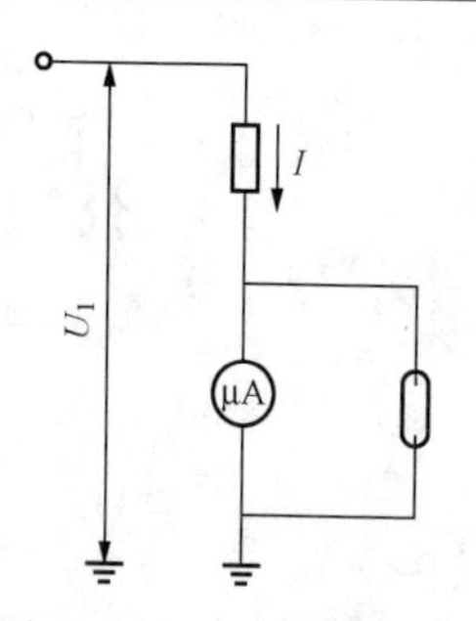

图4-11 高电阻串联微安表测量原理接线

3. 试验时注意事项

(1) 试验设备布置应紧凑，连接导线要短，宜用屏蔽导线。

(2) 能分相试验或分解试验的被试品应尽可能分相或分解试验，非试验相应可靠接地。

(3) 试验小容量被试品应加0.01μF左右的滤波电容。

(4) 升压过程中，分级升压时每段电压不能过大。

(5) 试验结束时，被试品应充分放电，并做好各种试验记录，依状况作出准确判断。

§4.3 冲击高电压试验

为了研究电气设备在运行中遭受雷电过电压和操作过电压作用时的绝缘特性，在许多高压试验室中都装设了冲击电压发生器，用来产生冲击高压试验用的雷电冲击电压波和操作冲击电压波。许多高压电气设备在出厂试验、型式试验或大修后都必须进行冲击高压试验。由于雷电冲击电压试验对试验设备和测试仪器要求很高、投资大，测试技术比较复杂，所以，在绝缘预防性试验中就不列入冲击耐压试验。

一、冲击电压发生器

它是高压试验室中最重要的试验设备。随着输电电压等级的不断提高，冲击电压发生器所产生的试验电压也必须相应提高，才能满足试验要求。世界上最大冲击电压发生器的标称电压已高达7200kV，甚至更高。

1. 基本原理

冲击电压发生器的原理电路如图4-12所示。

主电容C_0在被间隙F隔离的状态下由整流电源充电至稳态电压U_0。间隙F被“点火”击穿后，主电容C_0上的电荷经电阻R_2放电，同时也经R_{12}对C_2充电，在被试品C_x上形成上升的冲击电压波前。C_2上电压被充到最大值后，反过来经R_{12}与C_0一起对R_2放电，在被试品C_x上形成下降的电压波尾。被试品C_x的电容可以等值地并入电容C_2中。为了得到较高的效率，主电容C_0应比C_2大得多（通常在6倍以上），R_2要比R_{12}大得多，以便得到快速上升的波前和缓慢下降的波尾。

2. 多级冲击电压发生器的工作原理

图4-12所示电路虽然能得到符合要求的雷电冲击电压波形，但获得的冲击电压幅值却不能满足要求。因为受到整流器和电容器额定电压的限制，单级电压发生器能产生的最高电压不超过200～300kV。但冲击高电压试验所需要的冲击电压高达数兆伏，因此，需要采用多级叠加的方法来产生波形和幅值都能满足要求的冲击电压波。

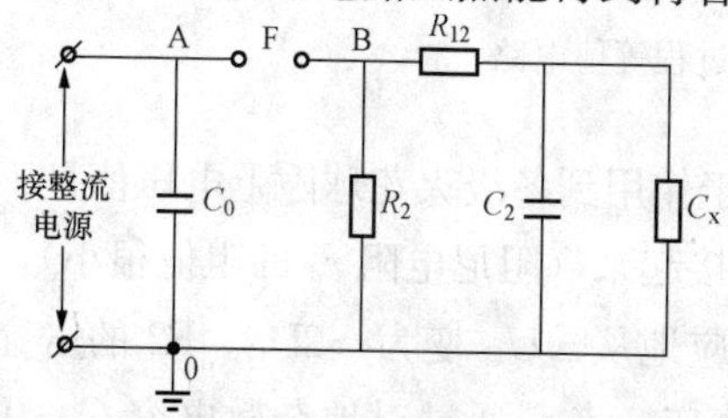

图4-12 冲击电压发生器原理电路

C_0—主电容；F—“点火”间隙；R_{12}—波前电阻；R_2—波尾电阻；C_2—波前电容；C_x—被试品

多级冲击电压发生器的原理接线如图4-13所示。它的工作原理可概括为由“并联充电”转变为“串联放电”的两个过程。

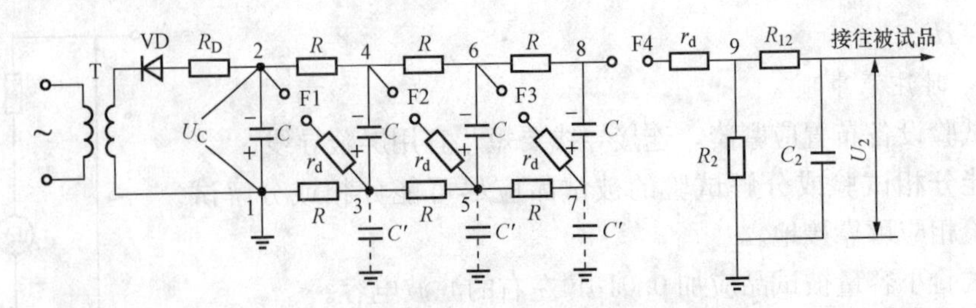

图 4-13 多级冲击电压发生器的原理接线

(1) 充电过程。这种接线由充电状态转变为放电过程是利用一系列火花球隙来实现的。球隙在充电过程中都不被击穿，因而所在各级支路中呈开路状态，充电过程等值电路如图 4-14 所示。由等值电路可知，电容器 C 和充电电阻 R 由整流电源充电，由于各级充电电阻数目不同，各级电容器 C 上的电压上升速度是不同的，前面充电快些，后面慢些。当充电时间足够长时，全部电容器都几乎充电至 U_C，因此，点 2、4、6、8 的各点对地电位均为 $-U_C$，而点 1、3、5、7 均为地电位。

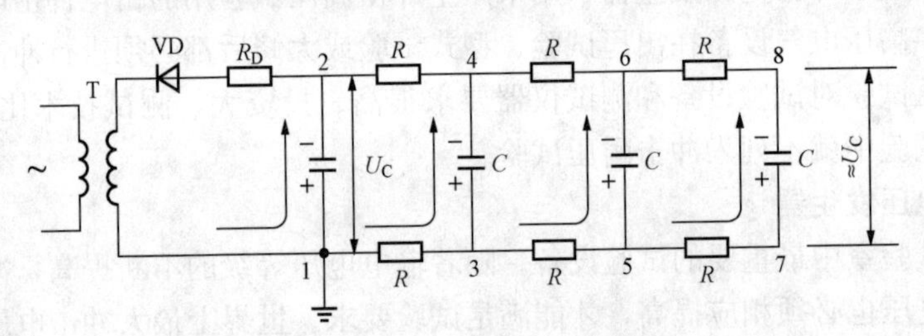

图 4-14 冲击电压发生器充电过程等值电路

(2) 放电过程。通过“点火装置”使火花球隙 F1 击穿，其余各级球隙 F2、F3、F4 将迅速依次击穿，各级电容器 C 被串联起来，冲击电压发生器立刻由充电状态转变为放电过程，第一对球隙 F1 称为“点火球隙”，放电过程等值电路如图 4-15 所示。

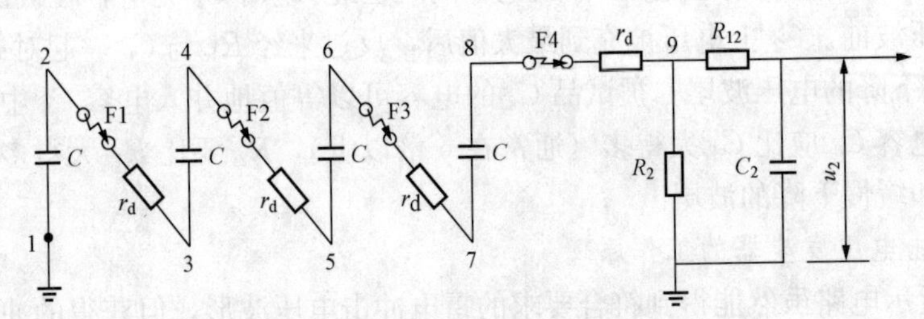

图 4-15 冲击电压发生器放电过程等值电路

冲击电压发生器从充电转变为放电过程的关键在于作用到各级火花球隙上电压值是不同的。当 F1 在 U_C 作用下击穿时，立刻将点 2 和点 3 连接起来（阻尼电阻 r_d 的阻值很小），因而点 3 的对地电位立即从零变为 $-U_C$，点 4 的电位相应地从 $-U_C$ 变为 $-2U_C$。F2 的击穿取决于点 5 的变化，F1 击穿后，点 5 对地电位来不及改变，点 5 通过对地杂散电容 C'、F1、r_d，点 3 与点 5 之间电阻 R 由第一级电容 C 充电，由于 R 值很大，能在点 3 与点 5 之间起隔离作用，使得点 5 对地杂散电容 C' 充电较慢，在 C' 充电过程中，点 5 仍保持着原来的零电位，此时，在火花间隙F2上的电位差将为$2U_C$，F2很快被击穿。依此类推，F3和F4亦将分别在$3U_C$、$4U_C$的电压差下依次迅速击穿。全部电容C串联起来对波尾电阻R_2和波前电容C_2进行放电，加到被试品C_x上冲击试验电压幅值接近于$-4U_C(y)$（y为冲击电压发生器的利用系数）。

(3) 冲击电压发生器的起动。起动方式有两种：一是自起动方式，将点火球隙F1的极间距离调整到使其击穿电压等于所需的充电电压U_C，当F1上的电压上升到U_C时，F1即自行击穿，起动整套装置；另一种起动方式是使各级电容器充电到一个略低于F1击穿电压的电压水平上，使其处于准备动作的状态，然后利用点火装置产生一点火脉冲，送到点火球隙F1的一个辅助间隙上使之击穿并引起F1主间隙击穿，以起动整套装置。

对于冲击电压发生器的起动，不论采用何种起动方式，最重要的是保证全部球隙均能跟随F1的点火作同步击穿。

3. 雷电冲击截波的产生

产生雷电冲击截波的装置如图4-16所示。只要与被试品并联一个适当的截断间隙，让它在雷电冲击全波的作用下击穿，作用在被试品上的就是一个截波。为了获得比较满意的截波波形，截断装置的工作性能影响很大，图4-16中的截断装置是由主间隙F的放电电压被调整得高于冲击电压发生器输出的冲击全波电压，在全波电压加到截断间隙的同时，从分压器分出某一幅值的起动电压脉冲，经过延时回路Y再送到截断装置的下球隙触发间隙f上，f击穿后将会立刻引发主间隙击穿而形成截波。

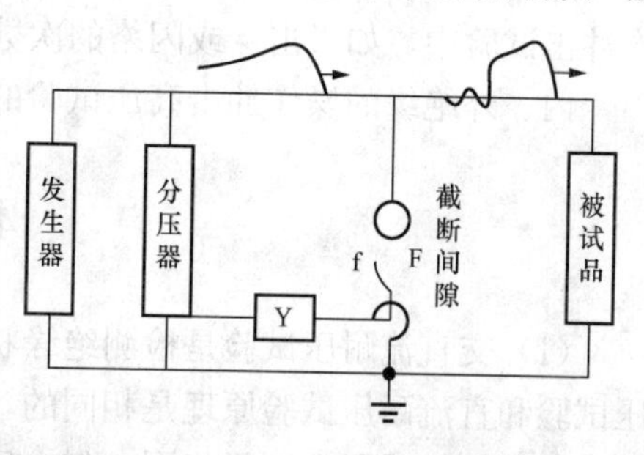

图4-16　产生雷电冲击截波的装置

二、操作冲击试验电压的产生

根据国家有关规程规定：220kV以上电压等级的电气设备在出厂试验、型式试验中，必须进行操作波冲击耐压试验。标准操作冲击电压波及其产生方法分两类。

1. 非周期性双指数冲击波

国家标准规定非周期性双指数冲击波波形为250/2500μs［见图1-12（a）］，它特别适合进行各种气隙的操作冲击击穿试验。这种操作冲击波通常利用冲击电压发生器产生，从原理上，与产生雷电冲击波没有什么不同，但由于操作冲击波的波前时间T_{cr}和半峰值时间T_2都显著增长了，因此，在选择发生器的电路形式和元件参数时，应考虑这方面的问题。

2. 衰减振荡波

这种操作冲击试验电压如图1-12（b）所示。为了产生衰减振荡波，可采用图4-17所示的国际电工委员会（IEC）所推荐的一种操作冲击波发生装置，它是利用高压试验变压器产生衰减振荡波。

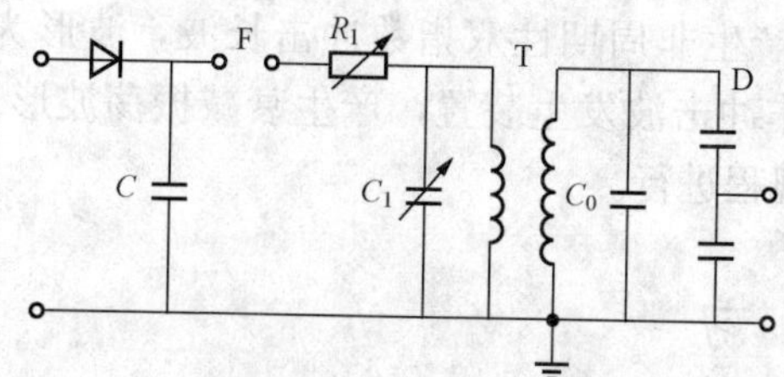

图4-17　利用变压器的操作冲击波发生装置

C—主电容；R_1和C_1—调波电阻和电容；C_0—被试品电容；T—变压器；D—分压器

主电容C预先由整流电源充电到某一电压U_0，然后通过球隙F的击穿而对试验变压器的一次（低压）绕组放电，这样在试变的二次侧（高压）按变比感应出高压操作波。调节R_1和C_1，以满足波形的需要，调整充电电压U_0，可获得所需操作波电压幅值。这种操作波及产生方法特别适用于电力变压器的现场试验，省去了高压试验变压器，电力变压器既是被试品又起到试验变压器的作用。

三、绝缘的冲击高压试验方法

电力设备内部绝缘的雷电冲击耐压试验采用三次冲击法，即对被试品施加三次正极性和三次负极性雷电冲击试验电压（1.2/50μs 冲击全波）。对变压器和电抗器类设备的内绝缘，还需要进行雷电冲击截波（1.2/2～5μs）耐压试验，它对绕组纵绝缘的雷电冲击全波试验更加严格。

在进行设备内绝缘冲击全波耐压试验时，应在被试品上并联保护球隙，并将球隙的放电电压调整得比试验电压高15%～20%（变压器和电抗器类设备）或5%～10%（一般设备）。因为在冲击电压发生器调整波形过程中，可能会出现过高的冲击电压，造成被试品不必要的损伤，并联球隙在这种情况下就可起到保护作用。

电气（力）设备外绝缘的冲击高压试验通常采用15次冲击法，即对被试品施加正、负极性冲击全波试验电压各15次，相邻两次冲击试验的间隔时间应不少于1min。在每组15次冲击试验中，如果击穿或闪络的次数不超过2次，即可认为该绝缘试验合格。

内、外绝缘的操作冲击高压试验的方法与雷电冲击全波试验完全相同。

本章要点

（1）交直流耐压试验是检测绝缘状况的最终手段，主要目的是检验绝缘的裕度。交流耐压试验和直流耐压试验原理是相同的，其区别为被试品所施加的电压种类和耐压值不同，试验电压的测量手段也不尽相同，如电压互感器和电容分压器就不能测量直流试验电压。由于交流高压对被试品的损伤比直流要大，因此交流耐压时间较短，选择的试验电压也比直流低，学习时应注意这些特点。

（2）雷电冲击耐压试验是用来考验设备绝缘耐受雷电冲击电压的强度。雷电冲击电压波形有标准冲击全波和标准截波波形两种，根据规程选择相应的波形进行冲击耐压试验。雷电冲击耐压试验只能在实验室中利用高压冲击电压发生器进行，它由多级倍压整流电路叠加而成。为了获得满意的冲击电压波形，通过调整波前电阻 R_{12} 和波尾电阻 R_2 实现。由于高压冲击电压发生器装置庞大，技术上要求很高，现场中不能满足试验条件，故不能进行此项试验。

（3）国家试验标准规定，220kV以上超高压电气设备在出厂试验、型式试验和大修后试验必须进行操作冲击波冲击耐压试验，以考验设备绝缘耐受内部过电压的能力。操作波高电压的产生有两种方式：一是利用冲击电压发生器产生非周期性双指数冲击长波，波形为250/2500μs；二是利用现成的高压试验变压器和操作冲击波发生装置，产生衰减振荡波形。操作波冲击耐压试验方法与试验标准，可参照试验规程进行。

思考与练习

4-1 电气设备绝缘进行耐压试验有何实际意义？

4-2 试绘出工频耐压试验接线图，并说明主要元件的名称与作用。

4-3 工频高压测量办法有哪些？

4-4 对大容量设备作交流耐压试验时，为什么要在高压侧直接测量？

4-5 对用于产生直流高电压的高压整流装置有何要求？

4-6 获得直流高压的方式有哪几种？其工作原理有何异同？

4-7 直流耐压试验有何优缺点？

4-8 大多数电气设备在完成交直流耐压试验后，为何还要进行雷电冲击耐压试验？

4-9 多级冲击电压发生器的工作有哪几个过程？各有何特点？

4-10 什么是冲击电压发生器装置的“点火”？点火方式有哪几种？

4-11 对于多级冲击电压发生器装置，调整哪几个元件可获得标准的冲击电压波形？如何调整？

4-12 操作波冲击耐压试验的目的是什么？

4-13 获得操作波冲击电压的方式有哪几种？

第 5 章

高压电气设备绝缘

电气设备绝缘的基本任务是将设备不同电位的带电体之间及与大地可靠地隔离。绝缘材料是电气设备最主要的组成部分之一，是保证设备安全、可靠运行的决定因素。因此，绝缘材料的各种性能都应满足设备长期安全运行的要求。

电气设备绝缘按分子结构可分为气体、液体、固体绝缘三大类；按化学性质可分成有机绝缘和无机绝缘；按耐热性能可分为 7 个耐热等级；按所属设备又可分为电力电容器绝缘、电力电缆绝缘、高压绝缘子和高压套管绝缘、变压器绝缘和高压旋转电机绝缘等。

随着电力工业的迅速发展，远距离超高压输电的出现，电气设备绝缘成为电器制造及其安全运行最突出的问题。采用新型绝缘材料，设计优良的绝缘结构，使绝缘得到充分合理地利用，是保证电气设备安全、可靠运行的首要条件。因此，研究各种设备所用绝缘材料及其绝缘结构，是高电压技术的重要任务之一。

§5.1 电力电容器绝缘

在电力系统中，电力电容器应用较为广泛，主要应用于以下几种情况：改进电力系统、线路和设备功率因数的移相电容器；提高线路传输功率稳定度、改进电压调整率和提高线路效率的串联电容器；并联在断路器断口处作均压用的均压电容器及发电机用保护电容器等。

电容器和其他电气设备绝缘结构不同。在其他电气设备绝缘结构中，绝缘介质是用来对不同电位的导体在电气上起绝缘及机械固定作用。而在电容器绝缘结构中还要求介质多储存能量，同时要求电容器单位体积或单位质量的储存能量大、损耗小、寿命长、工艺高、成本低等。这样就需要选择介电常数大、绝缘强度高的绝缘材料作为电容器的介质。

一、电容器的绝缘材料

1. 电容器纸

电容器纸用植物纤维制成，主要利用其中的纤维素。造纸时通过化学处理除去非纤维素杂质，具有厚度薄（8～15μm）、密度大（0.8～1.28g/cm^3）、机械强度高、杂质少和耐电强度高的优点。

电容器纸吸潮性很强，必须经过干燥处理；纸是极性介质，$\tan\delta$ 与频率及温度有密切关系。为提高电容器纸的性能，可通过改进纸浆成分制造出所需要的合格电容器纸。

2. 塑料薄膜

浸渍电容器纸的性能虽然不断改进，但由于纸的 $\tan\delta$ 较大而且电气强度有一定局限性，塑料薄膜已基本代替纸作为电容器绝缘材料。塑料薄膜机械强度高，绝缘电阻与电气强度也高于纸，薄膜可制作得很薄且易卷制。中性和弱极性的塑料薄膜 $\tan\delta$ 很小、极化强度 ε_r 与 $\tan\delta$ 几乎与频率无关，可用于各种频率。

塑料薄膜种类很多，如聚丙烯薄膜、聚苯乙烯薄膜、聚酯薄膜、聚碳酸酯薄膜等，其中聚丙乙烯和聚苯乙烯薄膜应用最广泛。

3. 金属化纸和金属化薄膜

用纸和塑料薄膜作为电容器绝缘介质时，都是用铝箔作极板的，铝箔的厚度仅有0.7～1.6μm几种，对浸渍剂有不良的化学作用。金属化纸和金属化薄膜，是在纸或薄膜上涂上一层极薄的金属膜（一般为锌锡层或铝层）作为电极。金属薄膜的厚度为0.05～0.1μm，比铝箔厚度小得多，因此节约了大量金属材料，并减轻了电容器的质量。金属化纸或金属化薄膜的突出优点是具有“自愈性”，即当某处被击穿时，短路电流使击穿部位周围金属化膜熔化蒸发又形成绝缘层，从而提高了电容器的电气强度。

4. 电容器油

对于使用纸或薄膜作为绝缘介质的电容器，为提高电气强度和改善散热条件，必须浸渍液体介质，使其填充于纸与薄膜间或与极板间的气隙。在选用液体介质时，必须注意以下性能：①介电性能，如介电常数、介质损耗；②导电性能，如绝缘电阻、绝缘强度；③物理性能，如纯净度、黏度、密度、膨胀系数、闪点、燃点；④化学性能稳定；⑤无毒或微毒。

5. 组合绝缘

电容器实际的绝缘结构多为组合绝缘，如浸渍纸、浸渍薄膜以及浸渍纸和薄膜的组合绝缘。组合绝缘的电气性能和许多因素有关，内在因素是材料的成分和比例；外界因素有温度、频率、电压种类、电场强度、压力、制造工艺等，这些因素对电容器的电气性能都有不同程度的影响。

二、电力电容器的基本结构

电力电容器主要由芯子、外壳和出线结构三部分组成。芯子通常由若干元件绕卷、绝缘件和紧固件经过压装并按要求进行串联或并联的接法连接而成。

外壳由金属、瓷套或酚醛绝缘纸筒等材料制成。金属外壳机械强度大且有利于散热，瓷套和酚醛绝缘纸筒外壳的绝缘性能较好。

出线包括出线导体和出线绝缘两部分。出线导体包括金属导电杆和软连接线，出线绝缘为绝缘套管。

三、电力电容器的检查与试验

对于运行中的电容器，必须按规程中的有关规定进行检查和试验。

(1) 外部检查。应仔细检查外壳有无伤痕、小孔或鼓肚、有无渗漏油现象，出线套管应完整无损。若出现上述异常，应停止使用。

(2) 测量绝缘电阻。每1～3年测量一次，使用2500V兆欧表测量，两极间和两极对外壳的绝缘电阻值应结合运行经验确定，其值一般在1000～2000MΩ及以上。

(3) 测量电容值。每1～3年测量一次，以发现电容器内部有无缺陷。当介质受潮或元件击穿短路时，电容值将比正常值要大；当电容器存在严重缺油或油的品质下降等缺陷时，电容值可能变小。电容值的偏差不超过标准值的−5%～+10%。

(4) $\tan\delta$的试验。每1～3年进行一次，对新投入不足3年的应每年试验一次。由于受试验条件的限制，实际中可只对电容量较小的耦合电容器（接在线与地之间，用于高频通信或测量与保护）进行$\tan\delta$测量。油浸纸绝缘的电容器运行中$\tan\delta$不应大于0.8%；其他绝缘介质的电容器可参照厂家标准进行。

§5.2 电力电缆绝缘

用于电力传输和分配的电缆，称为电力电缆。

根据绝缘材料的不同，电力电缆可分为纸绝缘电缆、橡皮绝缘电缆、聚氯乙烯绝缘电缆和聚乙烯电缆；纸绝缘电力电缆根据浸渍剂粘度的不同分为黏性浸渍纸绝缘电缆、干（滴干）绝缘电缆、滴流纸绝缘电缆。按加压方式分为充油电缆、充气电缆和压力电缆。电力电缆还应具备电气强度高，介质损耗小，绝缘电阻高，足够的传输功率，绝缘性能长期稳定等主要性能。对于固体介质，还应具有一定的柔软性和机械强度。

一、电力电缆常用绝缘材料

1. 电缆纸

电缆纸的主要成分是纤维素，由木质纤维制成。电缆纸的性能除了与纤维素的含量、结构有关外，还与许多因素有关，例如电缆纸容易吸收水分，如果含湿量增大，会明显地降低纸的绝缘电阻和电气性能，并增大 $\tan\delta$。所以电缆纸应避免受潮和减少杂质的影响，电缆缠好绝缘后应加以干燥以除去水分。电缆纸的主要技术指标与电容器纸相差不大，只是比电容器纸厚，厚度一般在 0.045～0.225mm，常用的是 0.12mm。

2. 浸渍剂

为提高电缆的电气强度，在制造电缆时，对纸内的水分和空气经真空干燥祛除后，要用浸渍剂进行浸渍，浸渍后纸的电气强度可以提高到浸渍前的 8～10 倍以上。

工程上常用的黏性浸渍剂的黏度较高，在电缆工作温度范围内基本上不流动，以防止流失；又要求在浸渍温度下具有较低的黏度，以保证良好的浸渍性。黏性浸渍剂配制的方法有两种：一种是松香、光亮油复合剂，又称低压电缆油，松香占 30%～35%，光亮油占 65%～70%，松香含量越高，复合剂黏度越大；另一种是不滴流电缆浸渍复合剂，其中合成蜡约占 40%，光亮油约占 60%。黏性浸渍剂主要用于 35kV 及以下纸绝缘电力电缆的浸渍。

3. 橡皮

以橡胶为主，按比例添加各种配合剂，经混合后成为橡料，再经硫化而制成橡皮。橡皮具有较高的化学稳定性，对气体、潮气、水分的渗透性很低。此外橡皮具有高弹性，特别适合用作为移动式设备供电的柔软性高的电缆的主要绝缘材料。由于橡皮耐电晕、耐热和耐油性能较差，所以制造高压电缆时不采用它。近年来，随着合成橡胶工业的发展，现已大量采用丁苯橡胶、丁基橡胶、乙丙橡胶等作为电力电缆绝缘材料。

4. 塑料

塑料的基本成分是合成树脂，是在树脂中添加配合剂，在一定温度下制造而成。塑料具有机械强度高，绝缘性能优良，化学性能稳定，成型加工方便等优点。塑料绝缘应用广泛，且发展很快。用于电缆绝缘的塑料主要有聚氯乙烯、聚乙烯和交联聚乙烯等。由于聚氯乙烯电缆允许工作温度较低（不高于 65℃），$\tan\delta$ 较大，耐老化性能差，一般只用于 10kV 及以下。更高电压的塑料电缆常采用交联聚乙烯，由于分子经过交联，不但保留了聚乙烯原有的优良电气性能，又提高了耐热性和机械强度，使用日益广泛。

5. 气体

在充气电缆中，常充以氮气、六氟化硫或氟利昂气体，构成电缆的绝缘或绝缘层组成部分，要求气体具有高的耐电强度、化学性能稳定和不燃性。

二、纸绝缘电力电缆的绝缘结构

1. 黏性浸渍纸绝缘电缆

黏性浸渍纸绝缘电缆在输配电系统中应用最为广泛，它有载流芯、绝缘层、护层三个重要组成部分。

目前主要采用铝或铜作为原材料，制作成电缆的载流芯，简称芯线。它是由多根铝或铜线扭绞紧压而成。使电缆具有充分的柔韧性。对于多芯电缆，为了减小电缆外径，节约原材料，芯线一般做成扇形，使结构更加紧凑，如图5-1所示。

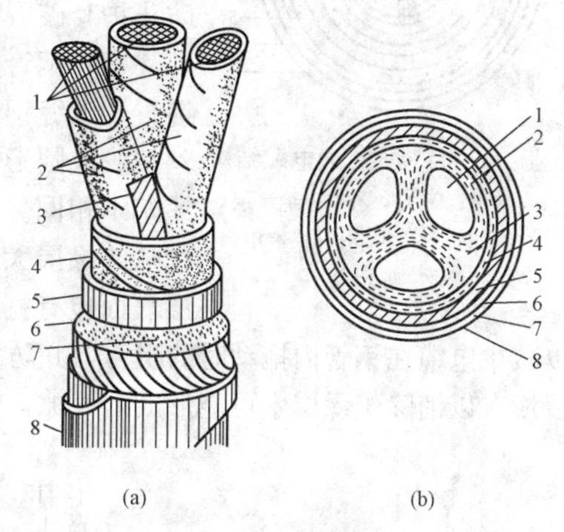

图5-1 三相电缆结构图

(a) 结构示意图；(b) 结构截面图

1—芯线；2—相绝缘；3—填料；4—总包绝缘；5—铅皮；6—纸带；7—黄麻保护层；8—钢带

电缆每一相芯线都用带状电缆纸包缠，构成相间绝缘，简称相绝缘。为使电缆总截面成圆形，各芯线间的空隙内填入纸绳或麻绳，即填充料。三相芯线连同它们的相绝缘与填充料一起，再包缠公共的电缆纸绝缘，即总包绝缘（又称统包绝缘）。此后电缆经过真空干燥，除去纸绝缘和填充料中的水分与空气，然后用黏性浸渍剂进行浸渍。浸渍的纸绝缘外部需具有保护套（即铅皮或铝皮）加以密封，以防水分、潮气侵入和外部机械损伤。保护套一般用铅或铝挤压而成，由于铅皮或铝皮护套的机械强度有限，使用过程中可能发生因机械损伤而损坏电缆。所以选用铅—钢合金、铅—镑合金或其他合金护套，护套的机械强度得到提高，从而避免了上述情况的发生。

为使电缆能承受较大压力，在金属护套外用钢带铠装，若承受拉力时，可根据拉力大小分别选用单层或双层圆钢丝铠甲。在铠甲和金属护套间应有内衬垫层，它是由沥青复合物和浸渍纸或聚氯乙烯塑料带组合而成。它一方面对金属护套起防酸、碱和水的腐蚀作用；另一方面防止铠甲对金属护套造成损伤。根据电缆敷设条件要求，在铠甲外面可无任何覆盖层或有防护层两种。

由上可知，黏性浸渍纸绝缘电力电缆的结构比较简单，也不需要其他辅助设备，在35kV及以下交流电路中是应用最广泛的一种电缆。但它在生产和运行过程中，不可避免地在绝缘中形成气隙，因而降低了电缆的电气强度。为了解决电缆绝缘中出现的气隙以及气隙上电场强度较低的问题，工程上有两种解决的途径：不间断地注入低黏度油填满气隙——充油电缆；设法提高气隙的耐电强度——充气电缆。

2. 充油电缆

充油电缆是利用持续补充浸渍剂以消除绝缘层中形成的气隙，提高电缆工作场强的一种电缆结构。充油电缆根据护层结构的不同分成两类：一类是自容式充油电缆；另一类是钢管充油电缆。

(1) 自容式充油电缆。自容式充油电缆的结构与一般浸渍纸绝缘电缆结构相同，如图5-2所示。自容式充油电缆一般在芯线中心或者在金属护套下具有与补充浸渍剂设备（供油箱）相连接的油管。当电缆温度变化时，补充浸渍剂的油箱通过油道始终对电缆进行补充，如图 5-3 所示。这样既消除了绝缘层中气隙的产生，使电缆的工作场强提高，又可防止在电缆中产生过高的压力。为维持补充浸渍剂有一定速度，充油电缆一般采用低黏度油作为浸渍剂。为提高绝缘层的耐电强度，防止护套破裂时潮气侵入，要求浸渍剂的压力高于大气压。

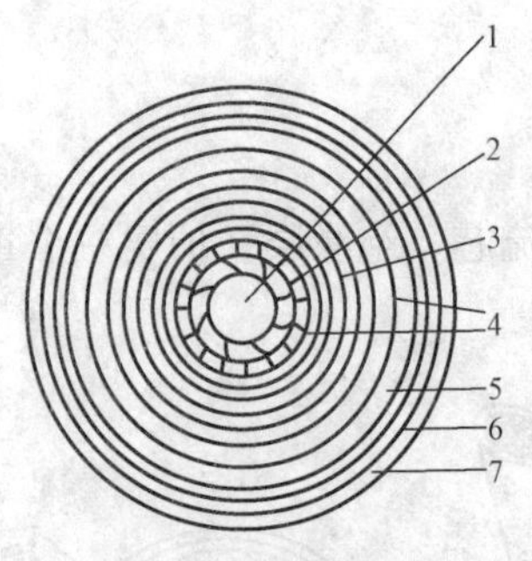

图 5-2 自容式充油电缆结构
1—油道；2—芯线；3—绝缘层；4—屏蔽；5—护套；6—铠甲；7—外护层

（2）钢管充油电缆。钢管充油电缆是由三根屏蔽的单芯电缆置于无缝钢管内组成，如图 5-4 所示。芯线用多股铝丝或铜丝扭绞成圆形，没有中心油道，绝缘层的结构与自容式充油电缆基本相同。浸渍剂黏度较高，以防止电缆拉入钢管时，浸渍剂从绝缘层大量流出。芯线表面包缠半导体纸的屏蔽层，绝缘层表面包有打孔的铜带屏蔽层，铜带屏蔽层外包缠半圆形滑丝，以减少电缆在钢管内拖动时的阻力，并防止电缆拖入钢管时损伤其绝缘层。为保证电缆充分浸渍，以消除绝缘层中可能形成的气隙，管内油压较高，约 1.5MPa。

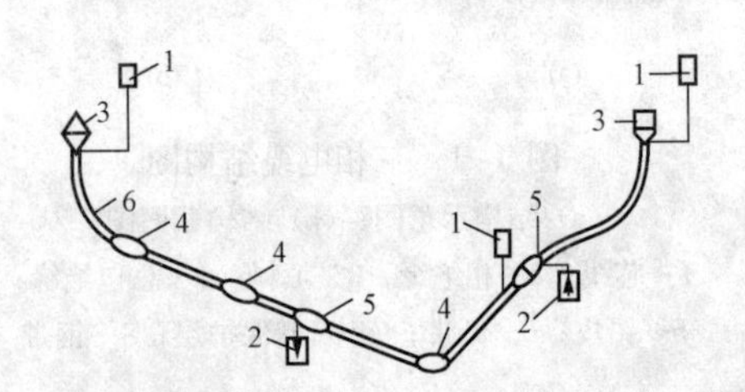

图 5-3 自容式充油电缆线路
1—重力供油箱；2—压力供油箱；3—终端接头盒；4—电缆接线盒；5—阻止式电缆接头盒；6—电缆

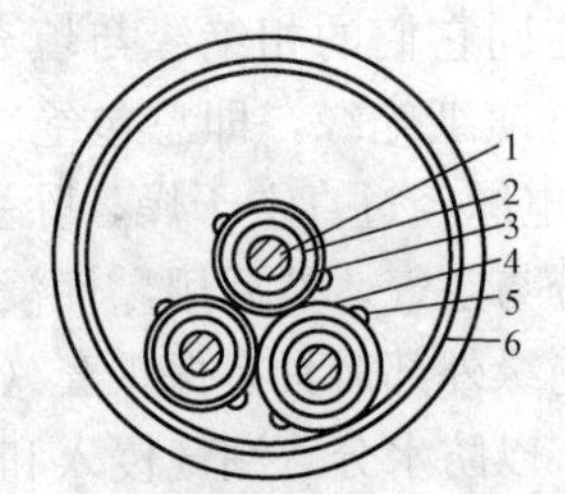

图 5-4 自容式充油电缆电缆线路工作原理示意图
1—重力供油箱；2—压力供油箱；3—终端接头盒；4—电缆接头盒；5—阻止式电缆接头盒；6—电缆

3. 充气电缆

由巴申定律可知，当气体压力增大时，气体的击穿电压随气压的增大而提高，充气电缆主要基于此原理设计制造的。充气电缆的结构与一般黏性纸绝缘电缆相似，只是在电缆三芯间空隙处不填充任何填料，而是作为供气的管道。充气电缆所充气体是绝缘层的组成部分，它对电缆的电气强度影响很大，因此所充气体的电气性能应优良，且对绝缘层及其他材料无任何损害。一般采用高纯度（99.95%）、干燥氮气或高耐电强度的六氟化硫气体，使电缆总体绝缘强度有所提高。

目前国内外研制管道充气电缆；是将单芯或三芯的导体直接安装在金属管道内，充以六氟化硫或其他混合气体作为绝缘，以环氧绝缘件作支撑。由于以气体介质作绝缘，电容比油纸绝缘要小，所以它具有介质损耗极低、散热性好、载流量大、电气性能高等优点，超高压与特高压下的优良特性更为显著。

三、电力电缆的检查与试验

对于运行中的电力电缆，主要进行下列检查试验：

（1）外部检查。检看电缆有无渗漏油现象，是否有机械损伤，特别是电缆头和电缆连接头部位。

（2）测量绝缘电阻。需测量各相对地及相间绝缘电阻。每1～2年进行一次，1kV以下电缆用1000V兆欧表，1kV及以上电缆用2500V兆欧表测量。对护层有绝缘要求的电缆，应用500V兆欧表测量护层的绝缘电阻和警报系统的绝缘电阻值。

（3）直流耐压并测量泄漏电流。一般每年进行一次试验。在直流耐压试验时，电缆绝缘在规定的持续耐压时间（5min）内应能承受试验电压，即不发生击穿，耐压过程中并测量泄漏电流值。每相的泄漏电流以及不平衡系数（相间泄漏电流的比值）的试验标准，可参照规程与运行经验制定。

（4）绝缘油电气强度试验。对充油电缆绝缘油的电气强度试验，一般每2～3年进行一次，新油不小于50kV，运行中的油不小于45kV。

（5）介质损耗 $\tan\delta$ 的测量。对充油电缆绝缘油的 $\tan\delta$ 测量，每2～3年进行一次。在(100±2)℃时，新油的 $\tan\delta$ 不大于0.5%，运行中油的 $\tan\delta$ 不大于1.0%。

§5.3　变压器绝缘

现代电力的生产与发展，变压器绝缘已成为最重要的问题之一。变压器绝缘的制造质量和运行中的维护工作，直接影响变压器的安全运行。据统计，高压变压器所发生的事故中，由于绝缘引起的占80%以上，由此可见，认真研究和正确维护变压器绝缘，是保证电力系统安全运行的重要条件。

一、变压器绝缘的分类

通常将变压器油箱以外的绝缘称为外绝缘，而将油箱以内的绝缘称为内绝缘，内绝缘又可分为主绝缘和纵绝缘两种。变压器绝缘的分类如图5-5所示。

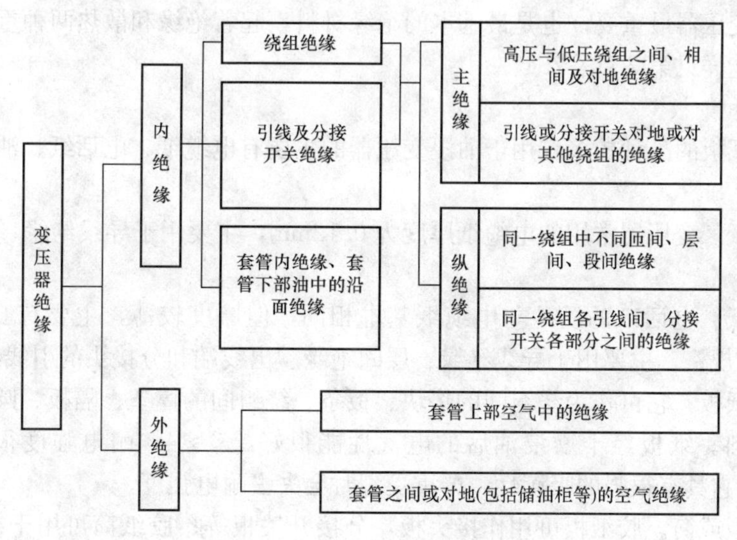

图5-5　变压器绝缘的分类

二、对变压器绝缘的基本要求

1. 电气性能

变压器的绝缘强度是对其电气性能方面的最基本要求。为使变压器能在规定额定电压下长期运行，并能承受可能出现的过电压，且当过电压作用过后，变压器仍能继续安全运行。

对此试验规程中规定了变压器的试验项目和试验标准，变压器绝缘应能承受在规定试验电压下的各种耐压试验，如工频耐压试验、冲击耐压试验等。

2. 机械性能

变压器绝缘结构在制造上一定要结实牢固，在运行中要考虑到能承受短路电流所产生的电动力作用。变压器的短路电流可能达到额定电流的25～30倍，甚至更高些，电动力与电流的平方成正比，短路瞬间变压器绕组承受的电动力，可能高于正常情况下的几百倍甚至近千倍。在这种情况下，如果变压器绕组绝缘包扎不紧，固定不牢，或者因老化变脆，都有可能导致变压器损坏造成事故。

3. 热性能

变压器在运行过程中，由于铁芯、导体电阻、绝缘材料中的损耗会引起发热。在长期高温作用下，变压器所用的各种介质如纸、纸板、漆布等固体介质会失去弹性而变脆；变压器油由于氧气的存在而发生氧化作用，且在有机酸的腐蚀等各方面不利因素的影响与作用下，会因变压器绝缘过热而使绝缘性能显著下降。因此规定变压器最高允许温度为105℃，绕组的平均温升不得超过65℃等。

4. 其他性能

变压器绝缘主要依靠油和固体介质的电气强度，油的老化、受潮以及含有气泡和杂质等，都会引起电气强度的下降，特别是在高温下，更加促使油的老化。所以在改善变压器运行环境的同时，还应对油采取防潮和防止混进杂质的措施。

三、油浸变压器常用的绝缘材料

目前国内外大型电力变压器几乎都是油浸式，常用的绝缘材料有以下几种。

1. 变压器油

绝缘油是变压器最重要，也是最基本的绝缘材料，起着绝缘和散热两种重要作用。变压器油的主要性能详见第2章§2.4。

2. 绝缘纸和纸板

绝缘纸和纸板的品种较多，用于油浸变压器的主要有电缆纸、电话纸、油浸纸和绝缘纸板等。

（1）电缆纸。变压器常用的电缆纸厚度为0.12mm，主要用于导线绝缘、层间绝缘及引线绝缘等。

（2）电话纸。电话纸的质地与电缆纸基本相同，但厚度较薄，主要有0.04、0.05mm及0.015mm等规格，主要用于导线绝缘、层间绝缘、出线端和分接头的引线绝缘等。

（3）绝缘纸板。它可作为绕组间的垫块、板条、绕组间的撑条、隔板、圆筒及角环等多种绝缘的原材料。纸板经干燥浸油后的电气性能很好，$\varepsilon_r \approx 4$，耐电强度很高，为170～250kV/cm。但它具有很强的吸潮性，严重受潮时会失去耐电强度。

（4）胶纸板或筒。胶纸板可用作接头板，分接开关板等；胶纸筒可用于绕组间的绝缘。其机械强度高于绝缘纸板和纸筒，但电气性能较差。

3. 油纸组合绝缘和油—屏障绝缘

油与纸组合使用时性能非常良好，具有极高的耐电强度，比一般的绝缘材料高得多，也比两者分别使用时高得多。但是纸绝缘很容易吸潮和被污染，即使油中含有微量水分和杂质，对油纸组合绝缘的耐电强度影响也很大，使用时纸应尽可能干燥，油应纯净。

油—屏障绝缘在油浸变压器绝缘中应用相当广泛，特别是在电压等级较高的变压器中，几乎都采用了这种绝缘结构。油—屏障绝缘的原理与作用见第 2 章 § 2.4。

4. 其他绝缘材料

（1）漆布或带。用棉布、绸或玻璃丝布浸以耐油漆加热制成。用来加强有一定机械强度或折叠处的绝缘，如线端及附近绝缘等。

（2）绝缘漆。按用途可分为浸渍漆、涂刷漆和胶黏漆三种。绕组浸渍耐油的绝缘漆后可以提高机械强度和耐热性，通常采用醇酸树脂漆。

（3）玻璃丝或石棉。通常用作导线绝缘，可提高耐热性。

（4）电瓷与木材。电瓷可作引线的套管；木材多用于变压器中的板条（撑条）和垫块。

四、变压器绕组的绝缘结构

变压器绕组的绝缘结构因高压绕组型式的不同而有所不同，绕组型式决定绕组的绝缘结构。

1. 高压绕组的绝缘结构

目前变压器高压绕组的型式较多，但常用的只有饼式和圆筒式绕组两大类，而饼式按其绕组的绕制方式又分为连续式和纠结式绕组两种。

（1）饼式绕组的绝缘结构。

1）连续式绕组的绝缘结构。图 5 - 6（a）所示绕组是用扁导线连续绕成若干个线饼，各线饼间利用绝缘垫块支撑并加以固定，形成线饼间绝缘的径向油道，有利于绕组的散热。绕组端部面大，便于轴向固定，机械强度较高。冷却油道纵横交错，油流通畅，散热性能和电气性能良好。但是冲击电压下电压分布不均匀，冲击特性较差，所以只适用于 35～110kV 变压器高压绕组。

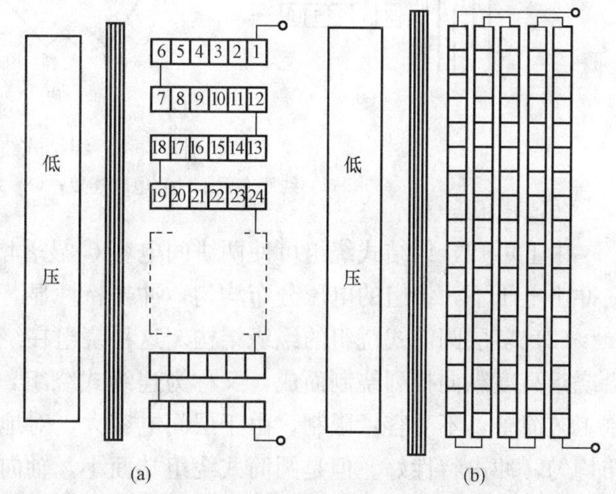

图 5 - 6 高压绕组的两种基本型式
（a）饼式；（b）圆筒式

2）纠结式绕组的绝缘结构。纠结式绕组是利用改变绕组线匝间相对位置的方法来增大绕组纵向电容 C，从而改善绕组冲出电压下的电压分布，提高了绕组的冲击特性。普通双饼式绕组如图 5 - 7（a）所示。线匝是按自然数列的顺序 1，2，3，…排列的，图 5 - 7（b）是双饼的电气连接图，图 5 - 7（c）是由 1、10 两端点看进去时，全部串联线匝的电容接线图。由此可得

$$C_{1,10} = \frac{C'}{8} \tag{5 - 1}$$

式中 C'——每两线匝间的电容；

$C_{1,10}$——全部串联线匝（即两线饼）电容。

纠结式绕组如图 5 - 8 所示。图 5 - 8（a）为线匝布置图；图 5 - 8（b）为电气连接图；图 5 - 8（c）为 1，10 两端点间电容接线图。纠结式绕组就是在电气上相邻的两个线匝中间插

入另外的一匝，从线砸布置上像很多线匝纠结在一起。由图 5 - 8 可知，从 1，10 两端点看进去的全部线匝间电容为

$$C_{1,10}=\frac{C'}{2} \tag{5-2}$$

其中，C'，$C_{1,10}$ 与式（5 - 1）相同。

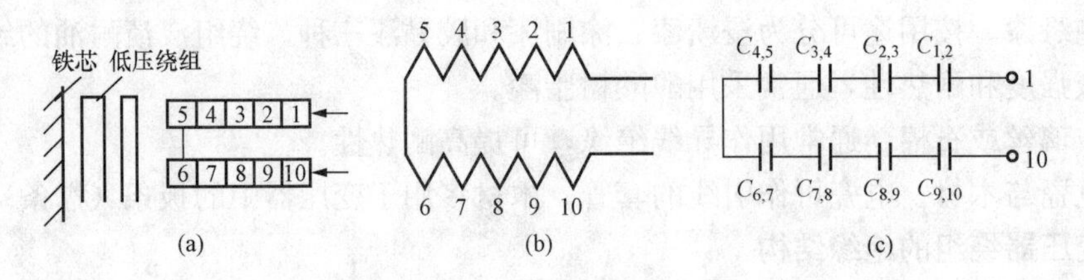

图 5 - 7　普通双饼式绕组

（a）线匝布置；（b）电气连接；（c）1，10 两端点间电容

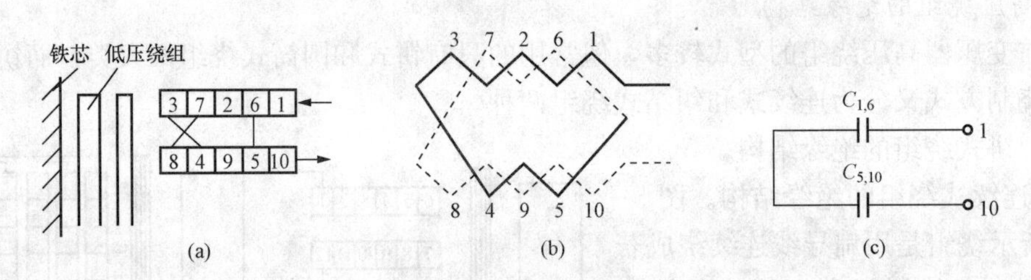

图 5 - 8　纠结式绕组

（a）线匝布置；（b）电气连接；（c）1，10 两端点间电容

由上可知，纠结式绕组可使两饼间电容 C' 显著增大，即增大了变压器绕组纵向电容 C。在冲击电压下，绕组的电压分布均匀，冲击特性显著提高。

（2）多层圆筒式绕组的绝缘结构。这种绕组在绕制时，后一线匝紧贴前一线匝成螺旋形沿绕组高度纵向排列绕制而成，又称为连续式绕组，如图 5 - 6（b）所示。这种绕组具有绕制工艺简单，不受容量限制，由于层间电容大，对地电容小，因此在冲击电压下绕组电压分布均匀，冲击特性好。但是圆筒式绕组端面小，轴向固定困难，机械强度较差，层间油道长而窄，散热性能较差。

2. 变压器的主绝缘

变压器的主绝缘随电压等级和绕组型式的不同而有所差异。

对于油浸式变压器的主绝缘，以油—屏障绝缘和油浸纸绝缘两种最常见。35kV 及以下变压器一般采用硬纸筒和油隙构成的油—屏障绝缘结构；35kV 以上变压器常采用软纸与油构成的绝缘层和油间隙的绝缘结构。目前超高压变压器的主绝缘已广泛采用油浸纸组成的薄纸筒小油道绝缘结构，这种绝缘结构的绝缘材料利用充分合理，电气强度很高。

变压器主绝缘主要包括绕组间绝缘、绕组与铁芯柱间绝缘、绕组端部绝缘、引线绝缘等，这些绝缘对大地（外壳）便构成变压器主绝缘。

（1）绕组间及绕组对铁芯柱间绝缘。变压器主绝缘多采用油—屏障绝缘结构，利用硬纸或软纸加工成纸筒作为屏障，用于高、低压绕组间，绕组对地或对铁芯间绝缘。变压器电压等级越高，屏障数目越多，分隔的油隙越小，小油隙的数目也就越多，其电气强度就越高。

但是油隙过小时，散热困难，工艺水平高且要求严格，制造时困难。

（2）绕组端部绝缘。绕组端部是主绝缘的最薄弱环节，其靠铁轭处电场很不均匀。场强高处的绝缘表面极容易发生电晕放电，造成绝缘损坏而击穿；绕组端部和铁轭间的油道处容易发生滑闪放电，引起变压器接地短路，所以端部绝缘比绕组绝缘要强些。为此在制造变压器端部绝缘时，加强绕组端部与电容环（静电板）间的绝缘厚度，同时利用绝缘筒弯成角环将油道分开，适当增加角环数目，都能提高端部绝缘的击穿电压。

（3）引线绝缘。绕组至分接开关或与套管间的引线，总要包缠一定厚度的绝缘层，提高引线的电气强度，使引线与油箱及其他不同电位部件保持足够的绝缘距离，以保证在试验电压下的绝缘强度。

3. 变压器的纵绝缘

变压器绕组的线饼间和匝间绝缘，称为纵绝缘，它的绝缘材料多采用电缆纸、电话纸和耐油黄蜡绸等。在确定纵绝缘时，一般是根据绕组在全波和载波冲击电压下相应位置上的电压陡度来确定。纵绝缘的尺寸主要决定于冲击强度、油间隙和固体介质的耐电强度及冲击电压持续时间，其绝缘的结构与尺寸一般根据试验曲线和经验数据而选定。

五、变压器绝缘的检查试验

对变压器绝缘的检查试验主要项目：

（1）绝缘电阻和吸收比的测量。每1～3年进行一次。额定电压1kV及以上的变压器用2500V兆欧表，其绝缘电阻值一般不应低于1000MΩ；1kV以下变压器用1000V兆欧表。吸收比不低于1.3。

（2）泄漏电流试验。此项试验连同套管一起进行，每1～3年进行一次。试验标准可参照规程执行，电压为35kV及以上且容量为10000kVA及以上的变压器应进行此项试验。

（3）介质损耗$\tan\delta$的试验。当变压器大修或有必要时，应进行此项试验。对同一台变压器中压和低压绕组的$\tan\delta$标准与高压绕组相同，所测$\tan\delta$值与历年的数值比较不应有显著变化。

（4）交流耐压试验。变压器大修后或更换绕组时要进行此项试验。当绕组全部更换时应按出厂标准进行；局部更换时，可参考有关规程确定试验标准。对于运行中的变压器，常采用上述试验项目。对于大修后变压器的试验项目还有若干项，在进行试验时，可参照有关规程并结合实际情况，确定具体试验项目和标准。

§5.4 高压旋转电机绝缘

一、高压旋转电机绝缘的工作特点

运行中的电机绝缘要承受来自内部和外部各种因素的影响及作用。内部因素主要有电场、热及机械应力的作用；外部因素包括机械力、电机所处环境条件（温度、湿度、污秽情况以及化学成分的作用）等，所有这些因素构成了电机绝缘的工作特点。另外，高压电机绝缘与同等电压等级的其他电气设备相比较，它的电气强度较低，这给运行带来一定影响。要求电机绝缘应能经受上述各种因素的单独或联合作用，而安全、可靠地长期运行。

二、高压电机常用的绝缘材料

1. 云母及云母制品

云母是一种硅酸盐矿物晶体，具有很高的电气强度。它还具有耐高温、耐燃、化学性能稳定、吸水性差、耐电晕等优点，是一种很理想的高压电机绝缘材料。

云母制品按用途可分为云母带、云母板、云母箔三大类。各类云母制品由云母、补强材料和胶黏剂组成。其中云母作为基本的绝缘屏障，保证长期运行下具有很高的耐电强度；补强材料用来提高机械强度；胶黏剂将两者黏结成一体。云母制品必须具有很高的电气强度和足够的机械强度。

（1）云母带。以前多采用片云母带，它以沥青作为胶黏剂，两面以云母带纸或绸作补强。由于沥青漆胶黏剂的性能差，挥发物对绝缘性能有影响，现已广泛由环氧粉云母带代替片云母带。环氧粉云母带是用耐热性能和机械性能都很好的环氧树脂作为黏合剂，以粉云母作基本的绝缘屏障，以玻璃丝带作补强，黏合后经烘蜡制成。它的电气性能、机械强度、耐热性能都优于片云母带，很适合作为高压电机的绝缘材料。目前环氧粉云母带尚有一些缺欠，如储存期较短，生产与使用不方便，热态下机械性能变差等，使用在高压大容量电机时应予以充分注意。

（2）云母板。按用途可分为柔软云母板、塑性云母板、换向云母板和衬垫云母板四种。

1）柔软云母板。常温下保持高度的柔软性，固化成型后可用于电机的槽绝缘和其他部位的柔软衬垫。

2）塑性云母板。由云母片和胶黏剂（虫胶漆）压制而成。常温下为硬质板，加热时变软，具有可塑性，可加工制成不同形状的绝缘件。

3）换向云母板。主要用作直流电机换向器铜片间的绝缘。承受较大压力时收缩率很小，在高温、高压下具有高的压力坚固性。

4）衬垫云母板。经加工后可制作电机绝缘的各种硬质衬垫。

（3）云母箔。它是将云母片用黏合剂粘在整张薄纸上制成，一般采用单面补强的板状材料，常温下稍硬，经加温后具有可塑性，可制成一定形状的制品。卷制烘干成型后，可加工成绝缘部件、槽衬、电机直线部分的绝缘。

2. 绝缘漆

绝缘漆由漆基（树脂、沥青、干性油、纤维素等）、熔剂或调稀剂（苯、甲苯）和辅助材料（催干剂、颜料、防毒剂）三部分组成。按用途分为浸渍漆、覆盖漆、胶黏漆三种。

（1）浸渍漆。用于浸渍电机绕组及纤维材料以提高绝缘的电气性能、导热性、耐热性、耐湿性以及绕组的整体性。近年来向无溶剂浸渍漆方面发展，目前应用最多的是聚酯和环氧两大类，逐渐代替聚氰氨醇酸漆。

（2）覆盖漆。又称为涂刷漆或被覆漆，将漆涂在已浸渍过的绝缘表面，形成机械性能好、光滑平整、耐水的绝缘漆膜，以增强防潮能力，防止灰尘、脏污及化学物质对绝缘的作用，如漆包线漆、硅钢片漆、半导体漆等。

（3）胶黏漆。用来黏合各种绝缘材料，如云母、纸、布等。除具有电气性能外，特别是黏合力要强。常采用的黏合漆有醇酸树脂漆、虫胶漆、酚醛树脂漆、环氧聚酯漆等。

3. 漆布、薄膜及其复合制品

漆布是用布或玻璃布在绝缘漆中浸渍干燥后制成的一种柔软绝缘材料、必须具有一定的机械强度、柔软性、电气性能、耐热性和导热性。

薄膜与漆布相比，具有耐电强度高、机械性能好和厚度小及节约棉布的优点。高压电机绝缘多采用聚亚胺薄膜。

漆布与青壳纸复合，聚酯薄膜与青壳纸复合，聚酯薄膜与石棉纸复合等各种复合制品，多用于电机的槽绝缘。

三、高压电机绝缘结构

高压电机绕组的绝缘可分为主绝缘、匝间（线棒间）绝缘、股间绝缘和层间绝缘。主绝缘（对地绝缘）是绕组对机身和对其他绕组间的绝缘；匝间绝缘是同一绕组各线匝（棒）间的绝缘；股间绝缘是并联导线各股导线间的绝缘；层间绝缘是绕组上下层之间的绝缘。处在铁芯内的绝缘为槽绝缘，绕组端部的为端部绝缘。

高压电机的主绝缘结构，通常分为套筒式和连续式两类，它是高压电机绝缘的主体部分，高压电机绝缘通常是定子绕组的绝缘。

1. 套筒式绝缘结构

定子绕组槽部用整张绝缘材料卷包起来，端部用云母带叠绕。绝缘材料可用柔软云母板或柔软玻璃云母板包绕槽部，由柔性材料做成的套筒绝缘为柔套筒；如果在上述材料中加入固性胶黏剂，经热压即成为硬套筒绝缘。绕组直线部分的绝缘，由虫胶云母箔卷烘，端部用漆布带或云母带包缠。由于槽内绝缘与端部绝缘间存在有接缝，即使采用云母带将接缝处包缠成反锥形，以增大沿面放电距离，但是，铁芯槽口处绝缘的电气性能和机械性能均为薄弱点，很容易发生电晕而造成绝缘损坏。所以我国已逐步用连续式代替套管式绝缘结构。

2. 连续式绝缘结构

绕组的全长均用绝缘带半叠包缠，使用同一种绝缘带连续包缠绕制整个线棒，直线部分的绝缘与端部绝缘间没有接缝，其电气性能和机械性能也就相同。经过真空浸胶后，绝缘内部气隙极小，所以不容易发生局部放电，且介质损耗小。但连续式绝缘的工艺复杂，成本较高，运行中由于热和机械力的作用下，绝缘结构可能产生松动和裂纹现象，特别是槽口处，反而降低了该处的电气强度。此外，浸渍沥青胶的软化温度较低，它的长期工作的允许温度也就较低。

四、高压电机的电晕和防止措施

1. 高压电机的电晕放电

高压电机无论是制造还是运行过程中，都不可避免存在和产生某些绝缘弱点与损伤，特别是介质出现老化后，使之发生变形、龟裂、弹性降低等现象。介质与电极接触面出现气隙，形成局部电场较强而发生局部放电和电晕放电。铁芯槽口处属于套管绝缘结构，电场分布极不均匀，由于电场很强而容易发生电晕放电。由电晕放电所产生的各种放电效应对绝缘危害极大，最为严重的是使槽口处的有机介质产生新的老化过程，电气性能进一步劣化而损坏。由于电机内发生电晕危害极大，放电过程又比较复杂，制造厂与运行中采取了各种措施消除电晕或最大程度上避免电晕。从目前运行经验证明，若要完全避免电晕尚有一定难度，工程中一般采取下列措施来防止电晕。

2. 防止发生电晕的措施

(1) 改善槽口处电场分布。在绕组出槽口处的绝缘表面涂半导体漆或包半导体带，来改善槽口处电场分布，使其分布尽量均匀，如图 5-9 所示。由图可知，由于绕组表面电容 C_1 的存在，使得通过介质体积电容 C_0 中的电流不相等，越靠近槽口处的电容电流就越大，沿绝缘表面的电位梯度越高，电场也就越强，槽口处的气隙就越容易发生电晕放电，因此，槽口处的电晕比槽内更为严重。当靠槽口处绕组绝缘上涂以半导体漆或包缠半导体层后，使介质表面电阻大为降低，C_0 的作用将减小。此时电场分布主要决定于表面电阻 R，由于 R 均匀，所以槽口处的电场分布趋于均匀，从而抑制电晕的发生。

（2）半导体层分级。绕组出槽口处采用分级半导体层，越靠近槽口处半导体层的阻值越小，电场强度分布也就越低。目前不少厂家采用碳化硅半导体漆，它属于非线性半导体材料，其阻值随外施电场强度的增高而减小，若槽口处场强度过高时，其阻值自动减小，该处场强随之降低，自动调节了槽口处电场分布，避免发生电晕。

（3）半导体内屏蔽法。其原理与作用和电容式套管很相近，在绝缘层中加不同长度的均压极板（即内屏蔽），如图 5-10 所示。通过内屏蔽强制内部场强较均匀分布，来改善槽口处绝缘表面的电场分布。

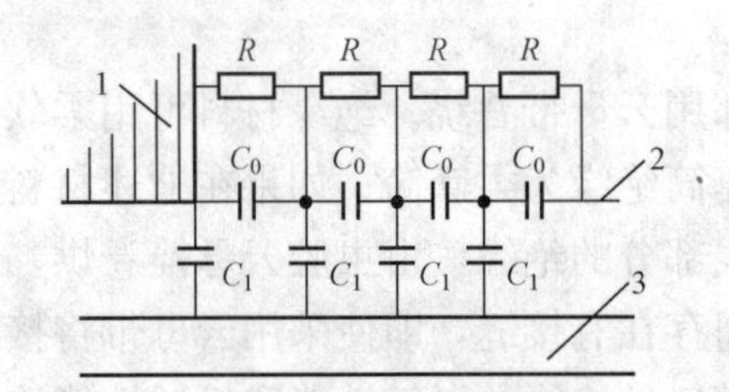

图 5-9　电机出槽口处涂以半导体层时的等值电路

1—铁芯；2—绝缘表面；3—导体

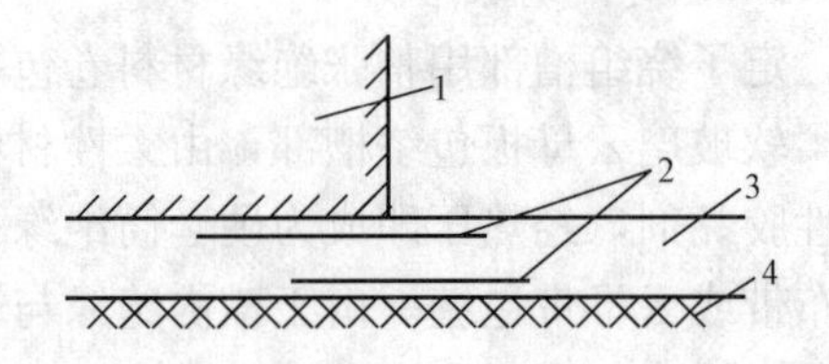

图 5-10　绝缘层加内屏蔽示意图

1—铁芯；2—内屏蔽；3—绝缘层；4—铜线

（4）综合法。即内屏蔽和外部分级半导体层两种措施同时采用，效果很好。但制造工艺复杂，一般在电压等级较高的电机中才使用。

五、高压电机的检查试验

对高压电机绝缘的检查试验主要项目有：

1. 绝缘电阻和吸收比的试验

此项试验一般结合电机检修时进行。绝缘电阻测量时，对于额定电压为 1kV 以下电机，使用 1000V 兆欧表，常温下绝缘电阻值不应低于 0.5MΩ；1kV 以上高压电机，使用 2500V 兆欧表，绝缘电阻值不应低于 1MΩ；新投入运行前，绝缘电阻不应低于 1MΩ/kV，转子绕组的绝缘电阻不应低于 0.5MΩ/kV。吸收比试验的标准可结合运行经验来确定，具体的试验标准可参照有关规程进行。

2. 测量直流电阻

此项试验一般在大修中进行。对于 1kV 以上或 100kW 以上的电机，各相绕组直流电阻的相互差别不应超过最小值的 2%，若有相间差别的应分析相对变化情况；中性点未引出的电机，测量线间直流电阻，线间差别不应超过 1%。

3. 直流耐压并测量泄漏电流试验

容量在 500kW 以上电机才进行此项试验，结合大修或更换绕组时进行。全部更换绕组时，试验电压为 3 倍的额定电压；大修或局部更换绕组时为 2.5 倍的额定电压。泄漏电流相间差别一般不大于 100%，泄漏电流为 20μA 以下者，各相间应无显著差别，有条件时可分相试验。

4. 交流耐压试验

电机大修和更换绕组时应进行此项试验。大修和局部更换绕组时，试验电压为 1.5 倍额定电压；全部更换绕组后，试验电压应按出厂标准 $(2U_n+1)$kV 执行。

§5.5　高压绝缘子和高压套管绝缘

高压绝缘子在电力系统中的应用相当普遍，其作用是将处于不同电位的带电体，在机械上支撑并加以固定，在电气上互相绝缘。按用途可分为线路类绝缘子和电站、电器类绝缘子。

高压套管属于电站、电器类绝缘子，它的作用是将载流导体引入或引出变压器、断路器、电容器等设备的金属外壳，这种用于电器的套管称为电器用套管，而用于导体或母线穿过建筑物及墙壁的套管称为电站用套管。

一、高压悬式绝缘子

高压悬式绝缘子包括盘形和棒形两种，我国输电线路多采用盘形绝缘子。

1. 高压悬式绝缘子的结构

其结构主要由绝缘材料、金具、黏合剂三部分组成。

(1) 绝缘材料。高压电瓷是目前应用最广泛的绝缘材料，它是一种无机介质，由石英、长石和黏土作为原料熔烧而成。表面上釉后具有相当良好的电气性能和机械性能、耐电晕和耐弧性能、化学稳定性和抗老化性能，能承受各种不利大气条件的作用。玻璃是仅次于电瓷而且很有发展前途的一种绝缘材料，它具有和电瓷同样的环境稳定性，且制造工艺简单。经过退火和钢化处理后，机械强度比普通的电瓷还高1～2倍，电气性能也高于电瓷，现已大量使用钢化玻璃绝缘子。此外钢化玻璃绝缘子具有损坏后“自爆”的特性，便于及时发现、更换。

环氧树脂也可压制或浇注成绝缘子，环氧树脂玻璃钢绝缘子具有质量轻、机械强度高和制造方便等优点，但它的抗老化性能较差。

(2) 金具。金具附件的材料主要由铸铁和钢制成。盘形悬式绝缘子的金具由铁（铸钢）帽、铁脚（低碳钢）构成。组成绝缘子串时，铁脚的球接头插入铁帽的球窝中，成为球绞软连接。

(3) 黏合剂。它是将瓷件和附件胶合连接的材料，一般选用不低于500号的硅酸盐水泥，为减小水泥和瓷件因温度膨胀系数不同而产生的内应力，配以瓷粉或瓷砂作填充材料，并在黏合（胶装）瓷面和金属表面涂一层沥青作缓冲层。

2. 盘形悬式绝缘子

由于结构简单、机械强度高、老化率低，串联成串后可使用在不同电压等级的线路上是高压线路使用最广的一种绝缘子。它的瓷件是圆盘形的，如图5-11所示。为增大闪络路径和泄漏距离，瓷盘下表面有3～4个棱。

运行在污秽严重地区的线路，为增加线路绝缘，提高其闪络电压，除增加绝缘子片数外，还可采用耐污绝缘子，如图5-12所示。

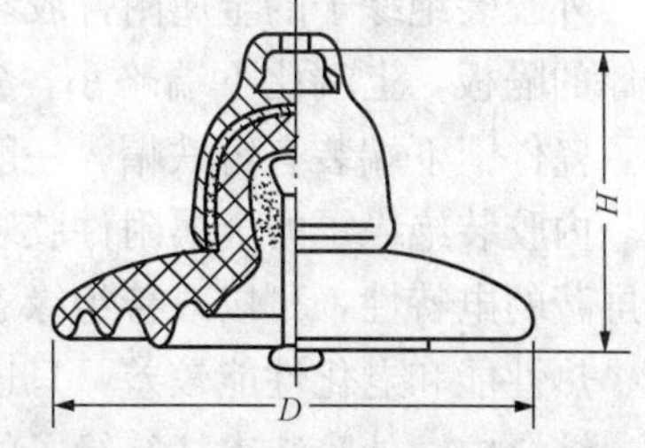

图5-11　盘形悬式绝缘子（XP-7）
(D=254mm，H=146mm)

3. 棒形悬式绝缘子

棒形悬式绝缘子又分为瓷质与合成绝缘子两种。棒形悬式瓷质绝缘子具有不击穿、节约金属材料等优点，但瓷件受拉的机械强度很难保证。棒形悬式合成绝缘子，如图

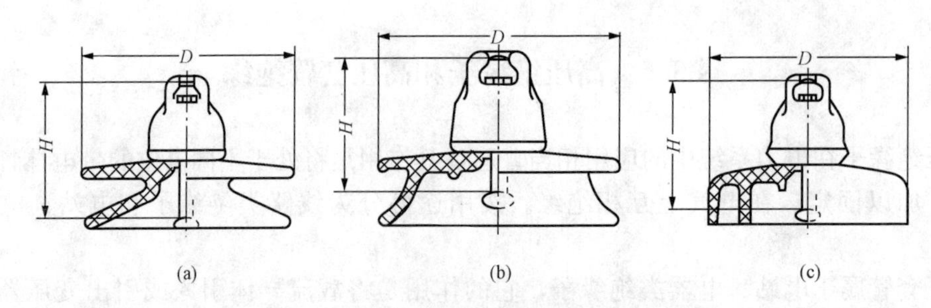

图 5-12 线路耐污盘形悬式绝缘子

(a) XWP-7，H=146mm，D=255mm；(b) XEP-7，H=160mm，D=280mm；

(c) XHP-7，H=160mm，D=255mm

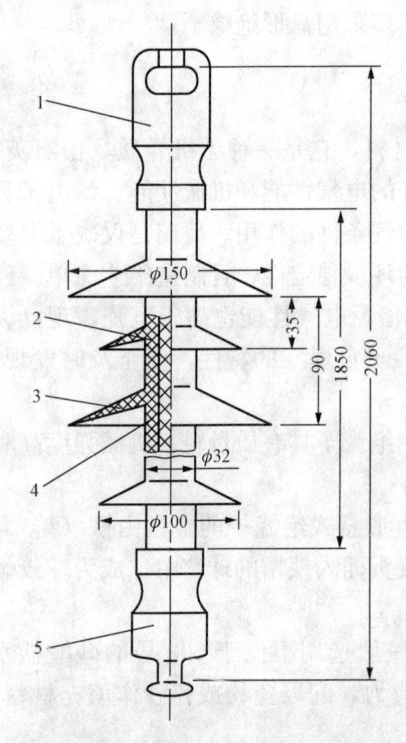

图 5-13 220kV 棒形悬式合成绝缘子

1—上铁帽；2—芯棒；3—伞盘和护套；4—黏接材料；5—下铁帽

5-13 所示，它主要由芯棒、伞盘、护套和上下铁帽组成。棒形合成绝缘子具有以下优点：

(1) 抗拉性能好。采用合成树脂的芯棒，它的抗拉强度是瓷的 5～10 倍。

(2) 质量轻、体积小、弹性好。由于芯棒机械强度高，直径可较小；又因伞盘、护套用硅橡胶制成，因此质量轻、体积小。

(3) 防污闪性能好。由于泄漏距离大、硅橡胶具有憎水性，所以污闪电压较高。近几年合成绝缘子发展很快，我国 110kV 及以上线路已广泛采用这种绝缘子。

二、支柱绝缘子

支柱绝缘子用于电站，分为针式和棒式两种。由于针式绝缘子的性能不稳定，易击穿，抗老化性能差，金属材料消耗多和体积大等缺点，已逐渐被淘汰。目前广泛采用支柱绝缘子，按外形结构和工作条件的不同，可分为户内、户外两大类。

1. 户内支柱绝缘子

户内支柱绝缘子由空心或实心的圆柱形瓷件和金属附件构成。按胶装方式和金属附件的不同，分为外胶装、内胶装和内外联合胶装三种结构，如图 5-14 所示。

外胶装绝缘子的金属附件胶装在瓷件外面，一般采用空心圆柱形瓷件，顶部为实心或有较厚的隔板，上端比下端略小，瓷件上裙边数不多且起伏不大，能提高冲击性能和泄漏距离。瓷件上下端装有铸铁帽，一般采用水泥胶装，如图 5-14 (a) 所示。

内胶装绝缘子的金属附件胶装在瓷件内，减小了支柱绝缘子的尺寸和质量。其电极具有内屏蔽的电特性，可以改善绝缘子表面电压分布，从而提高闪络电压。由于它的机械性能、冷、热性能和老化性能较差，只适用于 20kV 及以下的装置中，如图 5-14 (b) 所示。

综合内、外胶装支柱绝缘子的特点，发展了一种内、外联合胶装的支柱绝缘子，这种绝缘子上端为内胶装，降低了绝缘子的高度；而下端为外胶装，有效地利用瓷件的机械强度，又缩小了瓷件直径。

2. 户外支柱绝缘子

户外配电装置大量采用棒形支柱绝缘子，如图5-15所示。瓷件为带伞状（裙边）实心瓷圆柱体，裙边的数目、尺寸及形状的确定与湿闪电压和泄漏距离的要求有关。

运行在大气清洁或轻度污秽地区的支柱绝缘子，如图5-15（a）、（b）所示。但对于污秽严重或离海岸很近的地区，宜选用伞数较多或特殊伞形的耐污棒形支柱绝缘子，如图5-15（c）、（d）所示。

运行中，棒形支柱绝缘子要受到弯曲力矩作用，随着电压等级的升高，绝缘子高度和弯曲力矩也相应增加，使得绝缘子制造困难而且难以保证质量，为此对于154kV及以上电压等级的绝缘子，常采用几个支柱绝缘子串联组装成绝缘子柱，如图5-15（e）所示。

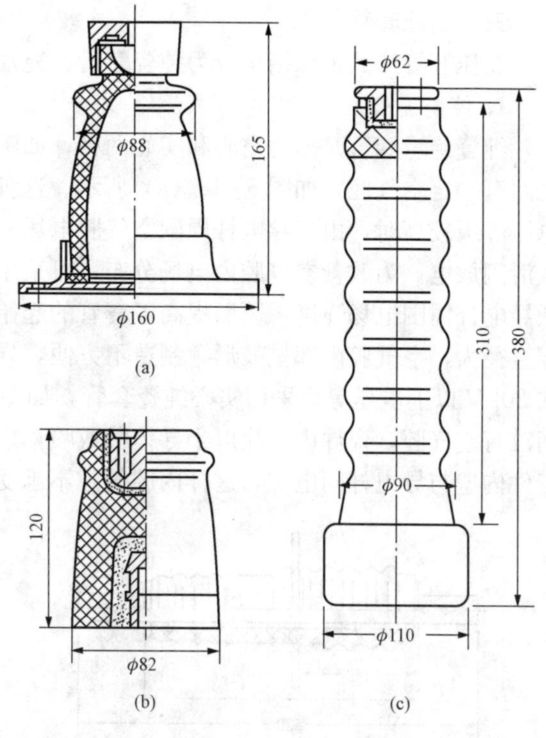

图5-14　户内支柱绝缘子

（a）ZA-10；（b）ZN-10；（c）ZL-35

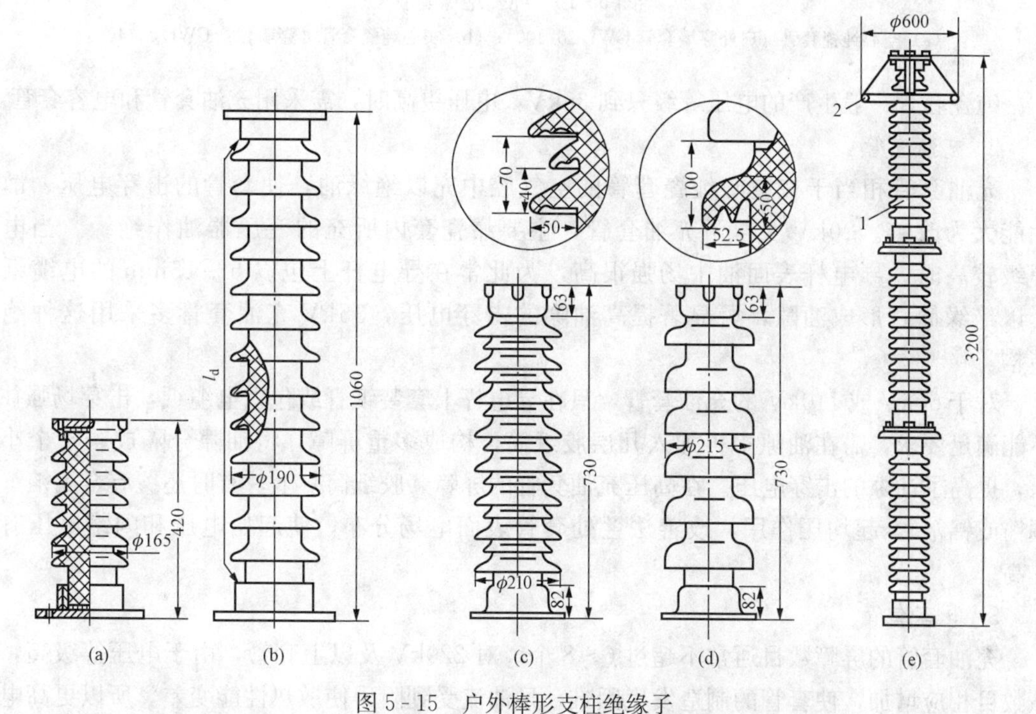

图5-15　户外棒形支柱绝缘子

（a）ZS-35/600；（b）ZS-110/400；（c）伞数较多的耐污绝缘子；（d）特殊伞形的耐污绝缘子；（e）330kV绝缘子柱

1—绝缘子；2—均压环；l_d—干闪距离

三、高压套管

高压套管按其绝缘结构分为纯瓷套管、充油套管和电容套管三类。

1. 纯瓷套管

纯瓷绝缘套管又分为空心和实心两种，如图 5-16 所示。空心纯瓷套管的瓷件与导电杆之间有一定空气腔，如图 5-16（a）所示。这种套管一般只用于 10kV 及以下电压等级。当电压等级较高时，由于导电杆周围空气腔电场强度很高，腔内产生电晕，使套管表面容易发生滑闪放电。为改善空气腔内电场分布，可采用胶纸作覆盖层，通常厚度为 3～5mm，以降低导电杆周围电场强度，因而提高了套管的起始电晕电压和闪络电压。另外，空心瓷套管中部直径大，空气腔内部呈鼓形，制造不方便，导电杆上覆盖层容易老化和受潮。因此，我国在 20kV 以上电压等级采用实心纯瓷套管，如图 5-16（b）所示。实心套管的瓷件与导电杆间没有空气腔，瓷件内壁涂以半导体釉或喷铝成为均压层，然后用弹簧片与导电杆接通，使瓷件内壁与导电杆同电位，这样内腔气隙不承受电压，避免发生电晕。

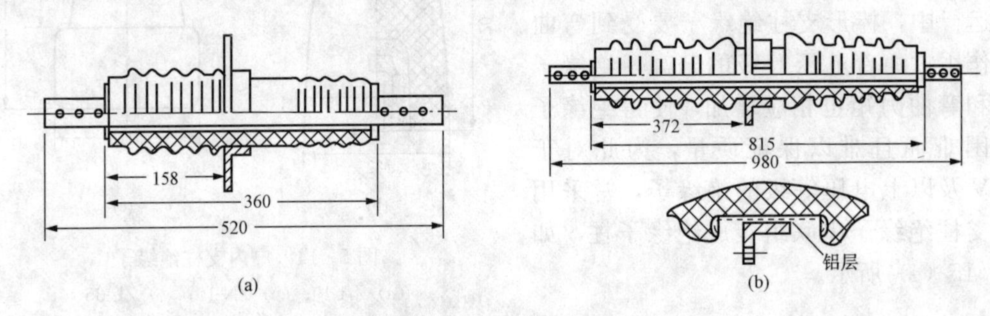

图 5-16　纯瓷绝缘套管

（a）空心纯瓷套管（户外穿墙套管 CWL-10/400）；（b）实心纯瓷套管（穿墙套管 CWL-35/400）

纯瓷套管一般生产的电压等级只到 35kV，电压更高时，需采用充油套管和电容套管。

2. 充油套管

充油套管相当于在空心纯瓷套管的空气腔中充以绝缘油，使套管的击穿电压、散热性能大为改善。20kV 及以下充油套管，主要靠瓷套内所充的变压器油作绝缘。当电压等级较高时，导电杆表面油中场强很高，为此常在导电杆上包以 5～15mm 的电缆纸或套以绝缘筒，形成油隙，可显著提高油隙的击穿电压，35kV 充油套管多采用这种绝缘结构。

对于 60kV 或 110kV 的充油套管，只在导电杆上套装纸管或包以电缆纸，击穿场强往往不能满足要求，需在油隙中再加入几层胶纸筒，构成多重屏障，将油隙分隔成若干个小油隙，提高了油隙的击穿电压。在高压充油套管的屏障（胶纸筒）上，有时还覆有金属箔（黄铜箔或铝箔），起均压作用，改善法兰处套管表面电场分布，使起始电压和闪络电压有所提高。

3. 电容套管

充油套管的屏障数目通常不超过 6～8 个，对 220kV 及以上套管，由于电压等级高，屏障数目相应增加，使套管的制造发生困难，且油流受到阻碍使散热性能变差。所以更高电压时采用电容式套管。

电容套管按内绝缘材料的不同，可分为油浸纸电容套管（简称油纸套管）和胶纸电容套管（简称胶纸套管）两种。由于胶纸套管的温度系数和 tanδ 比油纸套管高，而且极板边缘与层间的气隙不易消除，局部放电电压较低，所以它的使用范围就受到限制。

油纸套管与胶纸套管相比，电气性能比较可靠；游离电压高，真空浸渍后的起始电压高于两倍工作电压；tanδ 和温度系数均较低，很少发生热击穿。目前多采用油纸套管。电容套管示意图和主要组成部分如图 5-17 所示。瓷套为油纸套管的外绝缘，同时亦为内绝缘和油的容器，分上、下瓷套两部分，中间为法兰。上瓷套的裙边较大，以提高外绝缘在不利大气条件下的闪络电压。套管上下端装有屏蔽尖端的均压装置。

电容套管的性能主要取决于电容芯子，如图 5-18 所示。电容芯子是在导电杆上用电缆纸和金属锚交替缠绕而成，电容芯子制作成锥体形状，即金属箔与纸绝缘的长度随离开导电杆距离的增加而缩短。其目的是为了调整导电杆与法兰（接地电极）间的电场，使该处电场分布尽量均匀，避免出现电晕，以提高套管的闪络电压。

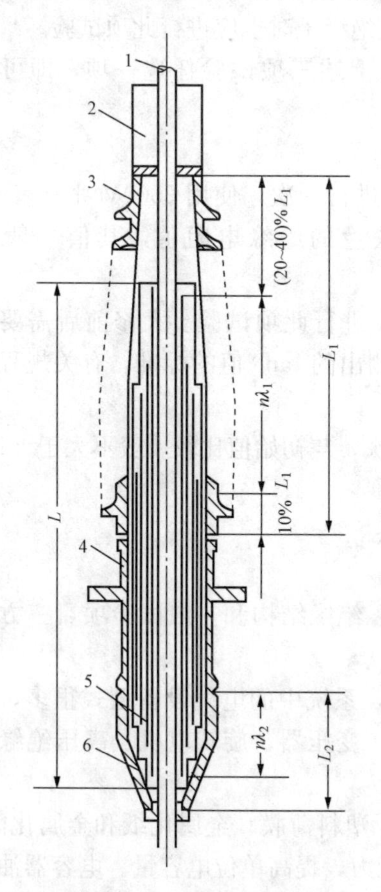

图 5-17 电容式套管示意图

1—导电杆；2—油枕；3—上瓷套；4—中间法兰；5—电容芯子；6—下瓷套

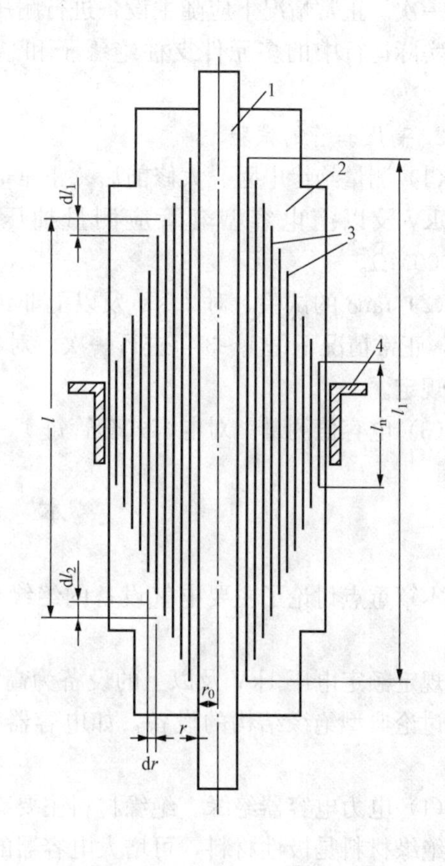

图 5-18 电容套管的电容芯子

1—导电杆；2—绝缘层；3—极板（金属箔）；4—中间法兰

由于电容套管各方面性能优于充油套管，所以电容套管被广泛采用，并逐步取代充油套管。但由于电容芯子所用绝缘具有大的吸潮性，套管密封不好容易受潮。此外，电容套管散热性较差，严重时可能引起热击穿，使用时应充分注意。

四、绝缘子和套管的试验

1. 支柱绝缘子和悬式绝缘子的试验

（1）测量电压分布。悬式绝缘子串1～3年进行一次，多元件支柱绝缘子每1～2年进行一次。对多元件支柱绝缘子，应测量每一元件的电压分布。绝缘子串或多元件支柱绝缘子，在正常和有缺陷情况下的电压分布是不相同的，当某一元件有缺陷时，该元件上所承担的电压比正常时要小，其电压将转移到绝缘正常的元件上，所以通过测量电压分布可以确定其绝缘性能。

（2）绝缘电阻试验。悬式绝缘子1～3年一次，使用2500V兆欧表，每一元件或每一片绝缘子的绝缘电阻不应低于300MΩ。对棒式绝缘子可进行此项试验；对于半导体釉绝缘子的绝缘电阻，根据厂家规定并结合运行经验综合而定。

（3）交流耐压试验。单独对支柱绝缘子和悬式绝缘子串进行交流耐压试验，每1～3年进行一次。正常情况下应随主设备进行耐压试验，更换绝缘子时也应进行此项试验。

实际运行中的多元件支柱绝缘子和悬式绝缘子，上述三项试验任选一项，即可满足要求。

2. 高压套管的试验

（1）测量绝缘电阻。大修前后、正常时每1～3年进行一次，使用2500V兆欧表测量。对60kV及以上电容型套管应测量抽压小套管对法兰的绝缘电阻值，其值一般不低于1000MΩ。

（2）$\tan\delta$的试验。对20kV及以上非纯瓷套管都要进行此项试验。大修前后需要测量$\tan\delta$，正常情况下每1～3年进行一次。对各种套管所测出的$\tan\delta$值的标准，有关规程已有具体规定。

（3）电容值测量。对电容式套管每1～3年进行一次，与初始值比较一般不大于±10%。

本章要点

本章重点讨论了主要电气设备的绝缘材料及性能、绝缘结构和一般试验项目三方面的问题。

规定额定电压1kV及以上的设备为高压电气设备，系统中的电气设备型式很多，本章主要讨论典型绝缘结构的设备，如电容器、电力电缆、变压器、旋转电机、高压绝缘子和套管。

（1）电力电容器绝缘。绝缘材料主要有电容器纸、塑料薄膜、金属化纸和金属化薄膜。这些绝缘材料是极性材料，可增大电容器的储存电荷能力，提高单位电容量。电容器油与上述材料复合后，可提高其电气强度，油还兼起散热作用。电容器绝缘主要是芯子和出线套管两部分。试验项目主要有绝缘电阻试验、电容量测量和$\tan\delta$试验。

（2）电力电缆绝缘。绝缘材料有电缆纸、浸渍剂、橡皮、塑料和气体。电缆常以绝缘材料的不同而分类，35kV及以下常采用黏性浸渍纸绝缘电缆，主要由电缆芯、绝缘层和护层三部分组成。绝缘结构分相绝缘和统包绝缘两大部分，黏性浸渍剂的作用很多，主要是用来提高电气强度。对于110kV及以上电缆，为满足高耐电强度的要求，对纸绝缘电缆充以低黏度油或高电气强度气体（SF_6），这就构成充油和充气电缆。试验项目主要有绝缘电阻测量、直流耐压并测泄漏电流试验、充油电缆绝缘油的电气强度和 $\tan\delta$ 的试验。

(3) 变压器绝缘。大型油浸式变压器绝缘材料主要有变压器油、绝缘纸与纸板、复合绝缘（如油—屏障绝缘）；另外还有漆布或漆带、绝缘漆、玻璃丝、石棉、木材等。高压绕组绝缘结构分线饼式和套管式两种，其中线饼式根据绕组的绕制方法又分为连续式和纠结式两种。变压器绝缘结构分主绝缘和纵绝缘两大类：主绝缘包括绕组间绝缘、绕组对铁芯（外壳）间绝缘、绕组对铁轭（端部）绝缘、各种引线绝缘；纵绝缘包括匝间绝缘、层间和饼间绝缘。试验项目有绝缘电阻和吸收比试验、泄漏电流试验、$\tan\delta$ 测量、交流耐压试验等。

(4) 高压旋转电机绝缘。常用绝缘材料有云母制品、漆布、绝缘漆、塑料薄膜等。绝缘结构分主绝缘和纵绝缘两大类，绕组绝缘结构又分为套筒式和连续式绝缘两种型式。绕组内发生局部放电可能有多处，但由于绕组出槽口处电场很强，最容易发生电晕，须采取措施来限制或避免该处发生电晕。主要试验项目有绝缘电阻和吸收比试验、直流电阻测量、直流耐压和交流耐压等。

(5) 高压绝缘子和高压套管绝缘。高压绝缘子分为盘形悬式绝缘子和支柱绝缘子两大类。悬式绝缘子的绝缘材料有电工瓷、玻璃（包括钢化玻璃）和环氧树脂玻璃钢三种。高压棒形支柱绝缘子采用电瓷作为绝缘材料。一般采用水泥胶装，胶装方式分内胶装和外胶装两种。在110kV及以上采用实心圆棒形。户外棒形支柱绝缘子的瓷件表面带有若干伞状（裙边）瓷边，以增大泄漏距离，提高闪络电压。154kV及以上采用多元件组合（叠装）的支柱绝缘子。

高压套管按绝缘结构分为纯瓷套管、充油套管和电容式套管三种类型。纯瓷套管又分为空心、实心套管两种，一般只用于35kV以下电压等级中。充油套管的绝缘分内绝缘和外绝缘两部分，内绝缘采用油—屏障绝缘结构，利用纸筒作为屏障，采用多个纸筒将油隙分割成多个小油隙，来提高套管的电气强度；在纸筒上覆有电极（金属箔），起均压作用，改善法兰处电场分布，提高起始电晕电压和闪络电压；外绝缘为瓷套，起到绝缘和容器作用。

电容式套管内绝缘为电容芯子，它是用绝缘纸和金属箔交替连续绕制作成锥体状，其主要目的是为调整与法兰间电场，使电场分布均匀，避免电晕放电，提高套管的闪络电压，我国目前在220kV及以上采用这种套管。

思考与练习

5-1　电介质根据哪些原则分类？各分为哪几种？

5-2　电力电容器常用的绝缘介质有哪些？各有何主要特点？

5-3　黏性浸渍纸绝缘电力电缆采用了哪些绝缘材料？其结构又如何？

5-4　电力变压器绝缘分为哪两种？各包括哪些主要部分？

5-5　电力变压器的高压绕组分为几种型式？绝缘结构各有何特点？

5-6　试述电力变压器的主绝缘为何制作成多重油—屏障的绝缘结构？

5-7　变压器常用的绝缘介质有哪些？对油浸变压器常采用哪些绝缘介质？

5-8 试述旋转电机套筒式和连续式绝缘结构各自的优缺点。

5-9 高压旋转电机在什么部位最容易发生电晕？防止发生电晕的措施有哪些？

5-10 高压旋转电机的绝缘材料主要有哪几种？各有何优缺点？

5-11 户内与户外高压棒形支柱绝缘子的瓷绝缘结构上有什么不同？为何有这种不同？

5-12 高压套管按瓷套与导电杆间结构方式的不同分为哪几种？它们各自有何特点？

5-13 高压充油套管采用油—屏障绝缘结构，这种绝缘结构有何优缺点？

5-14 电容式套管的电容芯子为什么制作成锥体形状？

5-15 简述运行中的电容器、电缆、变压器、高压旋转电机、绝缘子和套管的绝缘预防性试验主要项目与一般试验标准。

阶段自测题（一）

一、名词解释

1. 高电压技术
2. 气体放电
3. 气体分子的激发与游离
4. 非自持放电与自持放电
5. 电晕放电
6. 放电电压分散性
7. 极性效应
8. 50%放电电压
9. 冲击系数β
10. 伏秒特性
11. 绝缘配合
12. 沿面放电
13. 屏障效应
14. 电介质的极化
15. 绝缘电阻
16. 吸收现象
17. 电介质的损耗
18. 电介质的老化
19. 起始放电电压
20. 击穿电压与击穿场强

二、填空题

1. 高电压技术课程是专门研究电气设备________和电力系统________及其________的一门学科。

2. 气体间隙击穿后的放电形式有多种，主要有________放电、________放电、________放电、________放电四种，击穿后的放电形式主要决定于________。

3. 气体间隙中带电质点的来源主要是由气体的________所产生，按照作用于分子（或原子）上的能量形式的不同，它分为________、________、________三种形式。

4. 由非自持放电转为自持放电的临界电压，称为________电压。在均匀电场中它就是________电压，在极不均匀电场中它小于________。

5. 流注与汤逊放电理论相比较，主要区别在于它计及了________对外电场的作用和________的影响。

6. 汤逊放电理论适用于解释____________中的放电过程，而流注理论则适用于解释________中的放电过程。

7. 在极不均匀电场中，当曲率半径较小的尖电极附近空气隙中的电场超过________场强时，尖电极表面的空气隙被________，产生________放电，它是极不均匀电场中有的一种放电形式。

8. 气体间隙在冲击电压作用下的放电时延分为________和________两部分。在均匀电场中，整个放电时延较________，主要决定于________，它具有很强的________性。

9. 提高气体间隙击穿电压的措施有好多种，主要有________、________、________、________、________五种方式。

10. 在利用避雷器保护变压器时，一定使得避雷器的伏秒特性曲线的________线位于变压器伏秒特性曲线________线之________。

11. 按照电介质的极化过程有无损耗可分为两大类，其中________与________极化为无损极化；而________与________极化为有损极化。

12. 交流电压作用下的夹层介质，电场强度 E 的分布与各介质的介电系数成________分布，直流电压下的电场强度分布与介质的________成________分布。

13. 电介质的电导形式为________电导，当电介质温度升高时________电流增加，而________要降低，它具有________的温度系数。

14. 对于固体电介质的电导，首先要区分________电导和________电导，它的大小决定于固体电介质的________电阻和________电阻，而总的________电阻应为________。

15. 交流电压作用下的固体介质，它的损耗主要有________、________损耗两种，当电介质受潮或有其他缺陷时，要引起________损耗增大，使介质________温度________，是造成介质________老化的主要原因。

16. 固体电介质的击穿形式可分为________击穿、________击穿、________击穿三种，对于运行多年的电气设备，由于介质普遍存在着不同程度的________现象，就容易发生________击穿。

17. 电介质在运行中要受到各种因素的影响和作用，其中在电场作用下有________、________、________、________四种物理现象，相应的物理量分别为________、________、________、________。

18. 为提高液体电介质的击穿场强，工程上采取了很多措施，其中油—固体组合绝缘应用最为广泛，它分为________、________、________和________四种形式。而对于后者，是利用________将油隙分割成若干个________，可使油隙的击穿场强得到显著________。

19. 在利用西林电桥测量介质损耗时，当介质存在着分布性缺陷时，可把介质看成________介质，通过测量________体积的 $\tan\delta$，可正确反映介质________体的损耗变化情况，介质越________，测量效果就越________。

20. 为保证设备安全运行以及工作人员的人身安全，按规定必须对 SF_6 气体的________以及设备的________情况作相应的________，通常进行________和________检测。

21. 常用的现场 SF_6 气体微水量测试方法，依据所使用的________不同，主要有________、________、________三种。

22. 当绝缘子串或支柱绝缘子串中有一个或数个绝缘子________后，绝缘子串中各元件上的________将与________情况不同，________会发生________。

23. 电气设备故障可分为两大类：________和________的。它们各自会产生某些________，大体上说，________故障产生大量的________、________类气体；________性故障将使________和________的含量增加；而________性故障的特征则是________和________

的含量大增；当故障涉及周围固体绝缘时，则会引起________和________含量明显增加。

24. 高压电气设备绝缘按所属设备可分为电力________绝缘、电力________绝缘、高压________和________绝缘、________绝缘和________绝缘等。

25. 黏性油浸纸绝缘电力电缆，在输配电网络中应用最为广泛，它有________、________、________三个重要部分组成。

26. 通常将变压器油箱外的绝缘称为________，而将油箱以内的绝缘称为________，对于后者又可分为________和________两种。

27. 对变压器绝缘的性能要求有很多，最基本的要求有________、________、________、________四种。

28. 目前大型变压器的高压绕组型式较多，但常用的只有________和________绕组两大类，而前者按其绕组的绕制方式又分为________与________绕组两种。

29. 变压器的主绝缘包括________绝缘、________绝缘、________绝缘、________绝缘、________绝缘等。

30. 运行中的变压器，检查与试验项目主要的有________与________的测量、________试验、________试验和________试验等。

31. 高压电机绕组的绝缘可分为________、________、________、________绝缘等。

32. 对于高压充油套管，只在导电杆上套装________或包以________，它的击穿场强往往不能满足要求，还需在油隙中再加入几个胶纸筒，构成________，将油隙分隔成若干个________提高了油隙的________；另外，在胶纸筒上还覆有________，起到________作用，改善靠法兰处________表面的________分布，起到了提高________电压和________电压的目的。

三、分析与判断题

1. 气体间隙的非自持放电与自持放电阶段，它们的放电特性主要区别在哪里？为何有这种区别？

2. 根据巴申实验曲线可知，当 Pd 值为某一数值时，气体间隙的击穿电压出现最小值，这是为什么？

3. 画出高压套管的等值图，试述沿面放电过程为何从靠近法兰处瓷套管表面开始。为提高其沿面闪络电压一般采取哪些措施？

4. 试分析高压绝缘子的污闪络电压为何较低？为提高污闪电压，工程上采取的主要措施有哪些？

5. 夹层介质极化过程中，为何在介质交界面上有一个电压（或电荷）的重新分布过程？这一特性在工程上有什么重要实际意义？

6. 电介质的相对介电系数 ε_r 是如何定义的？其物理意义如何？在选择电介质时应注意哪些实际问题？

7. 试分析影响变压器油电气强度的最主要因素是什么？工程中采取哪些措施来限制它的影响？

8. 运行多年（或数千小时）的固体电介质容易出现何种击穿形式？以同步发电机为例，说明为什么会出现这种击穿形式。

9. 什么叫电介质的老化？有哪几种形式？引起老化的原因各有哪些？

10. 在用兆欧表测量大容量试品的绝缘电阻时，为什么会出现随测量时间的增长，绝缘电阻由小逐渐增大并趋向于某一稳定值？试分析在什么情况下会出现这种现象。

11. 对于那些体积较大采用B级绝缘的电气设备，如同步发电机、电力电缆等，为什么通常测量它的吸收比 K 而不用绝缘电阻值来确定它的绝缘状况？

12. 在进行工频耐压试验时，试验过程要求：

(1) 升压速度要均匀，不能过快或过慢；

(2) 耐压时间为1min，不能长又不能少于1min；

(3) 实际试验电压值应等于规定的1min耐压值，不能高也不能低于规定值。

试分析工频耐压试验过程中为何有这三方面要求。

13. 什么叫局部放电？绝缘中发生局部放电时会造成什么后果？

14. 画出工频耐压试验的原理接线图，说明主要元件的作用，并简要叙述在进行大容量试品耐压试验时，为什么必须在高压侧直接测量试验电压？

15. 什么叫零值绝缘子？测量绝缘子串上电压分布有何目的？

16. 油中溶解气体有哪几种？必测气体有哪几种？

17. SF_6 气体有哪些理化特性？

18. SF_6 气体比空气的绝缘强度高的原因是什么？

19. GIS在现场进行交流耐压试验前，为什么先要进行“老练净化”试验？

20. SF_6 气体在运行中的检测项目有哪几项？检测目的是什么？

21. 雷电冲击耐压试验为什么要分正、负极性？

22. 操作波耐压试验的目的是什么？

23. 利用西林电桥测量介质损耗时，试分析介质存在分布性与集中性两种缺陷时，$\tan\delta$ 值试验结果判断的准确性。

24. 直流耐压与工频耐压试验相比，长时间且加比较高的试验电压，却对介质损伤较轻，这是何道理？

25. 在进行介质损耗测量时，为何不直接测量它的有功功率损失 P 值，而去测量介质损失正切 $\tan\delta$ 值？

26. 油浸变压器高压绕组的主绝缘，一般采取的绝缘结构是什么型式？试述采用这种绝缘结构的理由有哪些？

27. 试分析高压油浸式变压器绕组端部靠铁轭处绝缘，为什么常发生绝缘损坏现象？一般采取哪些措施来避免发生这种现象？

28. 高压旋转电机绕组出铁芯槽口处为何容易出现电晕？工程上一般采取哪些措施来限制电晕？

29. 高压绝缘套管的芯子（即内绝缘）制作成“锥形”的绝缘结构，是何原因？

30. 比较户内与户外高压支持绝缘子的瓷件表面形状有什么不同？为何有这种不同？

31. 棒形悬式合成绝缘子有何优点？适用于何种情况的输电线路？

第6章

波 动 过 程

当分析一系列过电压及其保护问题时，均需理解一个重要概念，就是“波动过程”。电力系统是由线路、发电机、变压器绕组等分布参数的电路所组成，其过渡过程是电力系统过电压及其保护的重要理论基础。当过电压作用于分布参数电路时，其过渡过程就是电磁场沿分布参数电路传播过程，称为波动过程。沿分布参数电路上传播的电压波和电流波称为行波。

单向传播的电压波和电流波的比值称为分布参数电路的波阻抗 Z，它与数值和单位相同的集中参数的电阻等值，但意义不同。波阻抗不消耗能量，只决定于线路单位长度的电感（$L_0 dx$）和电容（$C_0 dx$）；行波在分布参数电路中的传播速度 v，它决定于 $L_0 dx$ 和 $C_0 dx$，反映电路处在不同介质中的传播速度。波阻抗 Z 和波速度 v 仅表征分布参数电路的特性，与电路长度无关。

行波由一条线路向另一条不同参数的线路传播时，电磁场能量发生变化将重新分布，在两条不同参数线路连接处发生波的折射与反射现象。

当行波在串联电感 L 或并联电容 C 的线路通过时，由于电感的磁场能量和电容的电场能量不能突变，使入射波的波形发生变化，电感 L 和电容 C 会拉长其波头长度，并降低其陡度，在防雷保护中起到重要作用。

当行波作用于单相变压器绕组时，由于绕组电感和电容的作用，而发生具有振荡性质的过渡过程。$t=0$ 振荡起始瞬间，绕组上的起始电压分布与变压器中性点接地与否无关；$t\to\infty$ 时振荡结束，绕组上的稳态电压分布与变压器中性点的工作方式有很大关系。由于起始电压和稳态电压在绕组上的分布有很大差异，必然在振荡过程中使绕组上出现幅值高、电位梯度大的振荡电压，威胁变压器的主、纵绝缘。因此，必须采用静电补偿或纠结式绕组改善电压分布的保护措施。

三相变压器绕组中的波过程，其过电压幅值及出现的位置和高压绕组连接方式与入射波相数有关；雷电过电压还会在变压器绕组间传播，在另一侧出现过渡过电压。

当行波沿旋转电机绕组传播时，将发生较高的过电压，威胁绕组和中性点对地绝缘及匝间绝缘的安全。

§6.1 单根均匀无损导线上的波过程

一、波动方程

单根架空导线的等值电路如图 6-1 所示。线路遭受雷击时，三相导线波过程完全相同，只需分析一相导线的波过程。由于导线单位长度（dx）的电阻 r_0 和对地电导 g_0 很小，为简化分析略去 r_0 和 g_0，略去 r_0 和 g_0 的导线为无损导线。这样，单根导线就可以只用电感（$L_0 dx$）和对地电容（$C_0 dx$）来表示，这种导线称为单根均匀无损导线，其等值电路如图 6-2 所示。假定这些参数在过电压作用下为常数，即可利用该无损等值电路来分析导线上的波过程。

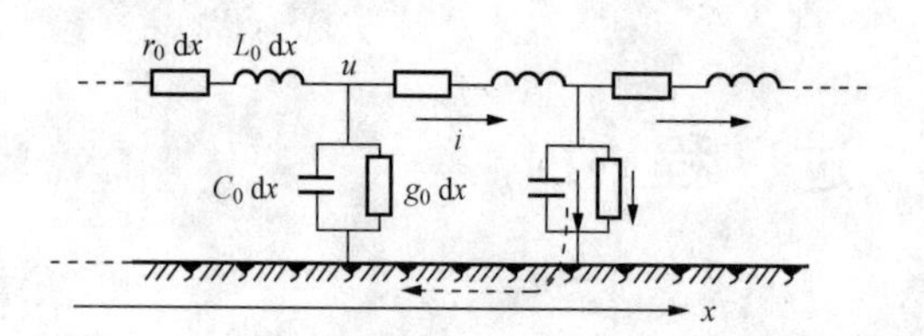

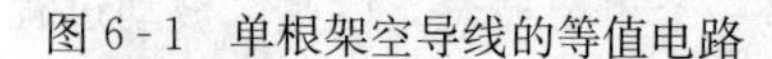

图 6-1 单根架空导线的等值电路

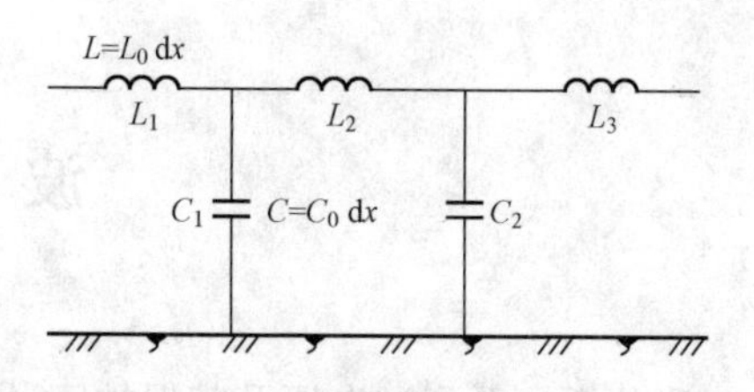

图 6-2 无损耗导线等值电路

当在等值电路始端（即 $x=0$）突然施加直流电压 U 瞬间（即 $t=0$），因受电感 $L_0\mathrm{d}x(L_1)$ 的阻止，在 $i=0$ 瞬间电感 L_1 中无电荷通过。当 $t>0$ 后，L_1 的感抗降低，电荷才自始端向右端（末端、即 x 的正方向）移动，如图 6-2 所示。有一部分电荷通过 $C_1(C_0\mathrm{d}x)$ 而充电对地建立电场；另外电荷通过电感 $L_2(L_0\mathrm{d}x)$，在电感 L_2 周围建立磁场。随着时间的推移，导线各点对地电容 C_1、C_2、C_3、…依次在导线与地间建立起电场，使导线对地具有电位；当电荷向右移动过程中，依次通过电感 L_1、L_2、L_3、…时，将在导线周围建立起磁场，导线上便有电流自首端向末端流动。所以同一时间内导线各点的电压和电流是不相等的，电压和电流是距离 x（即空间各点）的函数；在导线同一点上不同的时间，它的电压和电流也不相等，所以它又是时间的函数。导线上电压、电流的变化规律的表达式为

$$\left.\begin{aligned}u(x,t)&=u_{\mathrm{q}}(x,t)+u_{\mathrm{f}}(x,t)\\ i(x,t)&=i_{\mathrm{q}}(x,t)+i_{\mathrm{f}}(x,t)\end{aligned}\right\} \tag{6-1}$$

其中

$$i_{\mathrm{q}}=\frac{u_{\mathrm{q}}(x,t)}{Z};i_{\mathrm{f}}=-\frac{u_{\mathrm{f}}(x,t)}{Z}$$

式中 $u_{\mathrm{q}}(x,t),i_{\mathrm{q}}(x,t)$——前行电压、前行电流，沿 x 的正方向传播；

$u_{\mathrm{f}}(x,t),i_{\mathrm{f}}(x,t)$——反行电压、反行电流，沿 x 的负（反）方向传播。

式（6-1）为导线波动方程的解，表达了电压和电流的变化规律。由式（6-1）可知，导线上某点的电压或电流是传播距离 x 和相应时间 t 的二元函数，它由前行波与反行波两部分之和组成。

二、波阻抗与波速度

式（6-1）说明在线路上任一点在某时刻 t 的电压 $u(x,t)$，等于该点、该时刻的前行电压波 $u_{\mathrm{q}}(x,t)$ 与反行电压波 $u_{\mathrm{f}}(x,t)$ 的总和，导线上的电流 $i(x,t)$ 也是如此。在线路上电压波和电流波绝对值的比为 $\sqrt{\frac{L_0}{C_0}}$，称为线路的波阻抗，单位为 Ω，则

$$Z=\sqrt{\frac{L_0}{C_0}} \tag{6-2}$$

单根导线单位长度电感 L_0 和电容 C_0 分别为

$$L_0=\frac{\mu_{\mathrm{r}}\mu_0}{2\pi}\ln\frac{2h_{\mathrm{d}}}{r}$$

$$C_0=\frac{2\pi\varepsilon_0\varepsilon_{\mathrm{r}}}{\ln\frac{2h_{\mathrm{d}}}{r}}$$

式中 μ_0——真空的导磁系数，$\mu_0=4\pi\times10^{-7}$，H/m；

μ_{r}——介质的相对导磁系数，对架空线及电缆均可取为 1；

ε_0——真空的介电系数，$\varepsilon_0=1/36\times10^{-9}$，F/m；

ε_r——介质的相对介电系数，空气 $\varepsilon_r=1$，油浸纸绝缘电缆 $\varepsilon_r\approx4$；

h_d——导线对地平均高度，m；

r——导线的半径，m。

单导线的波阻抗 Z 为

$$Z=\sqrt{\frac{L_0}{C_0}}=\frac{1}{2\pi}\sqrt{\frac{\mu_r\mu_0}{\varepsilon_r\varepsilon_0}}\ln\frac{2h_d}{r}=60\ln\frac{2h_d}{r}=138\lg\frac{2h_d}{r} \tag{6-3}$$

对于1～220kV架空线路的单根导线，可取 $Z=450\sim500\Omega$；计及电晕影响时，取400Ω左右。对330kV及以上线路，由于采用了分裂导线，取 $Z=300\Omega$ 及以下；对电缆一般取30Ω以下。

令波速度秒 $v=1/\sqrt{L_0C_0}$，单根架空导线中波速为

$$v=\frac{1}{\sqrt{L_0C_0}}=\frac{1}{\sqrt{\varepsilon_0\varepsilon_r\mu_r\mu_0}}=\frac{3\times10^8}{\sqrt{\varepsilon_0\varepsilon_r}}=3\times10^8(\text{m/s}) \tag{6-4}$$

由上可见，架空线路上行波传播的速度与光速 C 相同，而对于电缆因其 $\varepsilon_r=4$，则 $v=1/2C$，即以光速的一半传播。

三、波动方程解的物理意义

由图6-1可知，自导线左端（又称首端）至导线右端（又称末端）为轴的正方向，x 正方向传播的行波为前行波；x 负（反）方向传播的行波为反行波，x 轴上为正极性电荷；x 轴下为负极性电荷，如图6-3所示。

由式（6-1）可以看出，导线上电压和电流分前行波和反行波两部分。对前行波 $Z=u_q/i_q$，说明前行电压波和前行电流波极性相同；对反行波 $Z=-u_f/i_f$，说明反行电压波和反行电流波极性相反。

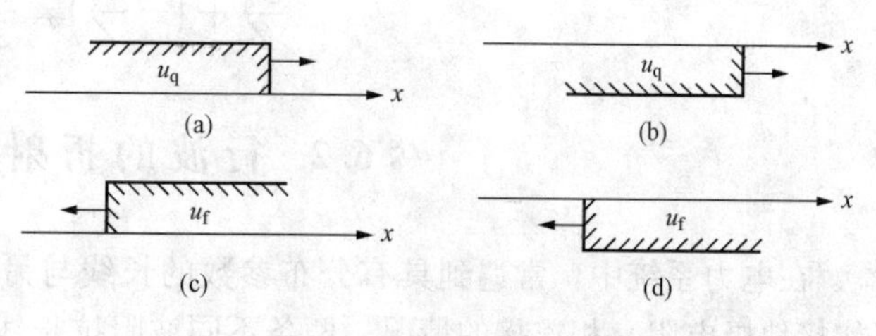

图6-3 前行波与反行波的传播方向与极性
（a）正极性前行电压波；（b）负极性前行电压波；（c）正极性反行电压波；（d）负极性反行电压波；

在分析波动过程中电压与电流的关系时，对于单方向运动的行波，可将分布参数电路看作电阻值等于波阻抗的集中参数电路来处理。但当线路上同时有前行、反行波时，线路上某点的电压 u 与电流波 i 的比值不等于波阻抗 Z，即 $u/i\neq Z$。

行波在导线上传播的过程就是电磁场能量的传播过程。当导线上只有单方向运动的行波时，单位时间内或单位长度导线获得的电场能量 $\frac{1}{2}C_0u_q^2$ 和磁场能量 $\frac{1}{2}L_0i_q^2$，由于 $\sqrt{\frac{L_0}{C_0}}=\frac{u_q}{i_q}$，则

$$\frac{1}{2}C_0u_q^2=\frac{1}{2}L_0i_q^2$$

即单位长度导线上获得的电场能量与磁场能量相等。如线路有两个方向运动的行波时，则导线周围空间的电场能量、磁场能量发生交换，不再相等。

【例 6-1】 某220kV输电线路，导线对地平均高度为10m，导线型号为LGJQ-400，半径为13.6mm，有一幅值为500kV的过电压波沿导线前行运动，试求电流的幅值。

解 根据式（6-3）有

$$Z = 138\lg\frac{2\times 10}{0.0136} = 437(\Omega)$$

前行电流波

$$I_q = \frac{U_q}{Z} = \frac{500}{437} = 1.144(kA)$$

【例 6-2】 在例6-1中如导线上还有幅值为400kV的反行电压波，如图6-4所示。试求此两波叠加范围内导线上电压和电流，根据计算结果说明它的物理意义。

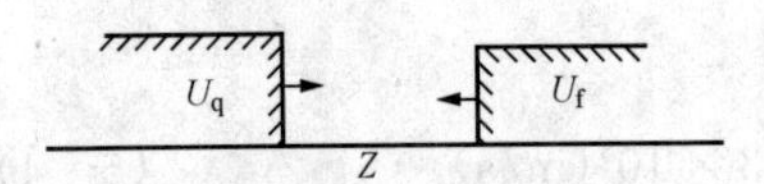

图6-4 导线上两方向运动的波示意图

解 根据式（5-1），反行电流波幅值为

$$I_f = -\frac{U_f}{Z} = -\frac{400}{437} = -0.915(kA)$$

两波叠加范围内，导线对地电压为

$$U = U_q + U_f = 500 + 400 = 900(kV)$$

导线上电流为

$$I = I_q + I_f = 1.144 + (-0.915) = 0.229(kA)$$

由计算可知，两行波在叠加范围内，导线对地电压升高，导线上电流减小。导线周围间的电场、磁场能量发生转化，部分磁场能量转化为电场能量。此时

$$\frac{U_q}{Z} + \left(-\frac{U_f}{Z}\right) \neq \frac{U}{Z}$$

§6.2 行波的折射与反射

在电力系统中，常遇到具有分布参数的长线与另一条具有不同参数的长线或集中阻抗（如接地极电阻）相连接的情况，两条不同波阻抗长线的连接点称结点。若行波沿一条长线向另一条长线传播时，在结点必然产生能量的重新分配过程，即在结点处产生波的折射与反射。

一、行波的折射和反射

具有不同波阻抗的两条线路 Z_1 与 Z_2 相连接的情况，如图6-5所示。结点为A，沿线路 Z_1 运动的电压波 u_{1q}（电流波 i_{1q}）向线路 Z_2 传播，到达结点A的波称为入射波（或称侵入波）。当入射波到达结点A时，因为 $Z_1 \neq Z_2$，在结点A要发生电磁场能量的重新分配过程。部分能量通过结点A并沿线路 Z_2 继续前行的行波 $u_{2q}(i_{2q})$，称为折射波；另外的能量未能通过结点A将沿线路 Z_1 返回的行波 $u_{1q}(i_{1q})$，称为反射波。折射波与反射波在结点A的变化情况，如图6-5所示。为简化分析，在分析波在A点产生折射与反射时，认为线路 Z_2 上没有出现反射波或反射波尚未到达结点A，即 $u_{2f}(i_{2f})=0$，根据式（6-1）可得

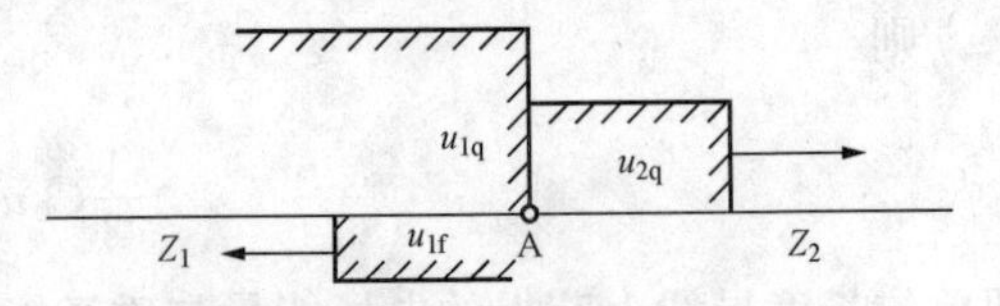

图6-5 行波的折射与反射

对线路 Z_1

$$u_1 = u_{1q} + u_{1f}$$
$$i_1 = i_{1q} + i_{1f}$$
$$u_{1q} = Z_1 i_{1q}$$
$$u_{1f} = -Z_1 i_{1f}$$

对线路 Z_2

$$u_2 = u_{2q} + 0$$
$$i_2 = i_{2q} + 0$$
$$u_{2q} = Z_2 i_{2q}$$

在结点 A 处只能有一个电压、一个电流值，即 $u_1 = u_2$、$i_1 = i_2$，于是

$$\left.\begin{aligned} u_{1q} + u_{1f} &= u_{2q} \\ i_{1q} + i_{1f} &= i_{2q} \end{aligned}\right\} \tag{6-5}$$

解式（6-5）可得

$$\left.\begin{aligned} u_{2q} &= \frac{2Z_2}{Z_1 + Z_2} u_{1q} = \alpha u_{1q} \\ u_{1f} &= \frac{Z_2 - Z_1}{Z_1 + Z_2} u_{1q} = \beta u_{1q} \end{aligned}\right\} \tag{6-6}$$

式中 α——线路 Z_2 上的折射电压与入射电压之比值，称为折射系数，$\alpha = \frac{2Z_2}{Z_1 + Z_2}$；

β——线路 Z_1 上的反射电压与入射电压之比值，称为反射系数，$\beta = \frac{Z_2 - Z_1}{Z_1 + Z_2}$。

二、α、β 的范围及物理意义

（1）$Z_1 > Z_2$ 时，$\alpha < 1$，$\beta < 0$，即 $u_{2q} < u_{1q}$，$u_{1f} < 0$，为负反射，如图 6-6 所示。折射波与反射波由此可知，入射电压 u_{1q} 在 A 点产生负反射波 $-u_{1f}$，将沿 Z_1 反向运动，与叠加范围内，部分电场能量转变为磁场能量，使 Z_1 上电压 u_1 下降、i_1 增大。

（2）$Z_1 < Z_2$ 时，$\alpha > 1$，$\beta > 0$，即 $u_{2q} > u_{1q}$，$u_{1f} > 0$，为正反射。折射波与反射波的变化情况，如图 6-7 所示。

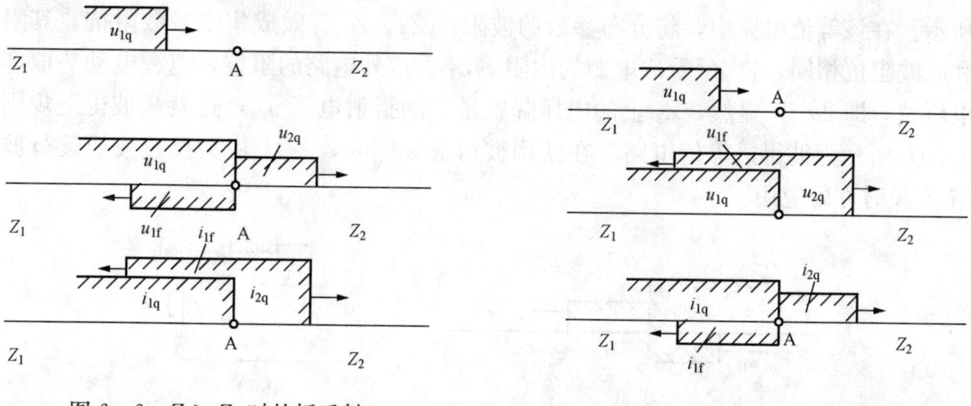

图 6-6 $Z_1 > Z_2$ 时的折反射

图 6-7 $Z_1 < Z_2$ 时的折反射

由此可知，入射电压波 u_{1q} 在 A 点产生正反射波 u_{1f}，将沿 Z_1 反向运动，与 u_{1q} 叠加范围内，部分磁场能量转变为电场能量，使 Z_1 上电压 u_1 增大、i_1 减小。

（3）$Z_2=\infty$时（末端开路），$\alpha=2$，$\beta=1$，即$u_{2q}=2u_{1q}$，为正全反射。折射波与反射波的变化情况，如图6-8所示。

由此可知，当入射电压波u_{1q}到达开路的末端时，产生电压波的正全反射，使开路的末端电压升高一倍、电流为零。即行波到达开路的末端时，全部磁场能量转变为电场能量，使电压升高一倍。

（4）$Z_2=0$时（末端短路），$\alpha=0$，$\beta=1$，即$u_{2q}=0$，$u_{1f}=-u_{1q}$，为负全反射。折射波与反射波的变化情况，如图6-9所示。

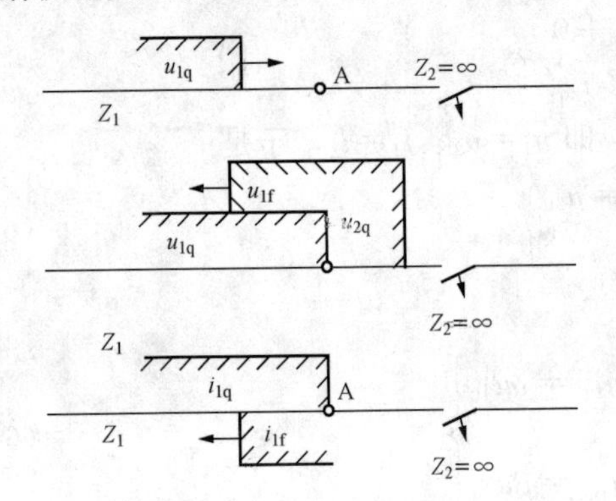

图6-8　末端开路时的折射与反射

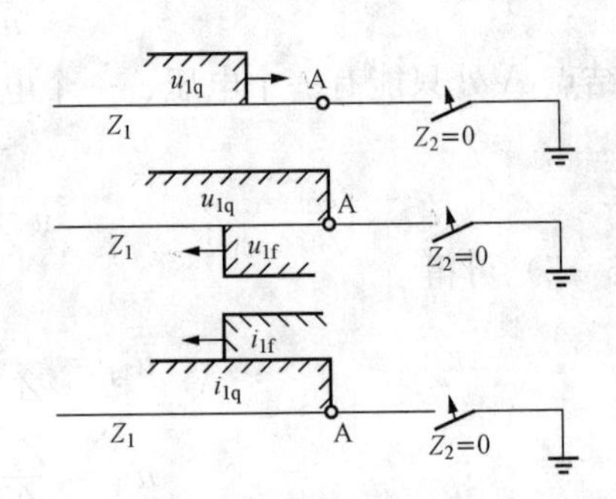

图6-9　末端短路时的折射与反射

由上可知，当入射电压波u_{1q}到达短路的末端时，产生负全反射，使短路的末端电压为零，电流升高一倍。即行波到达短路的末端时，全部电场能量转变为磁场能量，使电流升高一倍。

由以上分析可知，折射系数永为正值，在$0\leqslant\alpha\leqslant2$范围内；而反射系数值可正可负，在$-1\leqslant\beta\leqslant1$范围内，$\alpha$与$\beta$之间的关系是$1+\beta=\alpha$。

三、彼得逊规则及应用

如图6-10（a）所示，在分布参数电路中，应用一般的计算方法不能确定Z_2上的折射电压u_{2q}。式（6-6）可改写为$u_{2q}=\dfrac{2u_{1q}}{Z_1+Z_2}Z_2$，根据此式可作出它的等值电路，如图6-10（b）所示。在该等值电路中，将分布参数的波阻抗Z_1、Z_2等效成集中参数阻抗，其阻值与单位和原波阻抗相同，将Z_1看成电源的内阻，Z_2看成外电路的阻抗，电源电动势取2倍的入射电压波，即$2u_{1q}$，显然，Z_2上的电压降就是它的折射电压u_{2q}，这就是彼得逊规则。图6-10（b）所示为彼得逊等值电路。在使用彼得逊规则时，Z_2上应无反行波或反行波尚未到达结点A时方可应用。

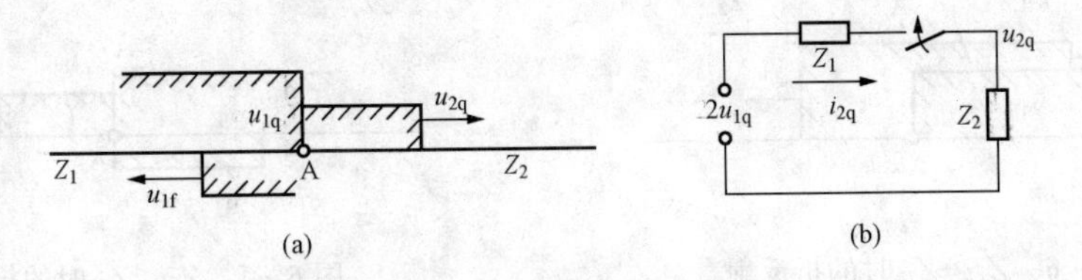

图6-10　彼得逊等值电路

（a）原理接线图；（b）等值电路

【例6-3】 某变电站的母线上有 n 条出线，其波阻抗相等并均为 Z，如其中某一线路遭受雷击，有一幅值为 U_0 的雷电波沿该线路向变电站入侵，如图6-11（a）所示。试确定母线上其他线路上的过电压。

解 根据彼得逊规则，作出等值电路，如图6-11（b）所示。母线其他各线路过电压幅值为

$$U_{2q}=\frac{2U_0}{Z+\dfrac{Z}{n-1}}\frac{Z}{n-1}=\frac{2}{n}U_0$$

电压折射系数 $\alpha=\dfrac{2}{n}$，由此可知，连接在母线上的线路条数愈多，则母线上的电压就愈低。

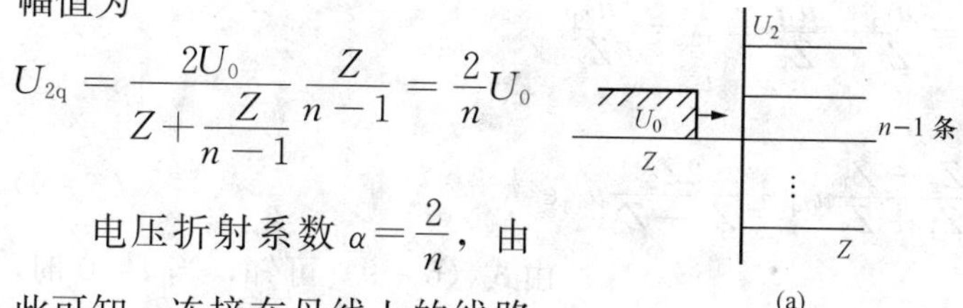

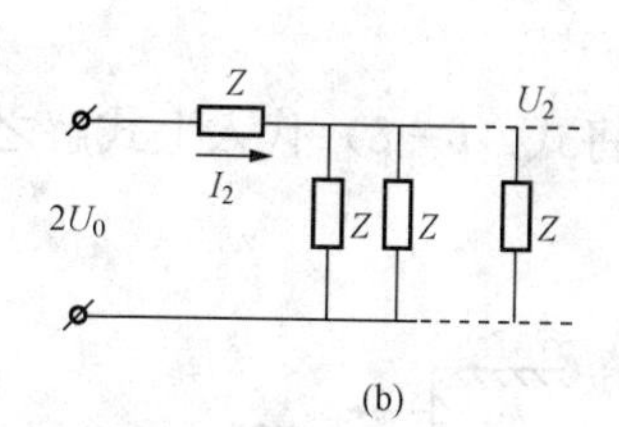

(a) (b)

图6-11 行波侵入变电所的等值电路

（a）原理接线图；（b）等值电路

§6.3 行波通过串联电感和并联电容

在实际的线路中，常会有集中的电感（如电流互感器、电抗器等）和电容（电容器和变电所的母线）。这些电气设备虽非为防雷设置的，但在雷电过电压下却起到防雷保护作用。为保护设备的匝间绝缘，也往往要使沿线路传来的行波，在侵入发电厂、变电站前，通过串联电感或并联电容，以改变波头的形状，降低其陡度。

一、直角波通过有串联电感的线路

一无穷长直波通过具有波阻抗 Z_1 且串联电感 L 的导线，传播到具有波阻抗 Z_2 的导线时，如图6-12（a）所示。设 Z_2 中反行波未到达结点，其等值电路如图6-12（b）所示。应用彼得逊规则，可得

$$2U_{1q}=i_{2q}(Z_1+Z_2)+L\frac{\mathrm{d}i_{2q}}{\mathrm{d}t}$$

解此方程得

$$i_{2q}=\frac{2u_{1q}}{Z_1+Z_2}(1-\mathrm{e}^{-\frac{t}{T}}) \tag{6-7}$$

$$u_{2q}=i_{2q}Z_2=\frac{2Z_2}{Z_1+Z_2}u_{1q}(1-\mathrm{e}^{-\frac{t}{T}})$$

$$=\alpha u_{1q}(1-\mathrm{e}^{-\frac{t}{T}}) \tag{6-8}$$

其中

$$T=\frac{L}{Z_1+Z_2},\ \alpha=\frac{2Z_2}{Z_1+Z_2}$$

式中 T——该电路的时间常数；

α——电压折射系数。

从式（6-7）、式（6-8）可知，Z_2 上的前行电压波和前行电流波都是由两部分组成，前一部分为与时间无关的强制分量；后一部分是随时间而衰减的自由分量，其衰减速度由电路的时间常数 T 决定。折射电压 u_{2q} 从零随时间按指数规律增长，如图6-12（b）所示。当 $t=0$ 时，$u_{2q}=0$；当 $t=\infty$ 时，$u_{2q}=\alpha u_{1q}$。可见无穷长直角波穿过电感时，由于电感 L 的作

用，降低了u_{2q}的上升速度。L愈大，u_{2q}上升速度愈低，其波头也就愈平缓。而电压和电流的稳态值与未经串联电感时一样。

以下再分析Z_1上反射波的情况，由图6-12（a）可知，Z_1中电流i_1与Z_2中电流i_{2q}相等，即

$$i_1 = \frac{u_{1q}}{Z_1} - \frac{u_{1f}}{Z_1} = i_{2q} = \frac{u_{2q}}{Z_2}$$

将式（6-8）代入上式解之得

$$u_{1f} = \frac{Z_2 - Z_1}{Z_1 + Z_2} u_{1q} + \frac{2Z_2}{Z_1 + Z_2} u_{1q} e^{-\frac{t}{T}} \tag{6-9}$$

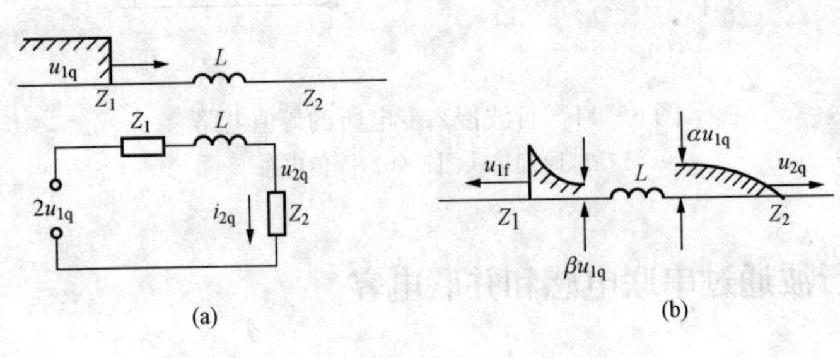

图6-12 直角波通过串联电感
（a）接线图及等值电路；（b）折射波与反射波

由式（6-9）可知，当$t=0$时，$u_{1f}=u_{1q}$，这是由于电感中电流不能突变，行波到达电感的瞬间相当于开路，产生正全反射，此时全部磁场能量转变为电场能量，使电压升高一倍，随后将按指数规律下降，如图6-12（b）所示。当$t=\infty$时，$u_{1f}=\beta u_{1q}$，电感L的存在对反射波已不起作用。

折射电压u_{2q}的陡度可由式（6-8）求得，则

$$\frac{du_{2q}}{dt} = \frac{2u_{1q}Z_2}{L} e^{-\frac{t}{T}} \tag{6-10}$$

当$t=0$时，陡度最大，其值为

$$\left.\frac{du_{2q}}{dt}\right|_m = \frac{2u_{1q}Z_2}{L} \tag{6-11}$$

最大空间陡度为

$$\left.\frac{du_{2q}}{dx}\right|_m = \left.\frac{du_{2q}}{dt}\right|_m \frac{dt}{dx} = \frac{2u_{1q}Z_2}{Lv} \tag{6-12}$$

由式（6-11）、式（6-12）可知，u_{2q}的陡度与Z_1无关，它仅决定于Z_2和L_0当电感L愈大时，则波头被拉的愈长，其陡度就愈低，即波头愈平缓，因此L在防雷保护中具有重要作用。但制造大型的电感比较困难，且经济性差，所以实际上很少采用串联电感的方法。

二、直角波通过有并联电容的线路

一无穷长直角波u_{1q}投射于有并联电容的线路时，如图6-13（a）所示。设Z_2中的反射波尚未到达结点A，应用彼得逊规则，其等值电路如图6-13（b）所示。由此可得

$$2u_{1q} = i_1 Z_1 + i_{2q} Z_2$$

$$i_1 = i_{2q} + C\frac{du_{2q}}{dt} = i_{2q} + CZ_2\frac{du_{2q}}{dt}$$

解上两式得

$$i_{2q} = \frac{2u_{2q}}{Z_1 + Z_2}(1 - e^{-\frac{t}{T}}) \tag{6-13}$$

$$u_{2q} = \frac{2Z_2}{Z_1 + Z_2} u_{1q}(1 - e^{-\frac{t}{T}}) = \alpha u_{1q}(1 - e^{-\frac{t}{T}}) \tag{6-14}$$

其中
$$T=\frac{Z_1Z_2}{Z_1+Z_2}C,\ \alpha=\frac{2Z_2}{Z_1+Z_2}$$

式中　T——该电路的时间常数；

　　α——电压折射系数。

由式（6 - 13）与式（6 - 14）可知，折射电压 u_{2q} 和折射电流 i_{2q} 都是从零开始，此后随时间常数 T 按指数规律增长，逐渐达到稳态值，如图 6 - 13（c）所示。当 $t=0$ 时，$u_{2q}=0$；当 $t=\infty$ 时，$u_{2q}=\alpha u_{1q}$。这表明并联电容 C 和串联电感 L 有相同的作用。

在 Z_1 上的反射电压 u_{1f} 的计算式为

$$u_1=u_{1q}+u_{1f}=u_{2q}$$

$$u_{1f}=u_{2q}-u_{1q}=\frac{Z_2-Z_1}{Z_1+Z_2}u_{1q}-\frac{2Z_2}{Z_1+Z_2}e^{-\frac{t}{T}} \quad (6-15)$$

$$i_{1f}=-\frac{u_{1f}}{Z_1}=-\frac{Z_2-Z_1}{Z_1+Z_2}\frac{u_{1q}}{Z_1}+\frac{2Z_2}{Z_1+Z_2}\frac{u_{1q}}{Z_1}e^{-\frac{t}{T}} \quad (6-16)$$

当 $t=0$ 时，$u_{1f}=-u_{1q}$，$i_{1f}=i_{1q}$，$t=\infty$ 时，$u_{1f}=\beta u_{1q}$，$i_{1f}=-u_{1f}/Z_1$。这是由于电容上的电压不能突变，行波到达结点瞬间全部电场能量转变为磁场能量，相当于线路末端接地时的反射，随后根据时间常数 T 按指数规律变化。达到稳态（$t=\infty$）时，电容 C 的存在对反射已不起作用，反射波的变化情况如图 6 - 13（c）所示。

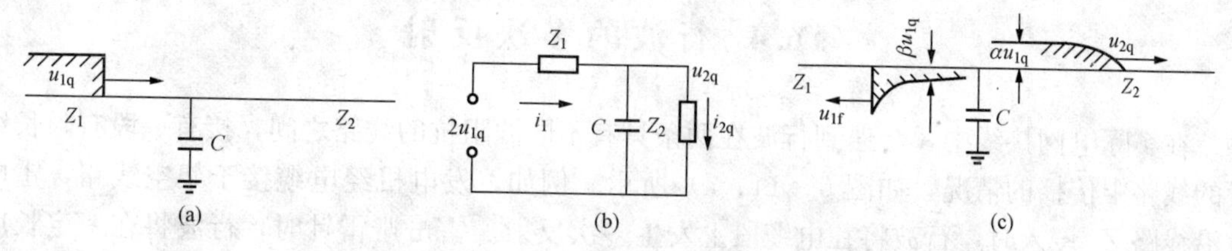

图 6 - 13　直角波从并联电容旁经过

（a）接线图；（b）等值电路；（c）折射波与反射波

折射电压 u_{2q} 的最大计算陡度（kV/s）可由式（6 - 14）来求得

$$\left.\frac{du_{2q}}{dt}\right|_m=\frac{2u_{1q}}{Z_1C} \quad (6-17)$$

最大空间陡度为

$$\left.\frac{du_{2q}}{dx}\right|_m=\left.\frac{du_{2q}}{dt}\right|_m\frac{dt}{dx}=\frac{2u_{1q}}{Z_1Cv} \quad (6-18)$$

由式（6 - 17）与式（6 - 18）可知，折射电压波 u_{2q} 的陡度取决于电容 C 和 Z_1，而与 Z_2 无关。

综合以上分析可知，串联电感 L 和并联电容 C 都起到拉长波头、降低其陡度的作用，使波头变得平缓，在防雷保护中可用来保护设备的纵绝缘。由于并联电容的办法切实可行，且经济性又好，所以通常采用并联电容的办法。

【例 6 - 4】 假设发电机的波阻抗为 $Z_2=800\Omega$，连接在发电机前面的电缆波阻抗 $Z_1=50\Omega$，行波在电机绕组上传播速度为 6×10^7m/s，匝间耐压为 600V，绕组每匝长 3m。若沿电缆有 $u_{1q}=100$kV 无穷长直角波入侵，试求保护发电机匝间绝缘需要串联的电感 L 或并联电容 C 的数值。

解　发电机绕组允许入射波的最大空间陡度为

$$\left.\frac{\mathrm{d}u_{2q}}{\mathrm{d}x}\right|_{m}=\frac{0.6}{3}=0.2(\mathrm{kV/m})$$

当采用串联电感时

$$L=\frac{2u_{1q}Z_2}{v\left(\left.\frac{\mathrm{d}u_{2q}}{\mathrm{d}x}\right|_{m}\right)}=\frac{2\times100\times800}{6\times10^{7}\times0.2}$$

$$=13.3\times10^{-3}(\mathrm{H})=13.3(\mathrm{mH})$$

若采用并联电容时

$$C=\frac{2u_{1q}}{vZ_1\left(\left.\frac{\mathrm{d}u_{2q}}{\mathrm{d}x}\right|_{m}\right)}=\frac{2\times100}{6\times10^{7}\times50\times0.2}$$

$$=13.3\times10^{-6}(\mathrm{F})=0.33(\mu\mathrm{F})$$

由以上计算可知，采用 $0.33\mu\mathrm{F}$ 的电容 C 和 13.3mH 的电感 L，都可将绕组上电压陡度限制在 0.2kV/m 以内。由于被保护设备的阻抗一般都比较大，为使入侵波陡度降低到被保护设备的允许值，需要制造体积较大的电感 L，对于制造、运行等带来一系列困难，且很不经济。因此，实际中通常采用体积小且经济性好的并联电容。

§6.4　行波的多次反射

在实际电网接线中，会遇到行波在两条具有不同波阻抗的线路之间，接有一段有限长线段的线路中传播的情况，如图 6-14（a）所示。例如，发电机经电缆接于架空线路，雷电波沿线路 Z_1 侵入时，行波将在电缆段上发生多次反射。雷击避雷针时，行波将在一定长度的避雷针上发生多次反射。

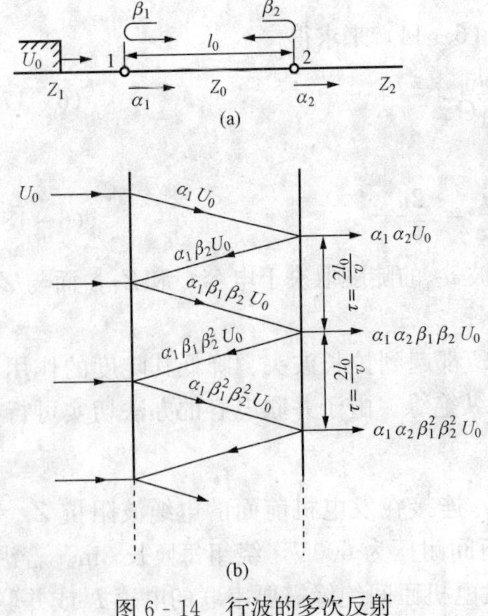

图 6-14　行波的多次反射
（a）接线图；（b）行波网格图

若波阻抗为 Z_0，长度为 l_0 的有限长线段连接于波阻抗 Z_1 与 Z_2 的线路之间，假定线路 Z_1、Z_2 是无限长，有一无穷长直角波 U_0 自线路 Z_1 向 Z_0 侵入，则行波在两线路与 Z_0 的结点 1、2 间将会发生多次反射，如图 6-14（a）所示。行波由 1 向 2 方向运动时，设结点 1 的折射系数为 α_1，结点 2 的折射系数为 α_2、反射系数 β_2；当反射波由 2 向 1 方向运动时，在结点 1 的反射系数为 β_1，则

$$\alpha_1=\frac{2Z_0}{Z_1+Z_0},\quad \alpha_2=\frac{2Z_2}{Z_0+Z_2}$$

$$\beta_1=\frac{Z_1-Z_0}{Z_1+Z_0},\quad \beta_2=\frac{Z_2-Z_0}{Z_2+Z_0}$$

当入射波 U_0 自线路 Z_1，传播到达结点 1，在结点 1 发生折射与反射，折射波 $\alpha_1 U_0$ 在线段 Z_0 上传播，经过 $\frac{l_0}{v}$ 时间到达结点 2，在结点 2 再次发生折射与反射。此时折射波 $\alpha_1\alpha_2 U_0$ 自结点 2

沿线路 Z_2 继续前行，反射波 $\alpha_1\beta_2U_0$ 自结点 2 返回向 1 点运动，经 $\frac{l_0}{v}$ 时间复返达结点 1，在结点 1 还要发生折射与反射。此时反射波 $\alpha_1\beta_1\beta_2U_0$ 又在线段 Z_0 上传播，经 $\frac{l_0}{v}$ 时间又到达结点 2，……，以此类推，上述波过程可以用图 6-14（b）所示的行波网格图表示。

在分析中，假设 Z_2 上无反行波，则在 Z_2 上的前行波为结点 2 所有折射波之和，每次折射波出现的时间相差 $\tau=\frac{2l_0}{v}$。经过 t 时间在结点 2 已有 n 次反射，若以行波到达结点 2 的时间为起点，则在 t 时间内线路 Z_2 上的前行波 u_{2q}（t）为

$$u_{2q}(t)=U_0\alpha_1\alpha_2(t)+U_0\alpha_1\alpha_2\beta_1\beta_2(t-\tau)+U_0\alpha_1\alpha_2\beta_1^2\beta_2^2(t-2\tau)+\cdots+U_0\alpha_1\alpha_2\beta_1^k\beta_2^k(t-k\tau)+\cdots+U_0\alpha_1\alpha_2\beta_1^{n-1}\beta_2^{n-1}[t-(n-1)\tau] \quad (6-19)$$

式中 $U_0\alpha_1\alpha_2\beta_1^k\beta_2^k(t-k\tau)$ ——时间滞后 $k\tau$ 才出现的折射波。

经过 n 次反射，当 $n=\infty$ 时，$u_{2q}(t)$ 的幅值 $u_{2q}\big|_{n\to\infty}$ 为

$$u_{2q}\Big|_{n\to\infty}=U_0\alpha_1\alpha_2\frac{1}{1-\beta_1\beta_2} \quad (6-20)$$

式（6-20）表明，当 $n\to\infty$ 后，线段 Z_0 已不再起作用，即线段 Z_0 对线路 Z_2 上的前行电压波 u_{2q} 的最终幅值没有影响，但线段 Z_0 与 Z_1、Z_2 的相对值对 u_{2q} 的波形却有影响。

当 $Z_1>Z_0<Z_2$ 时，β_1 与 β_2 同号，Z_2 上前行电压 u_{2q} 的波形如图 6-15 所示。可见线段 Z_0 的存在，降低了 Z_2 上折射电压 u_{2q} 的陡度，可以近似认为，u_{2q} 的最大陡度等于第一个折射电压 $\alpha_1\alpha_2U_0$ 除以时间 $\frac{2l_0}{v}$，即

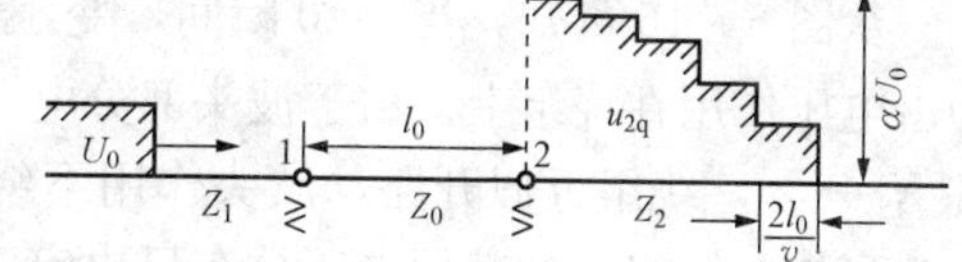

图 6-15 $Z_1>Z_0<Z_2$（$Z_1<Z_0>Z_2$）时 u_{2q} 的波形

$$\frac{du_{2q}}{dt}\Big|_m=U_0\frac{2Z_0}{Z_1+Z_0}\frac{2Z_2}{Z_0+Z_2}\frac{v}{2l_0}$$

若 $Z_0\ll Z_1$，$Z_0\ll Z_2$，则

$$\frac{du_{2q}}{dt}\Big|_m=\frac{2U_0}{Z_1}Z_0\frac{v}{l_0}=\frac{2U_0}{Z_1C}$$

式中 C——线段 Z_0 的对地电容。

此式表明线段 Z_0 的作用，相当于在线路 Z_1 与 Z_2 的结点上并联一电容，其电容量恰为线段 Z_0 的对地电容值。

若 $Z_0\gg Z_1$，$Z_0\gg Z_2$，则

$$\frac{du_{2q}}{dt}\Big|_m=\frac{2U_0}{Z_0}Z_2\frac{v}{l_0}=\frac{2U_0Z_2}{L_0}$$

式中 L_0——线段 Z_0 的电感值。

此式表明线段 Z_0 的作用，相当于在线路 Z_1 与 Z_2 之间串联一电感 L_0，其电感量恰为线段 Z_0 的电感值。

若 $Z_1<Z_0>Z_2$，β_1 与 β_2 同号，u_{2q} 的波形与图 6-15 相同。

若 $Z_1>Z_0>Z_2$ 或 $Z_1<Z_0<Z_2$，β_1 与 β_2 异号，u_{2q} 的波形为一振荡波，当 $n\to\infty$ 时，u_{2q}

的幅值为$\frac{2Z_2}{Z_1+Z_2}U_0$，此式表明线段 Z_0 不再起作用。

§6.5　变压器绕组中的波过程

电力变压器在运行中常会受到雷电冲击电压的侵袭，这时在绕组内便发生波过程。由于变压器结构上的复杂性和特殊性，其波过程是一个极其复杂的电磁振荡过程，使绕组各点对地绝缘、匝间绝缘上出现过电压。为决定变压器的绝缘结构；分析其内部所采取的限制过电压措施；研究变压器过电压及其保护的一些问题，需要了解波在变压器绕组内的振荡过程和一些基本规律。

一、单相变压器绕组的等值电路

为简化分析，对等值电路做了大量简化。单相变压器绕组的简化等值电路，如图 6 - 16 所示。图中，$K_0/\mathrm{d}x$ 为绕组单位纵向高度间的电容，称为互部分电容；$C_0\mathrm{d}x$ 为绕组单位长度对地电容，称为自部分电容；$L_0\mathrm{d}x$ 为绕组单位长度电感。

二、单相变压器绕组中的波过程

1. 起始电压分布

从图 6 - 16 可知，当 $t=0$ 瞬间，变压器绕组突然合闸于直流电压 U_0，此时相当于雷电冲击电压作用在绕组上。由于波头部分电压上升速度快，其等值频率比工频高得多，绕组感抗 $X_L\to\infty$，绕组近似开路，波头作用下绕组的等值电路仅有 K_0 和 C_0，如图 6 - 17 所示。由此可知，绕组上的起始电压分布只决定于绕组的 K_0 和 C_0，不论绕组中性点是否接地。根据图 6 - 17 的等值电路可以导出，起始电压 $u_{(i)}$ 沿绕组各点的分布表达式为

$$u_{(i)}(x)=U_0\mathrm{e}^{-\alpha x} \tag{6 - 21}$$

其中

$$\alpha=\sqrt{\frac{C_0}{K_0}}$$

式中　x——绕组某点离首端的长度，绕组首端 $x=0$，绕组末端（中性点）$x=l$；

αl——绕组冲击特性系数。

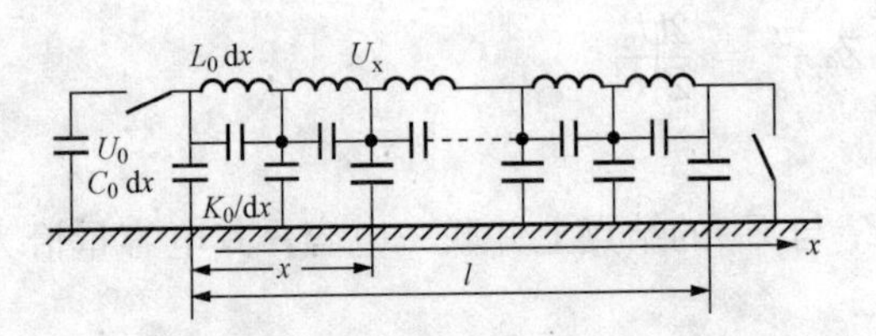

图 6 - 16　单相变压器绕组的简化等值电路

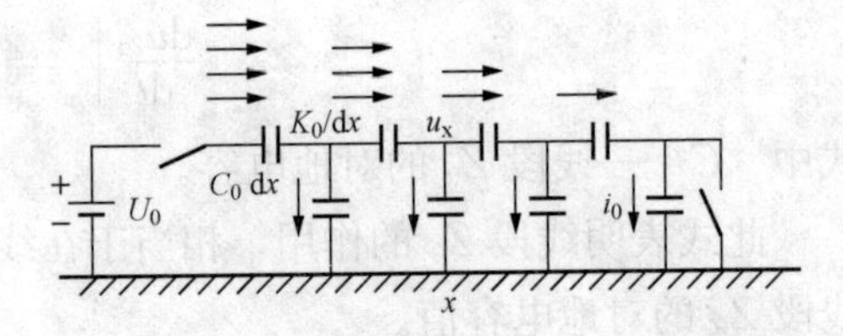

图 6 - 17　决定起始电压分布的等值电路

起始电压分布情况如图 6 - 18 所示，由图 6 - 18 可见，起始电压分布是不均匀的，其不均匀程度与 α 有很大关系，α 愈大，即 C_0 愈大，起始电压分布就愈不均匀。当 C_0 愈大时，由于它的分流作用，将使通过 K_0 的电流，沿绕组高度不同线段中的差别也就愈大，因而起始电压分布愈不均匀。靠绕组首端附近 K_0 中电流最大，大部分电压降在绕组首端附近，使绕组首端的电位梯度达最大值，由式（6 - 21）可得，其值为

$$\left.\frac{\mathrm{d}u_{(i)}}{\mathrm{d}x}\right|_{\mathrm{m}}=\left.\frac{\mathrm{d}u_{(i)}}{\mathrm{d}x}\right|_{x=0}=U_0\alpha=\frac{U_0}{l}\alpha l \tag{6 - 22}$$

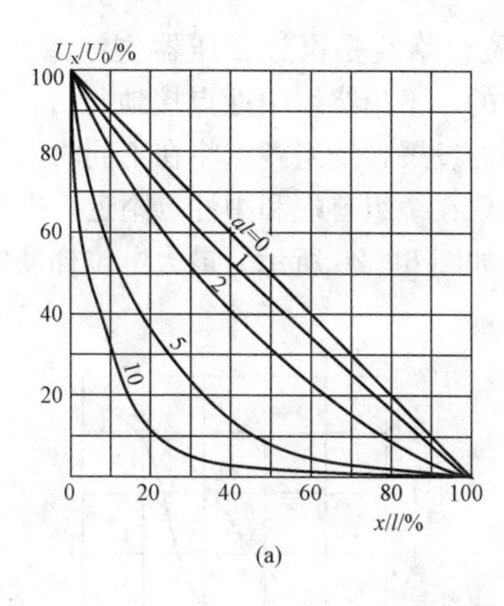

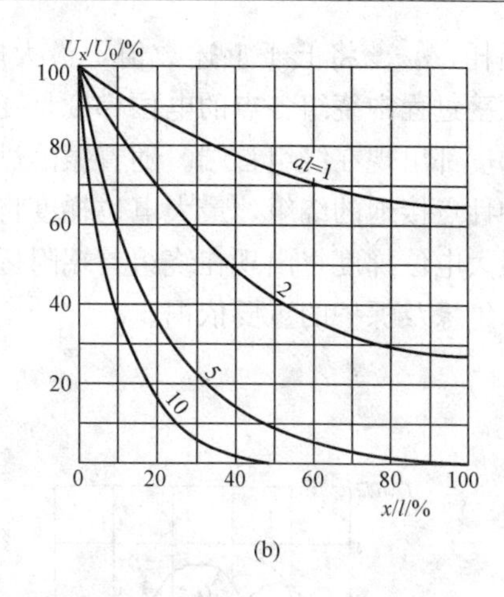

图 6-18 沿变压器绕组起始电压分布

(a) 中性点接地时；(b) 中性点绝缘时

式（6-22）表明，在 $t=0$ 瞬间，振荡过程的起始阶段，绕组首端的电位梯度为平均电位梯度（U_0/l）的 αl 倍。αl 是表征冲击电压作用下起始电压分布特性的系数，αl 愈小，即 α 愈小，说明绕组的冲击特性愈好，起始电压分布愈均匀。一般变压器的 αl 为 5～15。由此可知，除需加强绕组首端的匝间绝缘（即纵绝缘）外，还应采取保护措施。

由图 6-17 可知，$t=0$ 瞬间，变压器绕组的等值电路是由 K_0 与 C_0 组成的电容链。若从绕组首端看进去，电容链可用一个等值的集中电容 C_{Ti} 代替，C_{Ti} 称为变压器的入口电容。它等于绕组全部对地电容 C_0l、纵向电容 K_0l 的几何平均值，即 $C_{\mathrm{Ti}}=\sqrt{C_0l\cdot K_0l}$。

2. 稳态电压分布

当 $t\to\infty$ 时，绕组内振荡过程结束，稳态下 K_0、C_0 均为开路，稳态电压分布由绕组的电阻所决定，它与绕组中性点是否接地有关。当绕组中性点不接地时，绕组各点对地电位均与首端相等，如图 6-19 中 1 所示。当绕组中性点接地时，由于绕组电阻是均匀的，所以，稳态电压 u_{f} 自绕组首端（$x=0$）至绕组中性点（$x=l$）均匀下降，如图 6-19 中 2 所示。由图 6-19 可看出，稳态电压分布与 $\alpha=0$ 时起始电压分布是相同的。

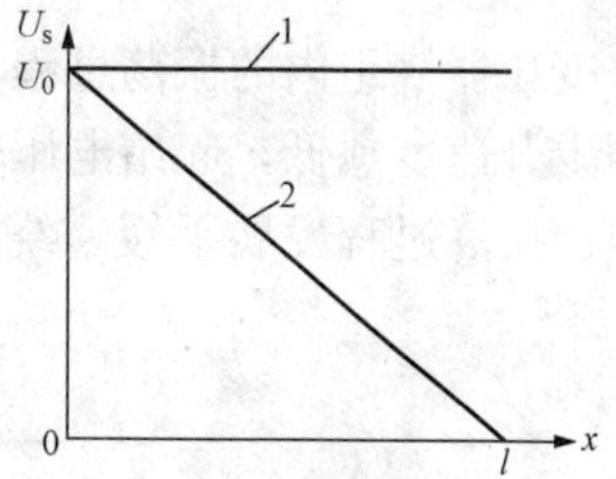

图 6-19 沿变压器绕组稳态电压分布

1—中性点接地时；2—中性点绝缘时

3. 过渡过程中绕组各点对地最大电压的包络线

由于沿绕组分布的起始电压 $u_{(i)}$ 和稳态电压 u_{s} 不相同，因此从起始分布到稳态分布必然有一个过渡过程。因为绕组电感和电容的作用，其过渡过程具有振荡性质。在振荡过程中各个时刻、绕组各点对地电压的分布是不相同的，如图 6-20 所示。

由图 6-20 可知，绕组从首端（$x=0$）至中性点（$x=l$），不同的振荡时刻（t_1、t_2、t_3、…）绕组各点对地电位是不同的，且振荡过程中绕组各点对地最大电位出现的时间也不同。在 t_1、t_2、t_3、…及 $t=\infty$ 各个不同时刻，用曲线将振荡过程中绕组各点出现的对地最大电位连接起来，即为最大电位包络线，如图 6-20 中曲线 1 所示。中性点接地的绕组中，最大电位将出现在绕组首端附近，其振荡电压幅值 $u_{\mathrm{osc,m}}$ 可达（1.2～1.4)U_0；中性点不接地绕组中，最大电位出现在中性点附近，其振荡电压幅值 $u_{\mathrm{osc,m}}$ 可达（1.8～2.0)U_0。实际上由于绕组内的损耗，$u_{osc,m}$将低于上述数值，最大电位包络线是设计变压器主绝缘的主要依据。此外，在振荡过程中绕组各点的电位梯度是变化的，不论绕组中性点接地与否，当 $t=0$ 时，最大电位梯度都出现在绕组首端。随着振荡过程的发展，绕组各点将在不同时刻出现最大电位梯度。中性点接地的绕组，最大电位梯度将出现在绕组首端和中性点附近；中性点不接地的绕组，最大电位梯度将出现在绕组首端附近，如图 6-20 所示。最大电位梯度是设计变压器绕组的纵绝缘及保护的重要依据。

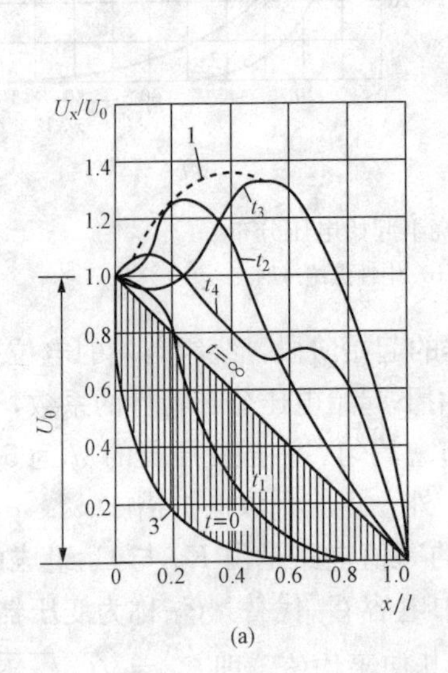

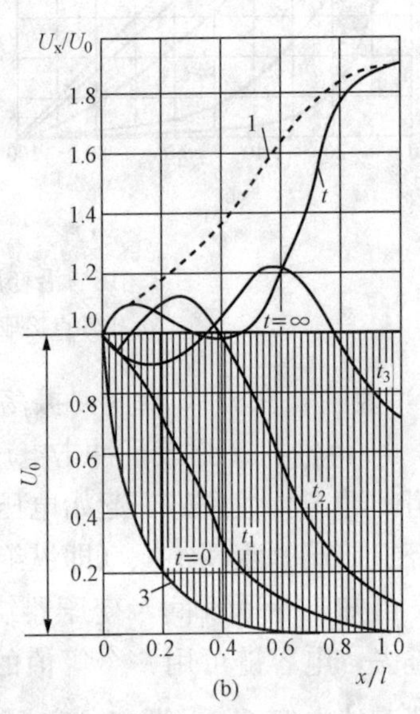

图 6-20 振荡中各个时刻电压分布

（a）中性点接地；（b）中性点不接地

1—最大电位包络线（$t_1<t_2<t_3<t_4\cdots<t_\infty$）

变压器绕组内的振荡过程与作用在绕组上冲击电压的波头长度有很大关系。波头愈长、电压上升速度愈低，起始电压分布受绕组电感和电阻分流的影响，将接近于稳态电压分布，绕组内振荡过程发展平缓，绕组各点对地最大电位和最大电位梯度也将有所降低。由此可知，降低作用于变压器绕组冲击电压的波头陡度，是变压器防雷保护的重要措施之一。

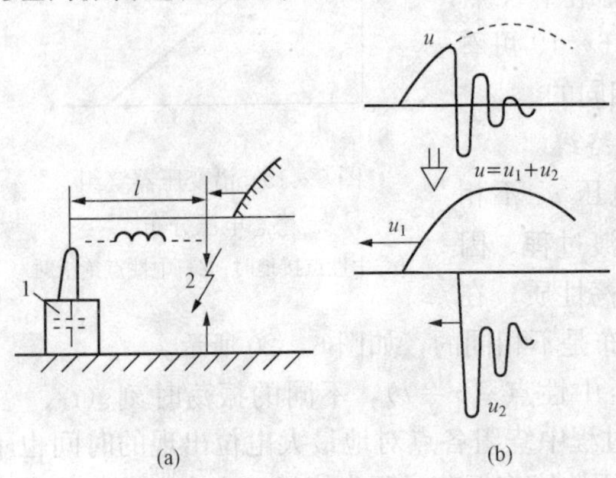

图 6-21 截断波的形成及波形

（a）管型避雷器动作或设备闪络造成截波；

（b）截断波波形

1—变压器 T；2—管型避雷器或闪络点

三、截波作用下绕组上的过电压

在运行中，变压器绕组可能受到截断波的作用，截断波的形成及波形如图 6-21 所示。

由于输电线路遭受雷击，避雷器动作或设备绝缘闪络，此时都可以用保护间隙 2 击穿来表示，使入侵雷电波发生截断。变电站内原已被充电到 u 的变压器入口电容 C_{Ti}，经线段 l 的电感放电形成振荡。此振荡电压波 u 可视为两个分量 u_1 和 u_2 的叠加，u_2 的幅值将接近于 u_1 的两倍且陡度很大，近似于直角波头，绕组中将产生很大的电位梯度，危及绕组的纵绝缘。实测表明，在相同的电压下，截波作用时绕组内的最大电位梯度将比全波作用时为大。

四、变压器的内部保护

为简化变压器的绝缘结构，降低作用在主、纵绝缘上的过电压，不能仅靠接于首端或中性点的避雷器，还必须在变压器内部采取保护措施。如前所述，变压器绕组上发生过电压的根本原因，是由于起始电压分布与稳态电压分布间的差异，引起过渡过程而发生很高的振荡电压。若改善绕组上电压分布，使起始电压分布接近稳态电压分布，则可在振荡过程中降低绕组上出现的最大对地电位和最大电位梯度。

由图 6 - 18 可见，αl 值减小时，起始电压分布接近稳态电压分布；当 $\alpha l=0$ 时，不论变压器中性点接地与否，起始电压分布和稳态电压分布一致，绕组中不发生振荡。由式 $\alpha l=\sqrt{\frac{C_0}{K_0}}l=\sqrt{\frac{C_0 l}{K_0/l}}$ 可知，若减小沿绕组分布的对地电容 C_0 或增大绕组纵向高度的电容 K_0，都可减小 αl 的数值，使起始电压分布接近稳态电压分布。工程上常采用静电补偿和纠结式绕组两种措施。

1. 静电补偿

(1) 电容环。在高压绕组首端加装电容环或采用电容线匝（静电线匝），其原理结构及等值电路如图 6 - 22 所示。电容环是一个开口的金属环，在电气上与绕组首端相连，利用电容环与绕组间电容 C_b 中的电流 i_b 补偿绕组对地电容电流 i_0，使 i_0 不再通过 K_0，这样通过 K_0 的电流就可达到基本相等，使绕组上的起始电压分布较均匀。

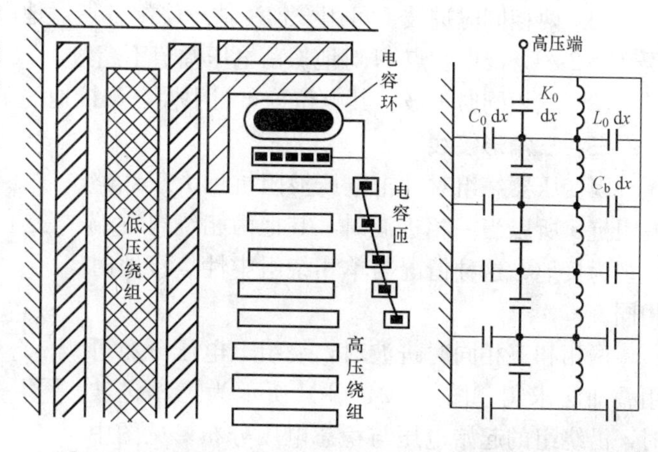

图 6 - 22　电容环和静电线匝的结构示意图及等值电路

(2) 静电线匝。静电线匝是一组开口线圈，外包绝缘层，套在单排线饼外侧，在电气上与绕组首端相连，它的补偿原理与电容环基本相同。在实际应用中，只用部分静电线匝，如 60～154kV 绕组用单排静电线匝 4～6 个，220kV 多采用双排电容环和静电线匝。当远离绕组首端时，静电线匝与相邻线饼间电位差增大，绝缘厚度增大，使变压器绕组总体尺寸增加，且散热困难，因而近年来已被纠结式绕组所代替。

2. 纠结式绕组

220kV 及以上高压大容量变压器绕组，现已普遍采用纠结式绕组，其绕组结构与作用原理见第 4 章§4.3。

§6.6　三相变压器绕组中的波过程

三相变压器绕组中波过程的基本规律与单相绕组相同，根据三相绕组接线方式和进波相数的不同，绕组及中性点的波过程有所不同，现分述如下。

一、星形接线、中性点接地

无论是单相、两相或三相同时进波，都可以看作为三个互相独立绕组，相间无影响，与单相变压器中性点接地时的波过程相同。

二、星形接线、中性点不接地

绕组及中性点波过程与进波相数有关。

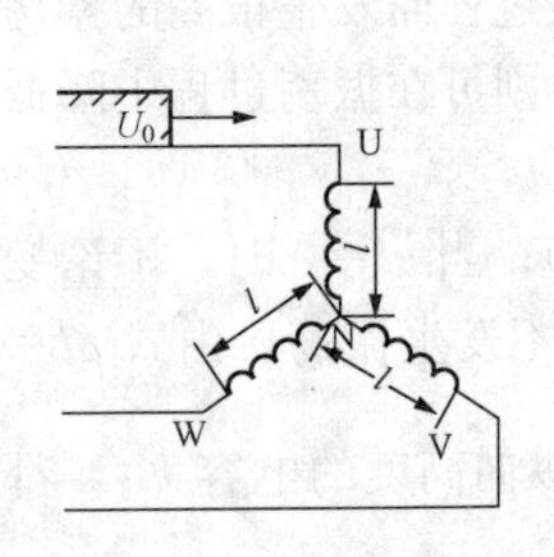

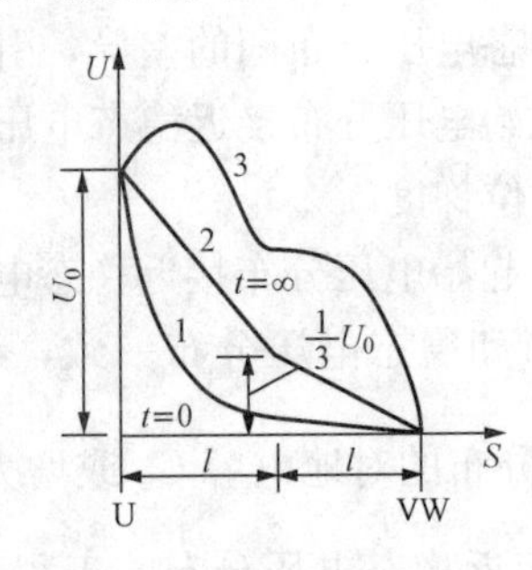

图 6-23　星形接线单相进波时绕组的电压分布

1—起始电压分布；2—稳态电压分布；3—最大电压包络线

（1）单相进波。由于绕组对冲击电压的波阻抗远大于线路波阻抗，所以当一相（设 U 相）进波，其他两相（V、W 相）首端可视为接地，其起始电压分布和稳态电压分布如图 6-23 中曲线 1、2 所示，绕组各点的对地最大电位包络线见曲线 3。中性点 N 的稳态电压为 $1/3U_0$，在振荡过程中，中性点 N 对地振荡电压幅值 $U_{Nosc,m}$ 不超过 $2/3U_0$。绕组对地最大电位靠近绕组首端附近，不超过 $1.2U_0$。

（2）两相同时进波。可用叠加法估计绕组各点对地电位。由于叠加，此时中性点稳态电压升至 $2/3U_0$，中性点 N 对地振荡电压幅值不超过 $4/3U_0$。

（3）三相同时进波。其电位分布与中性点不接地的单相绕组相同。

三、三角形接线

因变压器绕组对冲击电压波阻抗远大于线路波阻抗，所以当一相进波时，其他两相绕组首端可视为接地，这种情况与单相绕组中性点接地时相同。

两相和三相同时进波时，绕组上电压分布可用叠加法求得。图 6-24（b）所示为三相进波时，沿绕组的起始电压与稳态电压分布，见图中的曲线 1 和 2。曲线 3 为绕组各点对地最大电位包络线，绕组中部对地电位最高可达 $2U_0$。

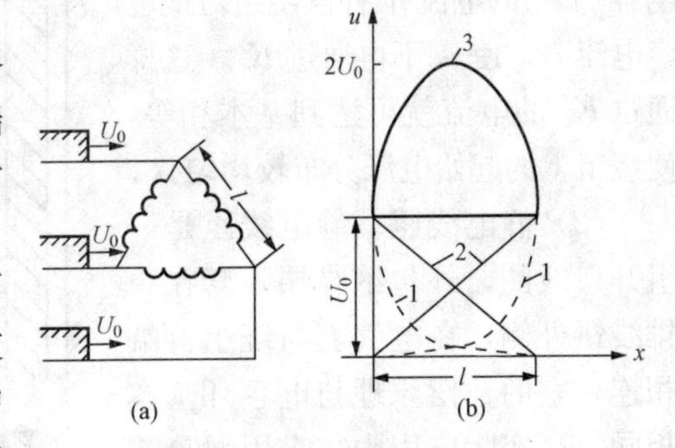

图 6-24　三角形接线三相进波

（a）接线图；（b）三相进波时电压分布

1—起始电压分布；2—稳态电压分布；

3—最大电压包络线

四、绕组间行波的传播

当冲击电压波入侵变压器的高压绕组时，在低压绕组上就会产生过电压，这种情况称为行波的过渡。过渡电压有两个分量：一个是由高、低压绕组间电容决定的过渡电压，称静电感应分量；另一个是绕组间电磁感应所产生的过渡电压，称电磁分量。

过渡电压的电磁分量与变压器的变比有关。对于变压器的低压绕组，其相对的冲击强度（冲击试验电压与额定相电压之比）较高压绕组要大得多，所以凡高压绕组可以承受的过电压，根据变比过渡到低压绕组的电磁分量电压，对低压绕组是没有危险的，不需要保护。

但对于由绕组间电容过渡到低压侧的静电分量则不同，它的大小决定于高、低绕组之间电容 C_{12}、低压绕组对地电容 C_{20} 以及入射波 U_0 的陡度。两个绕组电容耦合的接线和等值电

路如图 6-25 所示，过渡电压的静电分量的计算式为

$$U_{20}=\frac{C_{20}U_0}{C_{12}+C_{20}} \tag{6-23}$$

式（6-23）中的C_{12}、C_{20}分别是高、低压绕组间与低压绕组对地电容。当低压绕组开路时，C_{20}仅是变压器绕组的对地电容，其值很小。在最严重的情况下，$C_{20}\approx 0$ 即 $C_{12}\gg C_{20}$，此时低压绕组对地电压U_{20}将接近于U_0，即高压绕组的全部电压都加在低压绕组上，会使低压绕组绝缘损坏，必须采取保护措施。若低压绕组开路后还接有一段电缆，由于电缆对地电容较大，所以使C_{20}增大，当使得U_{20}值小于低压绕组的冲击试验电压时，低压绕组不需要其他保护措施。

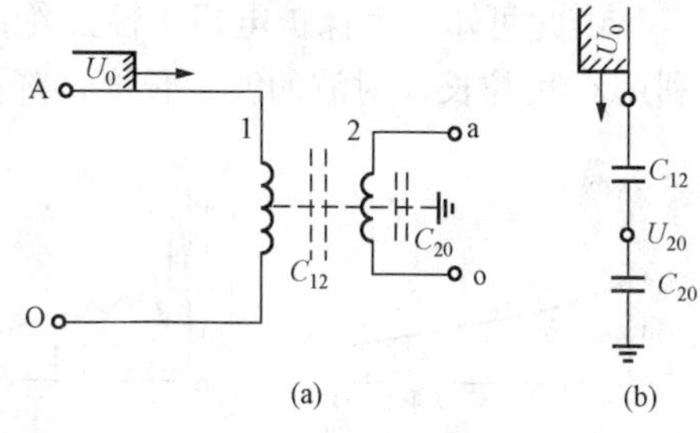

图 6-25　绕组间的静电耦合
（a）接线图；（b）等值电路

§6.7　旋转电机绕组中的波过程

旋转电机主要是同步发电机，若直接与架空线路连接，在架空线路遭受雷击时，行波将沿架空线路向发电机侵入。经母线避雷器（MOA）限制后，沿电机绕组传播的是避雷器残压值，这种情况对电机绝缘危害较大，需要采取相应的保护措施。

发电机的绕组匝数很少，一般大功率、高速电机通常是单匝；小功率、低速电机与高压电机是多匝的。冲击波作用于绕组时，其等值电路也可用与变压器绕组相同的等值电路来表示，其参数也用L_0、C_0、K_0来表示。由于大容量电机绕组多为单匝，其纵向电容K_0很小，同时，入射波又被发电机母线电容C所限制，其波头陡度较低，所以绕组匝间电位梯度较低，其电容电流也就很小。如略去匝间电容的作用，则发电机绕组的等值电路与线路一样，在冲击波作用下，可用与输电线路相同的波阻抗Z来描述其波过程的规律。

发电机绕组分槽内、槽外两部分。槽内绕组对地电容C_{ne}由导线周围的云母及其制品等固体绝缘材料所决定，其介电常数$\varepsilon_r=2.5\sim7.5$，C_{ne}值较大；槽外绕组的对地电容C_w由固体绝缘及空气隙构成的两个电容相串联，C_w值较小，所以$C_{ne}\gg C_w$。绕组单位长度的电感：槽内导线对地高度只是固体绝缘的厚度；而槽外导线对地高度较大，所以$L_{ne}<L_w$。槽内、外的波阻抗Z与波速度v均不同，$Z_{ne}\ll Z_w$、$v_{ne}\ll v_w$。实际上在近似计算时，绕组的波阻抗Z和波速度v采用槽内、槽外的平均值。

入射波陡度α对绕组匝间绝缘影响很大。当陡度为α的斜角波侵入电机绕组时，平均速度为v，绕组一匝的长度为l，则作用在匝间绝缘上的电压为U_1，如图 6-26 所示。其值为

$$U_1=\alpha\frac{l}{v}=\alpha t \tag{6-24}$$

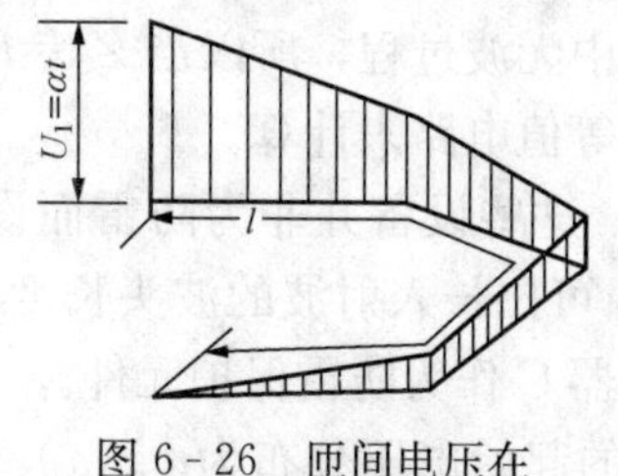

图 6-26　匝间电压在绕组上的分布

由式（6-24）可知，侵入波陡度α愈大，U_1值愈高，为保护匝间绝缘，α应限制在 5kV/μs 以内。

入射波陡度α还会影响到绕组主绝缘上的过电压。如发电机中性点不接地，直角波U_0侵入时，则在中性点上产生正全反射，最大对地电位可达$2U_0$。运行经验证明，当入射波陡度降

低时，中性点的电位也会降低，如图 6-27 所示。

当波头为直角波 U_{01} 时，$U_{N1}\approx1.8U_0$，如图 6-27（a）、（b）所示；当侵入波 U_{02} 波头长度 $T_1\geqslant20\mu s$ 时，$U_{N2}<U_0$，如图 6-27（c）、（d）所示。

由此可知，为保护电机中性点绝缘，除在电机首端装设避雷器外，还应装设电容器 C，利用 C 可拉长入射波的波头长度，降低其陡度。

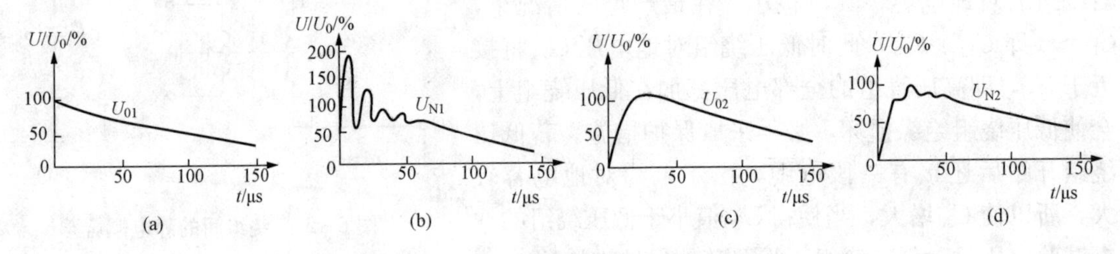

图 6-27 波头陡度对中性点电位的影响

本 章 要 点

（1）如输电线路的三相导线经过充分换位，各参数在导线上均匀分布，略去导线电阻和对地电导有损参数后，雷电波作用下线路的简化等值电路仅由导线电感 L_0 和对地电容 C_0 所决定。雷电波 U_0 自导线首端（$x=0$）向末端传播时，导线各点上电压与电流也是自导线向末端依次建立，即导线各点 $L_0\mathrm{d}x$ 和 $C_0\mathrm{d}x$ 上依次建立磁场和电场的过程。雷电波在传播过程中，导线同一点在不同时刻的电压、电流不相等；同一时刻导线各点的电压、电流也不相等，因此导线各点的电压、电流是时间 t 和距离 x 的两元函数。它的传播规律可用波动方程来表达，导线各点的电压和电流由前行波与反行波叠加而成。

（2）导线分布参数 $L_0\mathrm{d}x$ 和 $C_0\mathrm{d}x$ 对入射波有一定阻抗作用，用波阻抗 Z 表示，对于导线上只有单方向行进的波时，其波阻抗 $Z=\frac{u_q}{i_q}=\sqrt{\frac{L_0}{C_0}}$ 等。行波在分布参数电路中的传播速度 $v=\frac{1}{\sqrt{L_0C_0}}$，波阻抗 Z 和波速度 v 都决定于分布参数 L_0、C_0。由于导线与电缆周围媒介不同，所以其波阻抗和波速度就不同。

（3）两条不同参数的长线相连接的点称为结点，当行波沿某一条长线（Z_1）到达结点时，要发生电磁场能量的重新分配。通过结点到达另一条长线（Z_2）的波称为折射波，没能通过结点而沿原长线返回的波称为反射波。折、反射波的大小决定于折射系数 α 和反射系数 β，α、β 与 Z_1 和 Z_2 有关：当 $Z_1\neq Z_2$ 时，发生部分反射；当 $Z_2=0$ 时，发生负全反射；当 $Z_2=\infty$ 时发生正全反射。若 Z_2 为电阻 R 时，R 消耗能量，其中无波过程，所以当 $Z_2=R$ 时，可消除结点处的反射现象。折射波可利用彼得逊规则和它的等值电路来计算。

（4）电力系统中的某些设备可视为集中的电感 L 和电容 C，这些设备并非为防雷而设置。当行波通过具有串联电感 L 或并联电容 C 的线路时，L 与 C 可拉长入射波的波头长度，降低其陡度，起到防雷保护作用。在很多情况下，就是采用电容器 C 作为防雷保护元件。

（5）幅值为 U_0 的直流电压作用于单相变压器绕组瞬间，它的起始电压分布为 $u_{(i)}(x)=U_0\mathrm{e}^{-\alpha x}$，它在绕组上的分布情况与中性点接地与否无关，而与绕组的冲击特性系数 αl 有密切关系，即 $\alpha l=\sqrt{\frac{C_0}{L_0}}l$；稳态电压分布由绕组电阻 R 决定，由于绕组电阻均匀，所以稳态电压分布也是均匀的。稳态电压分布与中性点工作方式有关：中性点接地时，稳态电压自绕组首端至中性点均匀下降；中性点不接地时，绕组各点对地电压与首端的 U_0 相等。

由起始电压分布过渡到稳态电压分布是一个具有振荡性质的过渡过程，将在绕组上产生幅值很高的振荡电压和电位梯度，危及变压器绕组的主、纵绝缘。中性点接地的变压器，最大对地电位出现在绕组首端附近，幅值高达 $1.4U_0$ 左右，最大电位梯度出现在绕组首端和中性点附近；中性点不接地变压器，最大对地电位出现在中性点附近，幅值高达 $2.0U_0$，最大电位梯度出现在首端附近。由各时刻振荡电压幅值确定的最大电位包络线，是设计变压器主、纵绝缘的主要依据。

(6) 为防止行波损坏变压器绝缘，对容量较大、电压等级较高的变压器内部采取静电补偿或纠结式绕组两种保护措施。静电补偿是利用电容环（或静电线匝）对绕组的电容电流补偿绕组对地电容电流，使通过绕组的电容电流趋于相等，起始电压分布得到改善；纠结式绕组是利用改变线匝间的相对位置，增大 K_0 作用、减小 C_0 的影响，使绕组上起始电压分布得到改善，降低了绕组上的振荡电压幅值和电位梯度。

(7) 三相变压器绕组中的波过程与进波相数和中性点工作方式有关。对星形接线中性点接地的变压器，由于中性点接地，三相绕组互相独立，相间无影响，它的波过程与中性点接地的单相变压器相同。对星形接线中性点不接地的变压器，进波幅值为 U。沿单相绕组侵入时，中性点上稳态电压不超过 $1/3U_0$，最大对地电位不超过 $2/3U_0$；两相同时进波时，应用叠加法求得中性点上稳态电压为 $2/3U_0$，最大对地电位为 $4/3U_0$；三相同时进波时，中性点上稳态电压为 U_0，最大对地电位为 $2U_0$。

三角形连接的三相变压器，最严重的情况下是三相同时进波，三相对地电压幅值达 $2U_0$，这个电压将出现在绕组中间。

(8) 行波由变压器高压绕组过渡到低压绕组时，在低压绕组上出现过电压。过渡电压有两个分量：由绕组间电磁耦合产生的称为电磁分量，对低压绕组绝缘无危害；由绕组间电容决定的称为静电感应分量，最严重的情况下是低压绕组开路，由于低压绕组对地电容 C_{20} 很小，这时低压绕组过电压 U_{20} 将接近 U_0，对低压侧绝缘危害很大，需采取保护措施。

(9) 旋转电机绕组上的波过程与长线基本相同，入射波陡度 α 对绕组匝间电压和中性点上的过电压影响很大。为降低匝间与中性点上过电压，除在母线装设避雷器限制入射波的幅值外，还应在母线上装设电容器 C 降低入射波的陡度，将其陡度 α 限制在 5kV/μs（或 $T_1\geqslant$ 20μs）范围内，绕组及中性点对地电压就不会超过进波幅值 U_0。

思 考 与 练 习

6-1 何谓分布参数电路的波动过程？有何物理意义？

6-2 行波在长线上传播时，长线各点的电压和电流是如何建立的？为什么会有这种建立方式？

6-3 架空线路和电缆的波阻抗与波速度有何不同？为什么会有这种不同？

6-4 试分析比较分布参数波阻抗和集中参数阻抗有何异同点。

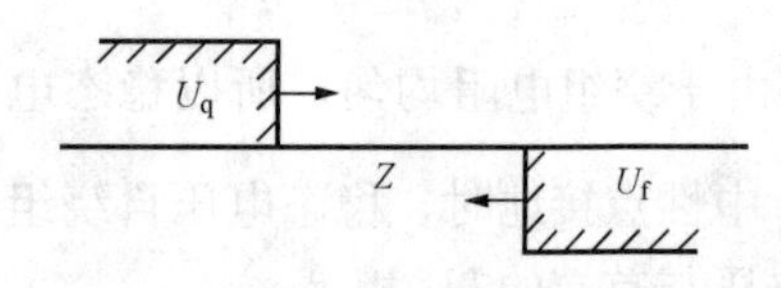

图 6-28 正前行波与负反行波同时沿导线传播

6-5 某长线波阻抗 Z 为 400Ω，若幅值 $U_q=500$kV 的前行波和幅值 $U_f=-400$kV 的反行波同时延长线传播，如图 6-28 所示。试求当两波相会后，长线上总电压和总电流各为多少？电磁场能量有何变化？

6-6 行波在什么情况下发生折、反射现象？产生正全反射和负全反射的条件是什么？举例说明。

6-7 彼得逊规则的意义是什么？应用该规则有何条件？

6-8 行波通过具有串联电感或并联电容的线路时，将发生什么变化？电感和电容在防雷保护中有何作用？

6-9 单相变压器绕组的起始电压分布为什么不均匀？其不均匀程度与哪些因素有关？

6-10 单相变压器绕组上的稳态电压是如何分布的？影响其分布的因素是什么？

6-11 试述截断波对变压器绕组绝缘的作用为什么会比全波严重。

6-12 对电压等级较高、容量较大的变压器，其内部采取了哪些保护措施？

6-13 何谓波的过渡？它有哪几个分量？有危害的是哪个分量？

6-14 入射波陡度对电机绕组上的过电压有何影响？通常采取何措施限制其陡度？

第7章

雷电过电压及防雷设备

雷云放电是大气中的一种自然现象。由雷电引起的过电压称为大气过电压，又称雷电过电压，它分为直击雷过电压和感应雷过电压两种。

对于直击雷过电压，其作用时间虽短暂（几十微秒），但过电压的幅值却很高，对电力系统的安全运行形成极大危害，常发生遭受雷电的电气设备损坏事故。为防止和降低直击雷过电压的作用，常采用避雷针和避雷线来防护。

避雷针和避雷线是防护直击雷过电压最为有效地防雷措施，根据被保护物的特征选择避雷针或者避雷线。避雷针和避雷线都有一定的保护范围，只要是按照规程确定的保护范围，处在保护范围内的被保护物是安全、可靠的。避雷针和避雷线保护范围的确定方法有折线法和滚球法两种。折线法经长期运行经验证明，完全满足电力系统对直击雷防护的要求；滚球法的应用已被工程逐渐认同。

感应雷过电压是由于主放电通道中的主放电电流（雷电流）的剧烈改变，引起周围电磁场剧烈变化而感应出的过电压。当输电线路落雷时，入侵波过电压将会沿输电线路向发电厂和变电站传播。这些都需利用避雷器进行防护。避雷器按其工作原理可分为保护间隙、管型避雷器、阀型避雷器，其中阀型避雷器又分为普通阀型避雷器和磁吹避雷器两种。随着防雷技术的不断提高，大量新型的金属氧化物避雷器被采用，阀型避雷器将被逐步替代。

在实际的防雷保护中，利用雷电的基本参数进行分析和计算过电压值，以便更好地进行防雷设计。雷电基本参数也是本章中要讨论的内容。

防雷接地是否可靠、对防雷设备能否充分发挥其效果，这对电气设备的正常运行影响很大。本章简要介绍防雷接地的概念及其意义。

§7.1 雷电放电及直击雷过电压

一、雷云对地放电过程

在雷雨季节，地面水分比较充足。太阳光使地表温度上升，热的地面使部分水分蒸发变成水蒸气，同时使部分空气变热上升，成为热气流。热气流携带水蒸气升向高空，遇到高空冷空气后，凝结成小水滴，形成积雨云。积雨云在高空强烈气流冲击作用下将会带上电荷而形成雷云。实测结果表明，极大部分雷云所携带的电荷是负极性的，每片雷云中电荷的分布是不均匀的，它们常常聚集在几个电荷中心，且每个电荷中心所携带的电荷量不尽相同。

雷云放电绝大部分是在云间或云内进行，只有小部分是对地发生的。照片资料表明，雷云对地放电经常是多重性的，每次放电分为先导放电、主放电和余辉放电三个阶段，如图7-1所示。

1. 先导放电

当空中出现雷云时，雷云下的大地会感应出与雷云电荷异号的电荷。假如雷云携带的电荷为负极性，则大地感应出的为正电荷，这些正电荷与负极性雷云形成束缚电荷。当雷云某局部区域的电场强度达到25～30kV/cm时，空气便开始游离，这部分空气被击穿，成为导电通道。空气游离形成通道及该通道向下发展的过程称为先导放电，该导电通道称为先导放电通道。先导通道与雷云中的某个带电中心相连，雷云中的电荷可以沿着通道向下运动，近似均匀地分布于通道表面。先导放电是分级进行的，因为先导通道的头部必须积聚足够的电荷，才能使它前面的空气游离，即先导通道向前推进前，要有一个积聚电荷的过程。分级先导每级长度为10～200m，停歇时间为10～100μs。先导放电的平均速度为（1～8）$\times10^5$m/s，其放电电流大约为几百安培。

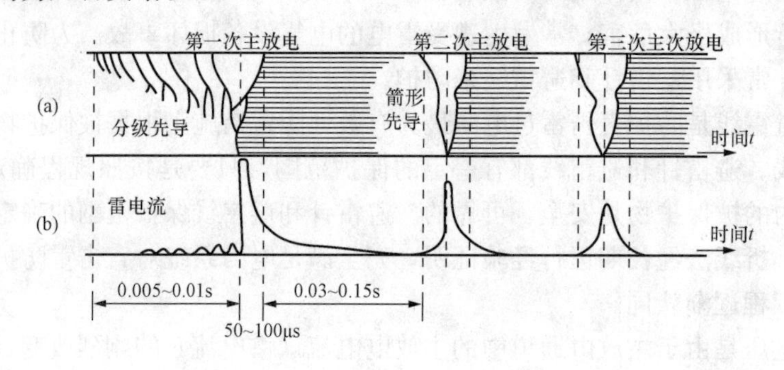

图7-1　雷云放电发展过程

（a）展开的放电照片；（b）雷电流曲线

先导放电初始阶段时先导通道常会出现分支，其发展方向也因受到一些偶然因素的影响而变得不确定。但当它距地面的高度到达一定范围内时（该高度称为定向高度），地面上比较突出的部位或感应电荷集中部位与先导通道头部之间所形成的电场会远远超过其他区域的电场强度，此时先导通道的发展路径基本确定，地面上该突出部位或感应电荷集中部位将成为雷击点。

2. 主放电

当先导通道接近地面时，先导头部和地面的电位差可达数兆伏。这时地面比较突出的部位或感应电荷集中部位会发展向上的迎面先导，该通道中的电荷与下行先导中的电荷为异极性。当迎面先导和下行先导相遇时，就会产生强烈的“中和”作用，这就是放电的第二阶段，即主放电开始。主放电过程是逆着向下先导通道向上发展的，主放电电流极大，可达数十千安到数百千安，并伴随有雷鸣和闪光。主放电速度极快，平均为6×10^7m/s，持续时间极短，仅为50～100μs。当整个通道中的正负电荷极大部分发生中和以后，主放电过程就基本完成。

3. 余辉放电

主放电结束后，云中的剩余电荷会沿着原来主放电通道下泄，称为余辉放电。余辉放电通道中的电流并不大，约为几百安培，持续时间却较长，为0.03～0.15s。

从雷云对地的放电过程可以看出，雷电的主放电电流最大，破坏性也最大。大气过电压计算及防雷设计中的“雷电流”是指主放电电流。

由于雷电放电过程中，在极短的时间内释放出大量的电荷，因而它的破坏性很大。但由于雷电持续时间极短，实际上它的能量并不大，现在科技手段还难以达到能利用雷电能量的程度。

二、直击雷过电压

电力系统中的电气设备在正常运行时，绝缘承受的是电网额定电压。但当系统遭受雷击时，设备上所出现的电压将大大高于系统的额定电压，这种由雷击引起的危及设备绝缘安全的电压升高，称为大气过电压，又称雷电过电压或外部过电压。

直击雷过电压是雷直接击中某一物体时，在该被击物上所发生的过电压。直击雷过电压的幅度极高，可达数百千伏至数兆伏。现以雷击避雷针为例来说明直击雷过电压，如图7-2所示。

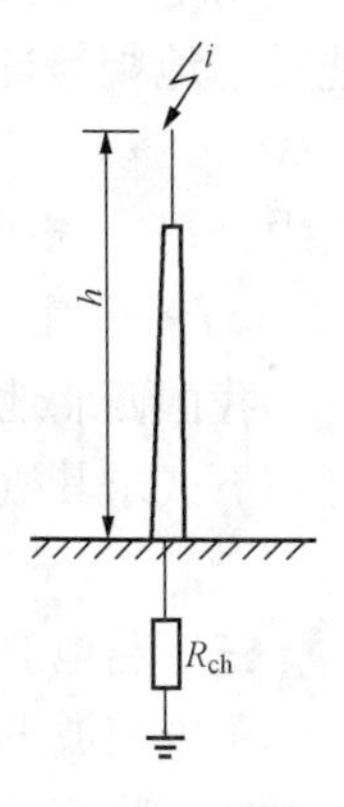

图7-2　雷击避雷器顶端

假定雷电通道中的线电荷密度为σ(c/m)，主放电速度为v，则雷电主放电电流为

$$i=\sigma v \tag{7-1}$$

假定避雷针高度为h，在雷电流通过时的接地电阻阻值（称为冲击接地电阻）为R_{ch}。由图7-2不难看出，避雷针顶端对地电位应是R_{ch}两端的电压降与避雷针针体的电压降之和。前者等于iR_{ch}，后者应作如下考虑：发生主放电时，先导通道中的电荷，在极短的时间内被剧烈中和，通道中的电流也在极短的时间内（1～4μs）上升到最大值，雷电流在通过避雷针时，陡度（波前部分）很大，所以在针的周围就有很大的$\mathrm{d}\phi/\mathrm{d}t$。设单位长度避雷针的电感为$L_0$，雷电流陡度为$\mathrm{d}i/\mathrm{d}t$，则由于磁场剧烈变化而引起的避雷针体电压降应该为$L_0h\mathrm{d}i/\mathrm{d}t$。与之相比较，避雷针针体电阻所引起的电压降可忽略不计。由此得到雷击避雷针顶端后，避雷针顶端对地电位为

$$U=iR_{ch}+L_0h\frac{\mathrm{d}i}{\mathrm{d}t} \tag{7-2}$$

式中　i——雷电流，即式（7-1）中的雷电主放电电流。

由式（7-2）可知，直击雷过电压幅值受到下列因素的影响：①被击物阻抗的性质及参数；②雷电流幅值；③雷电流的波形（主要是波头陡度）。

§7.2　雷　电　参　数

为便于进行防雷设计、大气过电压的计算和采取合理地防雷措施，除需要了解雷电的放电过程外，还应掌握雷电参数。

一、雷电通道波阻抗

雷电主放电阶段，其放电通道可看作一段导体，它对雷电流呈现一定的阻抗，称为雷电通道的波阻抗，用Z_0表示。我国有关规程建议Z_0取300～400Ω。

二、雷电流幅值

雷电流幅值是衡量雷电强度的主要参数。在被击物阻抗$Z_j=0$的条件下，通过被击物的电流定义为“雷电流”。实际上Z_j不可能为零，若雷击于低接地阻抗物体时，通过该物体的电流可以认为接近于雷电流幅值I。当$Z_j\leqslant 30\Omega$时，相当于雷电流到达被短路的线路末端，并发生负全反射，其结果使雷电通道中的电流提高为原来的2倍。根据雷电流幅值的定义不难看出，I应等于雷电通道中电流的2倍，即

$$I=\frac{2U_0}{Z_0} \tag{7-3}$$

式中　U_0——雷云对地电位，kV；

Z_0——雷电通道波阻抗，Ω。

雷电流幅值与雷云中的电荷多少有关，又与雷电活动强弱有关，其分布规律受到气候、地质、地貌等自然条件的影响较大。我国大部分地区的雷电流概率分布可表达为

$$\lg P = -I/88 \tag{7-4}$$

式中　I——雷电流幅值，kA；

P——雷电流幅值超过 I 的概率。

我国西北地区（除陕南外）、内蒙古自治区部分地区的雷电活动较弱，雷电流幅值较小，可用下式求其概率

$$\lg P = -I/44 \tag{7-5}$$

三、雷电流波形

雷电流波形为非周期性的冲击波形，如图 7-3 所示。各国实测的雷电流波形基本相同。雷电流下降至其幅值的 1/2 时的时间称为波长，雷电流波长大约为 40μs。雷电流陡度和幅值密切相关，线性相关系数为 0.6。波头长度为 1～4μs，我国在直击雷防雷设计中建议采用的波形参数为 2.6/40μs。在线路防雷设计中，一般取斜角的雷电波头以简化计算，它的波头陡度 $di/dt = I/2.6$。在设计特殊高塔（120m 以上）时，可取余弦波头，如图 7-3（b）所示。此时波头部分的雷电流可用下式表示

$$i = \frac{1}{2}I(1-\cos\omega t) \tag{7-6}$$

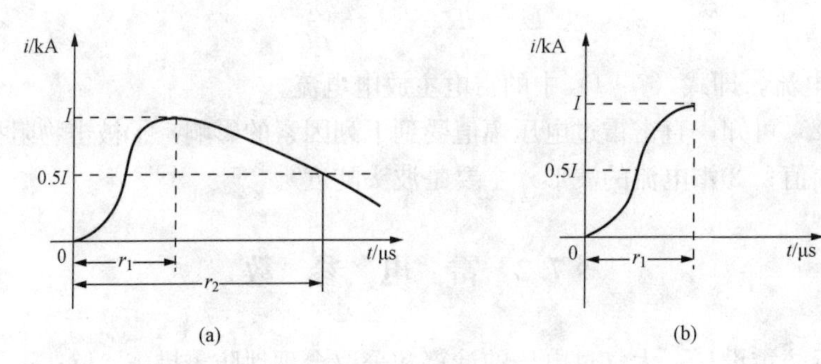

图 7-3　雷电流波形

（a）典型波形；（b）余弦波头

四、雷电流极性

根据实测结果，90%左右的雷电是负极性的，其余为正极性，个别是振荡的。所以主要讨论负极性的情况。

五、雷暴日和雷暴小时

我国幅员辽阔，不同地区气候条件、地质条件相差悬殊，雷电活动规律也相差很远，通常用雷暴日或雷暴小时来表示某一地区的雷电活动强度。雷电活动强烈地区采用雷暴日。

雷暴日是一年中有雷电的天数，在一天内只要听到雷声就记作一个雷暴日。雷暴小时的概念与之相似，在我国大部分地区，一个雷暴日折合为三个雷暴小时。我国有关规程，根据各地年平均雷暴日数量的多少，绘制了全国年平均雷暴日分布图，作为防雷设计的依据。年平均雷暴日数不超过 15 的地区称为少雷区，如我国西北大部分地区；年平均雷暴日数在 15～40 之间的地区称为中雷区，如长江以北大部分地区包括东北地区；年平均雷暴日数超过 40 但不超过

90 的地区称为多雷区，如北回归线以北到长江一带；年平均雷暴日超过 90 的地区及根据运行经验雷害特殊严重的地区，称为雷电活动特殊强烈地区（强雷区），如海南、广东等地区。

六、落雷密度

每一雷暴日每平方公里落雷次数称为落雷密度，用 γ 表示，它是防雷设计的基础参数之一。我国有关规程根据磁钢棒的实测结果，建议取 $\gamma=0.07$ 次/(km^2 · 雷暴日)。

§7.3　避雷针和避雷线的保护范围

避雷针和避雷线是防直击雷的主要器具。避雷针和避雷线均由金属制成，包括接闪器、接地引下线（避雷针包括针体）和接地体三部分。避雷针的接闪器为避雷针的针头，避雷线的接闪器为空中水平悬挂的架空地线。

避雷针的针头和避雷线的悬挂高度比被保护设备高。在先导放电自雷云向下发展的初始阶段，由于静电感应的缘故，在大地上有一个电荷分离过程，在避雷针（线）和大地上积聚了与先导放电通道中的电荷极性相反的异性电荷。由于避雷针（线）顶端电极比较尖，电力线很密，电场很强，与雷云形成尖—尖电场。当雷云先导放电通道发展到离大地某一高度时，工程上称为“定向高度”。避雷针和避雷线比周围其他物体更容易产生迎面先导，将雷电引向自身。由于避雷针（线）均有良好的接地装置，因此将雷电流迅速安全地导入地中，从而使被保护物免遭直接雷击。

一、折线法

几何折线法是在实验室中利用冲击电压下小模型的放电实验结果总结求出的，经长期进行证明，用折线法确定的避雷针和避雷线被保护物遭受雷击或雷击概率极小。据有关部门统计：变电站按单支避雷针设计，每百座变电站一年内雷击事故只有 0.1%次，即 0.1%次/(T · 百站)，这么小的雷击概率，工程上完全认为折线法确定的避雷针和避雷线保护范围是很可靠的。而实际上变电站内安装多支避雷针，由于多支避雷针联合防雷效果要远好于单支针，所以，雷击概率比上述值还要小，防雷更加可靠。

1. 避雷针保护范围的确定

避雷针的保护范围与避雷针的高度 h(m)、根数及避雷针间距离有关。

(1) 单支避雷针的保护范围。

单支避雷针的保护范围如图 7-4 所示。在避雷针 $\frac{1}{2}h$ 处作一条水平线，再从针的顶点向下作与针成 45°角的斜线，与该水平线相交，再作该交点与地面上距针底 1.5h 处一点的连线，将所形成的折线绕避雷针旋转 360°，就构成了单支避雷针的保护空间。它的上半部为直角圆锥，下半部为一圆台。这是避雷针高度小于或等于 30m 时保护范围的确定方法。当避雷针高度超过 30m 时，其保护范围需要用高度影响系数进行修正。

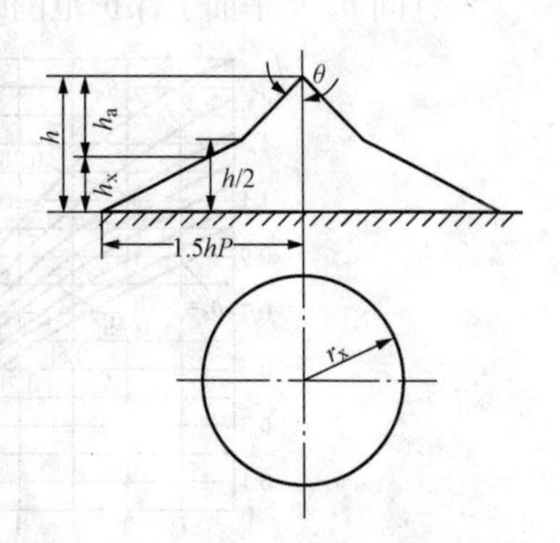

图 7-4　单支避雷针保护范围

避雷针在地面上的保护半径可用下式表示

$$r_x = 1.5hP \tag{7-7}$$

式中 r_x——避雷针在地面上的保护半径，m；

h——避雷针的高度，m；

P——高度影响系数，$h \leqslant 30$m 时，$P=1$；$30\text{m} < h \leqslant 120\text{m}$，$P=5.5/\sqrt{h}$。

在被保护物高度 h_x 水平面上的保护半径可用下式表示

1）当 $h_x \geqslant 0.5h$ 时

$$r_x = (h - h_x)P = h_a P \tag{7-8}$$

2）当 $h_x < 0.5h$ 时

$$r_x = (1.5 - 2h_x)P \tag{7-9}$$

式中 r_x——避雷针在 h_x 水平面上的保护半径，m；

h_x——被保护物高度，m；

h_a——避雷针有效高度，m。

从高度影响系数 P 的表达式看出，当 $h > 30$m 时，$P < 1$，即避雷针高度超过 30m 以后，r_x 并不随 h 同步增加，从而表明避雷针越高，其保护效果就越差。

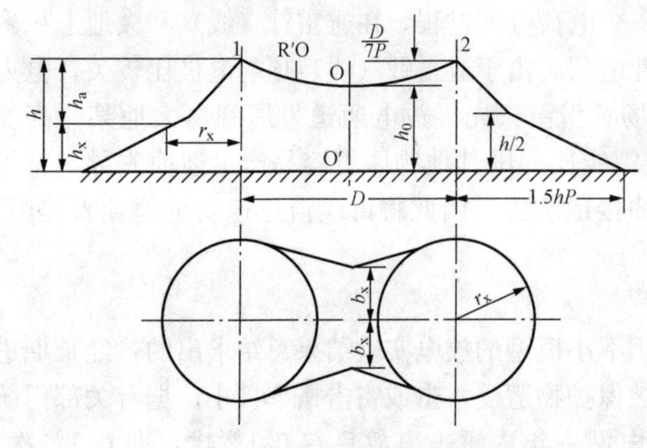

图 7-5 两支等高避雷针的保护范围

（2）两支等高避雷针保护范围。

两支等高避雷针的联合保护范围比两支单针保护范围叠加范围大。

两针外侧的保护范围应按单支避雷针的确定方法计算。两针间的保护范围应由通过两针顶点及保护范围上部边缘最低点 O 的圆弧确定，圆弧的半径为 R′O。O 点为假想避雷针的顶点，如图 7-5 所示，其高度应按下式计算

$$h_0 = h - \frac{D}{7P} \tag{7-10}$$

式中 h_0——两针间保护范围上部边缘最低点高度，m；

D——两针间距离，m。

两针间 h_x 水平面上保护范围的一侧最小宽度应按图 7-6 确定。当 $b_x > r_x$ 时，取 $b_x = r_x$。

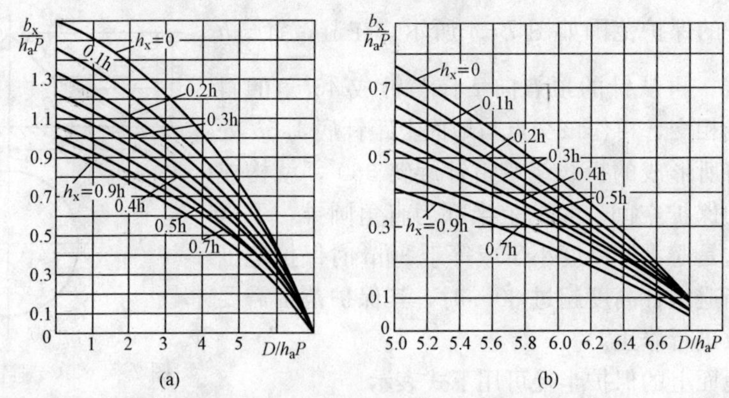

图 7-6 两支等高避雷针间保护范围的一侧最小宽度（b_x）与 D/h_aP 的关系

(a) $D/h_aP \approx 0 \sim 7$；(b) $D/h_aP \approx 5 \sim 7$

求得 b_x 后，可按图 7-5 绘出两针间的保护范围。两针间距离与针高之比 D/h 不宜大于 5。

我国原来执行的 SDJ7-79 中的规定，保护宽度 b_x 计算如下

$$b_x = 1.5(h_0 - h_x) \tag{7-11}$$

式（7-11）求得的 b_x 比用图 7-6 方法确定的 b_x 大，即由图 7-6 确定的两针间 h_x 水平面上保护范围的一侧最小宽度要小。因此，按图 7-6 方法确定和设计的避雷针防雷更为可靠。

（3）两支不等高避雷针的保护范围。

两支不等高避雷针外侧的保护范围应分别按单支避雷针的确定方法计算。其内侧的保护范围可以按以下方法确定：先确定较高避雷针 1 的保护范围，然后由较低避雷针 2 的顶点，作水平线与避雷针 1 的保护范围相交于点 3，取点 3 为假想避雷针的顶点，由于 $h_2=h_3$，再按两支等高避雷针的确定方法计算针 2 和针 3 间的保护范围，如图 7-7 所示。

通过避雷针 2、3 顶点及保护范围上部边缘最低点的圆弧，其弓高应的计算式为

$$f' = \frac{D'}{7P} \tag{7-12}$$

式中　f'——圆弧弓高，m；

D'——避雷针 2 和假想避雷针 3 之间的距离，m。

（4）多支等高避雷针的保护范围。

三支等高避雷针所形成的三角形的外侧保护范围应先按单针求各自保护范围 r_x，再按两支等高避雷针的确定方法计算相邻两针间保护范围一侧最小宽度 b_x。只要各相邻避雷针间保护范围一侧最小宽度 $b_x \geqslant 0$，那么三角形内全部面积均受到保护，如图 7-8 所示。

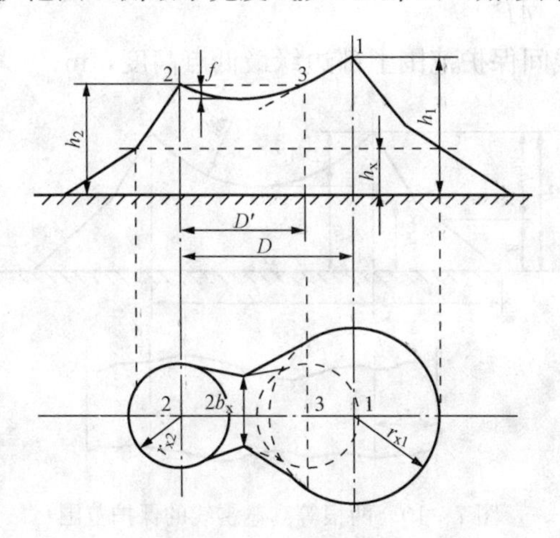

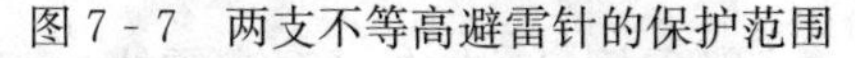
图 7-7　两支不等高避雷针的保护范围

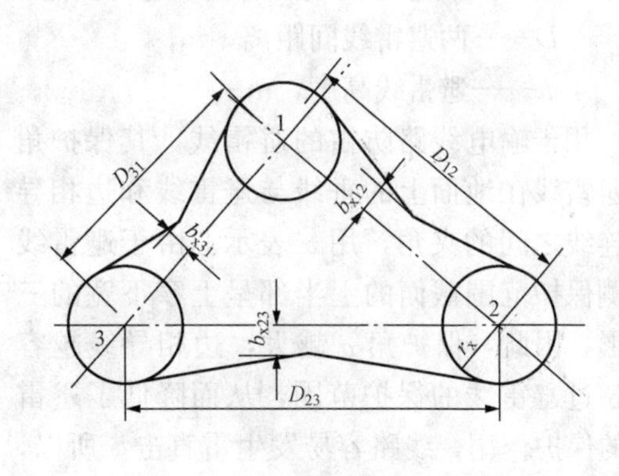

图 7-8　三支等高避雷针的保护范围

四支及以上等高避雷针所形成的四角形或多角形，可先将其分成两个或数个三角形，然后分别按三支等高避雷针的方法计算。只要任一三角形的各边保护范围一侧最小宽度 $b_x \geqslant 0$，则全部面积受到保护。

多支不等高避雷针保护范围的确定方法与之相仿。

2. 避雷线保护范围的确定

避雷线的防雷原理与避雷针相同，但它的防雷可靠性不如避雷针。避雷线的保护范围由

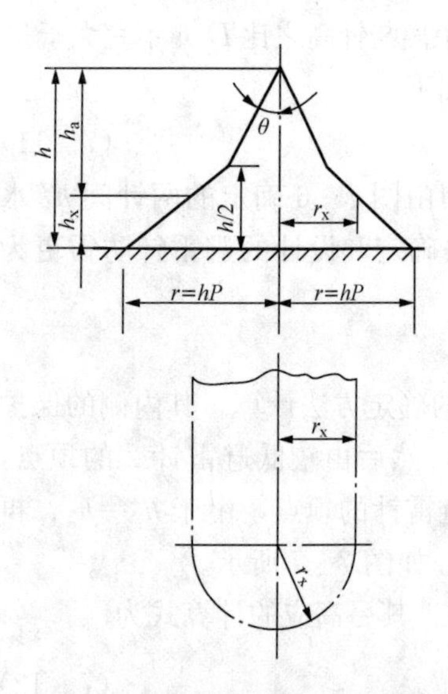

图 7－9　单支避雷线的保护范围

被保护物高度、避雷线悬挂高度和条数来确定。

（1）单根避雷线的保护范围。

单根避雷线的保护范围如图 7－9 所示。被保护物高度 h_x 水平面上每侧的保护范围的宽度 r_x 按下式计算

1）当 $h_x \geqslant 0.5h$ 时

$$r_x = 0.47(h-h_x)P \tag{7-13}$$

2）当 $h_x < 0.5h$ 时

$$r_x = (h-1.53h_x)P \tag{7-14}$$

由图 7－9 可见，当避雷线悬挂高度 $h_x \leqslant 30\text{m}$ 时，其保护角仅为 25°，而避雷针的保护角为 45°。避雷线在地面上的保护宽度为 h，而避雷针为 $1.5h$。所以，避雷线防雷效果不如避雷针。

避雷线保护范围的形状是一条沿避雷线延伸的带状空间，其上半部截面形状为一顶角等于 50°的等腰三角形，下半部是一等腰梯形，两者 $1/2h$ 高度为界。保护范围的端部是上半部为半个圆锥，下半部为半个圆锥台。

（2）两根等高平行避雷线的保护范围。

两根等高平行避雷线保护范围的确定方法如图 7－10 所示。其外侧的保护范围应按单根避雷线的确定方法计算，其内侧各截面的保护范围由通过两避雷线 1、2 点及保护范围上边缘最低点 O 的圆弧确定。O 点的高度 h_0 应计算为

$$h_0 = h - \frac{D}{4P} \tag{7-15}$$

式中　h_0——假想避雷线的高度，它为两避雷线间保护范围上部边缘最低点高度，m；

D——两避雷线间距离，m；

h——避雷线高度，m。

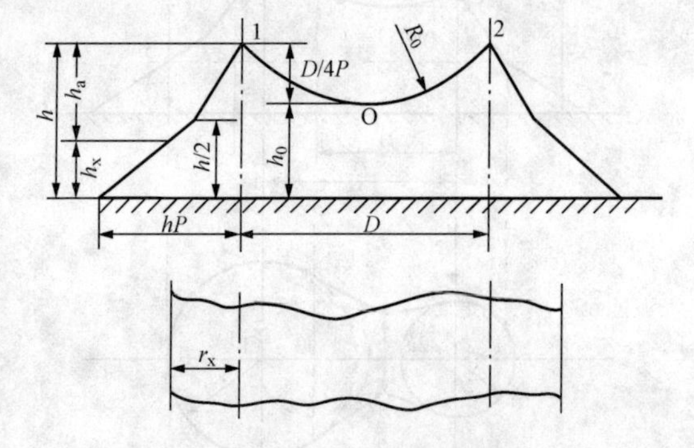

图 7－10　两根等高避雷线的保护范围

用于输电线路防雷的避雷线，其保护角是避雷线在地面上的垂线与避雷线和边相导线连线之间的夹角，用 α 表示。由于避雷线外侧保护范围截面的上半部呈上窄下宽的三角形，因此，保护角 α 越大，边相导线越容易超过避雷线的保护范围，从而降低了避雷线的保护作用，线路容易发生雷直击。所以，输电线路应尽量采用较小的保护角。通常 110kV 线路的保护角 $\alpha \leqslant 30°$；220～330kV 线路的 α 一般采用 20°左右（双避雷线）；500kV 线路一般不大于 15°。山区线路宜采用较小的保护角。

二、滚球法

滚球法是根据国际电工委员会推荐的确定避雷针（线）保护范围的一种计算方法，现已被许多国家列入防雷规范。我国 GB 50057—1994《建筑物防雷规范》也采用滚球法逐渐代替传统的几何折线法。

1. 避雷针保护范围的确定

(1) 单支避雷针的保护范围。

当避雷针的高度 h 小于或等于滚球半径 h_r 时，单支避雷针的保护范围是一个半径为 h_r 的球体：以避雷针 h 为轴线，球体围避雷针旋转一周，在地面上得到一个圆锥体，这就是单支避雷针的保护范围，如图7-11所示。当 $h \geqslant h_r$ 时，避雷针与滚球相切；当 $h \leqslant h_r$，针尖与滚球相交。

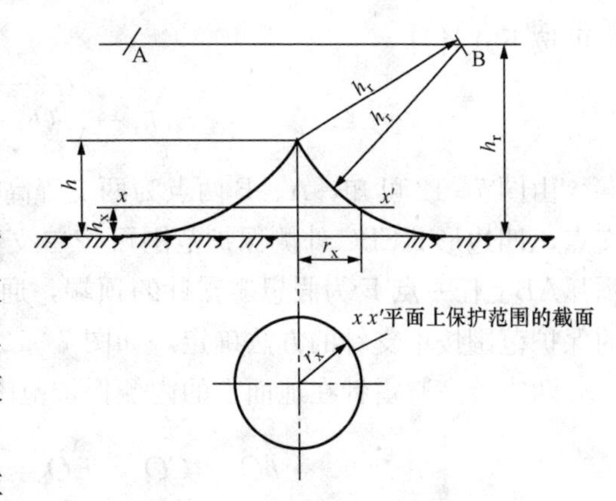

图7-11　单支避雷针的保护范围

避雷针在地面上的保护范围 r_o，其计算式为

$$r_o = \sqrt{h(2h_r - h)} \tag{7-16}$$

在被保护物高度 h_x 水平面上的保护范围 r_x 按下式计算

$$r_x = \sqrt{h(2h_r - h)} - \sqrt{h_x(2h_r - h_x)} \tag{7-17}$$

式中　h——避雷针的高度，m；

h_r——滚球半径，m；

h_x——被保护物高度，m；

r_o——避雷针在地面上的保护半径，m；

r_x——在被保护物高度 h_x 水平面上的保护半径。

根据防雷规范的规定，当避雷针高度 h 大于滚球半径 h_r 时，其保护范围按 $h=h_r$ 计算。我国规定的滚球半径见表7-1。

表7-1　我国标准的滚球半径

建筑物防雷类别	滚球半径 h_r/m	建筑物防雷类别	滚球半径 h_r/m
第一类防雷建筑物	30	第三类防雷建筑物	60
第二类防雷建筑物	45		

(2) 双支等高避雷针的保护范围。

当两支避雷针间的距离 $D \geqslant 2\sqrt{h(2h_r - h)}$ 时，分别按单支避雷针的方法计算各自的保护范围，当 $D < 2\sqrt{h(2h_r - h)}$ 时，双支等高针的保护范围按下列方法确定。

两支针的外侧保护范围的确定方法与单支针的方法相同，两支针之间为内侧，如图7-12所示。保护范围的上部边缘为一圆弧，半径为 R，其圆心在中心线上距地面高度为 h_r 的O′点，半径 R 可按下式计算

$$R = \sqrt{(h_r - h)^2 - \left(\frac{D}{2}\right)^2} \tag{7-18}$$

式中　h——避雷针的高度，m；

h_r——滚球半径，m；

D——两支避雷针之间的距离。

设圆弧 $\overset{\frown}{AB}$ 上任取一点F至中心线间的距离为 x，则F点距地面高度上的被保护物高度

h_x可按下式计算

$$h_x = h_r - \sqrt{(h_r - h)^2 + \left(\frac{D}{2}\right)^2 - x^2} \tag{7-19}$$

由图7-12可知，A、B两点为两支等高避雷针，C、E两点为A、B两支针保护范围的交点，四边形AEBC外侧保护范围可按单支针保护范围的方法确定，其内侧保护范围是以圆弧$\widehat{AB}$上任一点F为假想避雷针的顶端，通过F点、C（E）点为1—1垂直剖面，剖面上的保护范围按单支针的方法确定，如图7-12中的1—1剖面图。

两支等高避雷针在地面上的内侧保护范围每侧的最小保护宽度为bO，按下式计算

$$bO = CO = EO = \sqrt{h(2h_r - h) - \left(\frac{D}{2}\right)^2} \tag{7-20}$$

两支等高避雷针在被保护物高度h_x水平面上的保护范围：以r_x为半径、分别以A、B为圆心所作的保护范围（圆弧）和以（$r_o - r_x$）为半径、分别以E、C为圆心所作的保护范围（圆弧）一块来确定。当（$r_o - r_x$）$<b_o$时，保护范围每侧的最小保护宽度b_x按下式计算

$$b_x = \sqrt{h(2h_r - h) - \left(\frac{D}{2}\right)^2} - \sqrt{h_x(2h_r - h_x)} \tag{7-21}$$

当（$r_o - r_x$）$>b_o$时，在h_x高度上的保护范围如图7-12中的虚线所示。

（3）两支不等高避雷针的保护范围。

当两支避雷针间距离$D \geqslant \sqrt{h_1(2h_r - h_1)} + \sqrt{h_2(2h_r - h_2)}$时，各按单支针的方法确定。当$D < \sqrt{h_1(2h_r - h_1)} + \sqrt{h_2(2h_r - h_2)}$时，保护范围如图7-13所示。较短的避雷针至CE线或HO′线的距离D_1按下式计算

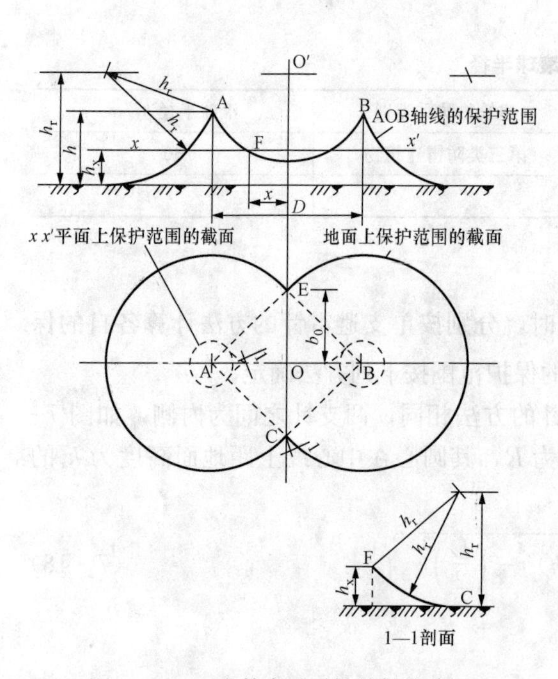

图7-12 两支等高避雷针的保护范围

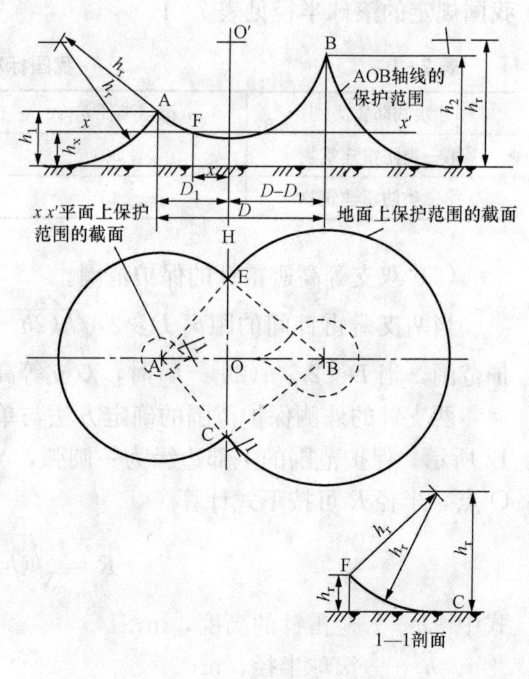

图7-13 两支不等高避雷针的保护范围

$$D_1=\frac{(h_r-h_2)^2-(h_r-h_1)^2+D^2}{2D} \tag{7-22}$$

在地面上每侧的最小保护宽度按下式计算

$$bO=CO=EO=\sqrt{h_1(2h_r-h_1)-D_1^2} \tag{7-23}$$

四边形AEBC外侧的保护范围按单支针的方法确定，两支针之间保护范围的上部边缘是以HO′线上距地面h_r的一点O′为圆心，以$\sqrt{(h_r-h_1)\ +D_1^2}$为半径所作的圆弧$\overset{\frown}{AB}$。设该圆弧上任一点F至HO′线的距离x，则F点至地面的高度为$h_x=h_r-\sqrt{(h_r-h_1)\ +D_1^2-x^2}$。

确定两支针间AEBC内的保护范围及xx'平面上保护范围截面的方法与两支等高避雷针的方法相同。

(4) 矩形布置的四支等高避雷针。

四支等高避雷针矩形布置时，四支针的外侧保护范围按单支针和两只等高针的方法确定，四支针之间为内侧保护范围。如图7-14所示。将四支等高针在平面上分成两个相同的三角形，三角形的短直角边D_2、长直角边D_1、斜边D_3，显然$D_3>D_1>D_2$。

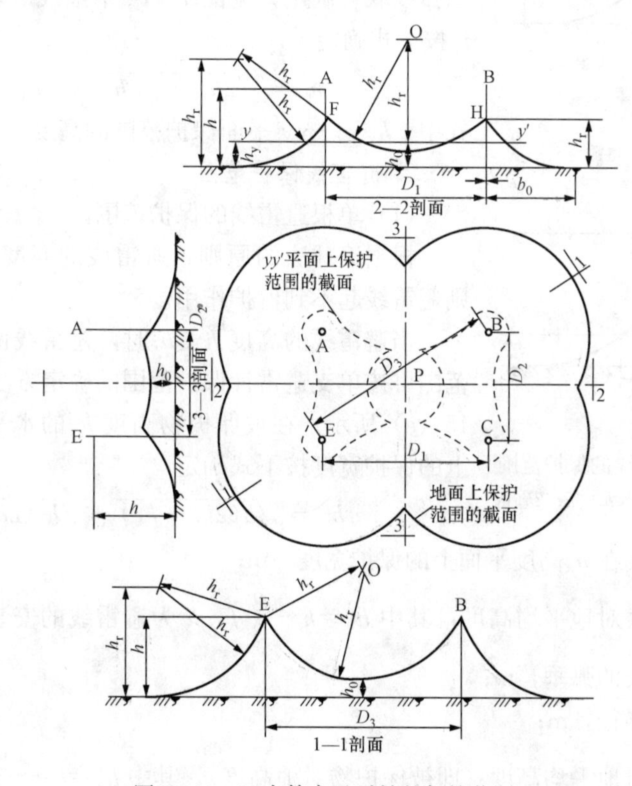

图7-14　四支等高避雷针的保护范围

在$h\leqslant h_r$的情况下，当$D_3\geqslant 2\sqrt{h(2h_r-h)}$时，由于避雷针B与E间距离($D_3$)较远，失去了两支针间联合保护作用，此时应各按两支等高避雷针的方法确定其保护范围；当$D_3\leqslant 2\sqrt{h(2h_r-h)}$时，其保护范围如图7-14所示。

四支针外侧的保护范围各按两支等高针的方法确定。B、E两支针保护范围的上部边缘是以h_r为半径的圆弧$\overset{\frown}{BE}$，其最低点的高度h_0，可参见图7-14中的1—1剖面图，h_0的高度

按下式确定

$$h_o = \sqrt{h_r^2 - \left(\frac{D_3}{2}\right)^2} + h - h_r \quad (7-24)$$

在图 7-14 中的 2—2 剖面图上，以 O 点（距地面高度为 $h_r + h_0$）为圆心，h_r 为半径的圆弧与 B、C 与 A、E 两支避雷针的外侧保护范围在该剖面上的圆弧分别相交于 F、H 两点。H 点（F 点与 H 点类同）的位置及高度由下列两式计算

$$(h_r - h_x)^2 = h_r^2 - (b_0 + x)^2 \quad (7-25)$$

$$(h_r + h_0 - h_x)^2 = h_r^2 - \left(\frac{D_1}{2} - x\right)^2 \quad (7-26)$$

对于 3—3 剖面上的保护范围，可参照 2—2 剖面上保护范围的方法确定。

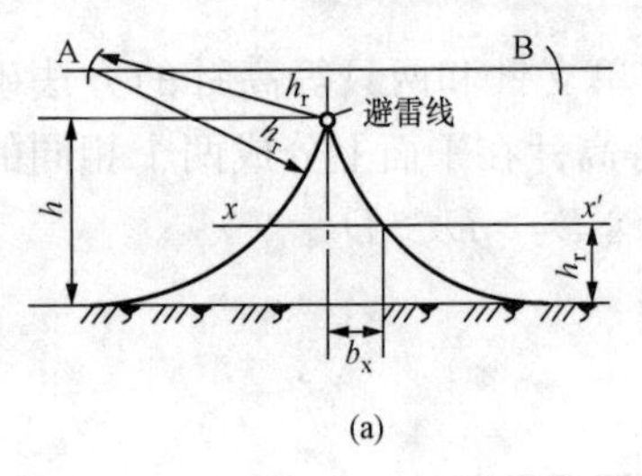

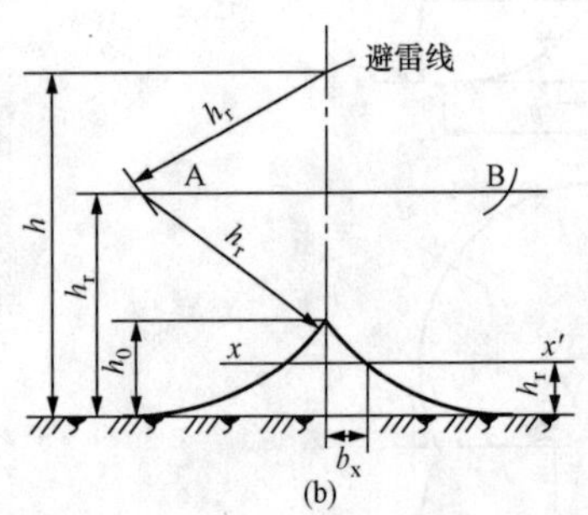

图 7-15　单根避雷线的保护范围
(a) 当 $h \leqslant h_r$ 时；(b) 当 $h_r < h < 2h_r$ 时

四支等高避雷针在 h_y（$h_0 < h_y < h$）高度上的平面保护范围，由各两支避雷针保护范围的外侧边缘线和以 P 点（四支针间中心点）为圆心，以 r_p 为半径所作的圆周线或圆弧线联合确定，见图 7-14 中虚线所表示的范围。半径 r_p 按下式确定

$$r_p = \sqrt{2h_r(h_y - h_0) - (h_y - h_0)^2} \quad (7-27)$$

式中　h_y——yy' 平面保护范围的高度，m。

2. 避雷线保护范围

(1) 单根避雷线的保护范围。

根据滚球法的原则，避雷线的高度 h 应小于 $2h_r$，否则避雷线起不到保护作用。

当避雷线的高度 $h \leqslant h_r$ 时，避雷线两端及两侧的保护范围可按单支避雷针保护范围的确定方法来确定，如图 7-15 (a) 所示。在被保护物高度 h_x 的水平面（xx' 平面上）上的保护宽度按下式确定

$$b_x = \sqrt{h(2h_r - h_b)} - \sqrt{h_x(2h_r - h_x)} \quad (7-28)$$

式中　b_x——避雷线在 h_x 高度平面上的保护宽度，m；

h_b——避雷线对地平均高度，其中 $h_b = h - \frac{2}{3}f$，h 为避雷线的安装高度（m），f 为避雷线的弧垂，m；

h_r——滚球半径，m；

h_x——导线对地平均高度（即被保护物对地高度），其中 $h_x = h_d - \frac{2}{3}f$，h_d 为导线的悬挂高度，f 为导线的弧垂，m。

当 $h_r < h < 2h_r$ 时，保护范围最高点的高度 h_o 按下式确定

$$h_o = 2h_r - h_b \quad (7-29)$$

以 h_0 代替式（7-28）中的 h_o，便可确定避雷线两侧的保护宽度，如图 7-15 (b) 所示。

(2) 两根等高避雷线。

在 $h_b < h_r$ 时，当两根避雷线之间的距离 $D \geqslant 2\sqrt{h_b(2h_r - h_b)}$ 时，各按单根避雷线的方法

确定其保护范围。当 $D<2\sqrt{h_b(2h_r-h_b)}$ 时，两根避雷线外侧的保护范围按单根避雷线方法确定；两根避雷线之间的内侧保护范围上部边缘是过两根避雷线顶点 A、B 半径为 h_r 的圆弧，圆弧离地面最低点的高度 h_o，如图 7-16 所示。h_o 按下式计算

$$h_o=\sqrt{h_r^2-\left(\frac{D}{2}\right)^2}+h_b-h_r \quad (7-30)$$

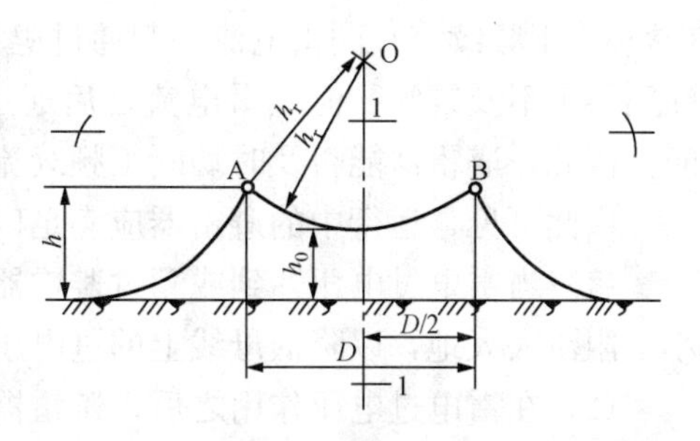

图 7-16　两根避雷线在 $h_b\leqslant h_r$ 时保护范围

根据我国输电线路防雷要求，对 35kV 输电线路进线段保护的避雷线已延伸到变电站独立避雷针保护范围之内；110kV 及以上线路的避雷线两端已经延伸到变电站架构避雷针的保护范围之内，对避雷线两端而言，不需再进行端部保护范围计算。

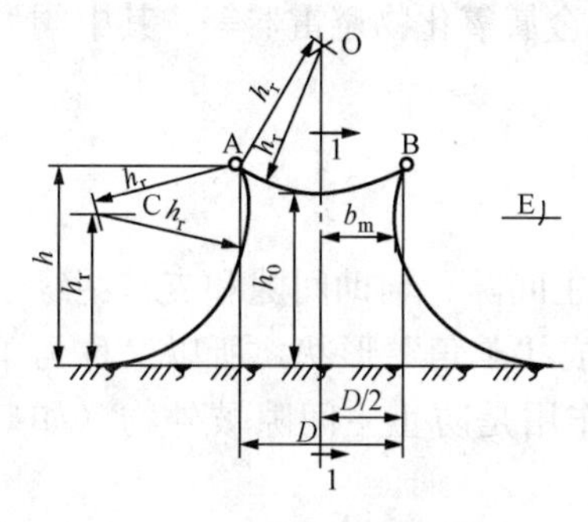

图 7-17　两根等高避雷针在 $h_r<h<2h_r$ 时保护范围

当 $h_r<h<2h_r$，且 $2\left[h_r-\sqrt{h_b(2h_r-h_b)}\right]<D<2h_r$ 时，在与避雷线垂直的剖面上，如图 7-17 所示。外侧的保护范围是 h_r 为半径的圆弧，圆弧与大地相切，而与避雷线相交；两根避雷线内侧保护范围的上部边缘 AB 也是以 h_r 为半径的圆弧，圆弧的最低点 h_o 的高度可按下式确定

$$h_o=\sqrt{h_r^2-\left(\frac{D}{2}\right)^2}+h_b-h_r \quad (7-31)$$

式中　h_r——滚球半径，m；

D——两根避雷线间的距离，m；

h_b——避雷线对地平均高度，m。

在被保护物高度 h_r 处保护宽度 b_m 最小，可按下式计算

$$b_m=\sqrt{h_b(2h_r-h_b)}+\frac{D}{2}-h_r \quad (7-32)$$

由图 7-17 可知，当输电线路的两根边相导线至中心线间距离小于 b_m 时，导线就处在避雷线的保护范围之内。

§7.4　避　雷　器

发电厂和变电站的电气设备，除了遭受直击雷袭击以外，还会遭受沿输电线路侵入的雷电波的袭击。当输电线路遭受雷击时，雷电波将沿着输电线路侵入到发电厂和变电站的母线上，从而危及母线电气设备的绝缘。为防护雷电波侵入造成的危害，多采用避雷器保护母线电气设备的安全。

此外，随着电力系统电压等级的提高，内部过电压的幅值也不断增高。在超高压系统中，内部过电压特别是操作过电压，其幅值可达几百千伏甚至更高，对电力系统的绝缘威胁很大。为保证系统安全可靠地运行，还应采用一些性能优良的避雷器来防护这种过电压。

避雷器运行时与被保护设备并联于同一组母线上，实现绝缘配合。它的放电电压低于被保护设备绝缘的冲击耐压值，一旦出现对电气设备有危险的雷电波侵入时，避雷器就会放电，将雷电流泄入大地，从而保护了电气设备。当避雷器放电（动作）后，工频短路电流

（常称为工频续流）同雷电流一起通过避雷器。雷电流的作用时间仅为几十微秒，在此期间断路器来不及跳闸。但继雷电流之后通过避雷器的工频续流会引起断路器跳闸，使供电中断。因此，避雷器能否及时切断工频续流，将直接影响到整个系统的安全运行。

由此可见，运行中的避雷器应满足以下最基本的要求。

（1）当雷电过电压达到或超过避雷器动作电压时，避雷器应尽快可靠动作，使雷电流经小电阻泄入大地，以降低母线上的过电压。

（2）在雷电过电压作用之后，避雷器应能在规定时间内迅速切断工频电压作用下的工频续流，使系统尽快恢复正常，避免供电中断。

（3）避雷器应具备下列性能：残压（雷电流在避雷器上所形成的压降）较低，伏秒特性应比较平坦，便于绝缘配合；具有较强的通流能力；不应产生高幅值的截波，避免造成被保护设备绝缘的损害。

常用的避雷器有保护间隙、管型避雷器、阀型避雷器、金属氧化物避雷器等，其中阀型避雷器又分为普通阀型避雷器和磁吹避雷器两种。

一、保护间隙和管型避雷器

1. 保护间隙

最简单的避雷器就是保护间隙，如图 7-18 所示。它由主间隙、辅助间隙和支持绝缘子组成。构成主间隙的两个电极是由两根 $\phi6\sim\phi12$ 的圆钢弯成“羊角”形状，所以又称为羊角形保护间隙。辅助间隙的作用是防止主间隙被外物（如鸟类）短路引起误动作。

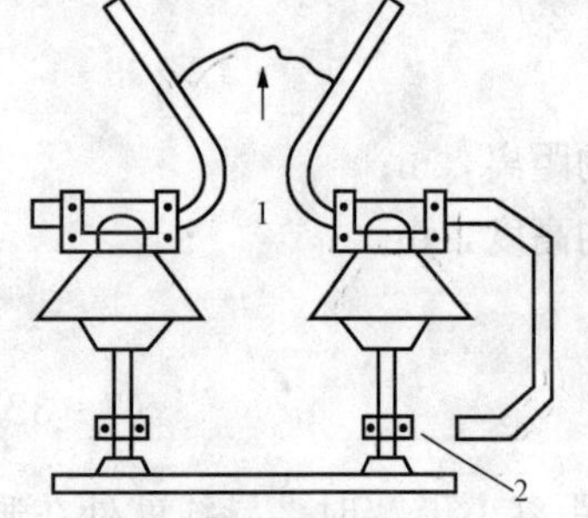

图 7-18　羊角形保护间隙结构示意图

1—主间隙；2—辅助间隙

当雷电过电压超过间隙的放电电压时，主间隙和辅助间隙同时被击穿，雷电流通过主间隙、辅助间隙泄入大地，限制被保护设备上的电压升高。在工频续流作用下，主间隙电弧周围的热空气带动电弧顺着角形电极上升，电弧被迅速拉长、冷却而熄灭。因无灭弧装置，这种保护间隙的灭弧能力较差。

由于保护间隙是空气间隙，电极的形状又使它的电场很不均匀，间隙的放电电压分散性较大，伏秒特性也较陡，与被保护设备间的绝缘配合较困难。另外，由于间隙放电后，使工作母线直接接地产生截波，所以它也不能保护带有绕组的主要电气设备。

保护间隙结构简单、价格低廉，但由于存在上述缺点，目前已不常使用，只有在缺少避雷器的情况下的小型 10kV 配电网络中才使用，并应与自动重合闸配合，以提高供电可靠性。

2. 管型避雷器

管型避雷器实际上是一个具有较强灭弧能力的保护间隙，由产气管、棒形电极、环形电极等基本元件构成，如图 7-19 所示。管型避雷器的产气管由易产生气体的纤维、塑料或橡胶等材料制成，这些材料在电弧高温下分解产生大量气体；棒形电极安装在产气管内部，环形电极安装在产气管的端部，两者构成了管型避雷器的火花

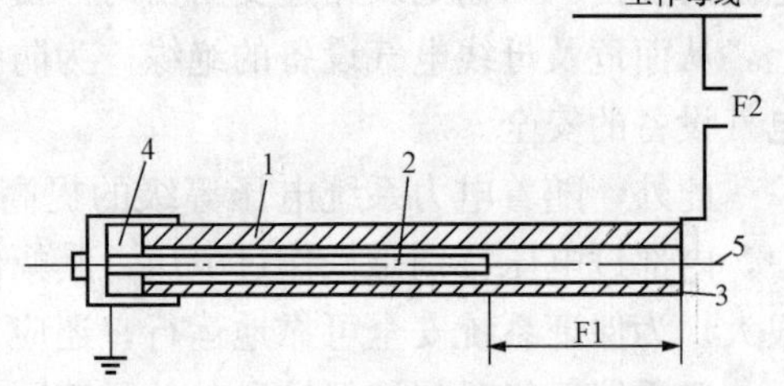

图 7-19　管型避雷器结构原理图

1—产气管；2—棒形电极；3—环形电极；4—储气室；5—开口

间隙，又称内间隙或灭弧间隙。为了防止工作电压作用下的泄漏电流长期通过产气管的管壁，导致产气管老化和烧坏而失去作用，应在线路和管型避雷器之间串联一个辅助间隙（又称外间隙）。该间隙还能防止产气管因受潮可能在工作电压作用下发生的沿面放电现象。

管型避雷器的动作过程如下：当过电压超过排气式避雷器的放电电压时，其内、外间隙同时被击穿，雷电流被泄入大地。在过电压作用之后，工频续流电弧使产气管内的产气材料分解而产生大量气体，管内压力瞬间可达几千甚至上万千帕。当这些气体由环形电极的开口处喷出时，对电弧形成强烈的纵吹作用，使电弧在电流第一次工频过零时就可熄灭。

管型避雷器的灭弧能力与开断续流的大小有关，因而对它的续流规定了上、下限值，续流过小或过大均不能可靠熄弧。续流过小时，产气太少，避雷器不能灭弧；续流过大时，又会因产气过多使管子爆裂。因而在使用时，安装点短路电流的最大值和最小值不得高于和低于管型避雷器开断能力的上、下限值。如 GXS $\frac{35}{2-10}$ 型管型避雷器，该管型避雷器用于35kV系统，开断能力的上、下限分别为10kA和2kA（有效值），要求安装点最大短路电流不得大于10kA，最小短路电流不得小于2kA。

管型避雷器和保护间隙相比具有较强的灭弧能力，能可靠切断工频续流，提高了供电可靠性。但它的伏秒特性较陡、放电时的截波等问题依然没有解决。另外，管型避雷器的寿命也是极其有限的，动作多次后，由于产气材料的分解，管壁变薄，内腔增大，当内径增大到120%～125%时就必须更换新的产气管。

管型避雷器目前只用于线路保护，如变电站的进线保护，线路的绝缘薄弱处（如大跨越档或交叉档等）。

由上可知，保护间隙和管型避雷器的放电间隙很不均匀，其放电电压分散性较大，伏秒特性曲线较陡；另外，当保护间隙和管型避雷器动作时，直接将母线接地，母线上将产生截波。因此在用这种避雷器保护母线上设备时，绝缘配合十分困难，它不能用作发电厂和变电站的防雷设备。为提高避雷器的保护性能，改善保护效果，必须改进避雷器的结构，阀型避雷器就是在此基础上发展起来的。

二、普通阀型避雷器

1. 阀型避雷器的结构及电气参数

阀型避雷器是由装在密封瓷套中的火花间隙（组）、阀片电阻（非线性电阻）和并联电阻等构成，如图7-20所示。阀型避雷器火花间隙的电场分布比较均匀，其放电电压分散性较小，伏秒特性比较平坦，提高了避雷器的保护性能。阀片电阻为非线性电阻，它与火花间隙相串联，避雷器动作后，母线经阀片电阻接地，限制了母线上的截波过电压；同时还利用了阀片的非线性特性，协助火花间隙进行灭弧，提高了避雷器的灭弧（切断）能力。

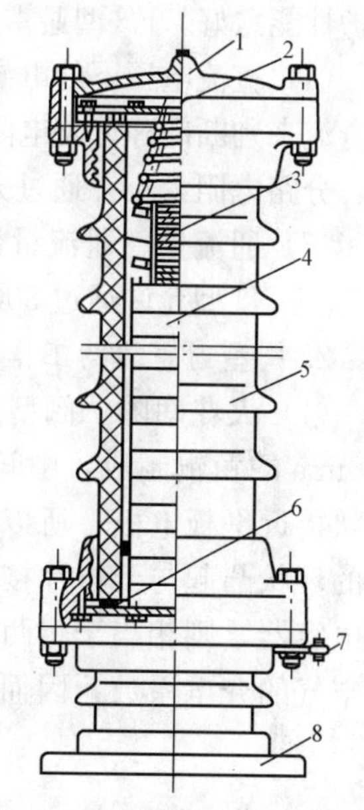

图7-20　FZ型阀型避雷器
1—铁盖；2—盖板；3—火花间隙；4—电阻片；5—瓷套及法兰胶；6—橡皮圈；7—接地螺栓；8—绝缘底座

避雷器的电气性能是用电气参数来表征的，主要电气参数如下：

（1）额定电压U_N。避雷器能够可靠地工作并能完成预期的动作负载试验的最大允许工频电压，称为避雷器的额定电压，此电压又被称作灭弧电压。为确保避雷器正常工作，必须使此电压设计得大于安装处可能出现的最大短时工频电压。

（2）工频放电电压U_{gf}。工频放电电压即火花间隙的工频放电电压，它具有一定的分散性，因而规定其上、下限值。工频放电电压不能高于上限值，因避雷器火花间隙的冲击系数β一定，工频放电电压太高，意味着冲击放电电压U_{cf}也高，将使避雷器的保护性能变坏；但工频放电电压又不能太低，因为工频放电电压太低，意味着灭弧电压太低，将不能可靠地切断工频续流。对于非限制操作过电压的普通阀型避雷器，是不允许在内部过电压下动作，若工频放电电压太低有可能在内部过电压下动作，将导致避雷器爆炸。

（3）灭弧电压U_{mh}。灭弧电压为在可靠灭弧而不发生电弧重燃的条件下允许施加于避雷器的最高恢复电压，此电压应大于其安装处工作母线上可能出现的最高工频电压。

（4）冲击放电电压U_{cf}。避雷器在预放电时间为1.5～20μs时的冲击放电电压，其值设计得接近于最高残压值。

（5）残压U_c。避雷器通过雷电流（波形常采用8/20μs）时的两端电压降。在防雷计算中，对于220kV及以下电压等级的避雷器，以5kA下的残压U_{c5}作为避雷器的最大残压；330kV及以上电压等级的避雷器，以10kA下残压U_{c10}作为最大残压。

选取避雷器的残压作为保护水平，残压愈低说明避雷器保护性能愈好。残压U_{c5}与灭弧电压U_{mh}之比称为避雷器的保护比，其值愈小，说明残压愈低或灭弧电压愈高，则避雷器的保护性能愈好。FS型避雷器的保护比为0.5；FZ型的为2.3左右。

（6）直流电压下的电导（泄漏）电流。在运行中，常以测量直流电压作用下避雷器的电导电流来判断间隙分路电阻的性能，电导电流过小，说明分路电阻太大或断裂；电导电流太大，分路电阻太小，通过分路电阻的电流易使其发热甚至烧毁。

（7）通流量。通流量是指避雷器允许通过的最大工频电流。FZ型避雷器只允许通过80A，FCD型允许通过300A。

2. 阀型避雷器的工作原理

（1）火花间隙。阀型避雷器火花间隙的结构如图7-21所示。上、下电极由厚0.6～0.8mm的黄铜制成，中间用云母垫圈隔开。两片电极中间的凸起部分是间隙工作面，其形状接近平板电极，所以这种间隙常被称作平板间隙，它的电场分布比较均匀。电极边缘的环状凸起与云母片接触部位之间存在微小的空气隙，如果将小气隙与云母片全看作是电容器，则相当于将两个不同介质的电容器串联在一起。由于云母的介电系数ε_r远大于空气的介电系数，因而小空气隙中的电场强度远比云母片中的要大。这样，在工作面发生放电之前，小气隙先发生游离，其产生的光电子照射工作面，使工作面气隙容易放电，缩短了工作面间隙的放电时间，提高了间隙放电的稳定性，使伏秒特性曲线变得比较平坦，避雷器与被保护设备之间便于绝缘配合。通常单个小间隙的放电电压可稳定在2.7～3.0kV

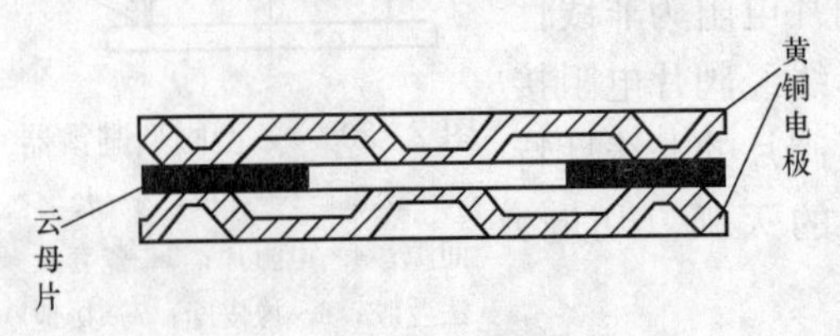

图7-21 普通阀型避雷器火花间隙

（工频放电电压，有效值），冲击系数β大约为1.1。

运行中的避雷器在不动作时，其火花间隙起到绝缘作用，将工作母线与阀片电阻和大地隔离开来，所以火花间隙上承受的是系统工作相电压，显然，单个小火花间隙是无法满足要求的，实际上是由若干个小火花间隙串联而成，这样就将一个长间隙分隔成若干个小间隙。避雷器采用这种间隙后，使间隙的电场变得更加均匀，提高了放电电压的稳定性，同时也提高了避雷器的工频放电电压和冲击放电电压。在避雷器灭弧过程中，这种多个串联的小间隙又将长电弧分隔成若干段小电弧。由于小电弧能量小，间隙中温度较低，去游离作用较强，当续流过零瞬间，每个小火花间隙上的初始绝缘强度可达250V左右，再加上避雷器阀片电阻使工频续流上升速度减慢，单个间隙的绝缘强度可恢复到700V左右。将多个间隙串联，可获得的初始耐压远远高于间隙上的恢复电压，从而避免了电弧重燃而达到可靠熄弧目的。

（2）阀片电阻。阀片又称为非线性电阻片，普通阀型避雷器的阀片是用粘合剂将许多金刚砂（SiC）晶粒粘结在一起，并按一定工艺压制焙烧而成。阀片呈圆饼状，两面喷铝或铜，以减少饼与饼之间的接触电阻。其侧面涂无机绝缘瓷漆，以防止表面闪络。

避雷器阀片可分为低温（焙烧温度300～350℃）阀片和高温（焙烧温度1350～1390℃）阀片两种，前者用于普通阀型避雷器，后者用于磁吹避雷器。

阀片电阻的伏安特性呈非线性，如图7-22所示。当大电流（如雷电流）作用时，阀片电阻阻值小，以降低它的残压值；在小电流（如工频续流）作用时，呈现大阻值，以限制通过避雷器的续流不超过规定值（FZ型为80A）。

阀片的非线性特性可表示为

$$U = CI^{\alpha} \tag{7-33}$$

式中　C——常数；

α——非线性系数，$0<\alpha<1$，其值越小越好，一般$\alpha\approx0.2$。

阀片电阻的作用是当避雷器动作时，工作母线并不是直接接地，而是经过阀片电阻（此时阻值小）接地，这样可以降低截波的幅度，减少截波的危害。图7-23比较了排气式避雷器和阀型避雷器动作时的波形，从中可看出阀片电阻限制截波的作用，这对于被保护设备的纵绝缘是有很大好处的。

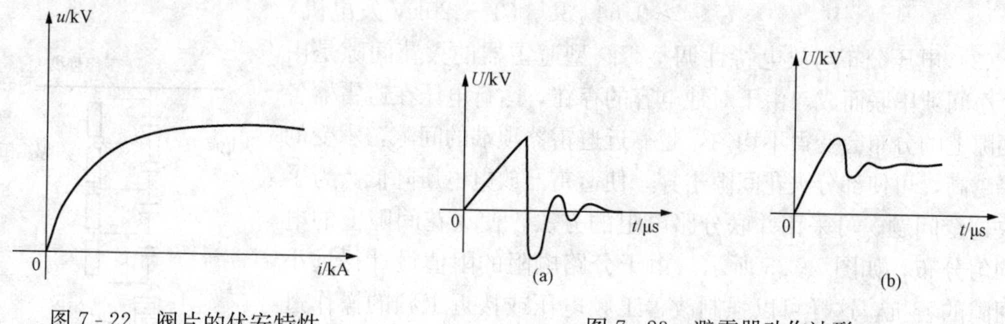

图7-22　阀片的伏安特性

图7-23　避雷器动作波形

（a）排气式避雷器；（b）阀型避雷器

阀片电阻的另一个作用是协助火花间隙进行灭弧。由于阀片的非线性，续流波形由原来的正弦波形变为尖顶波形，如图7-24所示。使得续流在过零之前就已经变得很小，续流过

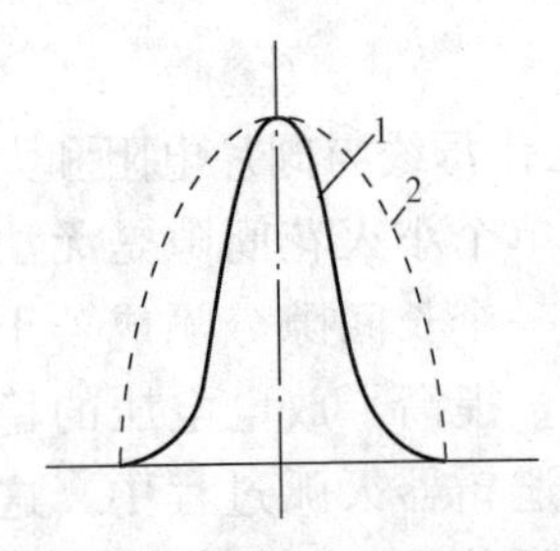

图 7-24　续流波形
1—非线性电阻时续流波形；
2—线性电阻时续流波形

零后上升速度减慢，对火花间隙绝缘强度的恢复极为有利。另一方面，由于阀片的高阻值限制了续流的幅值，使之不会超过火花间隙相应的灭弧能力。

（3）阀型避雷器动作原理。避雷器在正常情况下靠火花间隙与大地绝缘。入侵波作用时，如其幅度超过避雷器的冲击放电电压，避雷器动作，火花间隙被击穿，雷电流通过火花间隙和阀片泄入大地，阀片自动降低其阻值，母线上过电压被限制在残压上。雷电流作用过后，阀片电阻通过工频续流，它的阻值自动增大，将工频续流限制在允许范围内，火花间隙可在续流第一次过零时就将电弧熄灭，使系统恢复正常。

综合上述可知，在避雷器动作过程中，阀片电阻起到了“阀”的作用。当雷电流作用时，“阀门”开启，使雷电流迅速通过泄入大地；而当雷电流作用过后，阀“自动节流”，将工频续流限制在规定值内，火花间隙就可靠灭弧，使系统恢复正常。

3. 避雷器运行时注意事项

（1）避雷器上的恢复电压。避雷器能否灭弧，取决于避雷器灭弧时施加在避雷器上的恢复电压是否超过火花间隙的灭弧电压。在系统正常运行情况下，避雷器在相电压下灭弧。但如果系统内存在不对称短路，则非故障相上避雷器承受的恢复电压将高于相电压。为了可靠灭弧，要求避雷器在恢复电压升高的情况下也应可靠灭弧，因此，它的灭弧电压应满足

$$U_{mh} \geqslant 0.8\sqrt{3}U_{ph}\text{（中性点直接接地系统）}$$

$$U_{mh} \geqslant 1.0\sqrt{3}U_{ph}\text{（35～66kV 中性点绝缘系统）}$$

$$U_{mh} \geqslant 1.1\sqrt{3}U_{ph}\text{（3kV 及以上具有发电机系统）}$$

$$U_{mh} \geqslant 1.2\sqrt{3}U_{ph}\text{（3～10kV 中性点绝缘系统）}$$

中性点避雷器的灭弧电压应满足

$$U_{mh} \geqslant 0.64\sqrt{3}U_{ph}\text{（3～20kV 系统）}$$

$$U_{mh} \geqslant 0.58\sqrt{3}U_{ph}\text{（35～66kV）}$$

$$U_{mh} \geqslant 0.64\sqrt{3}U_{ph}\text{（3～20kV 发电机）}$$

（2）电压分布与放电特性调整。阀型避雷器的火花间隙是由多个小间隙串联而成，由于对地电容的存在，运行电压在避雷器各个间隙上的分布会变得不均匀，越靠近避雷器顶端的间隙，承受的压降越高，可使部分火花间隙击穿，使避雷器放电电压降低。为了解决这个问题，可采用并联分路电阻的方法，使火花间隙上的电压均匀分布，如图 7-25 所示。由于分路电阻的阻值设计得远小于间隙的容抗，这样可以强制改善工频电压或接近工频的操作过电压沿火花间隙均匀分布，提高了避雷器在这两种电压作用时的放电电压值。如我国 FZ 型普通阀型避雷器就采用了分路电阻。

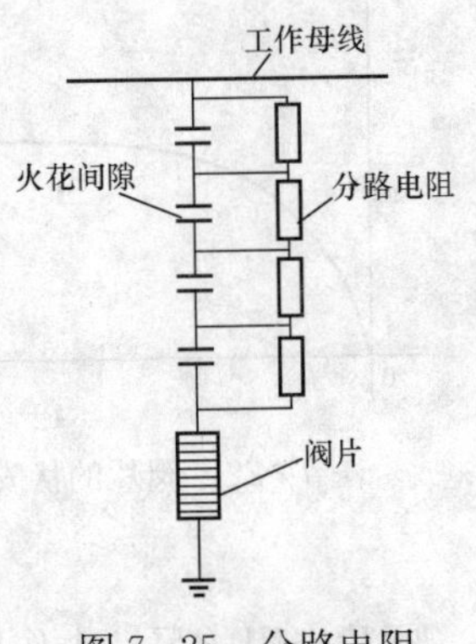

图 7-25　分路电阻原理接线

在冲击电压作用下，间隙电容的等值容抗比分路电阻小得多，其电压基本上还是按间隙电容分布的。由于对地电容的存

在，使火花间隙上电压分布更加不均匀。因此分路电阻只能提高避雷器的工频放电电压而不能提高冲击放电电压。所以带分路电阻的多间隙，其冲击系数有可能会小于1。为了防止高压避雷器的冲击系数过低而引起不必要的动作，可在避雷器顶部加装均压环。均压环增大了母线对避雷器上部间隙的杂散电容，使这些间隙流散的杂散电流得到补偿，如图7-26所示。避雷器采用均压环后，提高了冲击放电电压，避免使避雷器在一些不损坏设备绝缘的过电压发生时的频繁动作。

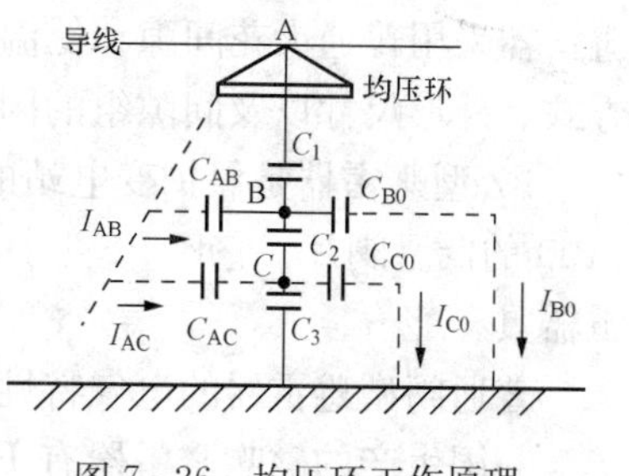

图7-26　均压环工作原理

避雷器的工频放电电压下限值与其额定电压（灭弧电压）的比值称为切断比。此值越小，说明避雷器的灭弧指力越强。FZ型阀型避雷器切断80A续流时的切断比为1.8左右。

三、磁吹避雷器

为了进一步提高避雷器的灭弧能力，提高工频续流通流能力，降低残压，可用磁吹间隙代替普通火花间隙。所谓磁吹就是利用磁场对电弧的电动力，加速电弧的熄灭。采用磁吹间隙的避雷器称为磁吹阀型避雷器，简称磁吹避雷器。

用于磁吹避雷器的间隙，按磁场力对电弧电流电动力的作用形式，可分为电弧旋转式和电弧拉长式两种。图7-27为比较常用的电弧拉长式灭弧盒的原理图，其间隙由一对黄铜角型电极构成，电极设计成角型的目的，是便于电弧的移动和拉伸。灭弧盒由陶瓷或云母等材料制成，这些材料除了具有耐电弧、耐高温、耐高压、机械强度大等特点外，导热系数也较高，可以吸收电弧中大量的热量，加强去游离作用。灭弧盒的内周边制成锯齿状或迷宫状，当电弧被磁场拉入到狭缝处时，呈波浪状拉长，最终长度可达初始长度的几十倍，电弧迅速被冷却，去游离增强，电弧很快熄灭。

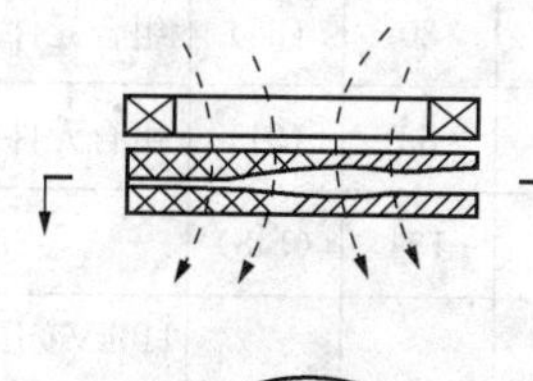

图7-27　电弧拉长式灭弧盒

磁吹间隙的磁场是由磁吹线圈产生的。采用磁吹线圈的目的是为了使磁场的方向随续流方向的改变而改变，保证电弧的受力方向指向狭缝处。为了防止雷电流损坏磁吹线圈，通常在线圈旁并联分流间隙。

由于磁吹线圈产生的磁场对电弧的作用力比较大，电弧被充分拉长，并在狭缝处受到挤压和冷却，使电弧的去游离增强。这样，一方面电弧电阻增加，续流的幅值下降；另一方面使电弧更加容易熄灭。所以，磁吹间隙兼有限流和灭弧的双重作用，磁吹间隙因此也被称作限流间隙。

避雷器采用磁吹间隙后，灭弧能力大大提高，火花间隙在灭弧过程中对阀片的依赖程度降低，因而可以适当减少阀片数量，从而进一步降低了避雷器的残压。所以，磁吹避雷器与普通阀型避雷器相比，它的残压较低，灭弧能力增强，切断比和保护比更小，FCD型磁吹避雷器切断300A续流时的切断比为1.3左右。由于采用高温阀片，磁吹避雷器通流能力提高，所以它的保护特性比普通阀型避雷器要好得多。

四、阀型避雷器的型式及适用范围

我国生产的普通阀型避雷器有FS和FZ两个系列。

FS系列主要用于3～10kV配电系统中，主要有FS2、FS3、FS4和FS10等几种。这些避雷器采用普通火花间隙和低温阀片，电极尺寸为$\phi 52$，不同设计序号的避雷器只是在密封方式、外形尺寸以及间隙组的固定方式上有差异。

FZ型避雷器是保护变电站的一种用量最多的避雷器，其主要元件为$\phi 56$的火花间隙和$\phi 100$的低温阀片。它比FS型具更大的通流能力和较低的残压值，是适用于变电站设备的防雷器具。

普通阀型避雷器的电气特性见表7-2。

我国生产的磁吹避雷器有FCZ、FCD、FCX等几个系列，它们分别用于电站保护、旋转电机保护和线路保护。表7-3所列为FCD、FCZ系列磁吹避雷器的电气特性。

表7-2　普通阀式避雷器（FS和FZ系列）的电气特性

型号	系统额定电压（有效值）/kV	灭弧电压（有效值）/kV	工频放电电压（干燥及淋雨状态，有效值）/kV		冲击放电电压（预放时间1.5～2.0μs，小于或等于）/kV		冲击残压（波形8/20μs，小于或等于）/kV				备注
							FS系列		FZ系列		
			大于或等于	小于或等于	FS系列	FZ系列	3kA	5kA	5kA	10kA	
FS-3(FZ-3)	3	3.8	9	11	21	20	(16)	17	14.5	(16)	
FS-6(FZ-6)	6	7.6	16	19	35	30	(28)	30	27	(30)	
FS-10(FZ-10)	10	12.7	26	31	50	45	(47)	50	45	(50)	
FZ-15	15	20.5	42	52		78			67	(74)	组合元件
FZ-20	20	25	49	60.5		85			80	(88)	组合元件
FZ-30J	30	25	56	67		110			83	(91)	组合元件
FZ-35	35	41	84	104		134			134	(148)	
FZ-40	40	50	98	121		154			160	(176)	110kV变压器中性点保护专用
FZ-60	60	70.5	140	173		220			227	(250)	
FZ-110J	110	100	224	268		310			332	(364)	
FZ-154J	154	142	304	368		420			466	(512)	
FZ-220J	220	200	448	536		630			664	(728)	

注　残压栏内加括号看为参考值。

五、氧化锌避雷器

氧化锌避雷器又称为金属氧化物避雷器（MOA）或压敏型避雷器，它的主要元件是氧化锌（ZnO）基片压敏电阻（非线性电阻），多数没有串联火花间隙。

1. 氧化锌阀片的特点

氧化锌阀片是以氧化锌（ZnO）为基体，掺入少量氧化铋（Bi_2O_3）等其他金属氧化物，在高温下焙烧而成的。

表 7-3　**磁吹避雷器（FCD、FCZ 系列）电气特性**

型　号	系统额定电压（有效值）/kV	灭弧电压（有效值）/kV	工频放电电压（干燥及淋雨状态）（有效值）/kV		冲击放电电压（预放时间 1.5～2.0μs，小于或等于）/kV	冲击残压（波形 8/20μs 小于或等于）/kV		备　注
			大于或等于	小于或等于		3kA	5kA	
FCD-2	—	2.3	4.5	5.7	6	6	6.4	电机中性点保护专用
FCD-3	3.15	3.8	7.5	9.5	9.5	9.5	10	
FCD-4	—	4.6	9	11.4	12	12	12.8	电机中性点保护专用
FCD-6	6.3	7.6	15	18	19	19	20	
FCD-10	10.5	12.7	25	30	31	31	33	
FCD-13.2	13.8	16.7	33	39	40	40	43	
FCD-15	15.75	19	37	44	45	45	49	
FCZ-35	35	41	70	85	112	108	122	110kV 变压器中性点保护专用
FCZ-40	—	51	87	98	134	—	—	
FCZ-60	60	69	117	133	178	178	205	
FCZ-110J	110	100	170	195	260	260	285	
FCZ-110	110	126	255	290	345	332	365	
FCZ-154	154	177	330	377	500	466	512	
FCZ-220J	220	200	340	390	520	520	570	
FCZ-330J	330	290	510	580	780	740	820	
FCZ-500J	500	440	680	700	840	—	100	

氧化锌阀片的非线性特性（$\alpha \approx 0.04 \sim 0.05$）比碳化硅阀片（$\alpha \approx 0.2$）的要好，如图 7-28 所示。在低电场强度下，其电阻率为 $10^{10} \sim 10^{11} \Omega \cdot m$，当电场强度达到 $10^6 \sim 10^7$ V/m 时，其电阻率骤然下降进入低电阻状态。氧化锌阀片的非线性特性仍可用式（7-33）$U=CI^{\alpha}$ 表示。在 $10^{-6} \sim 0.1$A 区段内，α 值为 0.04～0.05；在 0.1～100A 区段内，α 值为 0.1，而碳化硅阀片的 α 一般在 0.2 以上。由此可见，氧化锌阀片的非线性特性是极其优良的。在工作电压作用下，氧化锌阀片的交流泄漏电流仅为几百微安，接近绝缘状态，已不需再用火花间隙将工作母线与阀片和大地隔开，所以可制成无间隙避雷器。

氧化锌阀片的另一个特点是通流能力强，单位面积氧化锌阀片的通流能力约等于碳化硅阀片的 4 倍。

2. 氧化锌避雷器的优点

氧化锌避雷器由于没有火花间隙，使其结构得以简化，内部元器件大为减少，不但降低了出现故障的概率，而且还有利于制造厂实现生产自动化，提高生产效率。

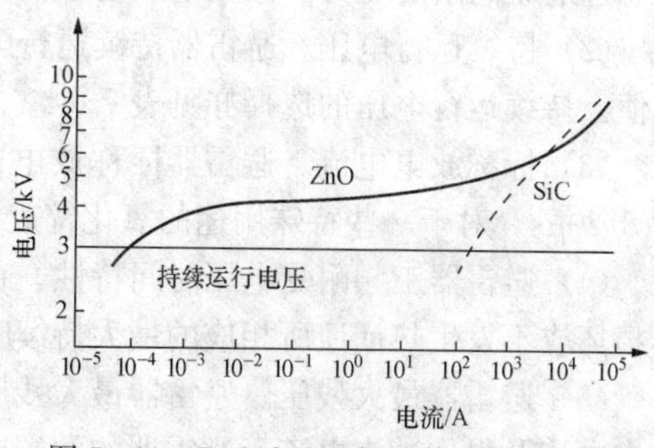

图 7-28　ZnO 和 SiC 阀片伏安特性比较

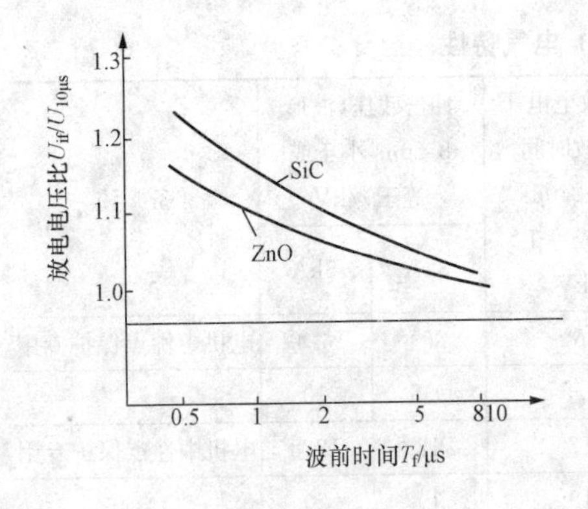

图 7 - 29　ZnO 和 SiC 阀片伏秒特性比较

氧化锌避雷器的伏秒特性比碳化硅避雷器平坦，陡波响应特性更好，如图 7 - 29 所示。当雷电波侵入时，碳化硅避雷器的间隙中气体需经历统计时延、放电形成时延等才能放电，释放过电压能量。当来波陡度较大时，有间隙避雷器的伏秒特性曲线就会变陡。而氧化锌避雷器没有火花间隙，不存在放电时延问题，它的伏秒特性由氧化锌阀片材料固有性质所决定。

在同样的雷电冲击波作用下，氧化锌避雷器上所形成的残压更低。这一方面是由两种阀片的非线性特性决定的，另一方面是因为氧化锌避雷器在整个过电压作用期间均能释放能量，而有间隙的避雷器只有当间隙击穿后才开始释放过电压能量。所以氧化锌避雷器能给设备绝缘提供更大的保护裕度。

氧化锌避雷器的通流能力更大，动作负载能力更强。碳化硅避雷器从火花间隙击穿到间隙切断续流电弧这段时间内均有电流通过阀片，而氧化锌避雷器当过电压作用过后，其阀片即将续流遮断，根据氧化锌避雷器的这个特性，又称其为无续流避雷器。这样，通过阀片的能量大为减少，不仅延长其使用寿命，减少对系统的影响，而且为电力电缆、电容器组等理想的过电压保护电器。

氧化锌避雷器比较适合用于 SF_6 全封闭组合电器。一方面，氧化锌避雷器无火花间隙，结构简单紧凑，所占空间比较小；另一方面，它不存在因 SF_6 气压变化引起放电电压变动或电弧引起 SF_6 分解的问题。

氧化锌避雷器还适合用于直流系统。因为直流续流不像工频续流那样会通过自然零点，所以普通阀型避雷器难以熄灭直流电弧。而氧化锌避雷器无火花间隙，因而不存在灭弧的问题。

氧化锌避雷器没有串联间隙却又是其缺陷所在，在长期运行中阀片直接承受工作电压的作用，会逐渐老化，如密封不良会使阀片受潮，加剧阀片的劣化。泄漏电流中的阻性分量会使阀片温度升高，产生有功损耗，导致热崩溃，严重时可能造成避雷器损坏或爆炸。这些都是今后设计、制造和使用时应注意的问题。

3. 氧化锌避雷器的电气参数

（1）额定电压。额定电压是考核避雷器热负荷的一个参数，反映了避雷器对一定幅值的暂态过电压的耐受能力。额定电压的选择见表 7 - 4。

（2）持续运行电压。避雷器持续运行电压是允许持久地施加在避雷器两端的工频电压有效值。持续运行电压的选择亦见表 7 - 4。

（3）标称放电电流。避雷器标称放电电流分为 10、5、3、1kA 4 个等级，其波形参数为 8/20μs。对于一些特殊用途的氧化锌避雷器的标称放电电流，不限于此范围。

（4）避雷器工频耐受电压时间特性。在规定条件下，对避雷器施加不同的工频电压，其不损坏或不发生热崩溃所相应的最大持续时间，即为避雷器工频耐受电压时间特性。

（5）避雷器最大残压。避雷器最大残压是指在避雷器所允许的最大陡波冲击电流、雷电冲击电流及操作冲击电流下避雷器的两端电压，其值应不超过表 7 - 5 的规定。

表7-4 无间隙金属氧化物避雷器持续运行电压和额定电压

系统接地方式		持续运行电压/kV		额定电压/kV	
		相地	中性点	相地	中性点
有效接地	110kV	$U_m/\sqrt{3}$	$0.45U_m$	$0.75U_m$	$0.57U_m$
有效接地	220kV	$U_m/\sqrt{3}$	$0.13U_m$ ($0.45U_m$)	$0.75U_m$	$0.17U_m$ ($0.57U_m$)
有效接地	330、500kV	$\frac{U_m}{\sqrt{3}}$($0.59U_m$)	$0.13U_m$	$0.75U_m$ ($0.8U_m$)	$0.17U_m$
不接地	3～20kV	$1.1U_m$，U_{mg}	$U_m/\sqrt{3}$，$U_{mg}/\sqrt{3}$	$1.25U_m$，$1.25U_{mg}$	$0.72U_m$，$0.72U_{mg}$
不接地	35、66kV	U_m	$U_m/\sqrt{3}$	$1.25U_m$	$0.72U_m$
消弧线圈		U_m，U_{mg}	$U_m/\sqrt{3}$，$U_{mg}/\sqrt{3}$	$1.25U_m$，$1.25U_{mg}$	$0.72U_m$，$0.72U_{mg}$
低电阻		$0.8U_m$	—	U_m	—
高电阻		$1.1U_m$，U_{mg}	$1.1U_m/\sqrt{3}$，$U_{mg}/\sqrt{3}$	$1.38U_m$，$1.25U_{mg}$	$0.8U_m$，$0.72U_{mg}$

注 1. 220kV括号外、内数据分别对应变压器中性点经接地电抗器接地和不接地。

2. 330、500kV括号外、内数据分别与工频过电压1.3p.u.和1.4p.u.对应。

3. 220kV变压器中性点经接地电抗器接地和330、500kV变压器或高压并联电抗器中性点经接地电抗器接地时，接地电抗器的电抗与变压器或高压并联电抗器的零序电抗之比小于等于1/3。

4. 110、220kV变压器中性点不接地且绝缘水平低于正常数值时，避雷器的参数需另行研究确定。

5. U_m为系统最高电压，U_{mg}为发电机最高运行电压。

表7-5 无间隙金属氧化物避雷器最大残压值 kV

标称放电电流	避雷器类型	避雷器额定电压（有效值）	系统额定电压（有效值）	避雷器持续运行电压（有效值）	陡波冲击电流残压（峰值）小于或等于	雷电冲击电流残压（峰值）小于或等于	操作冲击电流残压（峰值）小于或等于	直流1mA（参考电压）大于或等于
1kV等级	变压器中性点避雷器	60	110			144	137	86
		73	110			200	165	103
		146	220			320	304	190
		210	330			440	399	250
		100	500			260	243	152
5kV等级	配电避雷器	3.8	3	2.0	19.6	17.0	14.5	7.5
		7.6	6	4.0	34.5	30.0	25.5	15.0
		12.7	10	6.6	57.5	50.0	42.5	25.0
	电站避雷器	42	35	23.4	124/154	108/134	92/114	73
		69	63	40	205/258	178/224	151/190	122
		100	110	73	299/375	260/326	221/277	145
		(126)	110	73	382/472	332/410	282/349	214
		200	220	146	598/750	520/652	442/554	290

续表

标称放电电流	避雷器类型	避雷器额定电压（有效值）	系统额定电压（有效值）	避雷器持续运行电压（有效值）	陡波冲击电流残压（峰值）小于或等于	雷电冲击电流残压（峰值）小于或等于	操作冲击电流残压（峰值）小于或等于	直流1mA（参考电压）大于或等于
10kV等级	电站避雷器	100	110	73	273	248	211	145
		200	220	146	546	496	422	290
		288	330	210	732/936	665/814	565/692	408
		306	330	210	777/995	706/865	600/735	424
		420	500	318	1045/1208	950/1050	808/893	565
		444	500	318	1095/1265	995/1100	875/935	597

注 1. 电站型避雷器用于保护GIS设备时，其陡波残压可由供需双方协议作进一步降低。

2. 对保护电容器组的避雷器，其有关要求由供需双方商定。

3. 配电避雷器的陡波残压为参考值。

（6）避雷器的持续电流。持续电流是在持续运行电压下通过避雷器的电流，它由容性电流分量和阻性电流分量组成，其值受温度和杂散电流的影响较大。

（7）避雷器参考电流。参考电流是用来确定避雷器工频参考电压下工频电流阻性分量的峰值。参考电流应足够大，以消除杂散电容对测量参考电压的影响，其值一般在1～20mA范围内。

（8）避雷器工频参考电压。工频参考电压是指避雷器在参考电流下测得的峰值。

六、新型金属氧化物避雷器（GMOA）

由上所述可知，对于磁吹避雷器（FCD、FCZ、FCX），其阀片电阻为碳化硅（SiC），间隙采用了磁吹灭弧方式后，灭弧能力大大提高，因而工频续流能力得到相应的提高，适当减少了阀片电阻的数量，使得磁吹避雷器的冲击放电电压和残压得到降低，从而提了它的保护水平。

对于金属氧化物避雷器（MOA），它的阀片电阻（MOR）主要成分为氧化锌（ZnO），故称之为氧化锌避雷器。（MOR）具有好的非线性特性（见图7-21）和通流量大的陶瓷器件，用金属氧化物电阻阀片（MOR）叠制成交流系统无间隙金属氧化物避雷器（WGMOA），因为省去了放电间隙，所以，它的冲击放电电压和残压较磁吹避雷器又得到进一步的降低，其保护水平同时得到相应提高。WGMOA是目前电力交流广泛使用的过电压保护装置（又称限压装置）。

WGMOA对运行电压很敏感，因此运行中所承受的电网电压和暂态过电压受到限制，运行检验证明，WGMOA在电网电压下损坏得很多，淘汰过快，给系统安全运行带来很大影响。

WGMOA没有间隙隔离，长期承受电网电压和暂态过电压下存在着发热老化和热稳定问题，WGMOA虽不能限制谐振过电压，但要承受谐振过电压的作用，所以其损坏的现象要严重些。经运行分析表明，密封不严使内部受潮和阀片电阻（MOR）在电网电压下出现劣化是造成WGMOA损坏的主要原因。

近年来，国内外研制出一种新型的MOA，就是带有串联间隙的金属氧化物避雷器

（GMOA），它与普通阀型避雷器（SiCA）所带的串联间隙作用是不相对的。串联间隙MOR的作用是隔离电网电压增强避雷器承受电网电压的能力，而无熄弧任务。它是一种特殊的“电阻”，间隙未放电时阻值无穷大，间隙放电后阻值为零，正常运行时阀片电阻（MOR）不承受电网电压作用，所以不存在电网电压下的劣化问题。GMOA间隙随结构的不同，分内串和外串两类，内串间隙有分带并联电阻和不带并联电阻两种。

新型GMOA由于采用了新型SiC非线性并联电阻间隙，能承受很高的电网电压，MOR具有十分优秀的保护水平，这种带有新型SiC非线性并联电阻间隙的MOA简称新型GMOA。新型GMOA主要采用SiC的非线性并联电阻间隙元件和无间隙MOA的MOR元件构成，经运行检验证明，综合这两者长处后极大地改善了MOA保护水平，与WGMOA相比较具有如下更多的优越性。

（1）改善了MOA上稳态电压分布，提高了承受暂态过电压能力。新型GMOA非线性并联电阻间隙元件和阀片电阻MOR元件只承受导线对地一部分稳态电压，稳态电压下老化程度远比WGMOA要轻，而承受稳态电压能力要高。在相同额定电压下，GMOA的间隙并联电阻数量要比SiCA少、MOR数量也比WGMOA少，GMOA承受暂态过电压（TOV）能力比WGMOA要高50%左右。

（2）工频续流很小，放电稳定性高。GMOA的工频流量很小，只有0～2A，存在时间极短，一般在工频半周内保证了间隙放电稳定性。

（3）雷电冲击电流下残压低。GMOA在所有电流水平和冲击频率时的残压比SiCA和WGMOA都显著的低，大大地提高了GMOA的保护水平，见表7-7。

（4）陡波响应快。新型GMOA在1.2/50的冲击波和陡波这两种情况下对快速升高电流的响应和电压波虽低于SiCA，但基本上与WGMOA等值。

（5）放电电流特性优越。因为采用了SiC非线性并联电阻间隙，比SiC和WGMOA的设计都先进，放电特性有了很大的改善。有冲击电流时，并联电阻由间隙放电而短接，并联电阻上无冲击电流，MOR吸收能量，MOR因发热电阻值急剧下降，导致通流量剧增。冲击电流过后，间隙立即截断工频续流，并联电阻投入，承受了GMOA总电压的一部分，瞬间降低了MOR上电压，因此MOR自身吸收能量（消耗功率）就降低了。这就相当于MOR热容量增大，可使GMOA能吸收更多的能量，增加了GMOA耐受短波大电流和长波电流负载能力。

（6）保护性能突击。新型GMOA的保护性能比SICA和WGMOA有了很大提高，电气技术参数见表7-6。

表7-6　新型GMOA主要电气技术参数

电力系统标称电压（有效值）/kV	电力系统最高电压（有效值）/kV	GMOA额定电压（有效值）/kV	GMOA工频放电电压（有效值，大于）/kV	GMOA 1.2/50μs冲击放电电压（峰值，小于）/kV	GMOA波前冲击放电电压（峰值，小于）/kV	GMOA 8/20μs 5kA下残压（峰值）/kV	GMOA波头1μs 5kA下残压（峰值，小于）/kV	GMOA冲击通流容量/kA	GMOA方波通流容量/A
10	11.5	12.7	25	30	36	30	35	40	400
35	40.5	42	85	110	132	110	127	40	400
66	72.5	75	153	180	216	180	210	40	400

由于GMOA的雷电冲击电压的操作过电压下保护水平得到提高，它的雷电保护配合系数KC和操作过电压配合系数KS，由原来的1.4和0.4分别提高到1.8和0.5以上（详见第10章）。由于GMOA保护水平的提高，电气设备的绝缘水平可得到响应的降低，这在电力工程中有极其重要的实际意义。GMOA的保护水平比SiCA和WGMOA提高了约30%，保护水平比较见表7-7。

表7-7 SiCA、WGMOA、新型GMOA的保护水平比较

额定电压(有效值)/kV	8/20μs 5kA下残压(峰值)/kV		
	SiCA	WGMOA	新型GMOA
12.7	45	45	30
42	134	134	110
75	224	224	180

§7.5 防雷接地

接地装置是防雷设备的重要组成部分。各种防雷接地装置是否良好，其防雷作用的充分发挥有很大的影响。统计表明，电力系统中，无论是输电线路还是变电站、接地装置的接地电阻值偏大是发生反击事故的主要原因之一。接地电阻的大小，变电站，接与电力系统的安全运行有着极大的关系。我国有关规程规定，配电装置防雷接地的接地电阻一般要求小于10Ω，对于输电线路杆塔的接地电阻一般要求小于30Ω。

一、冲击电流作用下的接地电阻

由于雷电流陡度大、幅值高、持续时间短，接地装置在冲击大电流作用下呈现的电阻与工频接地电阻不同。为了说明冲击接地电阻和工频接地电阻的关系，定义接地电阻的冲击系数α为

$$\alpha = R_{ch}/R \tag{7-34}$$

式中 α——接地电阻的冲击系数；

R_{ch}——冲击接地电阻，Ω；

R——工频接地电阻，Ω。

接地电阻的冲击系数α体现在大幅值雷电流冲击下，土壤及接地体特性的变化，它与雷电流幅值、土壤电阻率ρ及接地装置的形式、尺寸等有关。α可能大于1，也可能小于1。

当大幅值冲击电流从接地体入地时，在接地体附近会出现很大的电流密度和很高的电场强度。实验证明，当土壤中的电场强度E的值大约在3～6kV/cm时，土壤中可能发生火花放电而形成击穿。此时，与接地极邻近的土壤电阻率就大为降低而成为良导体，其作用相当于扩大了接地极的几何尺寸，使接地装置的接地电阻下降，此时α小于1。土壤中的电场强度可计算为

$$E = \delta\rho \tag{7-35}$$

式中 δ——冲击电流密度；

ρ——土壤电阻率；

E——土壤中电场强度。

由此可见，当冲击电流密度 δ 越大，土壤电阻率 ρ 越大时，E 也越大，冲击电流下接地电阻的降低幅度就越大。

由于冲击电流具有幅值大、持续时间短的特点，所以接地装置在冲击电流下的电感效应就不能不考虑。对于一些伸长的接地体，电感对冲击电流的释放起着较大的阻碍作用，有可能使冲击接地电阻大于工频接地电阻，此时 α 可能大于 1。为了在雷电流下得到较小的接地电阻，单根水平伸长接地体的最大长度不宜超过 100m。表 7-8 为水平带形接地体的冲击系数。

表 7-8　水平带形接地体的冲击系数

土壤电阻率/(Ω·m)	长度/m	冲击电流/kA			
		5	10	20	40
100	5	0.80	0.75	0.65	0.50
	10	1.05	1.00	0.90	0.80
	20	1.20	1.15	1.05	0.95
500	5	0.60	0.55	0.45	0.30
	10	0.80	0.75	0.60	0.45
	20	0.95	0.95	0.85	0.60
	30	1.05	1.15	0.90	0.80
1000	10	0.60	0.55	0.45	0.35
	20	0.80	0.75	0.60	0.50
	40	1.00	0.95	0.85	0.75
	60	1.20	1.15	1.10	0.95
2000	20	0.65	0.60	0.50	0.40
	40	0.80	0.75	0.65	0.55
	60	0.95	0.90	0.80	0.75
	80	1.10	1.05	0.95	0.90
	100	1.25	1.20	1.10	1.05

二、复式接地装置的冲击接地电阻

为了得到较小的接地电阻，往往需要将一些简单接地体加以组合，构成复式接地装置，如图 7-30 所示。由图可见，在各接地体之间有相互屏蔽效应，且各平行接地体之间存在互感，这些因素都会阻碍接地极泄向土壤的冲击电流，使接地体的利用情况恶化。所以，复式接地体总的接地电阻不等于各单一接地电阻并联值，而是要大一些。由 n 个相邻水平射线接地体所组成的接地装置，其冲击接地电阻可计算为

$$R_{ch}=\frac{R_{ch'}}{n}\cdot\frac{1}{\eta} \tag{7-36}$$

式中　R_{ch}——复式接地装置的冲击接地电阻，Ω；

$R_{ch'}$——单一接地体的冲击接地电阻，Ω；

η——利用系数，见表 7-9。

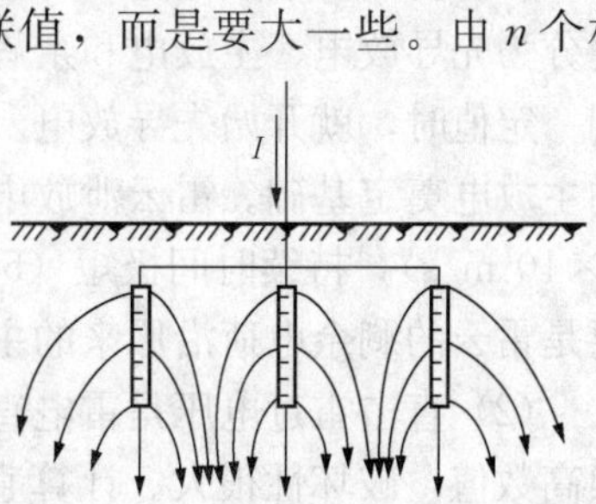

图 7-30　复式接地极电流分布图

表 7-9　　**接地体的冲击利用系数 η**

接地体型式	接地导体的根数	冲击利用系数	备注
规根水平射线（每根长 10～80m）	2	0.83～1.00	较小值用于较短的射线
	3	0.75～0.90	
	4～6	0.65～0.80	
以水平接地体连接的垂直接地体	2	0.80～0.85	$\frac{D（垂直接地体间距）}{l（垂直接地体长度）}=2\sim3$ 较小值用于$\frac{D}{l}=2$时
	3	0.70～0.80	
	4	0.70～0.75	
	6	0.65～0.70	

三、土壤电阻率

土壤电阻率 ρ 是决定接地电阻大小的一个重要原始参数，也是工程中进行防雷设计的基础参数。对于一般土壤电阻率地区，要求防雷接地的接地电阻小于 10Ω，而对高土壤电阻率地区接地电阻值不作具体规定。工程上采用的 ρ 值一般是一年内最大的电阻率，但实际测量时，因季节不同测量结果受到气候、水分及土壤中含有的酸、盐等影响，ρ 值并不是一年中的最大值。为此，需要把测量结果换算至一年内可能出现的最大值，即

$$\rho=\psi\rho_0 \tag{7-37}$$

式中　ρ——设计时所用的土壤电阻率，Ω·m；

ρ_0——测量条件下该地区土壤电阻率，Ω·m；

ψ——季节系数，见表 7-10。

表 7-10　　**防雷接地装置的季节系数**

埋深/m	ψ 值	
	水平接地体	2～3m 的垂直接地体
0.5	1.4～1.8	1.2～1.4
0.8～1.0	1.25～1.45	1.15～1.3
2.5～3.0（深埋接地体）	1.0～1.1	1.0～1.1

注　测定土壤电阻率时，如土壤比较干燥，则应采用表中的较小值，如比较潮湿，则应采用较大值。

本章要点

（1）雷云对地放电是一种自然现象，但它会对电力系统构成重大威胁。雷云对地放电过程分为先导放电、主放电和余辉放电三个阶段。雷云中某一局部和大地间构成的电场强度达到一定值时，就开始先导放电。先导放电是空气预游离过程，也是雷电的定向过程，为其后的主放电奠定基础。雷云泄放电荷主要在主放电阶段。在主放电阶段，放电速度极快（平均 6×10^7m/s），持续时间极短（50～100μs），放电电流极大（几十至几百千安）。余辉放电主要是雷云的剩余电荷沿原来的主放电通道泄放的过程。

（2）直击雷过电压是雷电直接击中某一物体，在该物体上产生的过电压，它的幅度可达很高数值，破坏性很大。计算直击雷过电压时，对于避雷针这样的设备要主要考虑的是电感，而不是针体电阻体现了雷电流幅度高、速度快、持续时间短的特点。

雷电的破坏性主要在主放电阶段。用于防雷计算和设计的雷电参数主要有雷电流幅值（I）、雷电通道波阻抗（Z_0）和波形参数（2.6/40μs）。它们所表示的是雷电主放电阶段的情况。

（3）避雷针和避雷线是防直击雷的唯一重要设备，其保护范围的确定方法主要是通过实验和长期的运行实践而得出来的，可作结论性记忆，同时应掌握一些基本规律。对于避雷针来说，其保护范围并不与针高成正比，需用高度影响系数 P 作修正；对于一定高度的避雷针，其保护范围像折形伞状，越接近底部保护范围越大，越靠近顶端保护范围越窄；滚球法的保护范围是以避雷针为轴心、以滚球半径 h_r 为半径的球体绕针旋转一周，得到的圆锥体为其保护范围。多针联合保护比单针分别保护效果好。避雷线的保护特性与避雷针类似，但它的可靠性不如避雷针，一是避雷线保护角（25℃）不如避雷针（45℃），二是在地面上的保护宽度（$r_x=hP$）不如避雷针（$r_x=1.5hP$）。

（4）避雷器是用于防护沿输电线路侵入的雷电波。对避雷器的基本要求是：①当雷电波幅值超过避雷器动作电压时，必须可靠动作，将雷电流泄入大地；②雷电波作用之后，应能迅速切断工频续流电弧，使系统尽快恢复正常；③残压要低，具有比较平坦的伏秒特性以便与被保护设备绝缘配合。

保护间隙和管型避雷器的放电间隙的电场都是不均匀的，因而它们的放电电压分散性较大，伏秒特性较陡。另外，保护间隙和管型避雷器动作时将母线经电弧接地，所以会产生很高的截波电压。由于这两方面的原因，它们只能适用在 10kV 配电网（保护间隙）和输电线路（管型避雷器）防雷。

为了使避雷器动作时避免工作母线经电弧接地，应在火花间隙串联一个电阻片，于是构成了阀型避雷器。

1）阀型避雷器的火花间隙采用多个小间隙相串联。将一个长间隙分隔成若干个小间隙后，一方面使电场分布比较均匀，放电电压分散性较小，伏秒特性较平坦，便于绝缘配合。另一方面避雷器灭弧时，将长电弧分割成多个短电弧，使电弧能量减少，间隙温度降低，去游离作用增强，便于灭弧。

2）阀型避雷器的阀片为非线性电阻片，非线性系数 $\alpha\approx0.20$。当雷电流作用时，阀片电阻自动呈现小电阻值，便于降低残压；当工频续流作用时，自动呈现大电阻，限制了工频续流的幅值，使火花间隙便于灭弧。阀片的另一个作用是避雷器动作时，避免工作母线直接接地，降低截波的幅度。但是阀片的存在会使避雷器出现残压，为了使残压的幅值降至最低，要求在雷电流作用时阀片的电阻值最小。

阀型避雷器在整个动作过程中，阀片呈现“阀”的特性。当雷电波达到一定值时，“阀门”开启，使雷电流通过，迅速泄入大地。当雷电作用过后，避雷器“自动节流”，切断工频续流。

磁吹避雷器采用了磁吹间隙。所谓磁吹是利用磁场对电弧电流的作用，在间隙内拉长电弧，达到迅速切断电弧的目的。磁吹避雷器的灭弧能力较强，灭弧过程中对阀片的依赖性较小，可以减少阀片的数量，从而降低残压，提高保护效果。磁吹避雷器广泛用于直配电机、输电线路和重要的电气设备防雷保护。

氧化锌阀片具有极好的非线性特性，其 α 值仅为 0.05～0.04，使得氧化锌避雷器可以不用串联间隙。因此，氧化锌避雷器无论在结构上、性能上、保护效果、应用及发展前景各方面均比碳化硅避雷器优越，目前广泛应用于电力系统防雷保护中。

由于金属氧化物避雷器（MOA）没有间隙隔离电网电压，长期承受电网电压和暂态过电压下存在着发热老化和热稳定问题，而且在运行中还要承受谐振过电压的作用，特别是密封不严很内部受潮，阀片电阻在运行中出现劣化，致使损坏。由于新型 GMOA 常有串联间隙隔离电网电压后，避免了发热老化和热稳定性问题，因此，提高了 GMOA 运行的可靠性、稳定性和保护水平，保护性能优于 WGMOA。

避雷器的性能用电气参数来表示。氧化锌避雷器的电气参数与普通阀型避雷器是有区别的，这些区别源于两种避雷器结构上的差异，而结构上的差异又源于两种避雷器阀片性能的不同。

（5）防雷接地是否完善，与防雷设备的防雷效果有很大关系。如果接地电阻过大，则当避雷针落雷时，针体电位会大幅度上升，导致避雷针与被保护设备间电位相差悬殊而闪络（称为反击）。接地体在通过冲击大电流和工频电流时，呈现的电阻值不一样，前者称为冲击接地电阻（R_{ch}），后者称为工频接地电阻（R）。两者的关系为 $R_{ch}=\alpha R$，α 称为冲击系数，其值可能大于 1，也可能小于 1。它受到冲击电流密度、接地体形状、土壤电阻率等因素的影响。降低冲击接地电阻的主要措施有降低土壤电阻率、改善接地体的几何形状等，条件允许时可以扩大接地体的延伸面积。

思考与练习

7-1 解释下列名词：雷电通道波阻抗、雷暴日、直击雷、避雷器残压、灭弧电压。

7-2 雷云对地放电过程分为哪几个阶段？各阶段都有什么特点？

7-3 直击雷过电压可分为哪两部分？影响直击雷过电压的因素有哪些？

7-4 雷电流幅值是如何定义的？

7-5 管型避雷器有什么优缺点？适用于什么场合？

7-6 阀型避雷器的阀片有何作用？对阀片的基本要求是什么？

7-7 阀型避雷器火花间隙采用多个小间隙串联有什么好处？

7-8 对阀型避雷器的工频放电电压为什么规定上、下限值？

7-9 阀型避雷器并联分路电阻和均压环各有什么作用？

7-10 何谓阀型避雷器的保护比？为什么它可以表示避雷器的性能？

7-11 磁吹避雷器有什么特点？

7-12 磁吹避雷器为什么采用磁吹线圈产生磁场而不用永久磁铁？

7-13 氧化锌避雷器为什么可以不采用串联火花间隙？

7-14 氧化锌避雷器与阀型避雷器相比有何优点？

7-15 何谓氧化锌避雷器的持续运行电压？如何选取？

7-16 新型金属氧化物避雷器 GMOA 在构造上与氧化锌避雷器有何区别？

7-17 新型金属氧化物避雷器 GMOA 的串联间隙有什么作用？

7-18 GMOA 与氧化锌避雷器相比，有哪些优越性？

7-19 何谓冲击接地电阻，影响冲击接地电阻的因素是什么？

7-20 简述防雷接地的意义。

7-21 两支等高避雷针，高 26m，间距 28m，试确定 $h=18$m 平面上的保护范围。

第 8 章

内 部 过 电 压

随着电力系统装机容量和输电线路距离的增加，输电电压等级的提高，系统内因断路器的操作或故障时产生的过电压逐渐增高，对绝缘造成极大危害。在不断改进防雷保护技术以限制大气过电压的同时，还应充分考虑内部过电压对绝缘的威胁。内部过电压种类很多，按其原因，可分为操作过电压和谐振过电压两大类。

操作过电压是由于断路器操作或发生故障时，系统将由一种稳定状态过渡到另一种稳定状态。在运行状态转变过程中，引起系统内电磁场能量相互转换及重新分布的过渡过程，可能在某些电气设备上，甚至在局部或整个系统中产生很高的过电压。通常将操作、故障时过渡过程中产生的过电压称为操作过电压。

常见的操作过电压有切断空载线路过电压、切断空载变压器过电压、电弧接地过电压等。

电力系统中的许多电气设备可视为电感或电容储能元件，如变压器绕组的电感、输电线路的对地电容等。在操作断路器（正常和故障时）或系统内发生故障时形成的谐振回路中，若其自振频率与电源频率接近或相等，就会发生谐振现象，从而产生过电压。由谐振现象产生的过电压称为谐振过电压。谐振是一种稳定现象，谐振过电压不仅在操作或故障时的过渡过程中产生，还有可能在过渡过程结束后较长时间内稳定存在，直到新的操作将谐振条件破坏为止。

谐振按其性质分为线性谐振、铁磁谐振（又称非线性谐振）及参数谐振。对于铁磁谐振，可以是基波谐振、高次谐波谐振，也可以是分次谐波（低于工频谐波）谐振，本章仅分析基波铁磁谐振过电压。

由于内部过电压的起因与发展过程均来自系统本身，其振荡幅值、波形受到系统的电源容量、参数、运行接线、中性点工作方式、断路器性能、母线上线路条数及操作方式等因素的影响较大，从而给复杂系统中的过电压理论分析和计算带来极大困难。条件不同，过电压幅值与发展过程也就不同，实际中依据实测数值进行模拟研究，用计算机计算过电压。

无论操作过电压还是谐振过电压，其过电压幅值 $U_{osc,m}$ 与发生过电压处系统的最大工作相电压 U_{ph} 有一定比例关系，通常用 $U_{osc,m}$ 与 U_{ph} 相比的倍数 k_0 表示内部过电压的大小，即 $k_0=U_{osc,m}/U_{ph}$。有关规程给出的计算相对地操作过电压倍数如下：

35～60kV（非直接接地系统）　4.0 U_{ph}

110～154kV（非直接接地系统）　3.5 U_{ph}

110～220kV（直接接地系统）　3.0 U_{ph}

330kV（直接接地系统）　2.85（3.19）U_{ph}

500kV（直接接地系统）　2.34（2.62）U_{ph}

§8.1　切断空载线路过电压

切断空载长线路（简称切空线）是电网中最常见的操作过程之一，如图 8-1 所示。如在

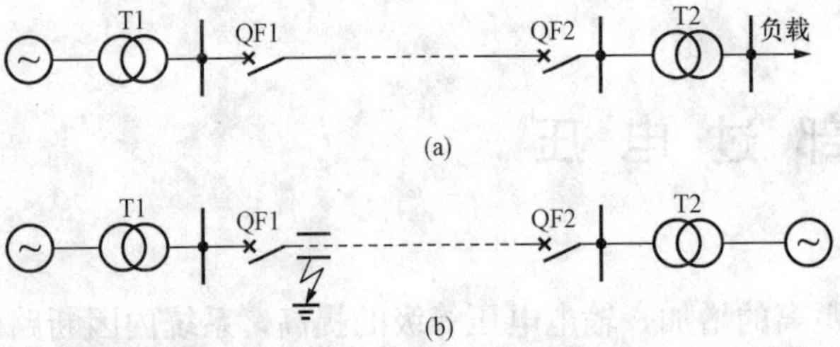

图 8-1 切断空载长线路的两种操作方式

（a）QF1 在 QF2 后断开；（b）QF1 与 QF2 之间线路发生接地故障

图 8-1（a）中切除负载时，可能断路器 QF2 先分闸，QF1 后分闸，显然，QF1 分闸就是切空线。又如在图 8-1（b）中，在双端供电的线路中，若发生接地故障，从实测知，断路器 QF1 和 QF2 分闸的时间总是存在着一定的差异，一般为 0.01～0.05s。显然，不论哪侧断路器先分闸，后分闸的断路器都是切断健全相的空载线路。

我国 35～220kV 电网中，都曾因切空线时的过电压引起多次线路绝缘子串闪络或击穿的事故。运行经验统计表明：当使用灭弧性能不够好的断路器切空线时，过电压事故就比较多；触头间电弧重燃次数越多时，过电压幅值就越高，所以电弧重燃是产生这种过电压的根本原因。大量统计数据表明，切空线过电压不仅幅值高，而且线路上过电压持续时间较长，可达 0.01～0.02s。在确定 220kV 及以下电网的绝缘水平时，切空线过电压作为内部过电压的主要计算依据。

一、过电压产生的物理过程

一条空载线路可用图 8-2 所示的 T 型等值电路来代替，其中 L_{1i} 为线路电感，C_{1i} 为线路的对地电容，$L_{\sigma s}$ 为电源的漏感。

为便于讨论，忽略母线对地电容 C_s；电源电势 $e(t)$ 的幅值电动势 E_m 为最高运行相电压 U_{ph}；考虑电源漏感 $L_{\sigma s}$ 时的总电感为 L_t（$L_t=L_{\sigma s}+L_{1i}/2$），简化后的等值电路如图 8-2（b）所示。在断路器断开之前，可认为线路上工频电压 U_{ph}（即线路电容 C_{1i} 上电压）就等于电源电动势 E_m。

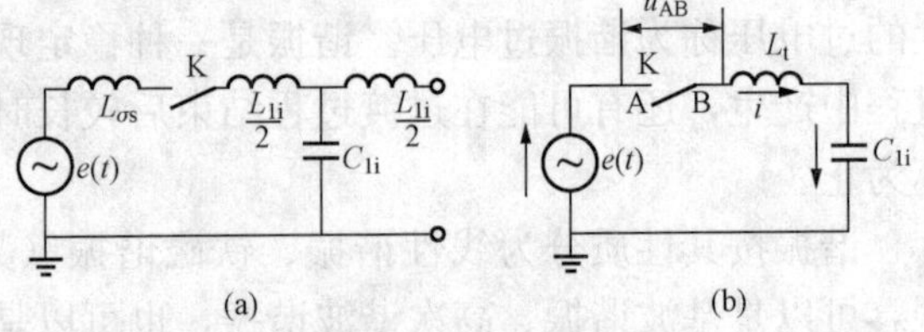

图 8-2 切断空载线路的等值电路

（a）等值电路；（b）简化后的等值电路；

$e(t)$—电源电动势；$L_t=L_{\sigma s}+\frac{L_{1i}}{2}$；$u_{AB}$—触头 AB 间的恢复电压

假设断路器开断时间为 t，若 $t=t_1$ 瞬间断路器分闸，如图 8-3 中的 t_1 时刻，这时线路（C_{1i}）上电压为 $-E_m$（即 U_{ph}），此瞬间通过断路器的工频电流恰好为零。若两触头间不产生电弧或在此瞬间电弧熄灭，这时线路 C_{1i} 上的电荷将保留下来，使线路上保持残余电压为 $-E_m$。由于高压线路绝缘较好，电容 C_{1i} 上电压 $-E_m$ 在半个周期内保持不变，而电源电压则仍按正弦规律变化，所以施加在触头两端的恢复电压 u_{AB} 也将随之逐渐增大，如图中阴影线部分。如果断路器的灭弧性能很好，去游离能力很强，触头间的绝缘强度恢复速度比恢复电压的上升速度快，则电弧不会发生重燃，断路器完全切断线路，无论在母线还是线路上都不会产生过电压。

分闸时间经过工频半个周波，即 $t=t_2$ 时刻，电源电压到达 $+E_m$，两触头间的恢复电压 u_{AB} 达到 $2E_m$。假若断路器的灭弧性能较差，触头间的绝缘强度没有得到很好的恢复，于是在 $2E_m$ 作用下发生电弧重燃，这时就相当于将一个电源电压 $+E_m$ 叠加于线路电容 C_{1i} 上，而 C_{1i} 上电压则由 $-E_m$ 经过振荡逐渐向 $+E_m$ 过渡，振荡结束后将最终稳定在电源电压 $+E_m$ 上。由电源电压 $+E_m$、电感 L_t 和电容 C_{1i} 组成的串联振荡回路，如图 8-4（a）所示。固有振荡角频率$\omega_0 = 1/\sqrt{L_t C_{1i}}$，角频率$\omega_0$与振荡周期$T_0$都比工频高得多，可以认为在高频振荡过程中电源电压$E_m$保持不变，不影响振荡电压幅值，如图 8-4（b）所示。

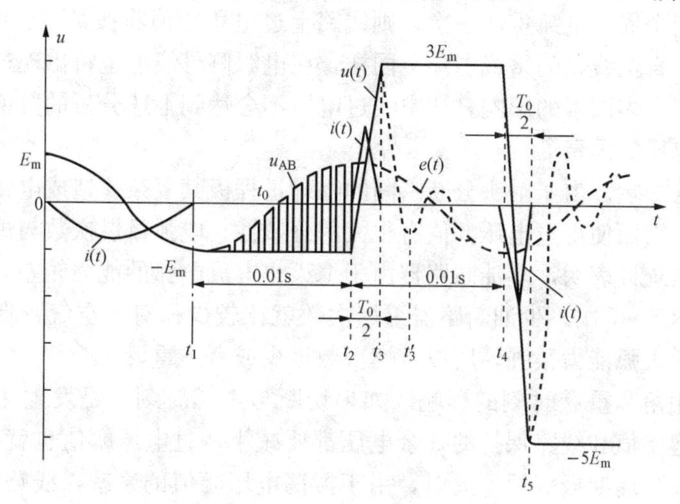

图 8-3 切断空载线路过电压的发展过程

t_1—第一次熄弧；t_2—第一次重燃；t_3—第二次熄弧；t_4—第二次重燃；t_5—第三次熄弧

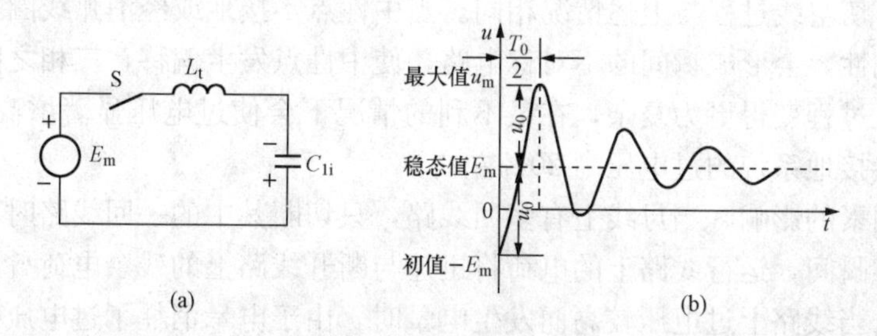

图 8-4 电弧重燃时的等值电路及振荡波形

（a）等值电路；（b）振荡波形

为确定最严重情况下的过电压幅值，若高频振荡经过半个周期$T_0/2$，高频振荡电流过零值，而振荡电压恰好达到幅值，如图 8-3 中t_3时刻。在忽略回路损耗所引起的电压衰减的情况下，电弧第一次重燃时线路上过电压幅值为

过电压幅值＝2 稳态电压值－起始电压值

这里的过电压幅值为$U_{osc,m}$；稳态电压值为电源电压E_m；起始电压值为C_{1i}上电压$-E_m$，即

$$U_{osc,m} = 2E_m - (-E_m) = 3E_m$$

假若在t_3时刻高频电流过零，电弧熄灭，线路上将只保持$3E_m$的残余电压值；如果在t_3时刻电弧不能熄灭，就要等到高频电流第二次过零t_3'时刻才会熄灭，线路C_{1i}上仍可保持$3E_m$的残余电压值。随着触头开断距离的不断增大，电流过零时绝缘强度得到一定的恢复，线路上可保持住$3E_m$的过电压，如图 8-3 中$t_3 \sim t_4$时间所示。

若再经过工频半个周期，即$t = t_4$时刻，电源电压达到$-E_m$，断路器触头间的恢复电压u_{AB}达到$4E_m$，假设在t_4时刻电弧第二次重燃，这时线路C_{1i}上振荡电压的起始值为$3E_m$，稳态电压值为$-E_m$，故电弧第二次重燃时过电压幅值为

$$U_{osc,m}=2(-E_m)-E_m=-5E_m$$

假定高频电流在 t_5 时刻过零，电弧熄灭，线路 C_{1i} 上将保持 $-5E_m$ 的残压电压。此后，如工频电压每隔半个周期电弧重燃一次，则线路上过电压幅值将按 $7E_m$、$-9E_m$、…的规律变化，渐次升高，直至线路闪络或击穿。同样，在电源侧母线上也将出现过电压。

实际上，由于许多因素的影响，切空线过电压不会达到上述分析的数值。

二、影响过电压的因素

（1）断路器的影响。由于触头分断瞬间的物理过程极其复杂，造成电弧重燃与熄灭的偶然性和不稳定性，因而使得过电压幅值有很大的分散性。电弧重燃次数与熄灭和断路器性能有直接关系，根据统计表明，多油断路器由于熄灭小电流电弧的能力较差，电弧重燃次数就比较多，有时可达 6～7 次；少油断路器重燃次数就比较少；对于空气、真空和六氟化硫断路器，由于它们的灭弧能力很强，所以重燃次数极少或者不重燃。

（2）切断时相角和重燃时刻的影响。如果切断与重燃时刻不是发生在电源电压为幅值时，振荡电压的起始值和线路保持的残余电压都要减小，过电压幅值也就相应降低。另外，若电弧经过数个高频周期振荡后熄灭时，由于振荡电压幅值的衰减，线路 C_{1i} 上保持的残余电压也将降低，在下次重燃时，过电压幅值也将降低。

（3）中性点工作方式的影响。在中性点直接接地系统中，各相有自己的独立回路，相间电容影响不大，切空线过程与上述情况相同。当中性点不接地或经消弧线圈接地时，三相分闸时间的不同期性，会形成瞬间的不对称电路，使中性点发生偏移，三相之间互相影响，使电弧燃烧和熄灭过程变得更为复杂，在最不利的情况下会使过电压显著增高。一般情况下，它比中性点直接接地系统的过电压高 20%左右。

（4）其他因素的影响。当母线上有多回线路，只切断其中的一回线路时，电弧可能发生重燃，但在重燃瞬间，运行线路上的电荷将迅速与断开线路上的残余电荷叠加，使断开线路的过电压降低；当线路上过电压较高而发生电晕时，由于电晕消耗了过电压的能量，从而抑制过电压的升高；此外，当被切断的线路末端接有电磁式电压互感器或空载变压器时，电压升高引起磁路饱和后，阻抗降低的泄流作用，可降低线路上的残余电压，断路器触头两端的最大恢复电压也将降低，避免电弧重燃或降低重燃时的过电压，较之线路无电压互感器时最大重燃过电压降低约 30%左右。同理，在中性点直接接地的系统中，当从变压器低压侧连同变压器切断空载线路时，变压器对线路残余电荷有着同样的泄流作用，也能降低这种过电压。

在中性点不接地和经消弧线圈接地的电网中，这种过电压一般不超过 3.5 倍，即使是最不利的情况下，切断一相接地的空载线路时，一般也不超过 4.0 倍。

三、限制过电压的措施

切空线过电压的幅值高，持续时间较长（达 0.1s 左右），波及面广（存在于线路、母线上），所以它是确定高压线路和电气设备绝缘水平的主要依据，因此应采取措施消除或限制这种过电压。

（1）采用性能好的断路器。特别是切断小电流（主要电容性电流）电弧的能力要强，可以最大限度地降低或消除电弧重燃的可能性，降低或完全消除切空线时所产生的过电压。

（2）采用带有并联电阻的断路器。如图 8-5 所示，主触头 QF1 上并联一定大小的电阻 RP 和辅助触头 QF2，以实现线路的逐级开断。并联电阻 RP 的阻值与断路器灭弧时间有密切关系，我国主要厂家生产的各种型式带有并联电阻的断路器，它的阻值一般在300Ω左右。

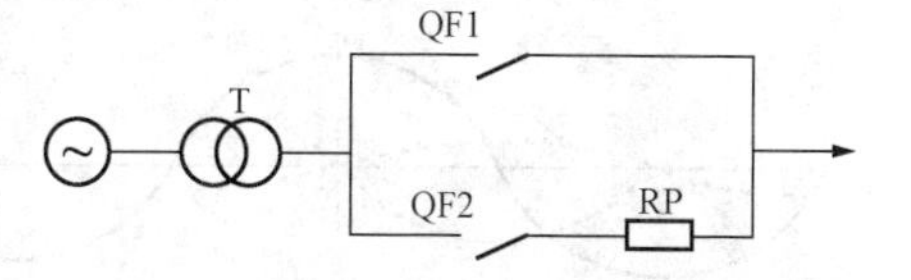

图8-5　断路器触头并联电阻
QF1—主触头；QF2—辅助触头；RP—并联电阻

在切断线路时，主触头QF1先断开，并联电阻RP经辅助触头QF2被串联在回路中，抑制了回路中的振荡过程。主触头QF1两端的恢复电压只是RP两端的压降，只要RP值选择适当，QF1中的电弧就不易重燃。且电阻RP还要消耗线路C_{1i}中的部分能量。经过1～2个周期，辅助触头QF2再断开，由于振荡过程已被RP所抑制，QF2上的恢复电压较低，一般不会发生重燃。即使QF2发生重燃，由于RP的阻尼振荡作用，过电压也不会超过2.28倍。

在超高压电网中，由于断路器都带有并联电阻，基本上消除了电弧重燃现象，也就基本上消除了这种过电压。我国在330kV线路上的试验结果表明，切空线多次未发生重燃，最大过电压只测到1.19倍。

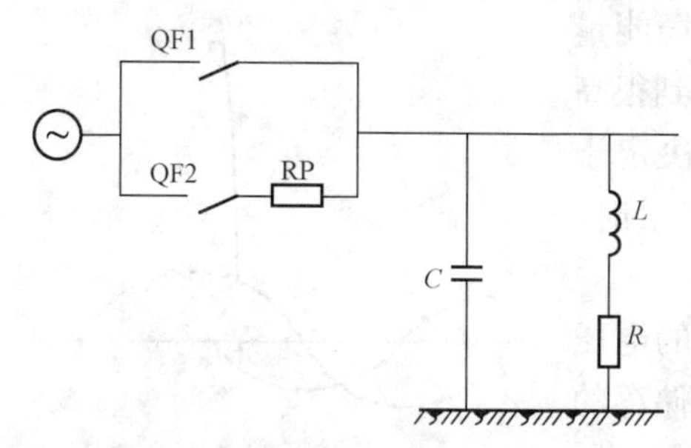

图8-6　线路并联电抗器原理接线图
C—线路对地电容；L—电抗器；R—阻尼电阻

(3) 采用并联电抗器。图8-6所示为线路并联电抗器原理接线，由于它的电感和线路电容将会引起振荡，不能有效地降低线路的残余电压，而会出现较高的过电压。但计算和运行表明，在振荡过程中将使断路器上的恢复电压上升速度大大降低，因而减少了电弧重燃的机会，也就降低了可能发生较高过电压的概率。在超高压电网中用并联电抗器来限制这种过电压。

§8.2　切断空载变压器过电压

在切断空载变压器、电动机和电抗器等感性负载时，有可能在被切断（或切除）的电器和断路器上出现过电压。产生这种过电压的根本原因是由于断路器灭弧性能较好，突然强行切断变压器的激磁电流形成截流所致。由于电感电流突然被截断，在电感中储存的磁场能量转化为电容上的电场能量，而在电容上又产生较高的过电压，这就是切断空载变压器引起过电压的根本实质。在切断空载变压器时，如果断路器未能强行熄弧而发生重燃，将会降低这种过电压的作用。

一、切断空载变压器时过电压的形成过程

空载变压器切断前，在工频电压作用下可用T型或Γ型等值电路来代表。由于它的漏抗比激磁电抗要小得多，可略去不计，变压器的电抗可用激磁电抗L_{Te}来表示。变压器对地电容C_T和连接母线对地电容C_m，合成看作为变压器的对地总电容C_{Te}，这样得到图8-7所示的等值电路。

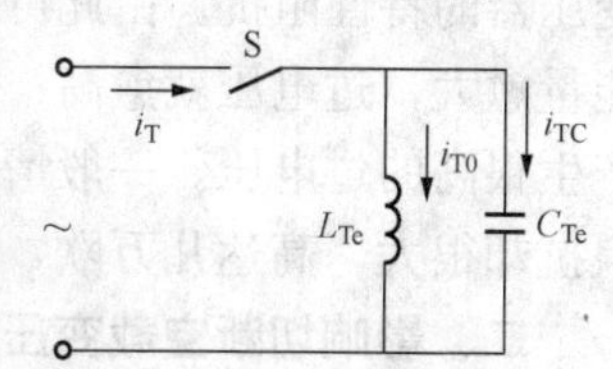

图8-7　切断空载变压器的等值电路

在未切断前，电路在工频电压作用下，断路器通过的电流i_T为变压器空载电流i_{T0}与对地电容C_{Te}中的电流i_{TC}的相量和，因C_{Te}很小，可略去i_{TC}不计，即

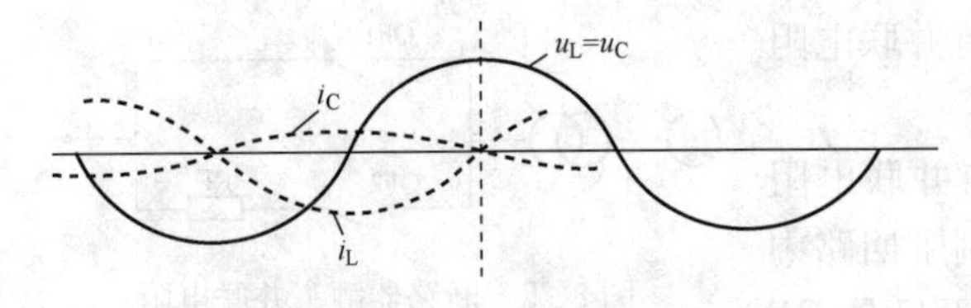

图 8-8　空载变压器正常开断过程

$$i_T = i_{T0} + i_{TC} \approx i_{T0}$$

如果断路器在工频电流自然过零时熄灭电弧，这时电感上电压 u_L 和电容上电压 u_C 都恰好是工频电压瞬时最大值，如图 8-8 所示。工频电流自然过零电弧熄灭，电感中的磁场能量等于零，电容 C_{Te} 不可能从其他方面得到能量，其电压不会超过工频电压瞬时最大值。

但切断空载变压器的瞬间通过断路器的电流为变压器激磁电流 i_{T0}，其值很小，一般只是额定电流的 1%～4%。当断路器切断小电流的能力很强时，会在电流不为零时发生强制熄弧造成截流 i_0，如图 8-9 所示。这时电感中储存的磁场能量形 $W_L = L_{Te} i_0^2/2$，将全部转变为电场能量 $W_C = C_{Te} u_0^2/2$，这一转变过程表现为磁场能量 W_L 向电容 C_{Te} 充电，使其电压 u_0 急剧上升，可能达到很高的数值，而形成过电压。电容上过电压幅值 U_{Cm}，决定于电感中的磁场能量，当它全部转变为电容的电场能量时，其过电压便达到最高值。

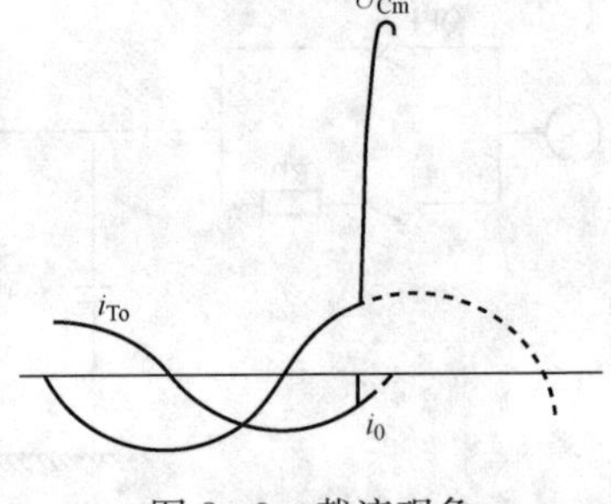

图 8-9　截流现象

设被截断时 i_T 的瞬时值为 i_0，而电感与电容上的电压相等，即 $u_L = u_C = u_0$，这时在电感 L_{Te} 与电容 C_{Te} 中储存的能量分别为

$$W_L = \frac{1}{2} L_{Te} i_0^2$$

$$W_C = \frac{1}{2} C_{Te} u_0^2$$

当磁场能量全部转变为电场能量时，电容 C_{Te} 上电压将达到最高，其过电压幅值 U_{Cm} 的计算式为

$$\frac{1}{2} L_{Te} i_0^2 + \frac{1}{2} C_{Te} u_0^2 \mathrm{L} = \frac{1}{2} C_{Te} U_{Cm}^2$$

即

$$U_{Cm} = \sqrt{i_0^2 \frac{L_{Te}}{C_{Te}} + u_0^2} \tag{8-1}$$

由于变压器电容 C_{Te} 较小，截流瞬间它的电场能量 W_C 与电压 u_0 都不大，若略去截流电容的能量，则有

$$U_{Cm} = i_0 \sqrt{\frac{L_{Te}}{C_{Te}}} \tag{8-2}$$

式（8-2）是在不计变压器损耗情况下求得的过电压幅值，式中，令 $Z = \sqrt{L_{Te}/C_{Te}}$，Z 称为变压器的特性阻抗。由此可知，截流瞬间的电流 i_0 愈大，变压器激磁电感 L_{Te} 愈大，则磁场能量愈大，过电压就愈高；而对地电容 C_{Te} 愈小，使同样的磁场能量转化到电容上，也可以产生很高的过电压。一般情况下，截流 i_0 虽不大，只有几安到几十安，可是变压器的特性阻抗却很大，高达几万欧，形成很高的过电压。

二、影响切断空载变压器过电压的因素

（1）断路器的性能。断路器性能较差时，尤其是熄灭小电流电弧能力不强的多油断路器，切空载变压器过电压就较低。当断路器截流后，断路器的变压器侧有很高的过电压，而

在电源的一侧是工频电源电压，这时触头间的电位差很大，将导致电弧发生重燃。重燃时，变压器侧的能量向电源释放，可降低过电压的幅值。由此可见，若仅用来切断空载变压器时，可选取性能较低的断路器。

如果断路器切断小电流电弧能力很强，如空气断路器，由于截流能力强，电弧不可能重燃，切空载变压器过电压就较高。

（2）变压器与外部接线的影响。若被切断的变压器接有一段电缆或架空线时，这就加大了电容 C_{Te}及断路器中流过的电容性电流 i_{Tc}，加大 C_{Te}会使变压器的特性阻抗减小，过电压将会降低。

（3）其他因素的影响。切断空载三相变压器过电压比单相变压器约高 50%，因此切断空载变压器试验都是在三相中进行。

根据实测统计表明，在中性点直接接地的系统中，切断 110～220kV 空载变压器时，过电压一般不超过 $3U_{ph}$；在中性点不接地或经消弧线圈接地的 35～154kV 系统中，这种过电压一般不超 4 U_{ph}，个别曾达 7.4 U_{ph}。

切断空载变压器过电压频率高，持续时间短，能量小，限制这种过电压较为容易。可使用带有高阻值（约几万欧）并联电阻的断路器，通过并联电阻将变压器的磁场能量释放；也可使用普通阀型避雷器（或 MOA）来限制。为此而装设的避雷器，在冬季不应退出运行。

§8.3 电弧接地过电压

在中性点不接地系统中，当发生单相金属性接地故障时，故障相对地电压为零，健全相对地电压升高到线电压。如果单相接地通过不稳定的电弧接地，使接地点的电弧将随恢复电压的变化而出现间歇性的重燃和熄灭。由于系统中存在电感和电容，可能引起线路或某一部分电网发生振荡，则在健全相上和故障相上都会产生很高的过电压。一般将这种过电压称为电弧接地过电压，又称为间歇性电弧过电压。

通常电弧接地过电压不会损坏电网和电气设备绝缘。但是当电网或电气设备在运行中，因某种原因引起绝缘性能下降，或有些潜伏性故障，在绝缘预防性试验中未能检查出来时，若发生电弧接地过电压，就有可能击穿绝缘造成事故。因为单相接地故障在系统中出现的机会特别多（据统计在 65%以上），而且多为不稳定电弧接地，所以很容易发生电弧接地过电压。一旦发生其波及面比较广，持续时间可达 0.5～2h，对中性点不接地系统的危害是相当严重的。

电弧接地过电压的发展与电弧的熄灭时刻有很大关系，通常认为电弧的熄灭有可能在两种情况下发生：一种是空气中的开放电弧，大多在工频电流过零时刻熄灭；另一种是油中电弧，常常是在过渡过程中高频振荡电流过零的时刻熄灭，实际上在这两种情况下电弧都能熄灭。电弧能否熄灭，关键在于电流过零时，间隙中绝缘强度的恢复和加在间隙上的恢复电压两者的上升速率。现以高频电流过零值时熄弧的情况来讨论这种过电压发展过程。

一、电弧接地过电压发展的物理过程

图 8-10（a）所示为等值电路，C_1、C_2、C_3 为三相导线对地电容，且 $C_1=C_2=C_3$，设 W 相为故障相，以 D 点表示故障点发弧间隙，U、V 相为健全相。图 8-10（b）表示整个

过电压的发展过程，u_U、u_V、u_W 为三相电源电压，而 u_1、u_2、u_3 表示相应的三相线路对地电容 C_1、C_2、C_3 上的电压。因为 U、V 两相的情况相同，图中只画出 U 相的变化过程。

在 t_1 时刻故障点 D 第一次发弧时，过电压的产生过程如下：假定 t_1 时刻，W 相电压达峰值时故障点 D 第一次发弧，即间隙 D 击穿。由图 8-10（c）所示相量图可知，在 t_1 时刻发弧前的各相峰值电压 $u_{Wm}=-U_{ph}$；$u_{Um}=u_{Vm}=+0.5U_{ph}$；$u_{UWm}=u_{VWm}=1.5U_{ph}$。$t_1$ 时刻间隙 D 击穿发弧时，各相电压变化情况：故障相 C_3，导线经 D 点电弧接地，$u_3=0$，即由原来的 $-U_{ph}$ 变为 0；健全相 C_1、C_2 上电压由原来的 $0.5U_{ph}$ 上升到线电压 $1.5U_{ph}$。此变化即为高频振荡过程，其振荡角频率 $\omega_0=1/\sqrt{C_{1i}L_s}$（$L_s$ 为系统电感）。振荡过程中，健全相 C_1、C_2 上振荡电压的起始值为 $0.5U_{ph}$，稳态值为 $1.5U_{ph}$，t_1 时刻 C_1、C_2 上的振荡电压幅

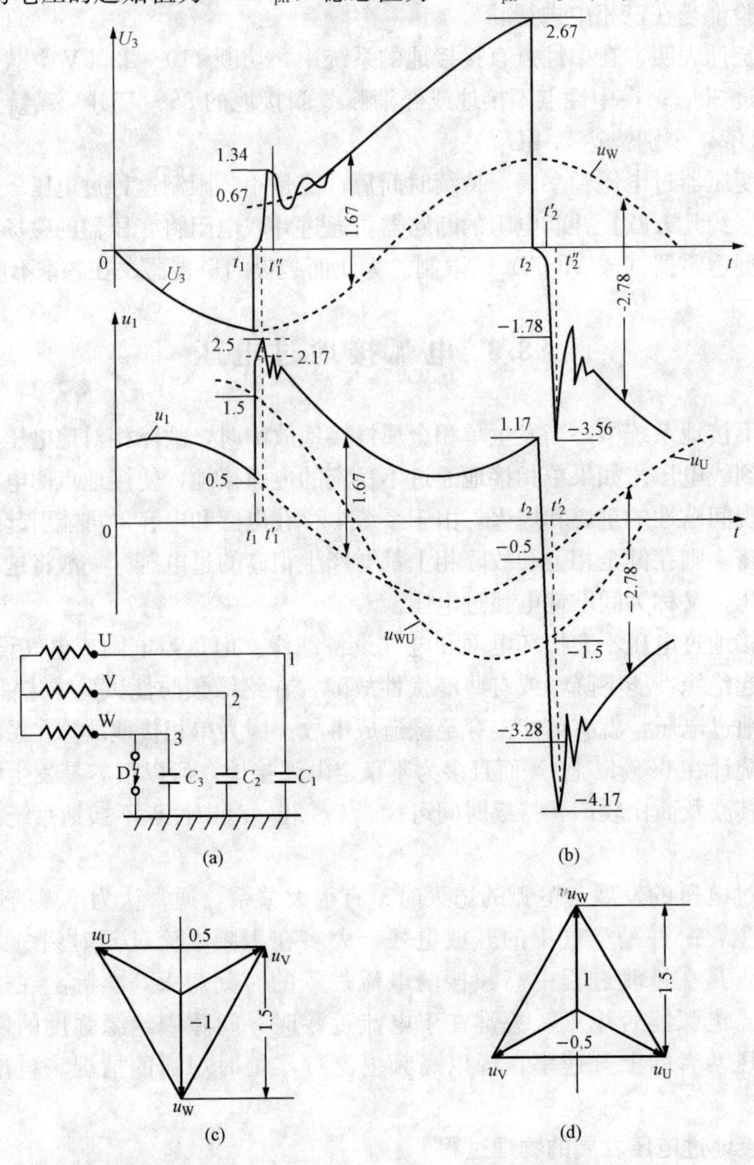

图 8-10　电弧接地过电压的发展过程

（a）等值电路；（b）过电压发展过程；（c）t_1 时刻电压相量图；（d）t_2 时刻电压相量图

值为

$$u_{osc,m}|_{t_1} = 1.5U_{ph} + (1.5U_{ph} - 0.5U_{ph}) = 2.5U_{ph}$$

这时通过故障点D的电流，为C_1、C_2两相在$u_{osc,m}$作用下的容性高频振荡电流。t_1'时刻，通过故障点D的高频振荡电流过零值，其振荡电压恰好达到幅值$u_{osc,m}$，如图8-10（b）中t'_1时刻所示。由于高频振荡电流过零，间隙D中电弧在t'_1时刻熄灭，熄弧瞬间各相电容上的电压及相应电荷为

电容	C_1	C_2	C_3
电压	$2.5U_{ph}$	$2.5U_{ph}$	0
电荷	$2.5C_1U_{ph}$	$2.5C_2U_{ph}$	0

故障点D熄弧后，三相电路恢复正常。由于系统中性点绝缘，C_1与C_2两相保留下来的电荷，将通过系统中性点均匀分配在三相导线上，每相电容上电荷为$2\times2.5\,C_1U_{ph}/3=1.67C_1U_{ph}$。由于这部分电荷不随线路工频电压而变，可看作幅值为$1.67U_{ph}$的直流电压与各相电容上工频电压相叠加后，共同作用在三相电路中。t_1'时刻D点熄弧后，故障相C_3叠加的电压为$1.67U_{ph}+(-U_{ph})=0.67U_{ph}$。熄弧后$C_1$与$C_2$要对$C_3$充电，使$C_3$上电压从0升至$0.67U_{ph}$。在$t_1'$时刻振荡过程中，各相导线上过电压幅值为

故障相C_3

$$u_{osc,m}|_{t_1'} = 0.67U_{ph} + (0.67U_{ph} - 0) = 1.34U_{ph}$$

健全相C_1、C_2

$$1.67U_{ph} + 0.5U_{ph} = 2.17U_{ph}$$

各相电压在t_1时刻发弧与t_1'熄弧的变化情况如图8-10（b）所示。

以上分析了在t_1时刻第一次发弧和熄弧时过电压的产生过程。如不考虑相间电容的影响，健全相上的过电压为$2.5U_{ph}$，故障相电压为$1.34\,U_{ph}$，直流分量为$1.67U_{ph}$。

经过工频半个周期，到达t_2时刻，即相电压达到峰值$+U_{ph}$时刻，如图8-10（d）所示。故障点第二次发弧，间隙D击穿，过电压的产生过程如下：

故障点D击穿前，各相对地电压为

故障相 $u_3=1.67U_{ph}+U_{ph}=2.67\,U_{ph}$

健全相 $u_1= u_2=1.67U_{ph}+(-0.5U_{ph})=1.17U_{ph}$

故障点D击穿后，t_2时刻又发弧，在t_2时刻振荡过程中，各相电压变化为

故障相（D点发弧后接地） $u_3=0$

健全相的过电压幅值

$$u_{osc,m}|_{t_2} = -1.5U_{ph} + (-1.5U_{ph} - 1.17U_{ph}) = -4.17U_{ph}$$

在t_2'时刻高频振荡电容电流过零电弧熄灭，振荡电压达到幅值$u_{osc,m}|_{t_2}=-4.17U_{ph}$，熄弧瞬间各相电容上电压及电荷为

电容	C_1	C_2	C_3
电压	$-4.17U_{ph}$	$-4.17U_{ph}$	0
电荷	$-4.17C_1U_{ph}$	$-4.17C_2U_{ph}$	0

在t_2'时刻熄弧后，C_1与C_2上保留下来的电荷均匀分配在三相导线上，每相上分配的电荷为$2\times(-4.17C_1U_{ph})/3=-2.78\,C_1U_{ph}$。这部分电荷仍可看作为直流分量与三相电路工频电压相叠加，每相对地电压为

故障相 $u_3 = U_{ph} + (-2.78U_{ph}) = -1.78\,U_{ph}$

健全相 $u_1 = u_2 = -0.5U_{ph} + (-2.78U_{ph}) = -3.28U_{ph}$

t_2' 时刻熄弧后，C_1 与 C_2 要对 C_3 充电，使 C_3 上电压由 0 充至 $-1.78\,U_{ph}$。在 t_2' 时刻振荡过程中，各相导线上过电压为

故障相 C_3 上过电压幅值为

$$u_{osc,m}\big|_{t_2'} = -1.78U_{ph} + (-1.78U_{ph} - 0) = -3.56U_{ph}$$

健全相 C_1、C_2 上过电压幅值为

$$2.78U_{ph} + (-0.5U_{ph}) = 3.28\,U_{ph}$$

以上分析的是 t_2 时刻第二次发弧和熄灭时过电压的产生过程。健全相上的过电压幅值为 $-4.17U_{ph}$，故障相上过电压为 $-3.56\,U_{ph}$，直流分量为 $-2.78\,U_{ph}$。

同样，假设电源再经过工频半个周期，故障相 C_3 上电压到达 $-U_{ph}$，t_3 时刻又发生电弧重燃，第三次发弧时：健全相上过电压幅值达到 $5.28U_{ph}$；故障相上过电压幅值达到 $5.04U_{ph}$；直流分量为 $3.52U_{ph}$。依此类推，在健全相和故障相上都会产生很高的过电压，渐次增高，直至发生闪络或造成绝缘击穿。

实际上这种过电压的实测值比理论值要低，这是由于相间电容的影响和损耗引起的过电压幅值衰减。另外，故障点的发弧与熄弧也不一定在最严重的情况下发生，它都有一定的随机性，所以过电压的数值也就具有统计性。根据中性点绝缘系统的运行经验统计表明，电弧接地引起的过电压一般不超过 $3U_{ph}$，个别的可达 $3.5U_{ph}$。

二、限制过电压的措施

(1) 系统中性点工作方式的影响。为消除电弧接地引起的过电压，可将系统中性点直接接地。这样，故障点熄弧后线路电容上保留的残余电荷可通过接地的中性点释放，从而基本上消除了这种过电压。但在发生单相接地故障时，形成很大的单相接地短路电流，造成断路器跳闸而中断供电。目前我国 110kV 及以上系统都采用中性点直接接地的运行方式，使得各种操作过电压都比中性点绝缘的电网低，因此可降低电网的绝缘水平。

但在电压等级较低的系统中，宜采用中性点绝缘的运行方式，这样可以避免频繁发生的单相短路故障，减少操作次数，提高供电可靠性。发生单相短路时，通过接地点的电流仅为三相的对地电容电流，当电容电流超过一定值（3～10kV 系统为 30A；20kV 及以上系统为 10A）时，电弧不易熄灭，可采用中性点经消弧线圈接地的运行方式，这种系统称为补偿系统。

(2) 采用中性点经消弧线圈接地的运行方式。消弧线圈是一带铁芯且可调的电感线圈，接于系统中性点处，如图 8-11 (a) 所示。它的电感值按系统的对地电容或单相接地短路电流的大小来决定。

由图 8-11 (a) 可知，在系统正常运行时，三相对称，中性点电位为零，消弧线圈中无电流通过。当 W 相发生接地短路时，通过故障点的电容电流为 I_C，它是电容 C_1 与 C_2 在线电压作用下的电容电流。若 $C_1 = C_2 = C_3 = C_0$，电源角频率为 ω，由图 8-11 (b) 可知，电容电流为

$$I_C = 3\omega C_0 U_{ph} \tag{8-3}$$

由式 (8-3) 可知，流过故障点的电容电流 I_C 为相电压 U_{ph} 作用下的三相电容电流的总和。

系统中性点接入消弧线圈后，通过故障点的总电流为电容电流 I_C 和消弧线圈的电感电

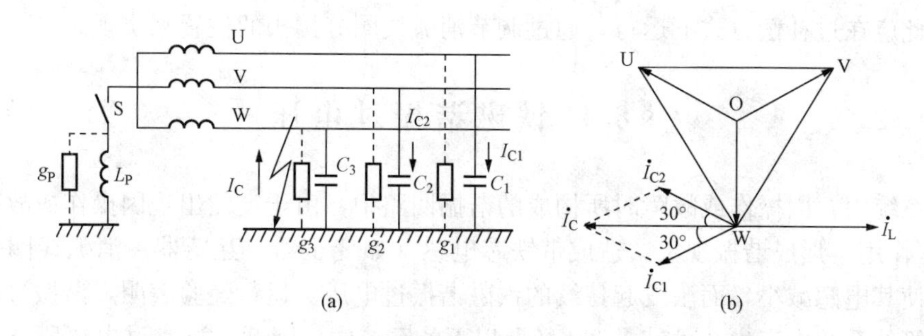

图 8-11　经消弧线圈接地系统的单相接地

(a) 电路图；(b) 故障点 $\dot{I}_L$ 与 $\dot{I}_C$ 的相量图

L_P、g_P—消弧线圈电感及电导；C_1、C_2、C_3—三相对地电容；g_1、g_2、g_3—三相对地电导

流 I_L，流过故障点的总电流 $\dot{I}_t$ 为

$$\dot{I}_t = \dot{I}_C + \dot{I}_L \tag{8-4}$$

由于 $\dot{I}_C$ 与 $\dot{I}_L$ 在相位上相反，如图 8-11（b）所示。所以消弧线圈中的电感电流 I_L 补偿了故障点的电容电流 I_C，使流过故障点总电流减小，便于电弧熄灭。

(3) 消弧线圈的运行方式。通常将电感电流 I_L 补偿电容电流 I_C 的百分数称为消弧线圈的补偿度（或调谐度），用 k 表示，即

$$k = \frac{I_L}{I_C} = \frac{U_{ph}/\omega L}{3\omega C_0 U_{ph}} = \frac{1}{3\omega L C_0} = \frac{\omega_0^2}{\omega^2} \tag{8-5}$$

其中

$$\omega_0 = \frac{1}{\sqrt{3LC_0}}$$

式中　ω_0——电路中的自振角频率。

若用 ν 表示脱谐度，则

$$\nu = 1 - k = \frac{I_C - I_L}{I_C} = 1 - \frac{\omega_0^2}{\omega^2} \tag{8-6}$$

当 $k<1$，$\nu>0$ 时，表示电感电流补偿不足，故障点通过容性残余电流，称为欠补偿。当 $k>1$，$\nu<0$ 时，表示电感电流补偿过度，故障点通过感性残余电流，称为过补偿。当 $k=1$，$\nu=0$ 时，I_L 与 I_C 恰好抵消，故障点电流为零，称为全补偿，此时通过故障点的电流，只有纯电阻性的泄漏电流。

消弧线圈的脱谐度对它的安全运行影响很大。脱谐度不能太大，太大时容性残流值增大，故障点恢复电压增长速度快，不利于熄弧，将降低消弧线圈的作用。脱谐度减小时，故障点恢复电压增长速度减小，电弧就容易熄灭。但是又不能太小，当脱谐度 ν 接近于零或等于零时，回路中就容易出现谐振，在正常情况下中性点会有很高的位移电压。当 $\nu=0$ 完全补偿的情况下，中性点位移电压可达相电压之值，这是很危险的。

为了避免中性点上出现危险的电压升高，最好是使三相对地电容对称，因此线路要充分换位。但实际上由于对地电容电流受各种因素的影响是变化的，系统的发展与线路条数也会有所增减，很难做到各相电容相等，所以就要求消弧线圈处于不完全调谐的工作状态。通常采用过补偿的运行方式，过补偿度一般为 5%～10%（即 $\nu=-0.05\sim0.1$）。即使电网在发展过程中，也可逐渐发展成为欠补偿运行，不至于因欠补偿而导致脱谐度过大，失去消弧的

作用。为此应在过补偿方式下运行，通过调节消弧线圈分接头的位置来实现。

§8.4 铁磁谐振过电压

电力系统内，因操作或故障时所构成的谐振回路中，由于突然出现因操作或故障的激发（或扰动）作用，形成谐振现象，造成带铁芯电感（如变压器、互感器、消弧线圈等）的磁路饱和，使其电感减小，而激发起持续的铁磁谐振过电压。运行经验表明，谐振过电压可在各电压等级的系统中产生，尤其是35kV及以下的系统中。因此，这类过电压所造成的事故就较多，所以在设计时应进行必要的考虑，采取一定措施以防止谐振的产生或降低其过电压幅值，缩短它的存在时间。

一、铁磁谐振基本原理

最简单的R、C和铁芯电感L的串联电路，如图8-12所示。假定在正常运行条件下，初始电路运行在感性工作状态，感抗大于容抗，即$\omega L>1/\omega C$，此时不具备线性谐振条件。但是，因某种因素使铁芯电感两端电压升高时，电感线圈中出现涌流可能使铁芯饱和，其电感值随铁芯的饱和而减小，当降至$\omega L=1/\omega C$（$\omega_0=\omega$）时，满足了串联谐振条件，在电感、电容两端便形成过电压，这种现象称为铁磁谐振。

由于谐振回路中的电感不是常数，所以没有固定的自振频率（ω_0），当自振频率等于工频（ω）时，产生铁磁基波谐振，又称为非线性谐振。在分析这种谐振、求解过电压值、研究谐振现象的特点时，需采用图解法，如图8-13所示。图示曲线即为铁芯电感上电压U_L和电容上电压U_C随电流变化的曲线，即伏安特性曲线。由图8-13可见：铁芯电感L上的电压U_L是随电流变化的，铁芯未饱和时$U_L(I)$曲线的起始部分为线性；当回路电流增大铁芯逐渐饱和时，$U_L(I)$曲线随之由线性变为非线性；电容上电压U_C的伏安特性$U_C(I)$是一条斜线；假设电源内阻抗为零，电源电势E是一条直线。

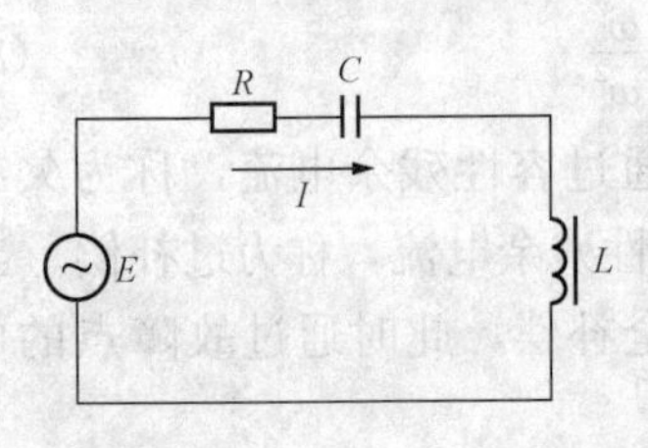

图8-12　串联铁磁谐振回路

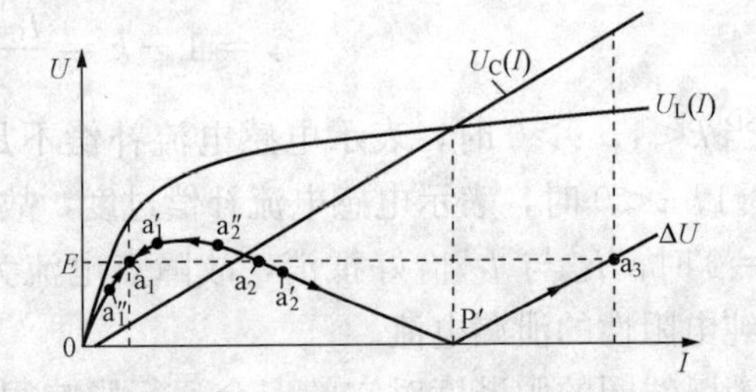

图8-13　串联铁磁谐振的特性曲线

初始工作状态，$\omega L>1/\omega C$，铁芯电感电压U_L高于电容电压U_C。因某种原因（操作或故障）使回路电流增大，铁芯逐渐饱和，线圈的电感减小，这两条伏安特性曲线出现交叉点，电感上电压U_L等于电容电压U_C，这个交叉点便是谐振点。随着铁芯的饱和电感减小，电流逐渐增大，两条伏安特性由相交点过渡到上下互换位置，出现电感上电压U_L小于电容上电压U_C，如图8-13所示。由此可得，产生铁磁谐振的必要条件是这两条伏安特性曲线必须有交点，可表示为

$$\omega L>\frac{1}{\omega C} \tag{8-7}$$

由式（8-7）可知：只要电感L或电容C大于某一数值，都可能满足谐振条件；假设系统中出现强烈冲击或扰动（如短路、操作等）过程时，可使参数L或C发生变化，以致使电路的非线性程度处在一有限范围时，就有可能发生铁磁谐振现象；谐振时，电感L值减小，L中电流增大，使回路的自振角频率恰好等于电源角频率（即$\omega_0=\omega$）。

若忽略回路电阻，各元件的电压降总和应等于电源电势，即$\dot{E}=\dot{U}_{\mathrm{L}}+\dot{U}_{\mathrm{C}}$。因为$\dot{U}_{\mathrm{L}}$与$\dot{U}_{\mathrm{C}}$相位相反，根据电势平衡条件应有$\dot{E}=\Delta\dot{U}$，用电压降绝对值之差表示时，可写成

$$E=\Delta U=|U_{\mathrm{L}}-U_{\mathrm{C}}|$$

电压降之差ΔU曲线和电源电势E间的关系，如图8-13所示。由图8-13可知，电源电势E与ΔU曲线有三个交点a_1，a_2，a_3，这三个交点都能满足电势平衡条件，且可认为都能满足谐振工作条件，但不一定都能满足稳定工作点的条件。

先分析a_1：若回路因扰动使电流稍有增加，则沿曲线ΔU偏离a_1到达a_1'点，此时外加电势E将小于总电压降ΔU，使电流减小沿曲线回到原来平衡点a_1上。反之，若扰动使电流稍有减小时，a_1点沿ΔU曲线偏移到a_1''点，这时电源电势E将大于总电压降ΔU，在E作用下，使回路电流增大又回到a_1点。由此可知，a_1点是稳定工作点，此时，$U_{\mathrm{L}}>U_{\mathrm{C}}$，（即$\omega L>1/\omega C$），回路处于感性工作状态。同样方法证明以$a_3$点也是稳定工作点。但是，到$a_3$点时回路处于容性工作状态。

再分析a_2点：若回路因扰动使电流稍有增大，a_2点沿ΔU曲线偏移至a_2'点，则电源电势E大于ΔU，使回路电流继续增大，a_2点将沿曲线继续偏移，直至偏移到新的稳定平衡点a_3为止。若扰动使电流稍有减小，则a_2点偏离至a_2''点，此时电源电势E不能维持总电压降ΔU，使回路电流继续减小，a_2''点将沿ΔU曲线继续偏离a_2点，直至偏移到a_1点为止，由此可知，a_2点是不稳定工作点。

综上所述：

（1）若电源电势$\dot{E}$一定，铁磁串联谐振有两个稳定工作点，即有两种稳定工作状态：一是非谐振稳定工作状态a_1点，此时，$U_{\mathrm{L}}>U_{\mathrm{C}}$，回路呈感性且电流较小，$U_{\mathrm{L}}$与$U_{\mathrm{C}}$都不高，不会产生过电压；二是谐振稳定工作状态$a_3$点，这时，$U_{\mathrm{L}}<U_{\mathrm{C}}$，回路呈容性且电流较大，在电感和电容上都会产生较高的电压，即铁磁谐振过电压。

（2）当电源电势E或回路的电容C改变时，使回路工作状态发生变化，从而引起过电压和过电流。假若电源电势升高，如图8-14所示。当升至m点突然跃变到n点，使回路电流由感性随即跃变成容性，回路电流相位发生180°的反转，称为相位“反倾”。在跃变过程中，回路电流激增，使电感和电容上的电压也突然升高，这就是铁磁谐振过电压最基本的现象。过电压和电流相位的反倾，给系统带来很多危害。

（3）由图8-13可知，电源电势E较低时，它有两个稳定工作点a_1与a_3。当电源和回路没有扰动或扰动很轻微时，回路只能处在非谐振工作点a_1；当回路出现强烈的扰动（又称冲击），如突然合闸、短路时，将发生过渡过程，此时工作点将由a_1跃变为新的稳定工作点a_3。这种需要外界冲击扰动并经过渡过程来建立谐振的现

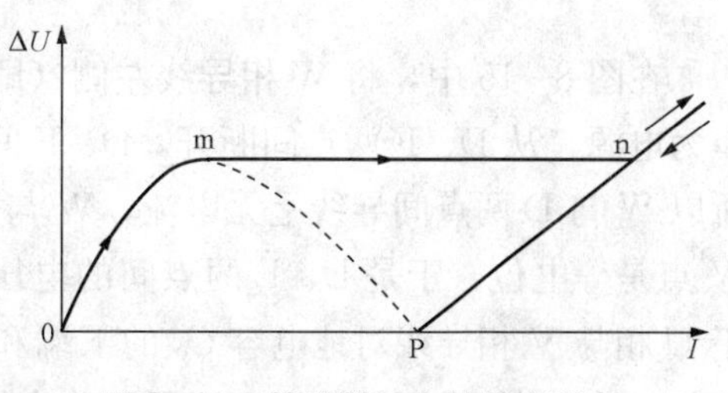

图8-14　铁磁谐振中的跃变现象

象，称为铁磁谐振的激发。这种谐振状态有可能“自保持”，能维持很长时间，直到新的操作，将其谐振条件破坏后才终止。

（4）铁磁谐振是由电路中铁磁元件铁芯饱和引起的，同时铁芯饱和的非线性也限制了过电压幅值的继续升高。此外，由于过渡过程需要能量才能维持，若回路中存有能量损耗时，可使谐振过电压受到阻尼和限制。当回路电阻大到某一数值，就不会发生强烈的铁磁谐振过电压。

以上为基波铁磁谐振过电压的基本性能。实际运行和实验分析表明，在铁芯电感的振荡回路中，如果满足一定条件，还可能出现在其他频率下持续性的谐振现象。

二、断线引起的谐振过电压

所谓断线过电压，是由于导线断开、断路器三相非同期切合以及熔断器不同期熔断所引起的基波铁磁谐振过电压。只要电源或受电侧中任意一侧的中性点不接地，在断线时都有可能出现谐振过电压。

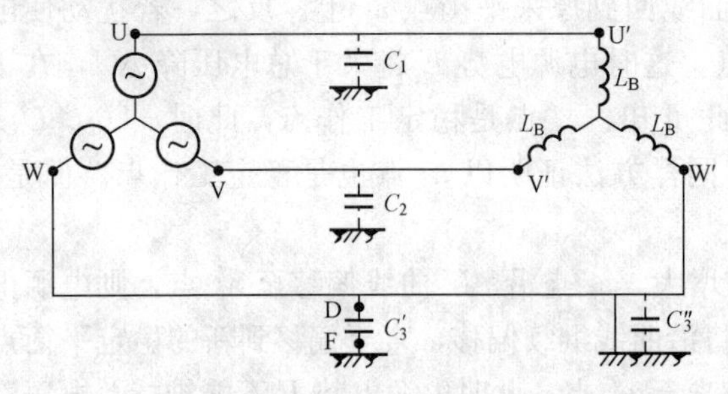

图 8 - 15　三相系统一相断电时的情况

在中性点不接地系统中，若线路末端接有空载或轻载变压器，靠近变压器侧的一相（设 W 相）断线并接地。由于相间电容对谐振无影响，在不考虑相间电容时的断线情况，如图8 - 15所示。

变压器每相的激磁电抗为 L_T，三相导线对地电容分别为 C_1、C_2、C_3，由于三相电路对称，三相对地电容相等，即 $C_1=C_2=C_3=C_0$。为便于分析图 8 - 15 的复杂电路，先将该电路简化，如图 8 - 16 所示，再利用等效发电机原理，将其等效为等值电势和等值内阻抗串联的简单电路。

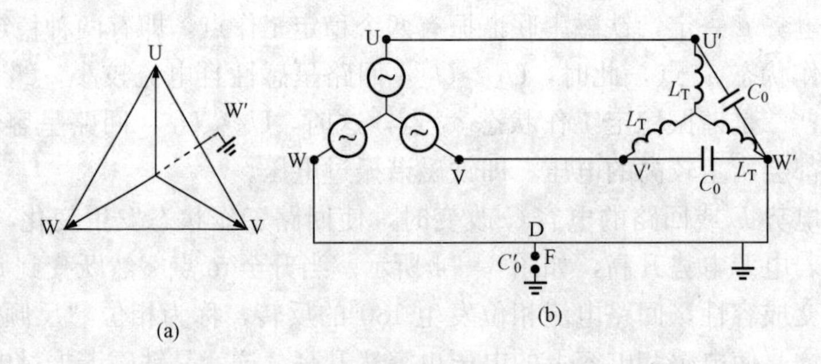

图 8 - 16　三相系统一相断线时简化电路

（a）相量图；（b）简化接线图

在图 8 - 15 中，将 W 相导线左侧（即断开点的左侧）对地电容 C_0' 看作负荷，其余部分作为电源，从 D、F 两点间断开，D、F 间的电压为等效电源电势。由于 D、F 两点间断开，所以 W 与 D 两点间导线上无电流，W 与 D 两点对地同电位。由于 F 与 W′均是接地，F 与 W′点是等电位，于是 D、F 两点间的电压也就是 W、W′两点间的电压，即 $U_{DF}=U_{OW'}$。对于 U 相与 V 相导线对地电容 C_0 的下端和 W′的下端都接地，为同电位。因此，可将 U、V 两相对地电容 C_0 都转移到变压器电路中，如图 8 - 16（b）所示。在图中，右侧的负荷对电源 U、V 是对称的，所以 W′的电位应是 U_{UV}的中点。由图 8-16（a）相量图可知，$U_{WW'}$的值显然等于 $1.5U_{ph}$，而 $U_{DF}=U_{OW'}$，所以等效电源电势也为 $1.5U_{ph}$。

在图 8-16（b）中，将电源全部短路后，从 D、F 两端测得的阻抗就是等值电源的内阻抗，如图 8-17 所示。由此可知，在这个电路中要产生串联谐振，就必须使 $1.5L_T$ 与 $2C_0$ 并联后的感抗值大于 C_0' 的容抗值，即

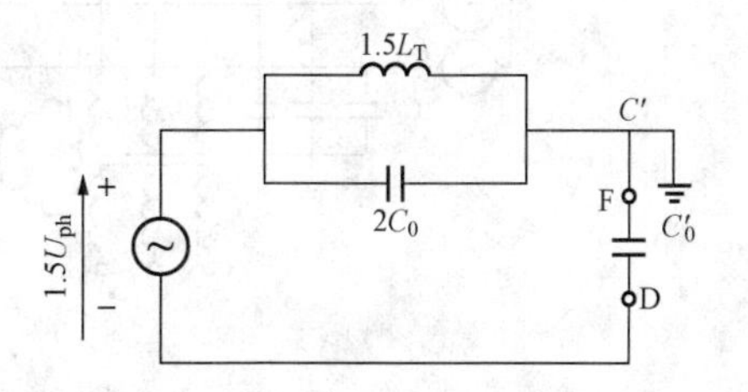

图 8-17　三相系统一相断线并接地的等值电路

$$\frac{1.5\omega L_T\times\dfrac{1}{2\omega C_0}}{\dfrac{1}{2\omega C_0}-1.5\omega L_T}>\frac{1}{\omega C_0'} \qquad (8-8)$$

由式（8-8）可知，C_0' 越大就越容易满足谐振条件，最严重的情况是在受电侧变压器附近断线并接地，此时 C_0' 最大。

当线路很长时 C_0 也将很大，可能会出现 $2C_0$ 与 $1.5L_T$ 并联后，不再呈现感性而呈容性，此时根本不会发生串联谐振，只有 $1.5L_T$ 与 $2C_0$ 并联后呈感性时才可能发生串联谐振。

断线过电压幅值较高，会造成避雷器爆炸；烧毁电磁式电压互感器；接于该变压器的小功率异步电动机反转等严重后果。为此，在中性点绝缘的系统中，应采取措施尽量避开断线谐振条件。如不使用分相操作的断路器和熔断器；断路器三相同期性要好，尽量减少线路不对称开断的可能性，还应避免变压器空载或轻载下运行等。

§8.5　电磁式电压互感器饱和过电压

在中性点绝缘的系统中，由于系统内发生某些较为强烈的扰动，使接于变电站或发电机母线上的电磁式电压互感器铁芯饱和，从而引发铁磁谐振过电压。这种过电压所占比例较大，且持续时间长，造成的危害也比较严重。它的表现形式可能是单相、两相或三相对地电压升高；电压表指针摆动；接地指示误动作；电压互感器的熔断器熔断或绕组烧毁；个别情况下还能引起绝缘闪络和避雷器爆炸的事故。

这种过电压的发生过程，可用图 8-18 接线来分析。电压互感器的一次绕组接成星形，中性点接地，$\dot{E}_U$、$\dot{E}_V$、$\dot{E}_W$ 为三相对称电源电势，L_1、L_2、L_3 为互感器三相绕组的激磁电感，C_t为各相导线对地电容和母线对地电容总和。对地电容 C_t与激磁电感 L 并联后的导纳分别为 Y_1、Y_2、Y_3。

在正常运行状态下，激磁电感 $L_1=L_2=L_3=L$，所以 $Y_1=Y_2=Y_3$，三相负载对地平衡，系统中性点电位为零，且 $\omega L>1/\omega C$。由于感抗大于容抗，通过 C_t 的电容电流大于电感 L 中的电感电流，L 与 C_t 并联后呈容性。

当系统内出现扰动，如断路器突然合闸空载母线，线路中发生或消除瞬间接地故障，雷击或其他原因。这时互感器的某一相或两相电压瞬时升高，使互感器两相（或一相）的励磁电流突然增大形成涌流，使铁芯迅速饱和，其激磁电感 L 相应减小。这样，三相对地负载就变得不平衡，使系统中性点出现位移。中性点位移电压的计算式为

$$\dot{U}_N=-\frac{\dot{E}_UY_1+\dot{E}_VY_2+\dot{E}_WY_3}{Y_1+Y_2+Y_3}$$

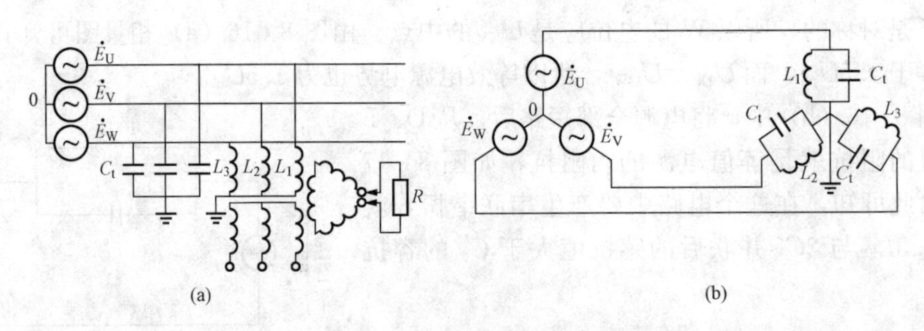

图 8-18　电压互感器饱和过电压

(a) 原理接线；(b) 等值电路图

如果在正常状态下各相导纳呈容性，容抗小于感抗，电容电流将大于电感电流。假设某相（如 U 相）瞬间接地发生扰动后，使互感器 L_2 和 L_3 两相电感减小，电感电流增大，可能使得 V、W 两相的导纳 Y_2 和 Y_3 变成感性的，其结果感性导纳 Y_2、Y_3 与容性导纳 Y_1 相互抵消，使总导纳显著减小，位移电压 $\dot{U}_N$ 大大增加。假如参数配合不当，使总导纳接近于零，将发生串联谐振现象，中性位移电压急剧上升。这个位移电压将叠加在三相电源电势上，此时三相导线对地电压等于各相电源电势和位移电压的相量和。相量叠加的结果，常使两相对地电压升高，一相对地电压降低，这就是基波谐振的表现形式。

经试验研究和实测结果表明，这种过电压很少超过 $3U_{ph}$，除绝缘存在着薄弱环节外，一般是不危险的。

为了限制和消除这种铁磁谐振过电压，可以采取下列措施：

（1）选用励磁特性较好的电压互感器或电容式电压互感器。

（2）在电磁式电压互感器的开口三角形绕组开口端加装非线性阻尼电阻 R，可消除各种谐波的谐振现象。在 35kV 及以下系统中 R 值一般在 10～100Ω 范围内。

（3）在 10kV 及以下的母线上加装一组对地电容器，可避免谐振。

（4）采取临时倒闸措施，如投入消弧线圈，将变压器中性点临时接地，或投入事先规定的某些线路或设备等。

本 章 要 点

（1）内部过电压按其产生原因分为两大类：一类是操作过电压，是因断路器操作或故障时，电力系统将由一种稳定状态过渡到另一种稳定状态，在此过渡过程中，系统内部电磁场能量发生转变或重新分布，从而产生操作过电压；另一类是谐振过电压，系统内有许多电感、电容储能元件，因操作或故障，有可能与电源相串联形成谐振回路，若自振频率与电源频率相等或接近时，就会满足谐振条件，从而产生谐振过电压。若谐振回路中有带铁芯电感的磁路饱和时，由此还能激发起铁磁谐振过电压。

（2）使用灭弧性能差的断路器切断空载线路。由于电弧重燃，将引起过渡过程，从而产生过电压。当高频振荡电流过零电弧熄灭，此过电压将保留在空线对地电容上形成残余电压。电弧再次重燃时，该残余电压就成为振荡电压的起始值，使过电压幅值再次升高。电弧重燃次数愈多，残余电压愈高，其过电压幅值也就愈高。所以在线路上要选用性能好的断路器，特别是切断小电流电弧的能力要强，还可采用带有一定大小（一般为300Ω左右）并联电阻的断路器或电抗器来限制这种过电压。

(3) 使用灭弧性能好的断路器切除空载变压器。由于强行切断激磁电流造成截流，截流在激磁电感中所建立的磁场能量，使变压器对地电容充电而建立电场，在这个能量转化过程中产生过电压。截流数值虽小，但在数万欧的特性阻抗上仍能产生很高的过电压。这种过电压能量小、易限制。可采用带有高值并联电阻或灭弧性能差的断路器，也可采用避雷器将其能量释放掉，从而限制这种过电压。

(4) 在中性点绝缘的系统中，发生单相非金属性接地故障时，故障点的电弧作间歇性燃烧。由于故障点电弧间歇性发弧与熄灭，造成故障线路运行状态的反复改变在三相线路上形成振荡，从而产生过电压。故障点熄弧后，由振荡过程在健全相上所保留下来的残余电荷均匀分配在三相电路中，它作为直流分量将与各导线上的工频电压相叠加，使各导线电压都升高，这个电压就成为第二次重燃时振荡电压的起始值，从而使过电压幅值随重燃次数的增多而增加，在三相导线上都会产生很高的过电压。系统中性点加装消弧线圈后，利用消弧线圈中的电感电流补偿故障点的电容电流，使通过故障点的总电流减小，电弧容易熄灭难以重燃，电路恢复正常，从而限制了这种过电压的发展。为防止因消弧线圈造成中性点出现很高的位移电压，可能产生串联谐振过电压造成消弧线圈损坏，应采取过补偿度为5%～10%的运行方式。

(5) 产生铁磁谐振的必要条件是$\omega L>1/\omega C$。谐振回路中的感抗大于容抗时，当回路因扰动使电感线圈L两端电压升高时，L中出现涌流使铁芯迅速饱和，感抗减小。当感抗降低到$\omega L=1/\omega C$（即$\omega_0=\omega$）时，满足串联谐振条件；当降到$\omega L<1/\omega C$时，便产生铁磁谐振。谐振回路有两个稳定工作点：一个是正常工作状态下的非谐振稳定工作点a_1，此时$\omega L>1/\omega C$，即$U_L>U_C$，回路稳定运行在感性工作状态；另一个是谐振状态下的稳定工作点a_3，此时$\omega L<1/\omega C$，即$U_L<U_C$，在电感L和电容C上产生谐振过电压。这两个稳定工作点可以相互转变：由激发引起过渡过程，回路工作点可由非谐振稳定工作点a_1跃变到谐振稳定工作点a_3，回路电流相位发生反倾，产生铁磁谐振过电压；若回路中出现新的操作，将其谐振条件破坏，电路恢复到正常稳定工作状态，工作点则由谐振稳定工作点a_3回到正常非谐振稳定工作点a_1。

(6) 在中性点不接地（只要电源或负荷任意一侧）系统中发生故障断线，最严重的情况是靠负荷侧断线并接地。这时两健全相的等值电感$1.5L_T$与等值对地电容C_0并联后与故障相对地电容C_0'形成串联谐振回路，只要$1.5L_T$与$2C_0$并联后的阻抗大于C_0'的容抗值时，就满足了谐振条件，C_0'愈大愈容易产生谐振。断线谐振过电压常引起避雷器爆炸，烧毁电压互感器，因电流相位反倾造成小功率异步电动机反转的严重后果。为防止此类事故，不使用分相操作的断路器和熔断器；避免变压器空载或轻载下运行。

(7) 电磁式电压互感器在正常运行时，励磁电流很小，阻抗很大，每相电感与对地电容并联后呈容性，且三相复导纳$Y_1=Y_2=Y_3$，三相对地负载平衡，中性点位移电压为零。若系统某一相（设U相）出现扰动，另两相（V、W相）对地电压升高，电感减小电流增大，使V、W两相导纳变成感性导纳，与U相容性导纳相互抵消，三相总导纳$Y_1+Y_2+Y_3$显著减小，中性点出现较高的位移电压。若参数配合不当，产生串联谐振现象，使中性点位移电压急剧升高，此电压将叠加在三相电源电压上，其结果是两相对地电压升高，一相对地电压降低。这种过电压持续时间较长，一般采用在互感器开口三角形绕组开口端接入阻尼电阻 R 和临时性倒闸操作来限制。

思 考 与 练 习

8-1　内部过电压分为哪几类？引起内过电压的主要原因各有哪些？

8-2　何谓内部过电压倍数？影响它大小的因素有哪些？

8-3　切断空载线路产生过电压的原因是什么？影响过电压幅值的主要因素有哪些？

8-4　限制切断空载线路过电压一般采取哪些措施？

8-5　切断空载变压器产生过电压的实质是什么？采取哪些措施来限制这种过电压？

8-6　造成电弧接地过电压幅值较高的主要原因是什么？

8-7　电力系统中性点所接入的消弧线圈有何作用？对它的运行方式有何要求？为什么有这种要求？

8-8　试述产生基波铁磁谐振的基本原理。

8-9　产生串联铁磁谐振的必要条件和基本条件是什么？这两个条件有何不同？

8-10　综述限制串联铁磁谐振过电压的措施。

8-11　何谓铁磁谐振电流相位的反倾？产生的原因有哪些？它有何表现？

8-12　产生串联铁磁谐振过电压的原因分为哪两种？各有哪些表现？

第9章

电力系统过电压保护

输电线路是电力系统的大动脉，由于线路长、数量多、地处旷野，容易遭受雷击。根据运行经验证明，电力系统中的停电事故有半数以上是由雷击线路造成的，所以线路防雷是过电压及其保护的重要组成部分。

输电线路上出现的过电压有两种：一种是雷直击线路引起的，称为直击雷过电压；另一种是雷击于线路附近大地（或建筑物）时，由电磁感应引起的，称为感应雷过电压。

输电线路防雷保护性能的优劣，主要由两个指标来衡量：一是耐雷水平，即雷击线路时，线路绝缘不发生闪络的最大雷电流幅值；二是雷击跳闸率，即一年每100km线路雷击引起的跳闸次数，是衡量线路防雷性能的综合指标。

输电线路的防雷十分重要，原则上应采取技术上先进、经济上合理的防雷保护措施，使输电线路因雷电造成的危害减少到最低程度。在制定线路防雷具体措施时，还应结合运行经验多方面综合论证后确定。

发电厂和变电站是电力系统防雷的最重要部分，一旦发生雷害事故，雷电过电压很可能引起变压器和其他重要电气设备的内绝缘损坏，造成大面积停电的严重事故，所以必须采取可靠的防雷保护措施。

发电厂和变电站的雷害事故来源于两个方面：一是雷直击发电厂、变电站；二是雷击线路后，沿线路侵入的雷电波，对于直击雷的保护是采用避雷针或避雷线。统计表明，凡装设符合规程要求避雷针的发电厂、变电站，防雷保护措施都是可靠的。

因线路落雷次数频繁，沿线路侵入的雷电波是造成发电厂、变电站雷害的主要原因。沿线路侵入的雷电波，虽经线路闪络电压的限制，但侵入到发电厂、变电站母线上的雷电波幅值仍高于电气设备的绝缘水平，造成设备绝缘损坏。因此，在变电站母线上装设避雷器以限制侵入波的幅值，以降低设备上所出现的过电压。

在某些情况下，单靠母线上的避雷器防雷还不够可靠，还必须在变电站进线上装设进线段保护，以限制通过避雷器的雷电流幅值和降低侵入波的电压陡度。对装有直配发电机的发电厂，在母线上还需装设电容器和其他防雷元件，以降低侵入波的幅值和陡度，使防雷保护措施更加安全、可靠。

对于直流输电系统，换流站是过电压重点防护的组成部分，不仅保护雷电过电压，还要保护内部过电压。对于换流站的直击雷过电压，与普通变电站所不同的是采用避雷针和避雷线联合防护直击雷过电压，是换流站对直击雷的防护更加合理、安全且美观。

为了保护输电线路上的雷电侵入波，在换流站的交流侧、换流区域、直流开关场区域都配置了相应的避雷器，不仅能可靠保护侵入波雷电过电压，同时又满足了内部过电压的需求。

§9.1 输电线路的防雷

一、输电线路的感应雷过电压

1. 感应雷过电压产生过程

雷云（负极性）对大地放电起始阶段，先导放电通道中充满电荷，线路处在先导通道的电场中，如图 9-1（a）所示。由于静电感应，在导线和大地上有一个电荷分离过程，导线和大地上便出现正极性的束缚电荷。由于受沿导线方向电场强度 E_x 的吸引作用，靠先导通道附近导线上集中大量束缚电荷，若不计导线上工频电压影响，则分离后的负电荷经线路对地电导和系统接地的中性点流入大地。当雷击导线附近大地后，先导放电转入主放电，大地上正束缚电荷自下而上沿主放电通道与雷云负束缚电荷迅速中和，原先导通道所产生的电场随即消失，导线上的正束缚电荷被释放变成自由电荷，沿导线向两侧运动，如图 9-1（b）所示，从而形成感应雷过电压。由于主放电速度很快，导线上电流很大，感应过电压将达到很高的数值。

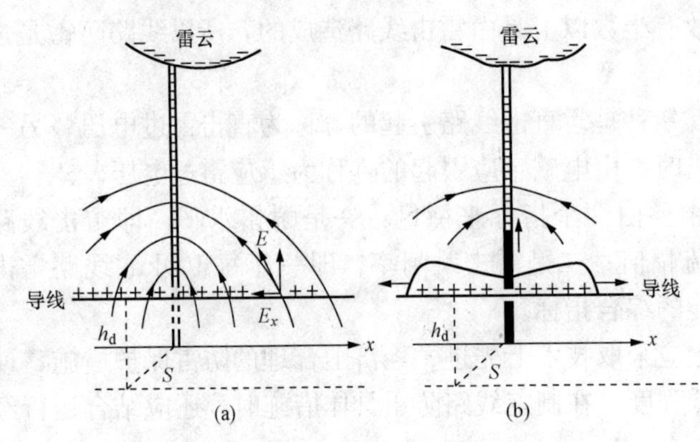

图 9-1 感应过电压的形成
（a）主放电过程；（b）主放电后
h_d—导线对地高度；S—雷击点距离导线间水平距离

2. 感应过电压的计算

根据实测与理论分析，感应过电压可按线路有无避雷线两种情况分别求得。

（1）无避雷线时。根据规程建议：当雷击点距导线间水平距离 $S>65$m 时，导线上感应过电压最大值 U_g（kV）的计算式为

$$U_g = 25\frac{I_L h_d}{S} \tag{9-1}$$

式中 I_L——雷电流幅值，kA；

h_d——导线悬挂平均高度，m；

S——雷击点距导线间水平距离，m。

由式（9-1）可知，感应过电压 U_g 与雷电流幅值 I_L 成正比，与导线悬挂平均高度 h_d 成正比，而与雷击点距导线的水平距离 S 成反比，感应过电压的极性与雷电流极性相反。

雷击地面时，由于雷击点的自然接地电阻较大，雷电流幅值一般不超过 100kA。实测证明，感应过电压一般不超过 500kV，对于 110kV 及以上线路，由于线路冲击绝缘水平已高于 500kV，不会发生冲击闪络事故；但对于 35kV 及以下的水泥杆线路，可能引起对地闪络事故。感应过电压同时存在于三相导线，相间不存在电位差，只能引起对地闪络，如果两相或三相同时对地闪络，则形成相间闪络事故。

式（9-1）只适用于 $S>65$m 的情况，更近的雷被导线所吸引而击于线路。当雷击杆塔

顶或线路附近的避雷线（针）时，空气中迅速变化的电磁场，将在导线上感应出过电压，在无避雷线时，对一般高度（约 40m 以下）的线路，此感应过电压最大值的计算式为

$$U_{g}=\alpha h_{d} \tag{9-2}$$

式中　α——感应过电压系数，kV/m；其值取雷电流平均陡度，$\alpha=I_{L}/2.6$，kA/μs。

（2）有避雷线时。输电线路架设避雷线后，由于避雷线的屏蔽作用，导线上感应的束缚电荷将会减少，感应过电压相应降低，避雷线的屏蔽作用简述如下：

假设避雷线不接地，导线和避雷线悬挂平均高度分别为 h_{d} 与 h_{b}，根据式（9－1），求得避雷线和导线上的感应过电压分别为 U_{gd} 和 U_{gb}。为方便起见，不计避雷线和导线悬挂平均高度之差引起的影响，即 $h_{b}\approx h_{d}$，则有 $U_{gb}\approx U_{gd}$，可以认为避雷线和导线上感应过电压相同，都为 U_{g}。

但实际上，避雷线通过每基杆塔接地，电位应为零。由此可以设想，在避雷线上还有一个为 $-U_{g}$ 的电压与 U_{g} 相叠加，以此来保持避雷线电位为零。由于避雷线与导线间的耦合作用，这个 $-U_{g}$ 电压将在导线上产生耦合过电压 $K(-U_{g})$，K 为避雷线与导线间的耦合系数，于是导线上的总电压 U'_{g} 为两者叠加，即

$$U'_{g}=U_{g}+K(-U_{g})=U_{g}(1-K) \tag{9-3}$$

由式（9－3）可知，线路架设避雷线后，导线上的感应过电压由 U_{g} 下降为 U_{g}（$1-K$），耦合系数 K 越大，导线上感应过电压就越低。

二、输电线路的直击雷过电压和耐雷水平

输电线路遭受直击雷有三种情况：①雷直击导线或绕过避雷线击于导线；②雷击杆塔塔顶；③雷击避雷线档距中央。根据运行统计证明，第三种情况极少发生，在一般线路防雷保护中不考虑这种情况。

1. 雷直击导线时过电压

雷直击导线分两种情况：一是线路未架设避雷线，35kV 及以下中性点非直接接地系统中的线路一般都不架设避雷线；二是有避雷线的线路，110kV 及以上线路都架设了避雷线，雷绕过避雷线而击在导线上，即绕击。

假设雷击在导线 A 点，如图 9－2（a）所示，雷电流沿 A 点向两侧导线流动，形成分流。可以认为幅值等值为 U_{0} 的雷电压沿雷电通道波阻抗 Z_{0} 到达 A 点，经 A 点的雷电流为 I_{L}，若导线上的反射波还未到达 A 点，根据彼得逊规则，可得图 9－2（b）的等值图，导线 A 点对地电位 U_{A} 为

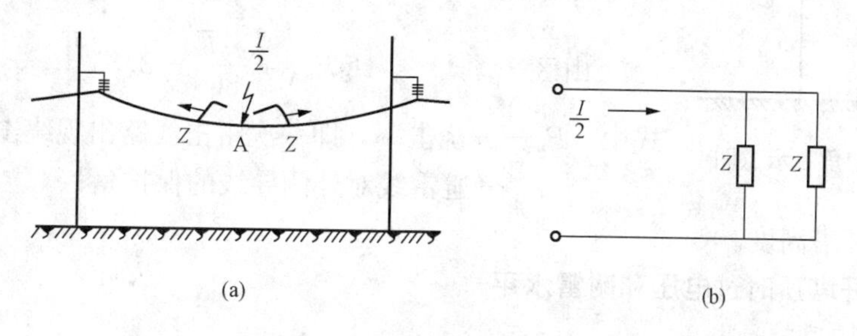

图 9－2　雷直击导线的情况

（a）雷直击导线时的示意图；（b）等值电路

$$U_A = \frac{2U_0}{Z_0 + \frac{Z}{2}} \times \frac{Z}{2} = \frac{I_L Z_0}{Z_0 + \frac{Z}{2}} \times \frac{Z}{2} \tag{9-4}$$

式中　Z——导线波阻抗，$Z=400\Omega$；

Z_0——雷电通道波阻抗，$Z_0=300\Omega$。

将 Z、Z_0 值代入式（9-4），得

$$U_A \approx 100 I_L \tag{9-5}$$

由式（9-5）可知，当雷直击导线时，导线上的过电压随雷电流 I_L 幅值的增大而增高。雷直击导线时，雷击点 A 对地电位 $U_A=100I_L$，此电压波将沿导线向两侧传播，当到达线路杆塔时，如果 U_A 等于或大于绝缘子串的 50%冲击放电电压（负极性）$U_{50\%}$，即 $U_A \geqslant U_{50\%}$，绝缘子串就有可能发生冲击闪络，闪络的概率为 50%。闪络后导线对地最高电位就是 50%的冲击放电电压，即 $U_A=U_{50\%}$。闪络通道中的雷电流为线路耐雷水平，即不使线路发生闪络的最大雷电流。式（9-5）中的 U_A 用 $U_{50\%}$ 代替，得

$$I = \frac{U_{50\%}}{100} \tag{9-6}$$

式中　I——雷直击线路耐雷水平，kA；

$U_{50\%}$——线路绝缘子串负极性 50%冲击放电电压，kV。

式（9-6）为计算雷直击导线时，耐雷水平的计算公式。例如，110kV 的标准绝缘等级的线路，线路 50%冲击放电电压 $U_{50\%} \approx 700$kV，由式（9-6）可得耐雷水平为 7kA。即雷电流幅值 $I_L \geqslant 7$kA 时，线路闪络的概率为 86.5%。从雷电流幅值概率分布计算可得，等于或超过 7kA 的雷电流幅值的概率为 86.5%，换句话说，若发生 100 次雷直击导线，其中有 86.5%的要引起线路闪络，可见雷直击导线的情况下，线路耐雷水平很低。

2. 输电线路的绕击雷

对于架设避雷线的线路，避雷线的保护作用也不是绝对可靠，仍有发生绕击导线的可能，即有一定的绕击率 P_a。绕击概率 P_a 与避雷线外侧的保护角 α 的大小有关，如图 9-3 所示。另外还与杆塔高度、线路经过地区地形、地貌、地质等条件有关，规程建议计算绕击率 P_a 的公式为

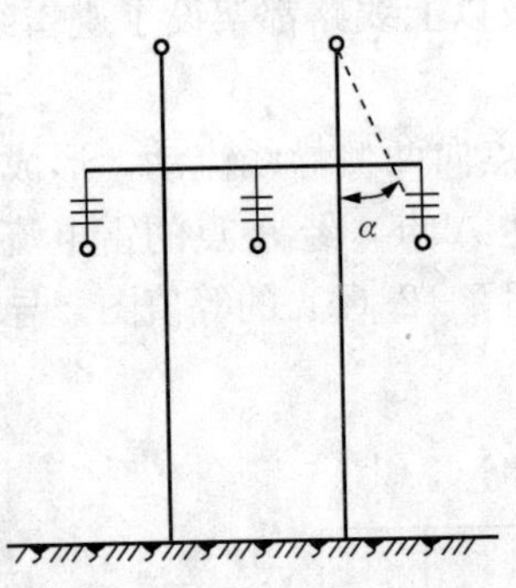

图 9-3　保护角 α 示意图

$$\left.\begin{aligned} &\text{平原地区} \qquad \lg P_a = \frac{\alpha\sqrt{h}}{86} - 3.9 \\ &\text{山区} \qquad \lg P_a = \frac{\alpha\sqrt{h}}{86} - 3.35 \end{aligned}\right\} \tag{9-7}$$

式中　P_a——绕击率，即一次雷击线路出现绕击的概率；

α——避雷线对外侧导线的保护角；

h——杆塔高度。

三、雷击杆塔顶时过电压和耐雷水平

1. 雷击杆塔顶时过电压

我国 110kV 及以上的输电线路，一般沿全线架设避雷线。运行经验统计表明，雷击杆塔顶的次数与避雷线根数和线路经过地区的地形有密切关系。雷击杆塔顶的次数占线路落雷总数的比例为击杆率，为 1/6～1/2。

雷击杆塔顶时，部分雷电流将沿避雷线流向两侧经杆塔入地，大部分雷电流经被击杆塔流入大地，如图 9-4 所示。流经被击杆塔的雷电流 i_{gt} 为

$$i_{gt}=i_L\beta \tag{9-8}$$

式中　i_L——雷电流幅值，kA；

β——杆塔分流系数，β 值小于 1。

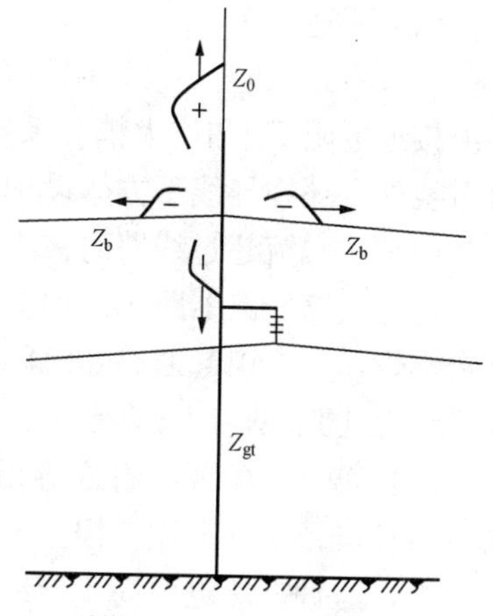

图 9-4　雷击杆塔顶时雷电流的分布

(1) 杆塔顶电位。雷击杆塔顶时，塔顶电位 U_{gt} 为

$$U_{gt}=R_{ch}\,i_{gt}+L_{gt}\frac{di_{gt}}{dt}$$

式 (9-8) 代入上式得

$$U_{gt}=\beta R_{ch}\,i_L+\beta L_{gt}\frac{di_L}{dt}$$

以雷电流平均陡度 $I_L/2.6=di_L/dt$ 代入上式，得杆塔顶电位的幅值为

$$U_{gt}=\beta I_L\left(R_{ch}+\frac{L_{gt}}{2.6}\right) \tag{9-9}$$

式中　I_L——雷电流幅值，kA；

R_{ch}——杆塔的冲击接地电阻，Ω；

L_{gt}——杆塔的等值电感。

从式 (9-9) 可看出，由于避雷线的分流作用，降低了杆塔顶电位，分流系数 β 越小，塔顶电位就越低。

(2) 导线和绝缘子串上的电压。雷击杆塔顶时，避雷线与杆塔顶具有相同电位 U_{gt}，由于避雷线与导线间的耦合作用，在导线上将产生与雷电流同极性的过电压 $-KU_{gt}$，作用在绝缘子串上的这部分电压幅值为

$$U_{gt}-KU_{gt}=U_{gt}(1-K)=\beta I_L\left(R_{ch}+\frac{L_{gt}}{2.6}\right)(1-K) \tag{9-10}$$

另外，雷电通道磁场的变化，又在导线上产生感应过电压，该感应过电压可按有避雷线时的式 (9-2) 求得，其值为 $\alpha h_d(1-K)$，即

$$U'_{gt}=\alpha h_d(1-K)=\frac{I_L}{2.6}h_d(1-K) \tag{9-11}$$

绝缘子串两端总电压幅值为 U_j，在不计线路工频电压时应为这两部分之和

$$U_j=\beta I_L\left(R_{ch}+\frac{L_{gt}}{2.6}\right)(1-K)+\frac{I_L}{2.6}h_d(1-K) \tag{9-12}$$

即

$$U_j=I_L\left(\beta R_{ch}+\beta\frac{L_{gt}}{2.6}+\frac{h_d}{2.6}\right)(1-K) \tag{9-13}$$

2. 雷击杆塔顶时耐雷水平

由式 (9-13) 可知，如果绝缘子串两端电压 U_j 等于或大于绝缘子串的冲击放电电压 $U_{50\%}$ 时，绝缘子串就会发生闪络。此时雷击杆塔顶时耐雷水平 I 为

$$I=\frac{U_{50\%}}{(1-K)\left[\beta\left(R_{ch}+\frac{L_{gt}}{2.6}\right)+\frac{h_d}{2.6}\right]} \tag{9-14}$$

综上所述：

（1）由式（9-14）可明显看出，影响耐雷水平的因素很多，但实际上常采取降低杆塔冲击接地电阻 R_{ch} 和增大耦合系数 K 作为主要措施，来提高耐雷水平。在多雷地区，除架设避雷线外，还在导线下方架设耦合地线，增大耦合系数 K 的作用，提高线路耐雷水平。

（2）雷电流超过线路耐雷水平时，将引起线路绝缘子串闪络，由于冲击闪络时间很短，不会造成线路断路器跳闸。但雷电流消失后，在工作电压作用下，闪络处的工频电弧有可能稳定燃烧，将会引起断路器跳闸，造成供电中断。线路发生冲击闪络转变为稳定工频电弧的概率称为建弧率，用 η 表示。

（3）雷击杆塔顶或附近避雷线时，使杆塔顶带上很高的电位，并且随雷电流增大而增高。当杆塔顶上（即铁横担）电位大于绝缘子串的冲击放电电压 $U_{50\%}$ 时，铁横担对导线发生闪络，这种杆塔电位高于导线电位所发生的闪络现象，称为逆闪络，即“反击”。反击后导线上电位为线路的冲击放电电压 $U_{50\%}$。

（4）作用在绝缘子串上的电压除冲击电压外，还有工频电压，对 220kV 及以下线路，其值所占比例较小，可略去不计；但对于 330kV 及以上的超高压线路影响较大，必须计之。

四、输电线路的雷击跳闸率

输电线路落雷时，引起线路断路器跳闸有两个条件：一是雷电流必须超过线路的耐雷水平，引起线路绝缘子串发生冲击闪络。由于雷电作用时间只有几十微秒，断路器来不及动作，不会造成断路器的跳闸；二是冲击闪络过后，沿闪络通道通过的工频短路电流形成的电弧是否稳定燃烧，若电弧持续燃烧时间超过继电保护装置的动作时间，将造成断路器跳闸。

引起线路发生冲击闪络的雷击形式有：一种是线路无避雷线时，雷直击线路引起的闪络；另一种是线路有避雷线时，由于反击和绕击引起的闪络。对于无避雷线的线路，一般仅在 35kV 及以下中性点不接地系统中采用，一般情况下不考虑它的雷击跳闸率。

1. 有避雷线的线路雷击跳闸率 n_1

有避雷线的线路，造成反击有两种雷击形式：一种是雷击杆塔顶或杆塔附近的避雷线，雷电流经杆塔入地，使杆塔顶产生很高的电位，引起绝缘子串闪络；另一种是雷击避雷线档距中央，使线路发生反击。根据运行经验证明，这种情况极少发生，一般可不考虑。

若每 100km 的线路，在 40 个雷暴日的地区，落雷次数为 $N=2.8h_d$，击杆率为 g，每年雷击杆塔的次数为

$$N = 2.8h_d g \tag{9-15}$$

若雷击杆塔的耐雷水平为 I_1，雷电流超过 I_1 的概率为 P_1，建弧率为 η，则每 100km 的线路每年雷击杆塔的跳闸次数 n_1 为

$$n_1 = 2.8h_d g\eta P_1 \tag{9-16}$$

2. 绕击跳闸率 n_2

线路的绕击率 P_a，每 100km 线路每年发生绕击次数为 $NP_a=2.8h_dP_a$，雷电流幅值超过绕击耐雷水平 I_2 的概率 P_2，建弧率 η，每 100km 线路每年的绕击跳闸次数 n_2 为

$$n_2 = 2.8h_d\eta P_a P_2 \tag{9-17}$$

3. 总跳闸率 n

有避雷线的线路，雷击总跳闸率 $n=n_1+n_2$，其单位为次/(100km·年)，则

$$n = 2.8h_d\eta g P_1 + 2.8h_d\eta P_a P_2 = 2.8h_d\eta(gP_1 + P_aP_2) \tag{9-18}$$

五、输电线路的防雷措施

我国幅员辽阔，雷电活动情况、气象和土质等条件差异很大，在选定线路防雷方式时，原则上讲，应选择技术上先进、经济上合理的防雷方式。但在制定具体防雷措施时，应考虑线路的电压等级、重要程度、系统运行方式、断路器性能、线路经过地区雷电活动强弱、地形、土质等条件，还要结合实际运行经验综合分析后确定其防雷方式。

1. 各级电压线路的防雷保护

(1) 3～10kV 架空配电线路的防雷。由于电压等级低、绝缘裕度较高、线路短、地处市区、城郊，受到高大建筑的屏蔽，遭受雷直击的机会很少，一般不采取特殊的防雷措施。但在雷电活动较为强烈的地区，线路受雷击的机会较多，可能造成绝缘击穿和烧断导线事故。应根据实际情况采取相应的防雷措施。如采用电压高一个等级的绝缘子，或杆塔顶相绝缘子用针式，两边相采用两片悬式绝缘子；也可采用瓷横扭，以提高线路的绝缘水平。另外，降低杆塔接地电阻值；采用性能好的断路器；装设管型避雷器等措施。

(2) 35～60kV 线路的防雷。这种线路电压等级较低，绝缘裕度相对较高，其系统中性点采用不接地或经消弧线圈接地的工作方式。绝缘水平是按全绝缘设计的，线路绝缘水平较高。单相遭受雷击并不会造成断路器跳闸，三相同时受雷击的可能性极小。所以，一般情况下只装设进线段架空地线而不需沿全线架设避雷线，进线段架空地线的保护角 α 一般为 25°～30°。另外为提高供电可靠性，线路装设自动重合闸装置、采用双回路供电和环形供电，同样起到防雷保护的作用。

(3) 110～500kV 线路的防雷。

1) 110kV 线路。一般沿全线架设单根避雷线，在雷电活动强烈地区，宜架设双根避雷线，保护角一般为 20°～30°。在少雷地区只装设进线段而不沿全线架设避雷线。线路应装设自动重合闸装置。

2) 220kV 线路。应沿全线架设避雷线，一般地区均装双避雷线，保护角一般为 20°。

3) 330～500kV 线路。一律沿全线架设双避雷线，保护角一般为 10°～20°。

线路架设避雷线后，为提高线路耐雷水平，防止因反击造成断路器跳闸，杆塔必须具有良好接地。根据规程有关规定，有避雷线的线路杆塔，其工频接地电阻，在雷雨季节干燥时不宜超过表 9-1 中的规定。

表 9-1　有避雷线输电线路杆塔的工频接地电阻

土壤电阻率/(Ω·m)	100 及以下	100～500	500～1000	1000～2000	2000 以上
接地电阻/Ω	10	15	20	25	30

2. 特殊地段线路的防雷保护

(1) 线路交叉部分的防雷。线路交叉处空气间隙绝缘的闪络，可能引起两条相互交叉的线路同时跳闸，造成继电保护装置非选择性动作，扩大了系统事故，造成大面积停电，特别是电压等级较低的线路危害最大，有可能造成设备损坏和人身伤亡的严重事故。为此必须采取措施，加强线路交叉部分的防雷保护，如加强交叉处两条线路的绝缘，使绝缘高于其他杆塔线路的绝缘强度；加大两交叉线路之间空气隙的绝缘距离，不应在交叉处发生闪络；交叉处两条线路的杆塔必须可靠接地，接地电阻一定满足规程中的有关要求，必要时还应加装管型避雷器。

(2) 线路大跨越档距的防雷保护。线路跨越河流、山谷、陡峭的山川以及特殊地形时，杆塔很高且档距很大，线路受雷机会增多，感应过电压较高。另外，大跨越档距是线路防雷中心环节，一旦出现雷击损坏杆塔或线路时，检修十分困难，损失很大，应加强防雷。

大跨越档距线路防雷一般采取以下几种方法：①加强大跨越档距线路绝缘水平，全高超过 40m 有避雷线的杆塔，每增高 10m，应增加一片绝缘子；②增大避雷线的保护范围，保护角不应大于 20°；③对无避雷线的大跨越档距线路，应装排气式避雷器，并增加一片绝缘子；④降低大跨越档距杆塔的接地电阻，不应超过普通杆塔接地电阻值的一半，即使在土壤电阻率较大的地区，工频接地电阻宜在 20Ω 内。

3. 高海拔地区线路的防雷保护

由巴申定律可知，当海拔高度增高时，大气压力下降，空气分子相对密度减小，空气隙的击穿电压随之降低，使线路绝缘水平和耐雷水平都要下降。根据实验证明，当海拔高度超过 1km 但在 4km 以下时，海拔高度每增高 100m，电气设备外绝缘（包括线路）的绝缘强度，一般比标准大气条件下的数值须增加 1%。

§9.2 发电厂、变电站的防雷保护

一、发电厂、变电站的直击雷保护

1. 直击雷防护的基本原则

（1）所有被保护设备（如配电装置、建筑物、易燃易爆装置等）都应处在避雷针（线）的保护范围内，避免遭受直接雷击。

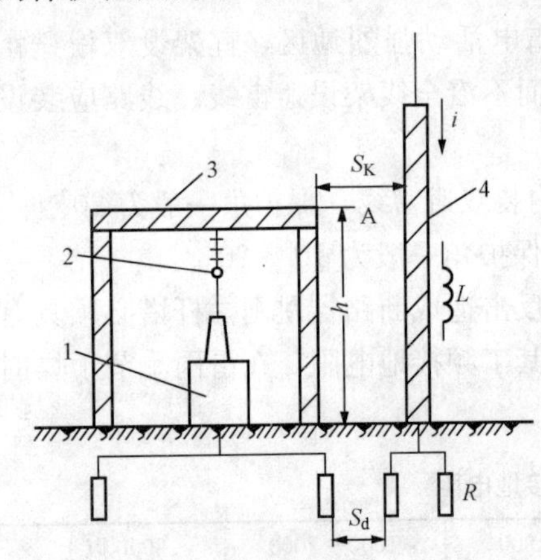

图 9-5 独立避雷针离配电构架的距离

1—变压器；2—母线；3—配电构架；4—避雷针

（2）当雷击避雷针后，它的对地电位可能很高，若它与被保护设备之间的绝缘距离（包括空气和地中接地极间）不够，就有可能对被保护设备发生反击现象，有可能将高电位加至被保护设备，造成设备的绝缘损坏，在配电装置型式一定，确定避雷针的位置、数量和高度时，要求避雷针与被保护设备之间在空气中和地中保持一定的绝缘距离，以避免反击现象。

2. 不发生反击的条件

为防护直击雷，变电站中都安装避雷针，如图 9-5所示。为避免发生反击，避雷针至被保护设备之间的空气绝缘距离 S_K 和地中绝缘距离 S_d 必须满足的一定要求，由避雷针受雷击时对地最大电位所决定。

避雷针受雷击时，雷电流 i_L 经避雷针和接地装置入地，根据§7.1中式（7-2），可得出避雷针高度为 h_A（A点）处对地电位 U_K 为

$$U_K = i_L R_{ch} + L_0 h_A \frac{di_L}{dt} \tag{9-19}$$

避雷针接地装置对地电位 U_d 为

$$U_d = i_L R_{ch} \tag{9-20}$$

式中 L_0——避雷针单位高度上等值电感，$L_0 \approx 1.7\mu H/m$；

h_A——避雷针在空气中可能出现反击的对地高度，m；

R_{ch}——避雷针的冲击接地电阻，Ω；

i_L——流经避雷针的雷电流幅值，kA。

为严格起见，取雷电流幅值 $i_L=150$kA；雷电流的平均上升速度 di_L/dt 取 30kA/μs，可得

$$U_K = 150R_{ch} + 51h_A \tag{9-21}$$

$$U_d = 150R_{ch} \tag{9-22}$$

由式（9－21）、式（9－22）可知，避雷针上电位 U_K 和接地装置上的电位 U_d 都与冲击接地电阻 R_{ch} 有关，当 R_{ch} 减小时，U_K 和 U_d 也会相应降低。

为了防止避雷针与被保护设备之间的空气间隙 S_K 被击穿而造成反击事故，要求 S_K 必须大于一定距离，若取空气的平均冲击场强为 500kV/m，则 S_K 应满足的要求为

$$S_K \geqslant 0.3R_{ch} + 0.1h_A \tag{9-23}$$

为了防止避雷针接地装置和被保护物接地装置之间，在土壤中的间隙 S_d 被击穿，要求 S_d 必须大于一定距离。若取土壤的平均耐电场强为 300kV/m，则 S_d 应满足的要求为

$$S_d \geqslant 0.3R_{ch} \tag{9-24}$$

根据规程要求，空气间隙的距离 S_K 不应小于 5m，土壤中的距离 S_d 不应小于 3m，并满足式（9－23）、式（9－24）要求时，可防止发生反击。

3. 避雷针的安装方式

发电厂、变电站的避雷针根据安装方式的不同，分为架构和独立避雷针两种。

（1）架构避雷针。对于 110kV 及以上的配电装置，由于绝缘强度较高，雷击避雷针时，在配电装置架构上出现的高电位不会造成反击事故，可将避雷针安装在配电装置的架构上，形成架构避雷针。

（2）独立避雷针。35kV 及以下配电装置，绝缘水平较低，雷击避雷针时所出现的高电位，很有可能造成反击事故，所以，对 35kV 及以下的避雷针不允许装在配电装置架构上，而只能单独安装，构成独立避雷针。

4. 防止发生反击的措施

为防止发生反击，工程中采取了很多措施，其基本出发点，就是尽量降低避雷针受雷击时所出现的高电位，从而有效地避免发生反击。

（1）对于安装架构避雷针的架构（又称门型架），应装设辅助接地装置。此接地装置与变电站主接地网的连接点，至主变压器接地装置与变电站主接地网的连接点的距离，沿接地体的长度不得小于 15m。这样雷击避雷针时，在接地装置上所出现的高电位，经过 15m 接地体传播过程后，幅值将衰减，作用在主变压器外壳上的电位大为降低，不会使变压器发生反击事故。

（2）主变压器是变电站内最贵重设备，它的绝缘强度较同等电压等级的其他设备为低。规程规定：无论变压器电压等级多高，出线门型架上一律不得安装避雷针，以防变压器因反击而损坏。

（3）对于独立避雷针的接地装置，其接地电阻值不宜超过 10Ω，当不满足要求时，该接地装置可与变电站主接地网相连，但从避雷针与主接地网的地下连接点，至 35kV 及以下高压设备与主接地网的地下连接点，沿接地体的长度不得小于 15m。

（4）发电机厂房一般不装设避雷针，以免发生反击事故和引起继电保护误动作。

二、变电站避雷器的保护作用

为防止沿线路侵入变电站的雷电波损坏电气设备，应从两方面采取措施：一方面在变电站母线上装设避雷器；另一方面在离变电站1～2km线路上装设进线段保护。利用母线上避雷器可将侵入波的幅值限制在允许的数值内，母线上所有被保护设备的绝缘才能受到避雷器的可靠保护。由于配电装置各电气设备布置上的缘故，变压器远离母线，变压器是变电站中最贵重设备，它的绝缘水平较其他设备为低，因此在确定避雷器的保护作用时，常以避雷器与变压器之间的绝缘配合，确定避雷器的保护作用。

1. 避雷器上的电压

由§7.4可知，避雷器的阀片为非线性电阻，其电压随通过避雷器中的雷电流而变，只能用图解法求得。避雷器上电压峰值有两个：一个是刚发生放电（又称为动作）时的电压，称为冲击放电电压；另一个是雷电流达到最大值时的电压，称为残压。避雷器的残压值比冲击放电电压值稍高些，在工程上用雷电流幅值5kA下的残压值作为避雷器上最高电压，330kV及以上用10kA的残压值作为避雷器上最高电压。

2. 变压器上电压

利用图9-6所示接线方式分析变压器上电压。侵入波 $u=at$，a 为侵入波电压陡度（kV/μs），波速度 v(m/μs) 避雷器与变压器之间电气距离为 l(m)，雷电波在 l 上的传播时间为 τ，$\tau=\dfrac{l}{v}$。由于变压器的等值电容（入口电容）很小，一般情况下不计它引起的影响，认为行波到达变压器（B点）时相当于开路，产生正的电压全反射。设 $t=0$ 瞬间，侵入波 $u=at$ 到达避雷器（A点），以 $t=0$ 作为计时起点。当 $t>0$ 后，侵入波 $u=at$ 通过避雷器（A点）沿电气连接线 l 经 τ 时间后传播到变压器（B点）产生正的电压全反射，从 $t\geqslant\tau$ 始，变压器上电压（U_B）以 $2at$ 速度上升。经 $t\geqslant2\tau$ 时间，反射波才到达避雷器（A点），从 $t\geqslant2\tau$ 始，避雷器上电压才以 $2at$ 变化。由于在 l 上波过程的原因，在避雷器动作前，使得避雷器上电压（U_A）和变压器上电压（U_B）变化不一致，如图9-7中虚线1和虚线3所示。

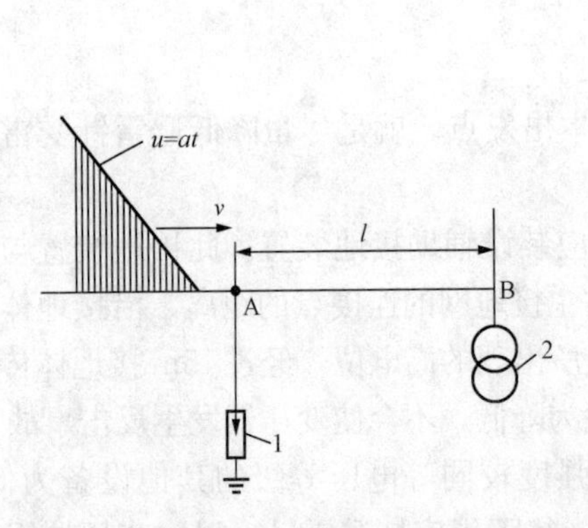

图9-6 避雷器保护变压器的简单接线图
1—避雷器；2—变压器

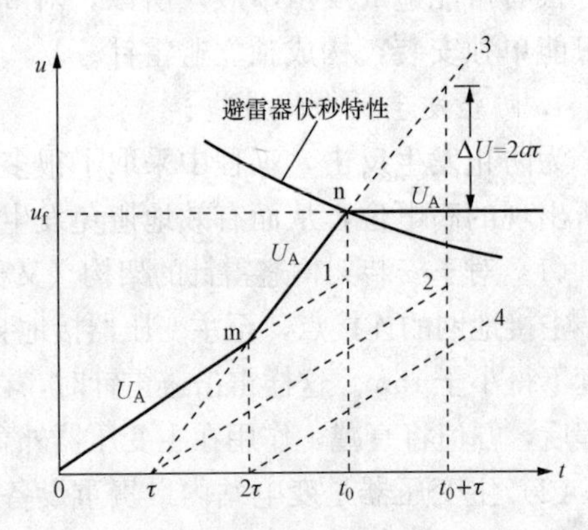

图9-7 避雷器保护变压器时避雷器和变压器上的电压变化波形

设 $t=t_0$ 瞬间，避雷器动作，避雷器上最高电压为5kA下的残压值（U_{c5}）。避雷器动作时的放电效应（即负反射），在 $t_0+\tau$ 时才能传播到变压器，在 $t_0\sim t_0+\tau$ 这段时间内，变压器上电压仍以 $2at$ 上升，如图9-7中虚线3所示。其结果使变压器上电压（U_B）要比避雷器上电压（U_A）高出一个电压落差 ΔU，$\Delta U=2a\tau$，此时变压器上的最高电压 U_{Bm}（即 U_{Tm}）为

$$U_{Bm}=U_{c5}+\Delta U=U_{c5}+2al/v \tag{9-25}$$

由式（9-25）可明显看出，当侵入波的陡度 a 越大或避雷器与变压器之间电气距离 l 越长时，变压器上电压随之增高。因此，为保证变压器上最高电压不超过其绝缘强度，必须限制侵入波的陡度 a 和缩短它们的电气距离 l，使母线上的变压器及其他设备都受到避雷器的可靠保护。

实际上，变压器有一定的入口电容，它们之间的电气连接线 l 上有电感和电阻，使得波过程复杂化，避雷器动作后，变压器上的电压具有振荡性质，振荡电压幅值为稳态分量（避雷器的残压 U_{c5}）上叠加一个负余弦振荡分量，如图 9-8 所示。这种波形与标准全波相差较大，对变压器绝缘的作用接近于截波，因此工程上常以变压器绝缘承受截波的能力表征承受雷电压下的能力，称为多次截波耐压值 U_{Tj}。

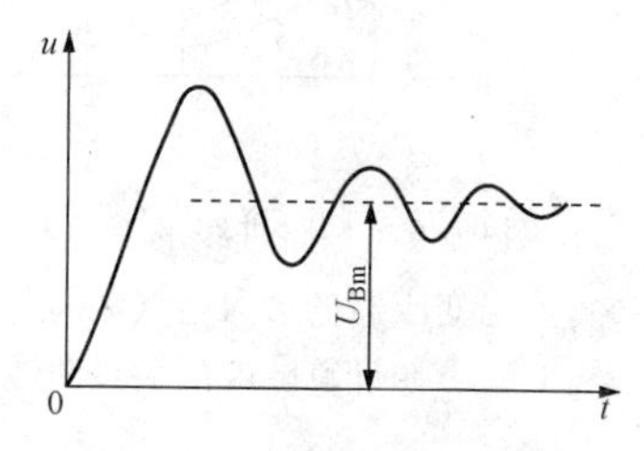

图 9-8　母线避雷器动作后变压器上电压的实际波形

3. 避雷器最大保护距离的确定

当雷电波侵入变电站时，若变压器上出现的最大冲击电压 U_{Tcm} 小于变压器的多次截波耐压值 U_{Tj} 时，则变压器不会被损坏。因此，为保证变压器的安全运行，必须满足 $U_{Tcm}\leqslant U_{Tj}$，即

$$U_{Tcm}=U_{c5}+2al/v\leqslant U_{Tj} \tag{9-26}$$

式中　U_{Tcm}——变压器上可能出现的最大冲击电压，kV；

U_{Tj}——变压器多次截波耐压值，kV；

U_{c5}——避雷器 5kA 下的残压，kV；

a——侵入波电压陡度，kV/μs；

l——变压器与避雷器之间的电气距离，m；

v——波速度，m/s。

当侵入波的陡度被限定后，变压器与避雷器之间的最大允许电气距离 l_m 为

$$l_m\leqslant\frac{U_{Tj}-U_{c5}}{2a/v}=\frac{U_{Tj}-U_{c5}}{2a'} \tag{9-27}$$

其中

$$a'=a/v$$

式中　a'——侵入波计算陡度。

式（9-27）为变电站母线上只有单条线路时 l_m 的确定方法。但实际上变电站母线接有许多设备和多条线路，由于母线对地电容的增大和多条线路的分流作用，侵入波的陡度 a 与母线过电压都要降低，使避雷器的保护距离增大。根据规程有关条文建议，母线上每增加一条线路，避雷器的保护距离可增加 25%。

实际上避雷器的最大允许电气距离是按典型变压器的接线进行模拟实验确定的，图 9-9 与图 9-10 分别为一路和二路进线变电站的 $l_m=f(a')$ 关系曲线。

变电站电压等级为 35～220kV 时，用普通阀型避雷器 FZ 计算；电压为 330kV 时，用 FCZ 型避雷器计算；其他电气设备与避雷器间的最大电气距离可相应增大 35%。避雷器安装在母线上，若一组避雷器不能满足要求时，一般在靠近主变压器出线端再增设一组。

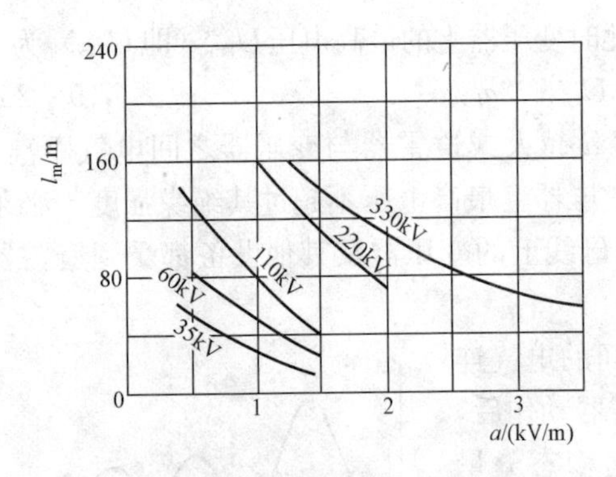

图 9-9 一路进线的变电站中避雷器与变压器的最大电气距离与侵入波计算陡度的关系曲线

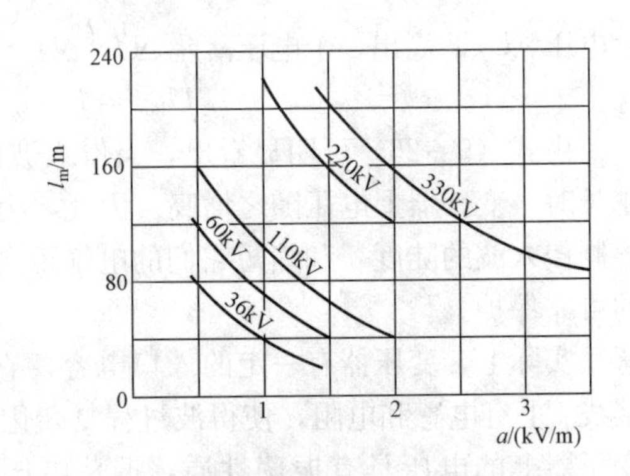

图 9-10 二路进线的变电站中避雷器与变压器的最大电气距离与侵入波计算陡度的关系曲线

三、变电站的进线保护

由以上分析可知，为使避雷器可靠保护变压器及其他设备，必须限制通过避雷器的雷电流幅值不超过 5kA（330kV 及以上为 10kA）和限制侵入波的陡度 a'。采用进线段保护，就是要将通过避雷器的雷电流和侵入波的陡度限制在允许值内，对变压器起到辅助保护作用，使之保护更为可靠。

1. 变电站的进线段保护接线

对于 35～110kV 无避雷线的线路，在靠近变电站 1～2km 进线上装设避雷线，如图 9-11（a）所示。此 1～2km 的线路称为变电站的进线段，为避免遭受雷直击，要求避雷线的保护角不宜超过 20°，以尽量减少绕击机会。

对于沿全线架设避雷线的线路，如图 9-11（b）所示，只是将靠近变电站 1～2km 长的避雷线保护角减小至 20°，这 1～2km 长的线路也为进线段。

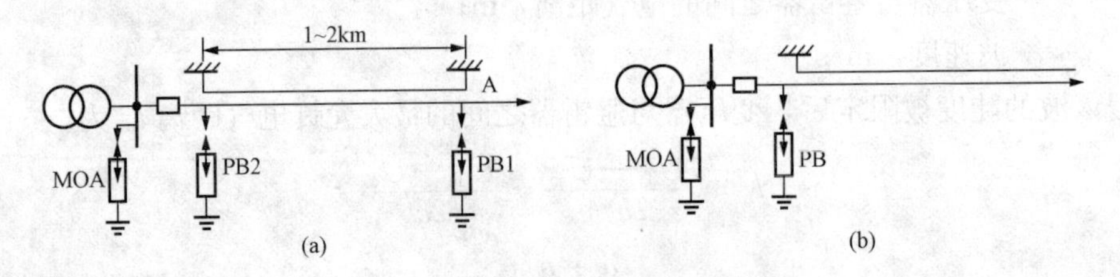

图 9-11 35kV 及以上变电站的进线保护接线

（a）无避雷线；（b）架设避雷线

2. 进线段的作用

（1）利用进线段导线的波阻抗 Z 限制母线避雷器中的雷电流不超过 5kA，其残压不会超过允许值 U_{c5}，被保护设备主要是变压器上可能出现的过电压幅值就不会超过 U_{Tcm}。

当进线段外受雷击时，如图 9-12（a）所示，由于受到线路冲击绝缘强度的限制，线路上的最高电压为 50%的冲击放电电压 $U_{50\%}$，作为变电站侵入波的幅值。最为严重的情况下是变电站只有单条线路，根据图 9-12（b）的等值电路列出，即

$$2U_{50\%} = I_{Fm}Z + U_{Fm}$$

可求出通过避雷器的雷电流为

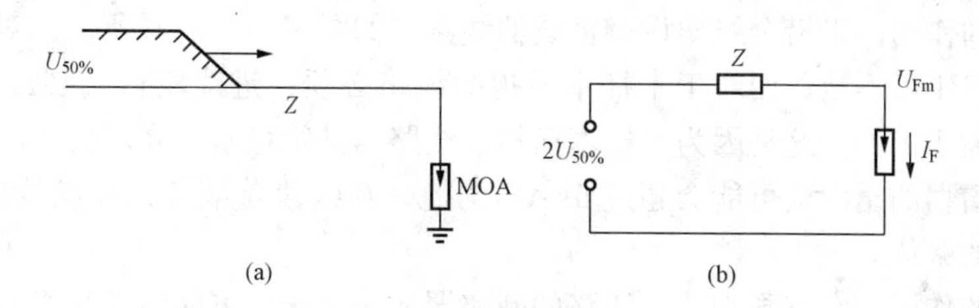

图 9 - 12　计算通过避雷器雷电流用的等值电路

$$I_{Fm}=\frac{2U_{50\%}-U_{Fm}}{Z}\tag{9-28}$$

式中　Z——导线波阻抗，对 35～220kV 线路取 $Z=400\Omega$，330kV 线路 $Z=300\Omega$；

$U_{50\%}$——线路的冲击放电电压；

U_{Fm}——避雷器的最大残压。

对于 220kV 及以下电压等级的避雷器用 5kA 下的残压作为最大值；330kV 及以上用 10kA 下的残压作为最大，利用式（9 - 28）可计算出各电压等级避雷器中最大的雷电流如表 9 - 2 所示。

由表 9 - 2 可知，采用 1～2km 进线段后，完全能满足限制避雷器中的雷电流不超过 5kA（或 10kA）的要求。而实际的变电站母线上接有多条线路，由于多条线路的分流作用，雷电流比表 9 - 2 中的值要小得多，其残压也比允许值为低。当采用 MOA 时，雷电流比 FZ 时低。

表 9 - 2　　单条线路的变电站经进线段限制后流过避雷器最大的雷电流 I_{Fm} 值

额定电压/kV	避雷器型号	线路绝缘的 $U_{50\%}$/kV	I_{Fm}/kA
35	FZ - 35	350	1.4
110	FZ - 110	700	2.6
220	FZ - 220	1200～1400	4.5～5.3
330	FCZ - 330	1645	7

（2）利用进线段导线的冲击电晕，限制侵入波的电压陡度。当进线段外受雷击时，线路一般都要发生冲击闪络，线路闪络后最高电压为冲击闪络电压 $U_{50\%}$。由于这个电压远大于线路的起始电晕电压，线路将发生强烈的冲击电晕。电晕放电改变了线路特性同时还消耗能量，使侵入波发生衰减与变形，如图 9 - 13 所示，图中为不同长度的进线段实际的典型波形。

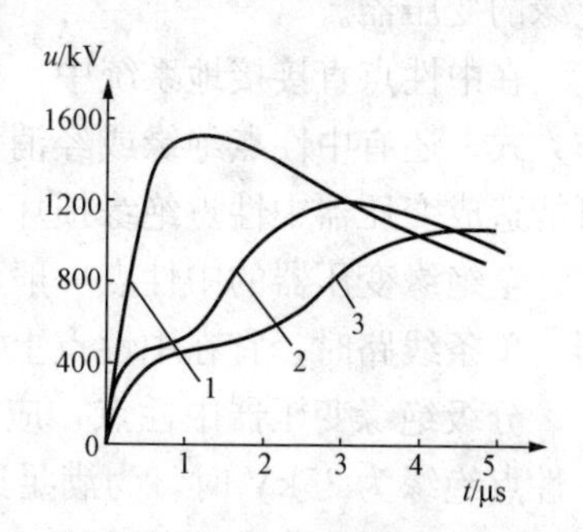

图 9 - 13　冲击电晕使波形衰减与变形实际波形图

1—l=0m；2—l=1298m；3—l=2185m

由图 9 - 13 可明显看出，进线段发生的冲击电晕，使侵入波的波头被拉平、陡度降低，其陡度随进线段长度的增加而显著下降，幅值也有所降低。

3. 管型避雷器的作用

为保证进线段的安全，满足各种形式过电压作用下的需要，一般都在进线段安装管型避雷器 PB。

（1）PB1的作用。未沿全线架设避雷线的线路，如图9-11（a）所示。对于水泥杆塔铁横担的线路，PB1可不装；而对于木杆木横担的线路必须在进线段首端装设，要求PB1的接地电阻不应大于10Ω。这是因为木杆木横担的线路，其绝缘水平高，侵入波的幅值也相应增高，通过避雷器的雷电流可能会超过5kA，为此，在线段首端装设一组管形避雷器PB1，以限制侵入波的幅值。

（2）PB2的作用。在雷雨季节，线路的断路器或隔离开关可能经常处于开路状态，而线路侧又带有工频电压时，才装设PB2。当线路上有幅值为$U_{50\%}$的雷电波沿线路侵入时，到达开路的断路器或隔离开关的断开点，将发生正的全反射而使电压升高一倍，有可能使开路的断开点处发生对地闪络。由于线路侧带电，将会引起工频电弧，造成隔离开关或断路器的绝缘支座烧毁。因此，必须在靠近隔离开关或断路器处装设一组PB2。在断路器闭合运行时，PB2不应动作，即PB2应处在母线MOA的保护范围内。

对于沿全线架设避雷线的线路，只在靠近断路器或隔离开关处装设一组PB，如图9-11（b）所示，其作用同前PB2的作用。

四、变压器的防雷保护

发电厂、变电站中的变压器，由于型式及运行方式的不同，仅靠母线避雷器来保护是不够的，还必须采取其他防雷措施。

1. 低压绕组开路的过电压保护

（1）双绕组变压器。在正常运行时，高、低压侧断路器均是闭合的，它两侧都装有避雷器，当一侧进波时，传递到另一侧的过电压不会对绕组绝缘构成危害。

（2）三绕组变压器。在正常运行时，可能出现高、中压侧运行，低压侧开路的情况。由于开路的低压绕组对地电容很小，无论变压器的高压侧还是中压侧进波时，低压绕组上过电压的静电感应分量可达很高的数值，使之对地电位升高，危及低压绕组的绝缘。为此，在低压绕组出口处接上一只避雷器即可保护这种过电压；当变压器低压绕组接有25m以上金属外皮的电缆时，不必再装避雷器。

2. 变压器中性点的保护

电力系统中的变压器中性点绝缘水平分为两种：一种是60kV及以下变压器，中性点绝缘水平与相线端相等，为全绝缘变压器；另一种是110kV及以上变压器中性点绝缘水平低于相线端一个电压等级，为分级（或降低）绝缘的变压器。只有个别地区还应用110kV全绝缘的变压器。

在中性点直接接地系统中，根据继电保护的需要，其中部分变压器中性点采用不接地工作方式，还有中性点绝缘或经消弧线圈接地的变压器，若雷电波沿绕组传至中性点时，很有可能造成变压器中性点绝缘损坏，因地必须采取保护措施。

全绝缘变压器的中性点一般不需要保护，但运行在多雷地区的变电站，而且为单台变压器、单条线路时，宜在中性点上加装一只与线端具有相同电压等级的避雷器。

分级绝缘变压器中性点，应选用与中性点绝缘等级相同的避雷器保护。110kV变压器中性点绝缘为35kV时，为满足灭弧要求宜采用MOA。接在中性点上的避雷器可利用单极接地刀闸实现工作方式的改变，如图9-14所示。

随着防雷保护措施的不断完善和防雷设备性能的提高，近几年MOA避雷器已被广泛采用，在选择避雷器时，应是首选品种。

3. 自耦变压器的防雷保护

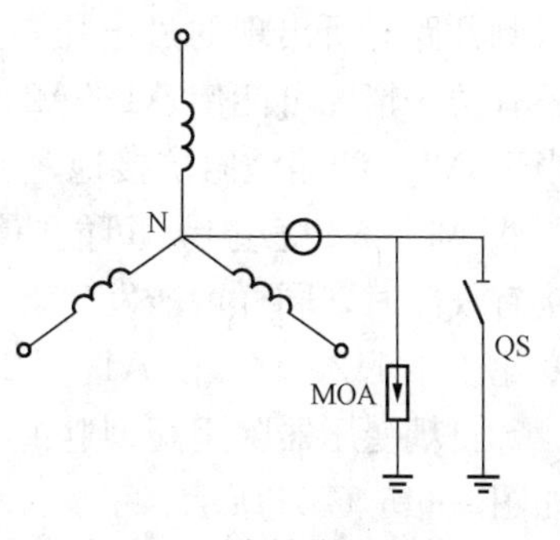

图 9 - 14　中性点避雷器的接入方式

自耦变压器除高、中压自耦绕组外，还有三角形接线的低压非自耦绕组。在运行时可能出现高、低压绕组运行，中压绕组开路；中、低压绕组运行，高压绕组开路两种运行方式。这两种运行方式，将会在中、高压绕组上出现过电压，危及绕组的绝缘。

（1）高、低压绕组运行，中压侧开路。若幅值为 U_0 雷电波从高压端 A1 侵入时，起始与稳态电压分布以及最大电位包络线都与中性点接地的变压器（单相或三相）相同，如图 9 - 15（a）所示。若高、中压绕组间变比为 k，在开路的中压侧 A2 上的稳态过电压为 U_0/k，当 $k=2$ 时，过渡过程中，中压侧 A2 对地电位可达 U_0，振荡电压的幅值可能超过 U_0，很可能使开路的中压侧套管闪络，因此，在中压侧套管与断路器之间装设一组避雷器（FZ2），以保护中压侧可能出现的过电压，如图 9 - 16（a）所示。

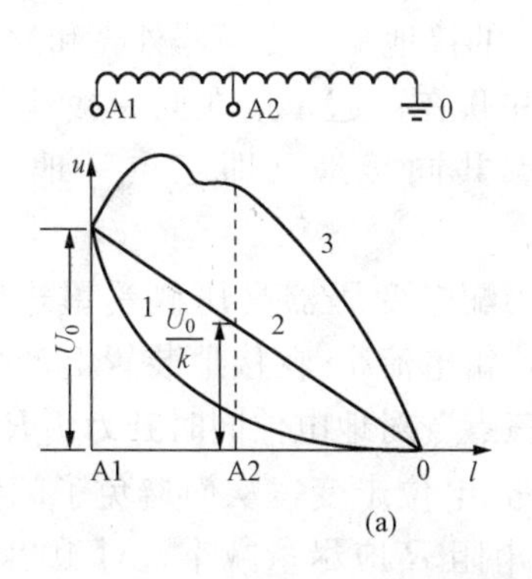

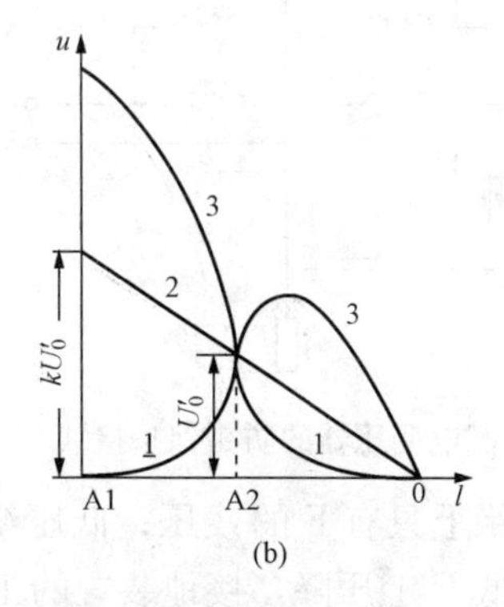

图 9 - 15　自耦变压器绕组波过程时各电位分布

（a）高压侧 A1 进波时电位分布；（b）中压侧 A2 进波时电位分布

1—起始电压分布；2—稳态电压分布；3—最大电位包络线

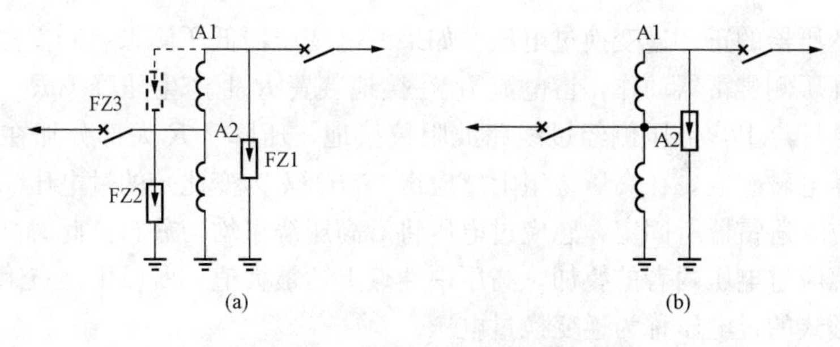

图 9 - 16　自耦变压器的避雷器配置

（a）阀型避雷器配置；（b）自耦避雷器配置

（2）中、低压绕组运行，高压侧开路。中压侧进波幅值为 U_0'，过渡过程中的起始、稳态电压分布和最大电位包络线如图 9 - 15（b）所示。高压绕组首端稳态电压为 kU_0' 倍，最大振荡电压幅值为 $2kU_0'$ 倍。当变比 $k=2$ 时，高压绕组首端对地最大电位可达 $4U_0'$，使开路的高压侧套管发生闪络。所以，在高压侧套管与断路器之间也应装设一组避雷器，以保护高压侧开路时所出现的过电压，见图 9-16（a）中 FZ1。当自耦变压器装设 FZ1 与 FZ2 后，还有两种情况可能使 A1—A2 绕组被损坏：如高压侧 A1 进波，中压侧 A2 接有线路时，相当于 A2 经线路波阻抗接地，由于绕组波阻抗大于线路波阻抗，则此电压大部分加在自耦变压器 A1—A2 绕组上，可能使绕组绝缘损坏；另一种情况，当中压侧 A2 进波，高压侧 A1 接有线路时，同样可能发生上述情况。而且 A1—A2 绕组越短（即变比越小）时越危险。当变比小于 1.25 时，在 A1—A2 之间加装一组避雷器，如图 9-16（a）中虚线表示的 FZ3。

自耦变压器除用阀型避雷器（或 MOA）保护外，还可采用“自耦”避雷器保护方式，如图 9-16（b）所示。

4. 配电变压器的防雷保护

3～10kV 配电网络分布很广，配电线路数量最多，据统计，平均每千米线路就有一台配电变压器。由于配电网络无特殊防雷措施，配电变压器很容易受雷击而损坏，所以必须做好配变的防雷。

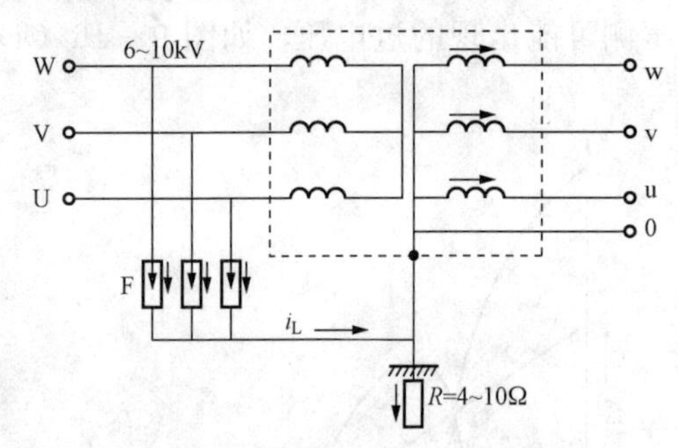

图 9-17 配电变压器的防雷保护接线

（1）配变的防雷保护接线。图 9-17 所示保护接线是将配电变压器高压侧避雷器 F（FS 或 ZnO）的接地端、变压器外壳和配变低压绕组中性点并联在一起，接在同一接地装置 R 上，形成三点共同接地（即三点一地）的防雷保护接线。

当配电变压器高压侧受雷击时，避雷器 F 动作，雷电流 I_L 在接地装置上产生压降 I_LR 使得“三点”对地电位同时升为 I_LR。这样作用在高压绕组主绝缘上只有 F 的残压；低压绕组对外壳电位未变，从而避免了闪络，变压器受到保护。为降低 R 上压降，接地装置的工频接地电阻 R 应尽量减小，对 100kVA 及以下配电变压器，R 不大于 10Ω，100kVA 及以上的配电变压器，R 值不大于 4Ω。采用“三点一地”的保护接线，配电变压器的防雷并不十分可靠，在下面两种情况下，也有可能使之损坏。

（2）配电变压器的正、逆变换过电压。如果配电变压器低压侧未装避雷器保护，高压侧受到雷击时，高压侧避雷器动作，雷电流 I_L 在接地装置 R 上产生压降 I_LR。此压降同时作用在低压绕组中性点上，低压侧经过线路波阻抗接地，压降 I_LR 大部分加在配电变压器低压绕组上。由于电磁感应，在高压绕组上感应出 ki_LR（k 为变比）的过电压。由于配电变压器高压端的电位为避雷器所固定，感应过电压将沿高压绕组均匀分布。此时高压绕组上电压为振荡电压和感应过电压两者的叠加，高压中性点上达最大值，所以中性点附近绝缘可能发生击穿，这种形式的过电压称为逆变换过电压。

在郊区农村，配电变压器低压线路较长，而无高大建筑物遮蔽，所以低压线路易受雷击。若配电变压器低压侧未装避雷器保护，当雷电波由低压侧侵入时，雷电流沿绕组经中性点流通并产生磁通，由于电磁感应，在高压侧出现按变比增加的感应电势，高压绕组出现过电压，称为正变换过电压。低压绕组绝缘裕度一般比高压侧大，低压侧不会损坏，而可能击穿高压侧绝缘。

由上可知，为防止正、逆变换过电压损坏配电变压器，在其低压侧宜装设保护装置，可限制低压侧上可能出现的过电压。一般情况下在低压侧装设一组避雷器（ZnO或FS），也可用击穿保险器或压敏电阻（YM-400型）。

五、SF_6 全封闭组合电器（GIS）的防雷保护

1. 66kV及以上进线无电缆段（GIS）的防雷

在SF_6管道与架空线路的连接处，应装设WGMOA，其接地端应与管道金属外壳连接，如图9-18所示。

若变压器T或GIS一次回路的电气部分至WGMOA之间的最大电气距离l_p不超过其参考值（66kV，$l_p \leqslant 50$m；110～220kV，$l_p \leqslant 130$m）时；或l_p虽然超过其参考值，但已校验满足WGMOA的保护范围时，WGMOA2可不装设，否则需要增装WGMOA2。

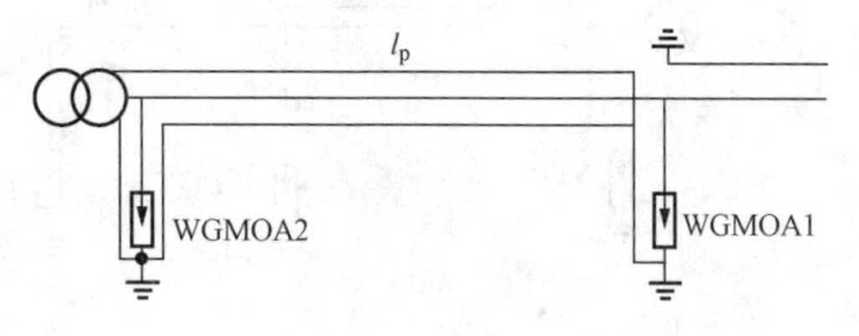

图9-18　无电缆段进线的GIS保护接线

连接SF_6管道的架空线路进线段保护的长度不应小于2km。且进线段保护的架设应满足有关规程的要求。

2. 66kV及以上进线有电缆段的GIS防雷

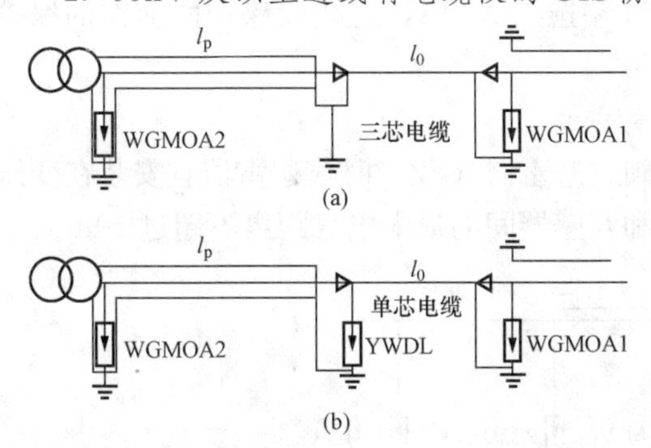

图9-19　有电缆段进线的GIS保护接线

在电缆段与架空线路的连接处应装设WGMOA1，其接地端应与电缆的金属外皮连接。对三芯电缆，末端的金属外皮应与SF_6管道金属外壳连接并接地，如图9-19（a）所示；对单芯电缆，应经无间隙金属氧化物电缆护层保护器（YWDL）接地，如图9-19（b）所示。

电缆末端至变压器或GIS一次回路的任何电气部分间的最大电气距离l_p不超过上面给出的参考值；虽已超过参考值，但经校验后能满足一组WGMOA的保护范围时，只需装设WGMOA1，否则需增装WGMOA2。

对连接电缆段外的架空线路，应架装2km的进线段保护。

3. 进线全长为电缆段的GIS保护

校验GIS上可能出现的过电压值，确定是否装WGMOA。

4. 对多路出线或接线复杂的GIS保护

根据电气主接线的结构和可能出现的过电压幅值，但经校验后确定WGMOA的配置。

六、小容量变电站的防雷保护

1. 3150～5000kVA的变电站

35kV侧，可根据负荷的重要程度及雷电活动强弱等条件适当简化保护接线，进线段保护段的长度可减少到500～600m，但首端的GMOA或排气式避雷器（PB1）的接地电阻不应超过5Ω，如图9-20所示。

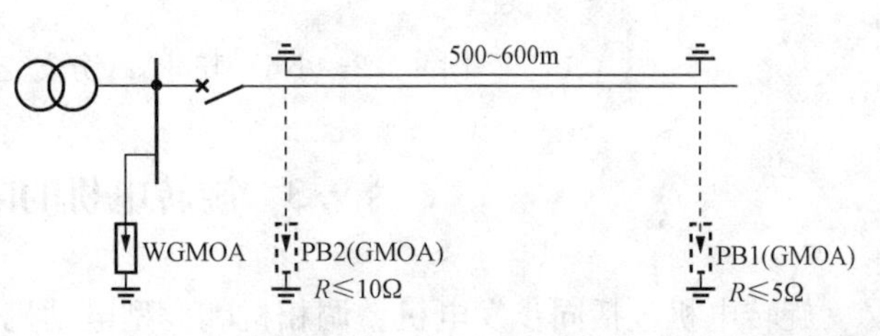

图9-20　3150～5000kVA，35kV变电站的简易保护接线

2. 小于3150kVA供非重要负荷的变电站保护

35kV侧，根据雷电活动的强弱，母线避雷器宜选用MOA，进线段保护前的保护元件可采用图9-21（a）所示的保护接线。母线避雷器选用MOA，进线段保护段前保护元件可选用（FE）或保护间隙（JX）；容量为1000kVA及以下的变电站，可采用图9-21（b）的保护接线。

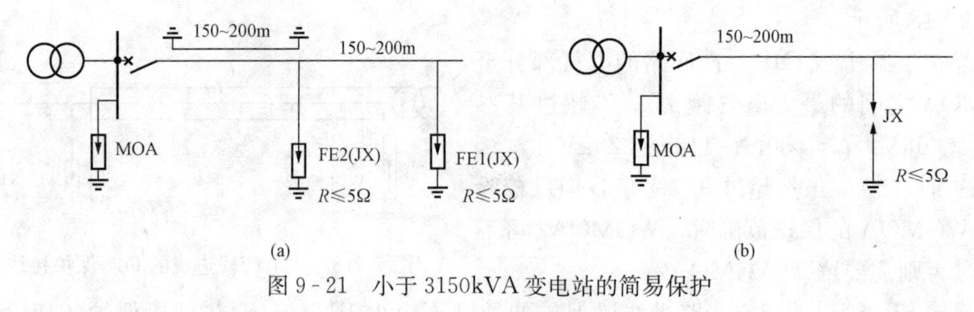

图9-21 小于3150kVA变电站的简易保护

3. 35kV分支变电站

容量小于3150kVA供非重要负荷的35kV分支变电站，根据变电站所在地区雷电活动的强弱，可采用图9-22的保护接线。变压器出线端选用MOA，进线段保护段前面的保护元件选用排气式避雷器（PB）或放电间隙（JX）。

4. 对35kV侧避雷器的安装要求

对简易保护接线的变电站35kV侧，若采用阀式避雷器（FZ）时，避雷器宜安装在变压器出线端，如图9-22所示。要求避雷器与主变和互感器间的最大电气距离不超过10m。

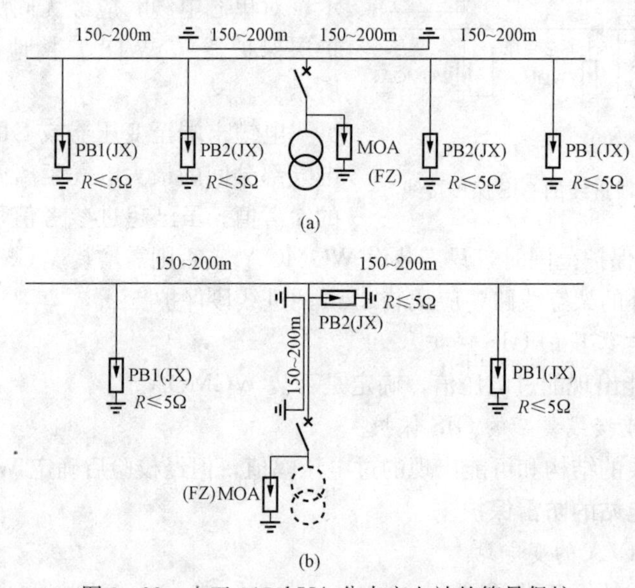

图9-22 小于3150kVA分支变电站的简易保护

§9.3 旋转电机的防雷保护

旋转电机包括同步发电机、调相机和大型电动机等。直接与架空线相连的旋转电机称为直配电机，当架空线路遭受直击雷或感应雷时，雷电波将直接传入电机，所以直配电机防雷尤为重要。旋转电机的保护，按其绝缘结构可分为主绝缘、匝间绝缘（纵绝缘）和中性点绝缘的防雷保护。

一、电机绝缘特点及防雷保护要求

（1）旋转电机受到绝缘结构、制造工艺和运行条件等因素的限制，决定了它的绝缘水平比较低，与相同电压等级的变压器相比，冲击耐压值有很大差距，如表 9 - 3 所示。运行中的旋转电机由于绝缘老化现象，实际的冲击耐压水平比表中所列数值还要低些。

表 9 - 3　旋转电机和变压器的冲击耐压值　kV

电机额定电压（有效值）	电机出厂工频耐压（有效值）	电机出厂冲击耐压（幅值）	同级变压器出厂冲击耐压（幅值）	FCD 型磁吹避雷器 3kA 下残压（幅值）
10.5	$2u_e+3$	34	80	31
13.8	$2u_e+3$	43.3	108	40
15.75	$2u_e+3$	48.8	108	45

（2）由表 9 - 3 看出，保护旋转电机原来所用的磁吹避雷器（FCD），它的保护性能与电机绝缘水平之间的配合，绝缘裕度很小，增加了电机防雷保护的困难，所以宜采用 MOA 避雷器。

（3）当雷电波作用于电机绕组时，匝间及中性点绝缘上电压与进波陡度有关，波头越陡，匝间绝缘上所承受的电压就越高。为不致损坏匝间绝缘，必须将进波陡度限制在 5kV/μs 以下。三相同时进波时，中性点上电压达到进波幅值的两倍。实验证明，当进波陡度不超过 2kV/μs 时，中性点上电压就不会超过进波幅值。

（4）发电机的防雷保护极为重要，必须安全可靠，单靠 MOA 避雷器保护是不够的，还需与电容器、电抗器、电缆段等元件相配合才会可靠。

二、直配电机的防雷措施

对电机容量、重要程度、雷电活动的强弱和对运行可靠性的要求等因素综合评价后，确定防雷保护接线和具体措施。

（1）选择防雷保护接线。一般地区，单机容量（25000～60000kW）较大的直配电机宜采用图 9 - 23（a）所示的保护接线；对小容量（1500～6000kW）的直配机宜采用图 9 - 23（b）所示的保护接线；中等容量（6000～25000kW）的直配机，一般地区可采用图 9 - 23（a）所示的保护接线，少雷区可采用图 9 - 23（b）所示的保护接线。

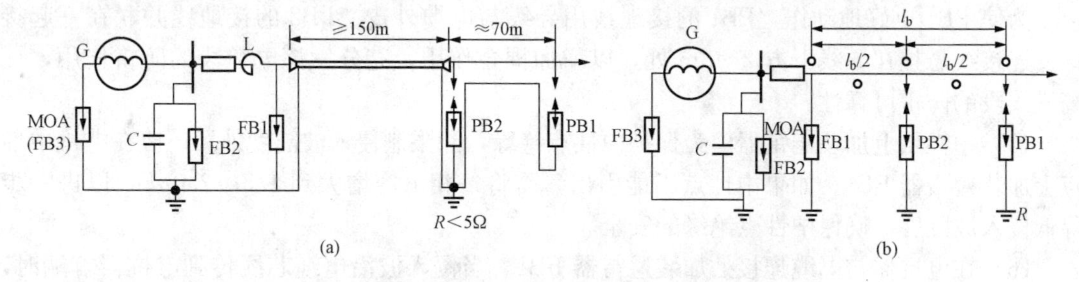

图 9 - 23　直配电机的防雷保护接线图

（a）大容量直配电机的防雷接线；（b）小容量直配电机的防雷接线

（2）装设避雷器。在每台发电机出线至母线处装设一组避雷器 FB2（或 MOA），以限制侵入波幅值。同时还采取进线保护措施，限制流经避雷器中的雷电流不超过 3kA。

（3）装设电容器。在每台发电机电压母线上装设电容器，以限制侵入波的陡度 a。降低电机匝间绝缘和中性点绝缘上的电压，同时也降低感应过电压。当每相电容为 0.25～0.5μF 时，可满足 a<2kV/μs 的要求。

（4）采用进线段保护。由长 100～150m 金属外皮经多点接地的电缆、两组管型避雷器（PB1、PB2）和长约 70m 架空线组成。它的主要作用是限制通过避雷器的雷电流不超过 3kA，适用于一般地区大中容量直配电机的防雷保护。

其工作原理简单地叙述如下：雷电波沿架空线入侵时使 PB2 动作，电缆芯线与外皮通过 PB2 短接在一起，雷电流通过 PB2 和接地电阻 R_1 形成电压降 $i_L R_1$，同时作用在电缆外皮和芯线上，等值电路如图 9-24（b）所示。由于雷电流等值频率很高，集肤效应作用显著，通过电缆外皮入地的电流 i_2 几乎全部为雷电流 i_L，而电缆芯线中电流 i_1 几乎为零，母线上避雷器可能不动作，即使动作，避雷器中的雷电流不会超过 3kA。实际上仅由 PB2 保护是不可靠的，当入侵波到达电缆首端时，由于电缆波阻抗小于架空线，将产生负反射，使该处电压降低，PB2 很可能不动作。由于电缆外皮的防雷作用未能发挥，雷电流将沿电缆芯线侵入到母线，母线上避雷器一定动作且雷电流一般都要超过 3kA。为此在电缆首端前约 70m 处再安装一组排气式避雷器 PB1，70m 架空线的等值电感 $L=1.7\times70\approx120(\mu\text{H})$，起到电感线圈的防雷作用，抬高 PB1 处电压，使之容易动作。当 PB1 动作后，又将芯线和外皮接在一起，于是发挥电缆段外皮的防雷作用，母线避雷器动作后的雷电流不会超过 3kA。

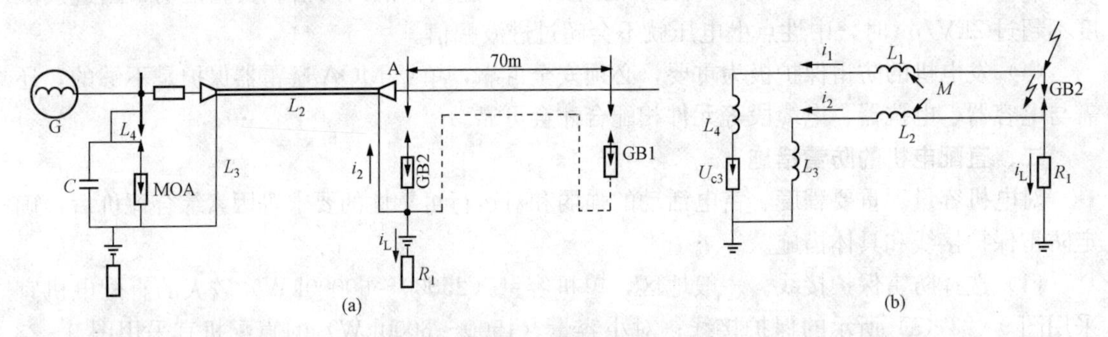

图 9-24 GB 动作后的电路

（a）原理接线；（b）等值计算电路

为使 PB1 更好地动作，PB1 的接地线用导线与电缆外皮、PB2 的接地线并联在一起接地。连接线悬挂在导线下方 2～3m 处，以增加耦合作用，充分发挥电缆段的防雷作用，提高进线段的防雷可靠性。

（5）中性点上加装避雷器。为保护中性点绝缘，除限制侵入波陡度外，还应在电机中性点上加装避雷器 FB3。如果中性点不能引出，需将每相电容增大到 1.5～2.0μF，以进一步降低侵入波陡度，确保中性点绝缘的安全。

（6）在电抗器与电缆连接处加装避雷器 FB1。当侵入波沿电缆芯线传到电抗器首端时，由于电抗器波阻抗大于电缆，将产生正反射，有可能损坏电缆头与电抗器线端的绝缘，所以要装设 PB1 保护。

§9.4　直流输电系统过电压保护

高压直流输电系统过电压，因产生的机理不同分为操作过电压和雷电过电压两大类。操作过电压是由换流站两侧的交、直系统各种故障或各种操作引起的；而雷电过电压是由直击雷或两侧的交、直线路的雷电侵入波传播到换流站设备上引起的。

对于换流站电气设备，无论是操作过电压还是雷电过电压，都是通过换流站内安装的避雷器加以限制，并由此决定电气设备的操作或雷电冲击绝缘水平、绝缘配合及换流站空气间隙距离。

特高压直流输电系统额定运行电压很高，故换流站电气设备的绝缘水平也就很高，由于受到制造和运输上的制约，必须尽可能降低设备的冲击绝缘水平。所以，对避雷器的配置、参数和限制设备上的过电压提出更高要求。

一、避雷器的配置

1. 避雷器配置原则

(1) 在交流测产生的过电压，尽可能用交流侧的避雷器加以限制。

(2) 在直流侧产生的过电压，应由直流侧线路避雷器、极母线避雷器和中性母线避雷器等加以限制。

(3) 重点保护的重要电气设备与该设备相连接的避雷器间电气距离尽量缩短，以便更加可靠地保护这些重要设备。

在特高压直流输电系统中，避雷器的布置方式和安装位置是根据主要电气设备的布置方式及过电压保护的需要而确定的。图 9-25 给出了特高压换流站双 12 脉动换流器串联结构单极避雷器安装布置示意图。

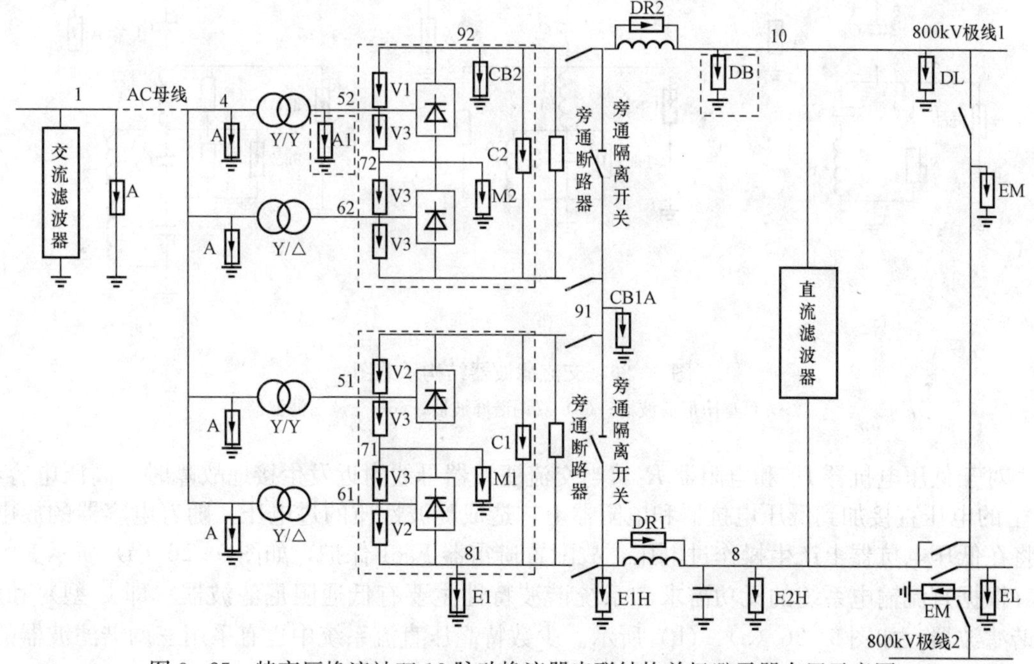

图 9-25　特高压换流站双 12 脉动换流器串联结构单极避雷器布置示意图

特高压直流换流站避雷器的名称和表示方法见表 9-4。

表 9-4　特高压直流换流站避雷器名称和表示方法

名　称	符　号	名　称	符　号
交流母线避雷器	A	直流极母线避雷器	DB
换流变压器阀侧避雷器	A1	直流线路避雷器	DL
交流滤波器避雷器	Fac1、Fac2	平波电抗器避雷器	DR1、DR2
阀避雷器	V1、V2、V3、V4	中性母线避雷器	E1E2
6 脉动换流桥避雷器	M1、M2、M3	高能量中性母线避雷器	E1H、E2H
12 脉动换流桥避雷器	CB1A、CB1B	接地极线避雷器	EL
12 脉动换流桥间避雷器	C1、C2	金属回线避雷器	EM
换流器直流母线避雷器	CB2	直流滤波器避雷器	Fdc1、Fdc2、Fdc3、Fdc4

2. 避雷器的配置及动能

直流输电系统中，特高压直流输电系统对避雷器的配置要求最为严格，配置也就比较复杂。根据避雷器的安装位置和保护对象的不同，可分为交流避雷器、换流避雷器、直流极线避雷器、中性母线避雷器和直流滤波器避雷器等。

(1) 交流避雷器。

1) 交流母线避雷器 A：用来保护交流站交流测设备，安装在每台换流变压器网侧、换流站交流母线和交流滤波器母线上。

2) 交流滤波器 Fac1 和 Fac2 避雷器：用来保护交流滤波器内部元件。由于电容器具备耐受和隔离过电压作用，故高压电容器 C_1 不配置专门的避雷器，如图 9-26 所示。

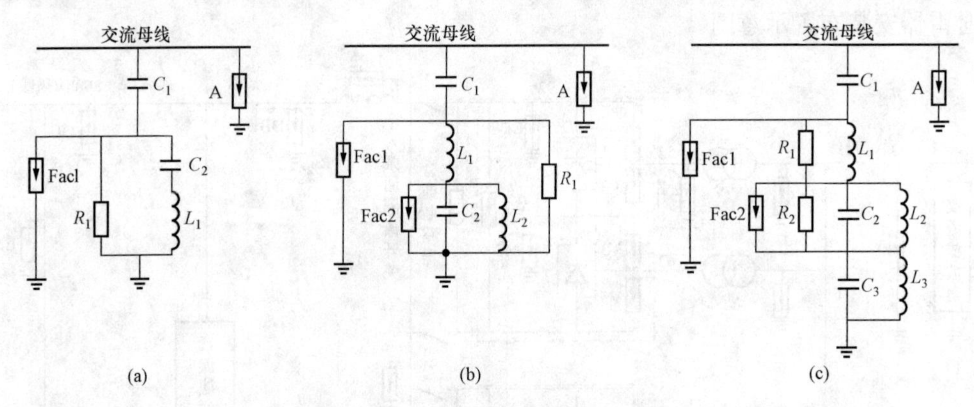

图 9-26　交流滤波器结构示意图

(a) C 型阻尼滤波器；(b) 双调谐滤波器；(c) 三调谐滤波器

对于低压电抗器 L_1 和电阻器 R_1，当交流滤波器母线附近发生接地故障时，高压电容器 C_1 上的电压直接加到低压电抗器和电阻器上，造成陡波性质的过电压，随着电容器的放电，还将在低压电抗器上产生操作过电压，故配置避雷器 Fac1 保护，如图 9-26 (a) 所示。

根据直流输电系统的无功需求和系统谐波特性主要有低通阻尼滤波器（即 C 型）和双调谐滤波器，如图 9-26 (a)、(b) 所示。少数特高压直流系统中也有采用三调谐滤波器的，如图 9-26 (c) 所示。

（2）换流器避雷器。换流器所用的避雷器主要包括阀避雷器 V、6 脉动换流桥避雷器 M、12 脉动换流桥避雷器 CB1A 和 CB1B 及 12 脉动换流桥间避雷器 C 等。

1）阀避雷器 V：与换流阀两端并联，直接保护换流阀。

2）高端换流桥避雷器 M2：保护高压端两个 6 脉动换流桥间的直流母线，同时，通过 V 型避雷器串联保护高端换流变压器阀侧 γ 绕组。

3）低端换流桥避雷器 M1：保护低压端两个 6 脉动换流桥间的直流母线，同时，通过 V 型避雷器串联保护低压端换流变压器阀侧 γ 绕组。

4）12 脉动换流桥避雷器 CB1A：保护高端和低端 12 脉动换流单元之间的直流母线及母线上电气设备；并限制高端旁通断路器合闸时操作过电压及低压端 12 脉动换流单元单独运行时直流母线上的操作过电压；同时通过与 V 型避雷器串联保护高压端换流变压器阀侧 Δ 绕组。

换流桥间避雷器 C1 和 C2：在高压端、低压端 12 脉动换流单元单独运行工况下，保护高端、低端 12 脉动换流单元。

（3）直流极线避雷器。

1）换流站直流母线避雷器 CB2：保护直流极母线上电气设备。

2）直流线路 DL 型和直流极母线 DB 型避雷器：分别安装在平波电抗器线路侧和直流极母线侧，用来保护直流开关场的雷电和操作过电压。

3）直流极母线平波电抗器避雷器 DR2：跨接在直流极母线平波电抗器两侧，用来保护平波电抗器上出现的雷电和操作过电压。

（4）中性母线避雷器。

1）中性母线平波电抗器避雷器 DR1：跨接于直流中性母线平波电抗器两侧，用来保护中性母线的雷电和操作过电压，为可选择的避雷器。

2）金属回线避雷器 EM：主要用来保护金属回线上的雷电侵入波。

3）高能量中性母线避雷器 E2H：用来吸收双极和单级运行方式下直流线路或阀厅内接地故障下的操作冲击能量。

4）接地极线避雷器 EL：主要用来保护接地线路上的雷电侵入波。

5）中性母线避雷器 E2：主要用来保护中性母线上的雷电侵入波。

6）高能量中性母线平波电抗器阀侧避雷器 E1H：安装在阀厅外中性母线平波电抗器的阀侧，用来保护阀的底部设备，并与 V 型避雷器串联保护低端换流变压器阀侧 Δ 绕组。E1H 和 E2H 为高能量避雷器，是由多支性能相同的避雷器并联而成。

7）中性母线平波电抗器阀侧避雷器 E1：要求 E1 的伏安特性高于 E1H，用于雷电侵入波和接地故障下的陡波保护。

（5）直流滤波器避雷器。直流滤波器避雷器 Fdc 与交流滤波器避雷器 Fac 功能类似，用来保护直流滤波器的低压侧元件。特高压直流输电系统一般采用双调谐和三调谐的直流滤波器，根据工程需要进行相关避雷器的配置。直流滤波器典型接线方式如图 9 - 27 所示。

（6）换流变压器阀侧避雷器。高端换流变压器阀侧避雷器 A1 是用来保护处在最高电位的换流变压器阀侧 γ 绕组最高端。

二、内部过电压保护

直流输电系统的内部过电压是由换流站两侧的交、直流系统各种故障或各种操作引起

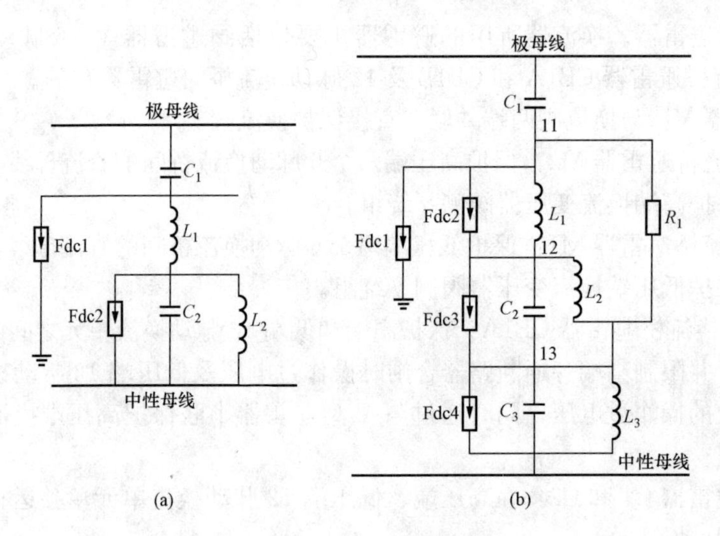

图 9-27　直流滤波器典型接线方式

(a) 双调谐滤波器；(b) 三调谐滤波器

的。对于特高压直流输电系统，操作过电压成为决定电气设备绝缘水平的主要因素。操作过电压的幅值对设备冲击绝缘水平和绝缘配合影响很大，由于长空气间隙绝缘性能的饱和特性、高海拔和恶劣的气候条件、电气设备制造水平等因素的综合影响，给特高压直流输电系统的过电压保护措施提出了更高要求。

1. 交流侧操作过电压保护

操作过电压是由交流侧操作或故障引起的，维持时间虽短（一般半个周波）但过电压的幅值却很高。

(1) 线路合闸或重合闸过电压。当换流站交流线路进行合闸或重合闸（故障后单相或三相重合）操作时，在线路的开路端会产生较高的过电压，而线路首端的过电压相对较低。因此，换流站交流母线上操作过电压幅值较低，过电压倍数 K_0一般不超过 1.8。

对于交流侧线路合闸或重合闸产生的操作过电压才采用带有并联电阻的断路器就可限制该过电压。

(2) 投入交流滤波器或电容器组过电压。在正常投入交流滤波器或电容器组时，电容器中没有电荷（即没有残压），若在母线电压为最大峰值瞬间合闸时，因电容器充电电流很大将产生幅值较高的操作过电压。更为严重的是：在交流滤波器或电容器刚退出运行还未彻底放电完毕的情况下，若因某种原因再次投入运行时，如果电容器上电荷（残压）很高并且与合闸瞬间交流母线电压反相，将会产生幅值很高的操作过电压。

限制投入交流滤波器或电容器组操作过电压的主要措施有两种：一是在断路器装设选相合闸装置；二是在断路器安装合闸电阻。

(3) 接地故障和清除故障过电压。当换流站交流系统发生单相接地故障时，由于零序阻抗和相间耦合的影响，在健全相上将产生过电压；在故障切除时，会在故障相上产生操作过电压。由于换流站的交流系统为中性点直接地的工作方式，所以这种操作过电压一般不高，不需保护。

(4) 最后一个交流断路器跳闸时过电压。当最后一条线路或换流变压器的断路器跳闸时

（即最后一台交流断路器跳闸），导致交流甩负荷引起操作过电压，若逆变电站交流侧甩掉全部负荷，而交流母线仍保留有滤波器和电容器组且换流器未闭锁时，操作过电压水平可达1.8倍左右。

限制操作过电压措施：换流站最后一台交流断路器跳闸时，控制系统发出信号，先闭锁直流，然后再跳开交流断路器；缩短甩负荷后换流阀闭锁时间；快速切除交流滤波器和电容器组等。

2. 直流侧的内部过电压

直流侧出现的内部过电压，是由交、直流侧的操作和故障引起的。影响直流侧过电压幅值的因素很多，主要有波形、故障种类和故障持续时间、直流系统结构、避雷器的配置方式和保护水平、直流输送功率等。

（1）由交流侧产生的内过电压。由换流站交流侧的操作和故障在交流母线上产生的过电压，将通过换流变压器的绕组按变比传递到阀侧，作用在换流阀桥的阀和阀避雷器V上，并通过换流阀在直流侧各点上产生过电压。

交流侧的操作和故障主要有交流甩负荷、投入换流变压器、投入交流滤波器和电容器组及接地故障等，其中以换流站交流侧线路或换流母线发生接地故障产生的过电压幅值最高。利用换流站直流侧的避雷器能有效的限制该过电压。

（2）由直流侧产生的内过电压。

1）直流系统紧急停运。直流系统停运包括正常停运和紧急停运两种。正常停运时，换流站的电流调节器按要求以一定速率降低直流电流，在停运过程中电容器组和交流滤波器随着直流输送功率的减少而逐步分组切除，按运行规程进行的正常停运，在直流极线等处不会产生过电压，只是在滤波器回路引起轻微振荡，过电压很低。直流输电系统在运行中发生故障，保护装置启动停运为故障紧急停运。紧急停运有两种原因：①若是换流站启动紧急停运，经移相后再闭锁整流侧换流器，而逆变站由相关保护装置将其闭锁；②如果是由逆变站启动紧急停运，应在逆变站首先投入旁通对，然后再闭锁换流器。整流站延迟一段时间后换流器触发角移相，然后再由相关保护将其闭锁。由于逆变站投入旁通对时，相当于线路末端短路，所以，在直流滤波器上会产生幅值较高的过电压，可利用直流滤波器中的避雷器Fdc保护即可。

2）换相失败（丢失脉冲）。当换流器控制或阀开通故障时，若发生阀开通不良、换相失败和控制脉冲完全丢失等，将在直流侧产生以工频分量为主的附加交流电压，这个附加交流电压和直流电压相叠加后，将会在极母线、直流滤波器和中性母线上形成过电压。另外，当换流站附近交流电网发生不对称故障时，在直流侧将产生主要是二次谐波分量的附加交流电压。

在换流站交、直流侧发生上述两种故障时，直流侧会出现工频及二次谐波电压与电流分量。当直流侧自然谐振频率接近基波、二次或三次谐波时，就会在直流侧产生幅值较高的振荡过电压。

为防止产生振荡过电压，可采用三调谐（100/600/2000Hz）的直流滤波器加以限制。

3）直流接线方式转换。直流输电系统中的极线和直流滤波器回路不装设断路器，直流侧的正常操作主要是在单极条件下，所谓接线方式转换就是大地转金属运行或金属转大地运行的接线方式转换操作。单极大地运行方式和金属回线运行方式的接线示意图，如图 9 - 28 所示。

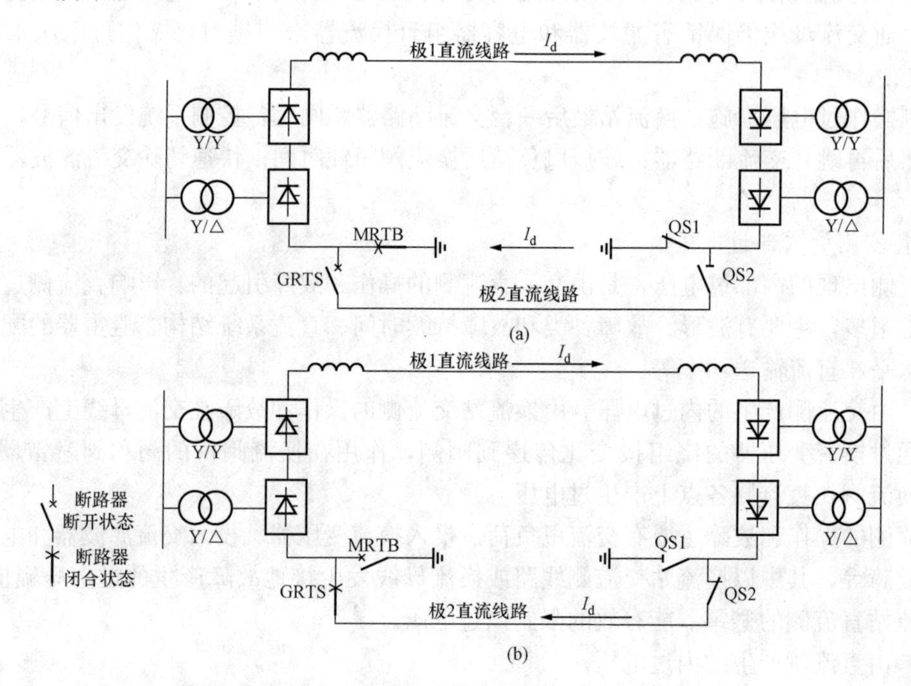

图 9 - 28　单极大地运行方式和金属运行方式的接线示意图

(a) 单极大地运行方式；(b) 金属回线运行方式

图 9 - 28 中的 MRTB 为金属回线转换开关（断路器）；GRTS 为大地回线转换开关（断路器）。在接线方式转化过程中，应先将大地回路和金属回路并联运行，通过 MRTB 和 GRTS 的操作，就可实现接线方式转换。接线方式转换过程中，因强制直流电流改变流通路径，导致断路器断口上产生过电压，转换的直流电流越大，过电压就越高。因大地阻抗小，流经的电流也就大，当进行单极大地回线转换成金属回线操作时，金属回线转换断路器 MRTB 断口间的过电压更高。

为了限制直流接线方式转换产生的过电压，可在 MRTB 和 GRTS 断口上并联金属氧化物限压器，限制并吸收相应能量，降低过电压。换流站其他各点上过电压可由相应避雷器保护。MRTB 和 GRTS 通常采用六氟化硫（SF_6）断路器，在断开直流电路时，熄灭直流电弧较为困难，因此，在 SF_6 断路器的主断口上并联一个 L—C 串联谐振元件。当 SF_6 断路器动、静触头刚分离时，L—C 振荡回路使直流电流发生振荡，当振荡电流过零时，断路器便可靠切断直流电流。提高了断路器的断路能力，从而降低了过电压。

4）带电投、切直流滤波器过电压。在直流输电系统运行时，带电投、切直流滤波器会在直流极线及直流滤波器产生较高的过电压。带电投、切直流滤波器过程中，直流滤波器看作为电感元件，在投、切过程瞬间，滤波器中的电流所建磁场突变成电场从而形成过电压。

5）换流器短路故障过电压。在换流器内部发生短路故障，由于直流滤波器的放电和交流电流的涌入，通常在换流器本身和直流中性点设备上产生操作过电压。这种过电压的波形类似于雷电冲击电压，可利用相应阀避雷器保护。

6）直流极（线路）接地故障过电压。换流站内、平波电换器外侧或直流输电线路上发生极对地故障时，在故障极和健全极上都将产生过电压。故障极中，主要是中性母线上设备和直流滤波器电抗器上出现过电压；双极运行一极发生故障时，在健全极上产生感应过电压；若直流线路中间发生接地故障时，非故障极直流线路中间过电压最高，过电压倍数 K_0 不超过 $1.7_{p.u}$，而线路两端过电压都较低，对线路两端部设备绝缘不构成危害。

三、雷电过电压保护

1. 高压直流输电线路雷电过电压保护

根据运行经验证明，高压直流输电系统中因线路遭受雷击而引起的闭锁占较大比例。随着特高压直流输电线路杆塔的增高，更容易遭受雷击，需采取可靠地防雷措施。

（1）高压直流输电线路防雷特点。根据运行统计表明，相同条件下直流输电线路的雷击闪络率高于交流输电线路，而且正极性导线更容易发生雷击闪络；当雷击线路引起绝缘闪络时，直流系统的控制保护装置启动，将整流侧触发角移相160°，故障电流为零。经过一段时间的去游离后，故障点熄弧，再启动直流系统恢复正常运行，全部过程在150～200ms；直流线路防雷性能的指标包括线路绕击率和反击率计算，但对特高压直流输电线路，主要是防护绕击雷为主。

（2）特高压直流输电线路的防雷保护措施。减少发生雷击线路的绕击率，降低因绕击发生闪络的概率。最主要的有效措施是减小避雷线的保护角，尽量减少线路发生绕击现象。为了有效地避免因绕击造成闪络，可适当增加线路绝缘和降低杆塔的接地电阻。对于单回特高压直流输电线路，因防污闪和电磁环境的需要，线路绝缘子制造的较长，极间空气间隙也较大，有效地提高了线路的冲击绝缘水平和耐雷水平，一般情况下不需要再另外增强线路绝缘。另外，特高压直流输电线路的杆塔的塔根开的很大，埋在地下的塔根和基础尺寸也较大，杆塔自然接地电阻也就很小，不需要再采取另外措施降低杆塔的接地电阻。

2. 换流站雷电过电压保护

特高压直流换流站来自两个方面：一是直击雷；二是来自线路的侵入波。对于直击雷，就是雷直击在换流站的设备上，造成设备损坏。而来自线路的侵入波有两种可能：一种可能是雷击杆塔顶或避雷线上，造成逆闪络（反击）；另一种可能就是发生绕击。

（1）特高压直流换流站直击雷保护。换流站的直击雷保护与普通的变电站基本相似，都是采用避雷针或避雷线防护直击雷。不同之处，换流站中有交流开关场、高压直流开关场、交流滤波器、直流中性点场等，由于电压等级的差异，直击雷保护视具体情况而定。

我国高压直流换流站的直击雷保护措施，仍是避雷针和避雷线两种。避雷针根据需要可采用架构避雷针或独立避雷针，视换流站配电装置型式而定。在直流滤波器和直流中性点区域，由于对屏蔽性要求较高，如果采用避雷针时，则势必增高避雷针的高度，这必将引起针体和基础设施造价大幅度提高，工程的经济性大大降低，同时还影响了换流站整体布置的合理性和美观感。若减小针的高度而增加根数时，会引起布置上的困难。因此，在实际的换流站在考虑直击雷保护时，多采用避雷针和避雷线相结合的布置方式，即采用架构避雷针和位于换流站区域边缘的独立避雷针之间架设避雷线。这样，使换流站直击雷保护设施布置合理、美观、而且还增大了屏蔽区域。同时还要求避雷针（线）和被保护设备之间具有足够的距离，以确保雷击避雷针（线）时，不会发生反击事故。

（2）换流站雷电侵入波过电压保护。特高压直流换流站对于侵入波雷电过电压保护可分为三个区域：一是换流站的交流侧，从交流线路进线端口到换流变压器的网侧端子；二是换流区域，从换流变压器网侧端子到直流平波电抗器站侧端子之间；三是换流站直流开关场区域，从直流线路进口端到直流平波电抗器的线路侧。交流场设备上的雷电过电压是由交流输电线路传播而入，直流场设备上雷电过电压是由直流输电线路和接地极传入。对于换流区域的设备，由于有换流变压器和平波电抗器的抑制作用，使来自于交、直流侧的雷电波传递到该区域后，其波形类似于操作冲击波，因此，换流区域应按操作冲击绝缘水平考虑。

换流站交流母线产生的雷电过电压情况与常规的交流变电站相同。由于进线段和多组交流滤波器的防雷作用，使得换流站交流母线设备上雷电过电压幅值并不高于交流变电站母线上出现的雷电过电压。

直流输电线路架设了 2km 的进线段，所以，在进线段发生绕击的概率非常低，主要是因反击沿线路传播的侵入波，由于受到进线段防雷保护作用，使得侵入到直流场的侵入波的幅值和电压陡度得到降低。侵入波传播到直流场时，首先由直流极线避雷器进行限制，传递到各直流设备上的雷电过电压，由相应位置的避雷器保护。接地极线路的雷电侵入波，主要由中性母线避雷器和接在中性母线入口处的冲击吸收电容器来保护。由于换流变压器和平波电抗器兼起的防雷保护作用，换流变压器阀侧一般不考虑雷电引起的过电压。

直流系统运行方式较多，对于单极金属返回运行方式下，当雷电侵入波来自返回的直流输电线路时，由于直流输电线路耐雷水平较高，雷电侵入波的幅值也较高，当雷电侵入波传递到直流场的中性母线时，会在中性母线上产生较高的雷电过电压。为此，在直流场上避雷器的安装位置应尽量紧靠被保护设备，减少它们的电气距离，使被保护设备得到可靠保护。

本 章 要 点

1. 输电线路的防雷保护

（1）感应雷过电压是由先导放电过程中在导线与大地中感应出束缚电荷，雷击大地发生主放电时，大地与雷云中束缚电荷迅速中和，作用于导线上的电场随即消失，导线上束缚电荷被释放，转变成自由电荷并沿导线向两侧传播，从而形成感应雷过电压。

（2）感应雷过电压的大小，按线路有、无避雷线两种情况分别计算。线路无避雷线时，其感应过电压 U_g，按雷击点距导线间水平距离 $S>65$m 和 $S<65$m 两种情况分别求得；线路有避雷线时，雷击避雷线产生很高电位，通过避雷线与导线间的耦合作用，耦合到导线上的耦合过电压为 $-KU_g$（K 为耦合系数，小于 1），该电压与雷电流同极性。导线上总电压为感应过电压 U_g 和耦合过电压 $-KU_g$ 两部分之和 $U_g(1-K)$，使导线上总电压降低了 $(1-K)$ 倍。

（3）衡量线路防雷性能优劣有两个指标：一是线路耐雷水平；二是线路雷击跳闸率。线路耐雷水平 I 的高低，是表征线路承受雷电流作用的能力，耐雷水平 I 越高，说明线路耐雷性能越强。当雷电流幅值等于或大于耐雷水平时，线路将发生冲击闪络，线路闪络后能否引起断路器跳闸，关键在于闪络通道中的工频电弧是否作稳定燃烧。影响因素很多，随机性较大，用建弧率 η 表示。只有闪络通道中工频电弧作稳定燃烧时，才有可能引起线路断路器跳闸，中断供电。

有避雷线的线路雷击跳闸率包括两部分：一是雷击杆塔顶时，由于反击造成的；二是避雷线没有起到屏蔽作用，由于绕击导线造成的。这两种雷击形式所引起的断路器跳闸率，就构成了线路总的雷击跳闸率。

(4) 输电线路防雷原则性措施有：沿全线架设避雷线，防止雷直击线路；提高线路耐雷水平，防止发生闪络；增加绝缘水平，防止建立稳定的工频电弧；装设自动重合闸装置，防止中断供电。这里的四项基本措施，又称为线路防雷的“四道防线”。对各级电压等级的线路防雷，要视电压等级、重要程度、雷电活动情况并结合运行经验来确定。35kV及以下线路无特殊防雷措施，一般情况下只采用进线段防雷；对于110kV及以上线路，通过沿全线架设避雷线、降低杆塔接地电阻等措施防雷，对于多雷地区，还需减小避雷线的保护角和增设耦合地线加强防雷。

对于大跨距的档距、特殊地段和高海拔地区的线路防雷，主要通过加强绝缘、减小避雷线的保护角、降低杆塔的接地电阻等措施实现防雷。

2. 发电厂、变电站的防雷保护

(1) 发电厂、变电站对直击雷的防护，是采用避雷针（线）进行防雷。在确定避雷针的位置、高度、数量时，应不发生反击现象。为避免反击，应满足两个基本条件：空气隙距离 $S_K \geqslant 0.3R_{ch}+0.1h$；土壤中距离 $S_d \geqslant 0.3R_{ch}$。在实际布置避雷针时，还应采取防止反击的其他措施。

(2) 为防止沿输电线路侵入的雷电波损坏变电站中的电气设备，在变电站母线上必须装设避雷器，以保护母线上的各种电气设备，特别是主变压器。当入侵波传播到母线时，将会在避雷器与变压器间电气连接线 l 上出现波过程，其结果使得变压器上的电压高出避雷器上的电压一个差值 ΔU，$\Delta U=2al/v$。为确保变压器的安全，必须采取措施限制变压器上所出现的过电压幅值 U_{Tcm}，使其小于其截波下的试验电压 U_{Tcm}，即 $U_{Tcm}=U_{c5}+2al/v \leqslant U_{T5}$。有两种措施：一是限制侵入波的陡度 a；二是缩短避雷器与变压器间电气距离 l。实际中，如果避雷器的保护距离 l_m 不够可靠，还应在变压器出线端附近增装一组避雷器。

(3) 当入侵波的波头较陡时，变电站母线上避雷器的保护作用可能不够可靠，还必须采用变电站的进线段保护方式。它有两个作用：一是利用进线段导线波阻抗限制通过避雷器中的雷电流不超过5kA，其残压就不会超过最高残压允许值 U_{c5}；二是利用进线段发生的冲击电晕，消耗入侵波的能量，使其波头变缓、陡度降低，有利于变电站的绝缘配合。

(4) 发电厂、变电站中的主变压器防雷，除母线（包括变压器出线端附近）避雷器外，还应采取下列措施：三绕组变压器在有可能开路运行的低压侧装设一只避雷器，以保护电容传递过电压损坏低压绕组的绝缘；分级绝缘的变压器中性点上，装设一只与中性点绝缘水平相同的避雷器，用以保护变压器中性点在不接地运行时，所出现的过电压；中性点绝缘的变压器，一般在中性点上装设一只与线端电压等级相同（为满足灭弧电压的需要，宜高于线端电压）的避雷器；自耦变压器的高压和中压侧分别装设一组避雷器，当高压或中压侧任一侧接有线路并有可能开路运行时，在高压和中压侧之间加装一组避雷器。

对于配电变压器的防雷：一般采用三点共同接地的保护接线；高、低压侧分别装设避雷器；降低接地装置的工频接地电阻；缩短避雷器接地引线的长度等措施防雷。

(5) 由于旋转电机绝缘水平比同等电压等级的其他设备要低，防雷较为困难，特别是直配电机。工程上一般采用性能好的避雷器、电容器或电感线圈，选择适当的防雷保护接线，作为主要防雷措施。

3. 直流输电系统过电压保护

由于换流站与交、直流两个输电系统相连接，所以，对过电压的保护措施更为特殊和重要。

（1）换流站两侧的交流和直流输电线路分别与交、直流系统相连接。对于交流输电线路，主要防护雷电过电压，与普通的高压交流输电线路防雷基本相同。而直流输电线路，雷电过电压有两种：一是线路发生绕击；二是雷击杆塔或避雷线后造成反击。为防护上述两种形式的过电压措施为：为防护绕击雷过电压，减小避雷线的保护角，降低发生绕击的概率；为了尽量减少反击事故，采用适当增加线路绝缘和减低杆塔接地电阻来提高线路的耐雷水平。

（2）直流输电系统的内部过电压有操作过电压和暂态过电压两种。由于操作过电压发生的几率和过电压幅值高于暂态过电压，所以，直流输电系统是接操作过电压考虑设备的冲击绝缘水平、避雷器的保护水平及绝缘配合等一系列问题时，都是按操作冲击电压进行的。

（3）特高压换流站中的直击雷保护仍然采用避雷针和避雷线。由于换流站中有交流开关场、直流开关场、交流滤波器、直流中性点等多种重要设备，按装设地点又有户内场和户外场两种，因此换流站的直击雷防护需要更加合理、安全、可靠。

换流站中的直流开关场、直流滤波器、直流中性点等区域，要求屏蔽性较高。当采用避雷针保护时，避雷针的高度很高，避雷针的基础设施造价很高。为了降低避雷针的高度而增加根数时，会造成避雷针安装位置上的困难，而且很不合理，既增加了占地面积又不美观。所以，在换流站就采用了避雷针和避雷线联合防护直击雷的保护措施，就是在架构避雷针和位于换流站边缘的独立避雷针之间架设避雷线，用避雷线代替避雷针，满足了换流站对直击雷防护的要求。

（4）特高压换流站对侵入波过电压的防护，按换流站内设备划分为三个区域。对于交流母线上产生的雷电过电压与普通变电站防雷保护基本相同，由于换流站内安装了多组滤波器和电容器，兼起防雷保护作用，使交流母线上过电压比普通变电站母线上过电压还要低，交流母线上避雷器的保护作用更加安全、可靠。

直流开关场区域和直流重要设备上出现的雷电过电压，是由直流输电线路侵入波产生的，由于直流输电线路上防雷措施和进线段保护作用，侵入到直流开关场区域的雷电过电压得到有效限制。

为了防护换流站上的雷电过电压，在交流侧、直流侧和换流区域配置了相应的避雷器，不仅可靠地保护了雷电过电压，同时，又能满足内部过电压保护需求。

思考与练习

9-1　试述输电线路感应过电压是如何产生的，线间是否有感应过电压。

9-2　输电线路架设避雷线后，线路上的感应过电压为多少？避雷线对感应过电压有什么影响？

9-3　输电线路耐雷水平有何意义？雷直击导线时耐雷水平如何确定？

9-4　雷击杆塔顶时耐雷水平如何确定？提高其耐雷水平的措施有哪些？

9-5　何谓输电线路的反击？为避免反击应采取哪些措施？

9-6　输电线路防雷的原则是什么？什么是线路防雷的“四道防线”？

9-7　试述 35～60kV 一般线路防雷的具体措施有哪些？对多雷区的线路防雷有何要求？

9-8　试述 110～500kV 线路防雷的具体措施有哪些？

9-9　试述发电厂、变电站对直击雷防护的原则是什么？

9-10　发电厂、变电站对直击雷的防护中，当满足什么条件时可防止反击？

9-11　变电站中的避雷针有哪几种型式？各适用于何范围？

9-12　发电厂、变电站母线上装设避雷器有哪些作用？它的最高电压是如何确定的？

9-13　在进行变电站绝缘配合时，变压器上最高电压如何确定？它的最高电压为多少？采取哪些措施来降低它的电压？

9-14　何谓变电站的进线保护？进线段有何作用？

9-15　两绕组与三绕组变压器的防雷保护各有何特点？

9-16　对变压器中性点应如何进行防雷？

9-17　对于配电变压器，一般采取哪些防雷措施？

9-18　旋转电机防雷有哪些特点？

9-19　简述大容量带有电缆段的直配电机防雷接线中，各防雷元件有何作用？

9-20　高压直流输电线路防雷与普通交流输电线路的防雷有何不同？为何有这种不同？

9-21　特高压换流站配置避雷器有哪些原则？

9-22　换流站防护直击雷的保护措施和变电站相比有什么区别？为何有这种区别？

第 10 章

电力系统绝缘配合

电力系统绝缘配合就是在技术上处理好各种电压、各种限压措施和电力设备绝缘耐受各种电压的能力三者之间的配合关系。

电力设备绝缘在正常运行时将承受工作电压、短时过电压（电弧接地、电容效应、谐振过电压和铁磁谐振过电压）、操作过电压和大气过电压。

电力系统中性点工作方式对电气设备绝缘水平按照设备的额定电压分为两个范围：对范围Ⅰ（$1kV<U_m\leqslant 252kV$），必须耐受额定短时（1min）工频耐压试验耐受电压和雷电冲击电压（BIL）；对范围Ⅱ（$U_m>252kV$）设备绝缘必须耐受雷电冲击电压（BIL）和操作冲击电压（BSL）。

变电站电力设备绝缘配合：长期运行条件下持续工频电压下的绝缘配合；雷电冲击电压下和操作冲击电压下的绝缘配合。

变电站绝缘子串的绝缘配合，绝缘子串片数的确定分为：工频电压爬电比距要求的片数；操作电压下确定的片数和雷电冲击下确定的片数，其耐受水平应耐受这三种电压的作用。由于作用电压种类不同，配合系数亦不同。

变电站带电导体对构架的带电间隙，应首先考虑风偏给空气隙带来的影响。按工频电压、操作冲击电压和雷电冲击电压确定的最小空气间隙，要耐受这三种电压的作用。对于相间空气间隙，由于带电导体电位不同，工频电压下和操作冲击电压下的配合系数与导体对构架的配合系数是有差别的。

架空输电线路的绝缘配合，配合方法与变电站绝缘子串和空气间隙的确定方法基本相同，但应满足线路对耐雷水平和雷击跳闸率的要求。

直流输电系统的绝缘配合分为三个区域：①交流侧区域。换流站交流母线上产生的雷电过电压和绝缘配合与普通变电站相同。②换流区域。由于换流变压器和平波电抗器对雷电波有一定的抑制作用，直流侧的雷电波传递到换流区域后，雷电波形畸变成类似于操作冲击波形。因此，换流区域按操作冲击绝缘水平考虑。③直流开关场区域。直流极母线和中性母线上的电气设备的雷电冲击绝缘水平，由直流线路避雷器 DL 和接地极线路避雷器 EL 的雷电冲击波保护水平所决定。

§10.1　绝缘配合的基本概念

电力系统绝缘包括发、变电站电气设备绝缘及线路绝缘，它们在正常运行时将承受工作电压、短时过电压（电弧接地、电容效应、谐振和铁磁谐振等）、操作过电压和大气过电压。

随着电力系统输电电压等级的不断提高，输变电设备绝缘在电器制造上投资比例越来越大，技术上越来越高。因此，必须采取限压和保护措施，以解决投资比例大和技术上的困难，确保设备安全使系统可靠稳定运行。概括地讲就是电力系统绝缘如何配合的问题。所谓绝缘配合就是根据设备在运行中可能承受各种电压的作用，并考虑保护装置的特性和设备绝缘特性基础上，确定设备绝缘的耐受强度，以便把各种电压所引起的绝缘损坏和影响连续运行的概率，降低到经济和技术上所能承受的水平。这就必须在技术上处理好各种电压、各种限压措施和设备绝缘耐受各种电压的能力三者之间的配合关系。因为系统中可能出现的各种过电压与电网结构、运行方式、地区气象、地貌、污秽程度和中性点工作方式等因素密切相关，并具有随机性，因此电气设备绝缘的性能及限压和保护器具性能也有随机性，所以绝缘配合是一个相当复杂的问题。

220kV及以下的高压系统中，电气设备的绝缘水平主要由大气过电压决定，应能承受内部过电压的作用。330kV及以上超高压系统中，在现有防雷保护措施下，大气过电压一般不如内过电压危险性大，因此系统绝缘水平主要由内过电压决定。过电压的数值与防雷措施有关，各个国家的做法不同，绝缘配合出发点也就不同。目前，我国是以大气过电压下避雷器中的雷电流为5kA下的残压为最大残压为基值，来确定系统绝缘水平的。

污秽严重地区的电力网，由于受污秽的影响较大，设备绝缘性能将会大大降低，恶劣气象条件下的污闪事故时间长，危害大，经运行统计表明，污闪事故频率和损失超过雷害事故，因此，严重污秽地区的电网，设备外绝缘水平主要由系统最大运行电压所决定。

考虑到电气设备要承受运行电压、工频过电压、大气过电压和操作过电压的作用，因此，对各种电气设备绝缘规定了短时间的工频试验电压，以此试验电压来等值和替代各类过电压的作用；同时，对设备外绝缘还规定了干状态和湿状态下的放电电压。另外，还考虑到在运行电压和工频过电压作用下，设备内绝缘的老化和外绝缘污秽下的性能，还规定了一些设备长时间工频试验电压。

长时间工频试验电压为1min工频试验电压，用来等值代替操作过电压和大气过电压的作用，因为1min的工频试验电压作用时间长，对设备绝缘的考验更加严格，同时也是为了试验方便。电气设备的工频试验电压是按程序确定的，如图10-1所示。

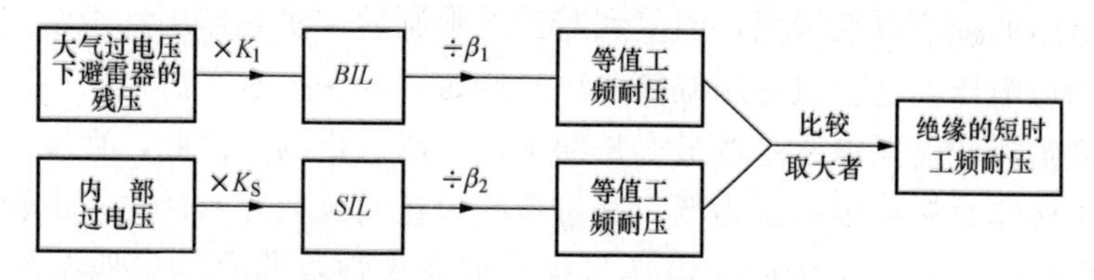

图10-1　确定工频试验电压值的流程图

β_1—雷电冲击系数；β_2—操作冲击系数

由此可见，工频耐受电压实际上代表了绝缘对内、外过电压总的耐受水平，一般除了型式试验要进行冲击耐压试验外，只要能通过工频耐压试验就可认为该设备在运行中遇到内、外过电压时，都能保证绝缘的安全。

绝缘配合方法有多种，有惯用法（两级配合法）、统计法、简化统计法，在工程中，除了在330kV及以上的超高压线路设计中采用统计法外，在其他情况主要采用惯用法。绝缘配合惯用法的原则是，各种设备绝缘都接受避雷器的保护，仅仅与避雷器进行绝缘配合，而不需要在各种绝缘之间寻求配合。换句话说，就是避雷器的保护特性（残压值）为绝缘配合的基准值，只要将它的保护特性乘上一个综合考虑各种影响因素和必要的裕度系数，就可确定绝缘应有的耐受过电压水平。

§10.2 系统中性点工作方式对绝缘配合的影响

电力系统中性点工作方式本身是一个涉及面相当广的综合性课题，它对系统的稳定运行、供电可靠性、经济性、过电压与绝缘配合、继电保护、通信干扰等方面都有很大影响。根据国家规定，将电力系统中性点工作方式分为直接接地$\left(\text{有效接地，即}\frac{x_0}{x_1}\leqslant 3,\ \frac{r_0}{x}\leqslant 1\right)$和非直接接地$\left(\text{非有效接地，包括不接地和经消弧线圈接地，即}\frac{x_0}{x}>3,\ \frac{r_0}{x}>1\right)$两大类。由于系统中性点工作方式不同，所在电网的结构和绝缘水平也就不同，因而避雷器的保护水平也不相同，绝缘配合必然也就有差别。

一、最大长期工作电压

在中性点不接地和经消弧线圈接地的系统中，当发生单相接地故障时，根据规定可继续运行 2h，这时，非故障相上的电压由相电压升高至线电压 U_N（U_N 为电网额定电压），考虑到在这种电网中发生单相接地故障时会产生电弧接地过电压等因素的影响，最大工作电压 U_m 要比电网额定电压 U_N 高出 10%～15%，所以，在这种电网中最大长期工作电压为 $(1.1\sim1.15)U_N$。

在中性点直接接地的系统中，当发生单相接地故障时，继电保护装置直接作用于断路器瞬间跳闸，在单相短路故障存在短暂时间内，不存在间歇性电弧，系统中性点经接地极固定，所以，非故障相上的电压为相电压 U_{ph}，最大长期工作电压为 $(1.1\sim1.15)\frac{U_N}{\sqrt{3}}$。

二、雷电过电压

感应雷过电压的幅值可能很高，但受到避雷的限制后，实际作用到设备上的过电压是经避雷器限制后的过电压，这个过电压幅值取决于避雷器的保护水平。

由于阀型避雷器的灭弧电压是按最大长期工作电压选定的，因此，直接接地系统所用避雷器的灭弧电压比非直接接地系统为低，避雷器的火花间隙数和阀片电阻也较少，其冲击放电电压和残压也较低，基本上为同一电压量级。但在中性点非直接接地系统中的阀型避雷器，其灭弧电压要比直接接地系统中的避雷器高 25%，详见表 7-2 中的 FCZ-110J 与 FCZ-110。在实际防雷保护与绝缘配合中，用雷电流为 5kA 下的残压值（U_{c5}）作为避雷器上的最高过电压。

三、内部过电压

在中性点直接接地的系统中，内部过电压是在相电压 U_{ph} 的基础上产生发展的；而在中性点非直接接地系统中，则有可能是在线电压的基础上产生如发展的，因此，后者内过电压幅值要比前者高 30%左右。

综上可以看出，中性点直接接地系统的绝缘水平可比非直接接地系统低 20%左右。实际工程中，降低设备绝缘水平的经济效益如解决技术上的难度与系统电压等级有很大的关系，在 110kV 及以上电压等级的系统中，绝缘结构技术难度大，绝缘费用在总建费用中所占比例较大，电压等级越高，这个比例就越大。当采用中性点直接接地的工作方式时，经济和技术上的问题可得到一定的解决，所以，国家规定 110kV 及以上电压等级的系统为中性点直接接地的工作方式；对于66kV及以下的系统，由于绝缘费用所占比重不大，技术上的困难也容易解决，所以为中性点不接地或经消弧线圈接地的工作方式。

近年来，我国6～10kV配电网中，多采用电力电缆供电的电缆网络，由于电容电流大，给消弧线圈的调谐带来相应的困难，对于电缆网络有一部分可采用中性点经低值或中值电阻接地的工作方式，由于接地电阻值较小，应属于有效接地的工作方式，当发生单相接地故障时断路器应立即跳闸。

根据国家规定，1～220kV为高压，330～765kV为超高压。由于电气设备的额定电压已经标准化，所以，设备的绝缘水平、耐受电压和最高运行电压也相应标准化，其组合也就标准化。

设备的标准耐受电压如最高运行电压的组合分为两个范围：范围Ⅰ，1～245kV，见表10-1；范围Ⅱ，330～765kV，见表10-2。由两表可知，同一行中的最高电压、工频耐压电压和雷电冲击耐受电压的组合定义为标准绝缘水平。

表10-1　范围Ⅰ内设备的标准绝缘水平（1kV＜U_m≤245kV）

设备最高电压 U_m(有效值)/kV	标准短时工频耐受电压（有效值）/kV	标准雷电冲击耐受电压（峰值）/kV
3.6	10	20 40
7.2	20	40 60
12	28	60 75 95
17.5	38	75 95
24	50	95 125 145
36	70	145 170

设备最高电压 U_m(有效值)/kV	标准短时工频耐受电压（有效值）/kV	标准雷电冲击耐受电压（峰值）/kV
52	95	250
72.5	140	325
123	(185) 230	450 550
145	(185) 230 275	(450) 550 650
170	(230) 275 325	(550) 650 750
245	(275) (325) 360 395 460	(650) (750) 850 950 1050

表10-2　范围Ⅱ的设备的标准绝缘水平（U_m＞245kV）

设备最高电压 U_m(有效值)/kV	标准操作冲击耐受电压			标准雷电冲击耐受电压（峰值）/kV
	纵绝缘（＋）（峰值）/kV	相对地（峰值）/kV	相间（与相对地峰值之比）	
300	750	750	1.50	850 950
	750	850	1.50	950 1050

续表

设备最高电压 U_m(有效值)/kV	标准操作冲击耐受电压			标准雷电冲击耐受电压（峰值)/kV
	纵绝缘（+）(峰值)/kV	相对地(峰值)/kV	相间（与相对地峰值之比）	
362	850	850	1.50	950 1050
	850	950	1.50	1050 1175
420	850	850	1.60	1050 1175
	950	950	1.50	1175 1300
	950	1050	1.50	1300 1425
525	950	950	1.70	1175 1300
	950	1050	1.60	1300 1425
	950	1175	1.50	1675 1800
765	1175	1300	1.70	1675 1800
	1175	1425	1.70	1800 1950
	1175	1550	1.60	1950 2100

注 设备最高电压U_m=550kV（代替525kV)；800（代替765 kV)、1200kV及765kV与1200kV之间的值，和相应的耐受电压组合，正在考虑之中。

§10.3 变电站绝缘配合

变电站绝缘包括电力设备绝缘、绝缘子串和空气间隙等，它们的绝缘水平是以过电压限制装置的保护水平为基础确定的。

过电压限制装置分为预防装置（如合闸电阻）和保护装置（各种避雷器)。

一、电力设备绝缘水平

对范围Ⅰ（1kV<U_m≤252kV）电力设备绝缘水平如表10-3所示。

表10-3　电压范围Ⅰ（1kV<U_m≤252kV）绝缘水平

系统标称电压	设备最高电压(有效值)	额定雷电冲击耐受电压（峰值)		额定短时工频耐受电压（有效值)
		系列Ⅰ	系列Ⅱ	
3	3.6	20	40	18
6	7.2	40	60	25

续表

系统标称电压	设备最高电压（有效值）	额定雷电冲击耐受电压（峰值）		额定短时工频耐受电压（有效值）
		系列Ⅰ	系列Ⅱ	
10	12	60	75 95	30/42***；35
15	18	75	95 105	40；45
20	24	95	125	50；55
35	40.5	185/200*		80/95***；85
66	72.5	325		140
110	126	450/480*		185；200
220	252	750**		325**
		850		360
		950		395
		(1050)**		(460)**

注 系统标称电压3～20kV所对应设备的系列Ⅰ的绝缘水平，在我国仅用于中性点直接接地系统。

* 该栏斜线下之数据仅用于变压器类设备的内绝缘。

** 220kV设备，括号内的数据仅供参考。

*** 设备外绝缘在干燥状态下之耐受电压。

在此电压范围内，选取设备绝缘水平时，首先应考虑雷电冲击作用电压，是和每一电压等级的设备最高运行电压相对应，为满足需要表中给出设备绝缘水平的两个耐受电压：

（1）额定雷电冲击电压（*BIL*）；

（2）额定短时（1min）工频耐压试验耐受电压。

对范围Ⅱ（$U_m>252$kV）电力设备绝缘水平如表10-4所示。

表10-4　　电压范围Ⅱ（$U_m>252$kV）的设备标准绝缘水平

系统标称电压（有效值）	设备最高电压（有效值）	额定操作冲击耐受电压（峰值）					额定雷电冲击耐受电压（峰值）		额定短时工频耐受电压（有效值）
		相对地	相间	相间与相对地之比	纵绝缘①		相对地	纵绝缘	相对地
1	2	3	4	5	6	7	8	9	10
330	363	850	1300	1.50	950	850 (+295)*	1050	见本书有关章节	(460)
		950	1425	1.50			1175		(510)
500	550	1050	1675	1.60	1175	1050 (+450)*	1425		(630)
		1175	1800	1.50			1550		(680)
							1675		(740)

注 栏10括号内为短时工频耐受电压值，仅供参考。

* 栏7中括号中之数值是加在同一极对应相端子上的反极性工频电压的峰值。

① 纵绝缘的操作冲击耐受压选取栏6或栏7之数值，决定于设备的工作条件，在有关设备标准中规定。

在此电压范围内，选取设备绝缘水平时，要同时考虑操作冲击和雷电冲击电压的作用，冲击耐受电压是和每一电压等级的设备最高运行电压相对应。表中给出了设备绝缘水平的两个耐用电压：

（1）额定雷电冲击耐受电压（*BIL*）；

（2）额定操作耐受电压（*BSL*）。

在表10-4中给出设备相对地和相间绝缘的额定操作冲击耐受电压的组合，在变电站电力设备绝缘配合时供选择。

对同一电压等级的设备，部分设备在表10-3、表10-4中给出两个及以上的绝缘水平，在选取设备耐受电压及其组合时应考虑到电网结构及过电压水平，过电压保护装置的配置及其性能、设备类型如绝缘特性、可接受的绝缘故障等。在实际的绝缘配合中应注意到这些因素带来的影响。

二、电力设备绝缘配合

在变电站诸多电力设备中，电力变压器最为重要，通常以变压器绝缘水平为基准，作为电力设备绝缘配合的中心环节，在此基础上再确定其他设备的绝缘水平。

1. 长期运行条件下持续工频电压下的绝缘配合

（1）爬电距离应满足爬电比距的要求。电力设备的外绝缘的爬电距离应满足在地区环境条件如正常持续工频电压的爬电比距（定义为绝缘子串总的爬电距离与作用在绝缘子串上的最高电压之比）的要求。根据有关规定，发电厂、变电站设备绝缘污秽等级分为四级：Ⅰ级为1.60；Ⅱ级为2.50；Ⅳ级为3.10。其爬电比距的计算式为

$$\lambda = \frac{K_d L}{U_m} \tag{10-1}$$

式中 L——电力设备外绝缘的爬电距离，cm；

U_m——电力设备最高工作电压，kV；

K_d——修正系数，其值与绝缘子直径 D_m 关系如下：$D_m<300$mm 时，$K_d=1.0$；$D_m=300\sim500$mm 时，$K_d=1.1$；$D_m>500$mm 时，则 $K_d=1.2$。

国家对电力设备电瓷外绝缘的爬电距离和爬电比距作了相关规定，分别见表10-5和表10-6。

表10-5 3～750kV电力设备电瓷外绝缘爬电距离

标称电压	最高电压	电网中性点接地方式	爬电距离 L		
			正常级	加强级	特强级
/kV			/cm（不小于）		
3	3.6	中性点不接地	6	9	12.5
6	7.2		12	18	25.0
10	12.0		20	30	42.0
15	17.5		30	45	62.0
20	24.0		40	62	84.0
35	40.5		70	105	140.0
110	126	中性点直接接地	190	280	390
150	172		260	390	535
220	252		380	570	790
330	363		540	800	1120
500	525		800	1180	—
750	787		1180		

表 10-6　　3～750kV 电力设备电瓷外绝缘爬电比距

电力设备等级	爬电比距λ		电力设备等级	爬电比距λ	
	中性点直接接地电网	中性点不接地电网		中性点直接接地电网	中性点不接地电网
	/(cm/kV)（不小于）			/(cm/kV)（不小于）	
正常级	1.5	1.7	特强级	3.1	3.5
加强级	2.25	2.6			

（2）长时间工频耐压试验应满足要求。为保证电力设备绝缘在持续运行工频电压作用下的可靠性，检验设备内绝缘的老化对绝缘性能和污秽对外绝缘的影响，所以，必须进行长时间工频耐压试验。

电力设备在设计寿命期内，不应因局部放电而使绝缘发生显著劣化，即是在最严峻工况下绝缘不能失去热稳定性。为严格和实际起见，应用工频电压试验，试验时所加试验电压应高于$\frac{U_m}{\sqrt{3}}$，同时应使被试品所有元件上的作用电压与运行时的电压值成比例，对电力变压器长时间耐压值为$1.5\frac{U_m}{\sqrt{3}}$。

对于范围Ⅰ（$1kV<U_m\leqslant 252kV$）电力设备所规定的短时间（1min）工频耐受电压值，如表 10-7 所示。

表 10-7　　各类设备的短时（1min）工频耐受电压（有效值）

系统标称电压（有效值）	设备最高电压（有效值）	内、外绝缘（干试与湿试）				母线支柱绝缘子	
		变压器	并联电抗器	耦合电容器、高压电器、电压互感器和穿墙套管	高压电力电缆	湿试	干试
1	2	3	4	5	6	7	8
3	3.6	18	18	18/25**		18	25
6	7.2	25	25	23/30**		23	32
10	12	30/35*	30/35*	30/42**		30	42
15	18	40/45*	40/55*	40/55**	40/45**	40	57
20	24	50/55*	50/55*	50/65**	50/55**	50	68
35	40.5	80/85*	80/85*	80/95**	80/85**	80	100
66	72.5	140 160	140 160	140 160	140 160	140 160	165 185
110	126.0	185/200*	185/200*	185/200**	185/200**	185	265
220	252.0	360	360	360	360	360	450
		395	395	395	395	395	495
					460		

续表

系统标称电压（有效值）	设备最高电压（有效值）	内、外绝缘（干试与湿试）				母线支柱绝缘子	
		变压器	并联电抗器	耦合电容器、高压电器、电压互感器和穿墙套管	高压电力电缆	湿试	干试
330	363.0	460	460	460	460		
		510	510	510	510 570		
500	550.0	630	630	630	630		
		680	680	680	680		
				740	740		

注 表中给出的 330～500kV 设备之短时工频耐受电压仅供参考。

* 该栏中斜线下的数据为该类设备的内绝缘和外绝干状态之耐受电压。

** 该栏中斜线下的数据为该类设备的外绝缘干耐受电压。

对于范围Ⅰ的设备若能通过表 10 - 7 中规定的工频耐压值，一般均能满足暂态过电压的要求。

（3）具有承受暂态过电压和谐振过电压能力。电力设备绝缘在运行条件下，应具有承受一定幅值和持续时间的暂态过电压（工频过电压）和谐振过电压能力。在 110～220kV 电网中的暂态过电压幅值，一般限制在 $1.3\dfrac{U_m}{\sqrt{3}}$ 以下，在超高压和特高压电网中的暂态过电压值，一般限制在 $1.5\dfrac{U_m}{\sqrt{3}}$ 以下，暂态过电压持续时间视工况而定。需要特别指出的是，暂态过电压和谐振过电压是不能用 MOA 来限制的。

2. 雷电过电压下电力设备的绝缘配合

（1）当使用 MOA 保护电力设备时。电力设备绝缘上的雷电耐受电压（BIL，又称为雷电冲击绝缘水平）的计算式为

$$BIL = K_C U_{CP} \tag{10-2}$$

式中 K_C——雷电冲击系数，又称为雷电冲击间隔系数，主要决定于 MOA 与变压器间电气距离，一般 $K_C=1.2\sim1.4$，对一般变电站取 $K_C=1.4$，对变压器中性点取 $K_C=1.1$；

U_{CP}——MOA 的保护水平。

雷电流为 5kA（或 10kA）时的残压值为 U_{c5}（或 U_{c10}），则式（10 - 2）可写为

$$BIL = 1.4U_{c5} \tag{10-3}$$

（2）若使用 WGMOA 保护电力设备时。WGMOA 的保护水平取下列两项的较高者：8/20μs 冲击电流下的最大残压；陡波（波前 0.9～1.1μs）冲击电流下的最大残压值除以 1.1。

3. 操作过电压下的电力设备绝缘配合

在按内部过电压作绝缘配合时，通常不考虑谐振过电压，因为在系统设计和选择运行方式时，均设法避免谐振过电压的发生，而工频电压升高的影响包括在最大长期工作电压下，这样就归结为操作过电压下的绝缘配合。

对于范围Ⅰ的操作冲击绝缘水平（SIL），其计算式为

$$SIL = K_s K_0 U_{ph,m} \tag{10-4}$$

式中 K_s——操作冲击系数（又称操作冲击间隔系数），一般 K_s=1.15～1.25，在进行绝缘配合时，一般取 K_s>1.15 计算；

$U_{ph,m}$——系统最高运行相电压；

K_0——操作过电压倍数，对范围Ⅰ的各级系统规程规定的操作过电压计算倍数，见表10-8。

表10-8 **操作过电压的计算倍数**

系统额定电压/kV	中性点接地方式	相对地操作过电压倍数
66及以下	非有效接地	4.0
35及以下	有效接地（经小电阻）	3.2
110～220	有效接地	3.0

在实际的操作过电压下绝缘配合时，对于操作过电压倍数 K_0 已不再采用。这是由于这类系统中所采用的避雷器既能保护雷电过电压又可保护操作过电压，这时的最大操作过电压幅值将取决于避雷器在操作过电压下的保护水平。当采用MOA时，它的保护水平就是操作冲击电流下的残压值；对于磁吹避雷器（FCZ），它的保护水平为下面两个电压的较大者：250/2500以标准操作冲击电流下的冲击放电电压；规定的操作冲击电流下的残压值。在这种情况下，对于范围Ⅱ的电力设备，其操作冲击绝缘水平的计算式为

$$SIL = K_s U_{p,std} \tag{10-5}$$

式中 K_s——操作过电压下配合系数，K_s=1.15～1.25；

$U_{p,std}$——避雷器的保护水平。

三、变电站绝缘子串的绝缘配合

变电站绝缘子串应满足下列三种作用电压的要求，在三种作用电压下所确定出的绝缘子串片数，应以片数最多的为准。在污秽地区，一般是第一种作用电压要求的片数最多。

1. 工频电压爬电比距要求的绝缘子片数

按工频电压爬电比距要求的绝缘子片数，则计算式为

$$n \geqslant \frac{\lambda U_m}{K_d L_0} \tag{10-6}$$

式中 n——每串绝缘子片数；

L_0——每片绝缘子的几何泄漏距离；

K_d——绝缘子泄漏距离的有效系数；

U_m——电网最高运行电压；

λ——爬电比距，cm/kV。

国家对3～750kV电力设备电瓷外绝缘爬电比距的规定，见表10-6。

根据规程规定，发电厂、变电站绝缘子串选取要比同级污秽地区架空线绝缘子串高10%。绝缘子串泄漏距离的有效系数 K_d 是根据各种型式的绝缘子在试验和运行中抗污耐压能力的有效性来确定，并以XP-70型绝缘子为基准值，取 K_d=1。其他型式绝缘子串的 K_d 应由试验和运行来确定。

2. 操作冲击电压确定绝缘子的片数

（1）对于范围Ⅰ（$1kV<U_m\leqslant 252kV$）。对绝缘子串施加正极性操作冲击电压波50%放电压（$\oplus U_{50\%,std}$）应等于或大于操作过电压水平或MOA操作冲击保护水平乘以操作冲击间隔系数（K_C）。

即
$$\oplus U_{50\%,std} \geqslant K_C U_{max} \tag{10-7}$$
或
$$\oplus U_{50\%,std} \geqslant K_C U_{CP} \tag{10-8}$$

式中 K_C——操作冲击间隔系数，应$K_C\geqslant 1.18$。

U_{CP}——MOA操作冲击电压下的残压值，即操作冲击保护水平；

U_{max}——操作冲击过电压幅值（即操作过电压水平），$U_{max}=K_0U_{ph,m}$；

K_0——操作过电压倍数，见表10-6；

$U_{ph,m}$——电网最高运行相电压。

（2）对于范围Ⅱ（$U_m>252kV$）。对于这一范围内的绝缘子串施加正极性操作冲击电压波50%放电电压应等于或大于MOA的操作冲击保护水平。

即
$$\oplus U_{50\%,std} \geqslant K_C U_{CP} \tag{10-9}$$

式中 K_C——操作冲击间隔系数，$K\geqslant 1.18$；

U_{CP}——MOA的操作冲击水平，或取MOA操作冲击电压下的残压（U_{CP}）。

按操作冲击电压选择绝缘子串片数后，还应增加1～2片零值绝缘子，以保证操作冲击电压下的绝缘裕度。

3. 雷电过电压下绝缘子片数的确定

雷电过电压下要求变电站绝缘子串在正极性雷电冲击电压波50%的放电电压（$\oplus U_{50\%,a}$）应不小于变电站MOA的雷电冲击保护水平（MOA的残压）乘以雷电冲击间隔系数K_C。

即
$$\oplus U_{50\%,a} \geqslant K_C U_{CP} \tag{10-10}$$

式中 K_C——雷电冲击间隔系数，一般$K_C\geqslant 1.45$；

U_{CP}——MOA雷电冲击电压下的残压，取U_{C5}或U_{C10}。

四、变电站带电导体对构架的空气间隙

1. 问题的由来及分析

（1）变电站带电导体对构架的空气间隙，包括母线对构架和设备带电导体对构架。由第1章已知，电气设备带电导体（电极）形状是多种多样的，电极的形状决定了电场的型式，而电场型式对空气间隙的放电电压和放电特性影响很大（雷电冲击、操作冲击和工频电压下基本相同）。在确定空气间隙值时采用实际电极形状全尺寸的放电电压曲线，若采用与实际电极形状不同的放电电压曲线时，通常在计算中引入电极形状校正系数。在实际计算时，有关资料中已有多种电极形状空气间隙放电电压曲线，可供选用。

（2）大气条件影响较大。计算变电站空气间隙值时，应计及大气条件和海拔高度等因素的影响，在确定空气间隔时进行校正。

（3）要考虑风力带来的影响。在确定变电站的软母线对构架空气间隙值时，应考虑软母线受风力产生倾偏摇摆的不利因素。从间隙承受的电压值来看，雷电过电压最高，操作过电压次之，电网运行工频电压最低，但作用时间则相反。由于电网电压作用时间最长，须按最大设计风速（一般为25～35m/s）来计算风偏角，相应的风偏为最大；操作过电压持续时间较短，计算风偏角取0.5倍的最大设计风速，但风速不得小于15m/s；雷电过电压持续时间最短，风速采用10m/s，最大为15m/s，相应的风偏角最小。

在计算风偏角时考虑到沿导线长度上所受风力是不均匀的，因而引入一个计算风速不均匀系数（见有关资料）。风速不均匀系数不仅与风速大小有关，还与导线长度有关。由于变电站母线档距比线路要小得多，所以，变电站风速不均匀系数比线路相应要小。

（4）相间空气间隙的确定。变电站相间空气间隙的选择是很复杂的，除了受设备电极形状、极间距离、电压幅值、电压种类与波形、对地高度、气象条件、海拔高度和风偏角等因素影响外，还与两相上操作过电压分配、两相上操作冲击电压的时差及第三相上电压的情况有关。考虑到各种因素影响下，在最不利的条件下选择相间空气间隙值。

2. 变电站母线和电力设备带电体对构架最小空气间隙的确定

变电站母线和电力设备带电导电对构架（受风偏和不受风偏影响）的空气间隙应满足下列三种作用电压的要求：

（1）按工频电压确定的最小空气间隙。风偏后母线和电力设备带电导体对构架的空气间隙的工频电压的50%放电电压$U_{50\%,min}$应等于或大于电网最高运行工频电压乘以间隔系数（K_C）。根据系统中性点工作方式的不同，分两种情况进行计算。

中性点有效接地系统中

$$U_{50\%,min} \geqslant K_C U_{ph,m} \tag{10-11}$$

中性点非有效接地系统中

$$U_{50\%,min} \geqslant \sqrt{3} K_C U_{ph,m} \tag{10-12}$$

式中 K_C——间隔系数，对范围Ⅰ，110～220kV电网取$K_C \geqslant 1.35$，66kV及以下电网取$K_C \geqslant 1.2$；对范围Ⅱ，$K_C \geqslant 1.4$。

（2）按操作过电压水平确定的最小空气间隙。在使用MOA保护操作冲击过电压时，应取MOA操作过电压下的残压U_{CP}作为它的保护水平。对范围Ⅰ，取最大操作过电压幅值U_{max}作为最大操作过电压水平（$U_{max}=K_0 U_{ph,m}$）；对范围Ⅱ，取MOA操作冲击电流下的残压（U_{CP}）作为操作冲击保护水平。

施加正极性操作冲击电压50%放电电压（$U_{50\%,set}$）应不小于操作过电压水平与MOA操作过电压保护水平乘以间隔系数K_C。

即

$$\begin{gathered} \oplus U_{50\%,std} \geqslant K_C U_{max} \\ \oplus U_{50\%,std} \geqslant K_C U_{CP} \end{gathered} \tag{10-13}$$

式中 K_C——操作冲击间隔系数，有风偏时$K_C \geqslant 1.1$，无风偏时$K_C \geqslant 1.18$；

U_{max}——操作过电压水平；

U_{CP}——MOA操作冲击电流下保护水平。

（3）雷电过电压下最小空气间隙的确定。风偏后母线和电力设备带电导体对构架的空气间隔在正极性雷电冲击电压50%放电电压（$U_{50\%,a}$）应等于或大于MOA雷电冲击保护水平（即MOA的残压）乘以冲击间隔系数K_C。

即

$$\oplus U_{50\%,a} \geqslant K_C U_C \tag{10-14}$$

式中 K_C——冲击间隔系数，有风偏间隙$K_C \geqslant 1.4$，无风偏间隔$K_C \geqslant 1.45$；

U_C——MOA在雷电流为5kA或10kA下的残压值。

3. 变电站相间空气间隙

（1）工频电压下的相间空气间隙。风偏后相间空气间隙的工频电压下50%放电电压

$U_{50\%\cdot\sin}$应不小于电网最高运行电压U_m乘以间隔系数K_C，其计算式为

$$U_{50\%,\sin} \geqslant K_C U_m \tag{10-15}$$

式中 U_m——电网最高运行电压；

K_C——间隔系数，对范围Ⅰ，66kV及以下电站取$K_C \geqslant 1.20$，110～220kV变电站取$K_C \geqslant 1.35$；对范围Ⅱ，$K_C \geqslant 1.40$。

（2）操作冲击电压下的相向空气间隙。对范围Ⅰ的变电站，风偏后相向空气间隙取相应对地间隙的1.1倍；对范围Ⅱ的变电站，风偏后两相加压（曲线）的50%操作冲击放电电压应不小于MOA操作冲击保护水平乘以间隔系数K_C。

即

$$U_{50\%,\mathrm{std}} \geqslant K_C U_{CP} \tag{10-16}$$

式中 K_C——冲击间隔系数，风偏后一般取$K_C \geqslant 1.9$；

U_{CP}——MOA操作冲击保护水平，一般取操作冲击电压下的残压值。

（3）雷电过电压下相间空气间隙。变电站风偏后在雷电过电压下的相间空气间隙取相应对地空气间隙的1.1倍。

对于标准电压等级的变电站，由于电力设备的绝缘水平和过电压限制措施的保护水平已标准化，所以，风偏后相对地和相间空气隙实际上已成为定值。海拔不超过1000m地区的变电站，按电网运行工频电压、操作过电压和雷电过电压要求的最小空气间隙，如表10-9所示。

表10-9 变电站的空气间隙值

标称电压U_n/kV	最高电压U_m/kV	工频电压间隙		操作过电压间隙		雷电过电压间隙	
		相对地	相间	相对地	相间	相对地	相间
35	40.5	15	15	40	40	40	40
66	72.5	30	30	65	65	65	65
110	126（123）	30	50	90	100	90	100
220	252（245）	60	90	180	200	180	200
330	363	110	170	230	270	220	240
500	550	160	240	350	430	320	360

海拔不超过1000m地区3～20kV户内、户外高压配电装置的相对地和相间空气间隙，如表10-10所示。

表10-10 3～20kV高压配电装置的空气间隙值

标称电压U_n/kV	最高电压U_m/kV	户外	户内
3	3.6	20	7.5
6	7.2	20	10
10	12	20	12.5
20	24	30	18

§10.4　架空输电线路绝缘配合

输电线路绝缘配合分电缆绝缘配合和架空线路绝缘配合，对于电缆的绝缘配合可参照电力设备绝缘配合。若电缆线路和架空线路连接运行时，仅在连接处安装过电压保护装置（MOA）即可，不必要在连接处再进行其他的绝缘配合。

架空线路绝缘配合同变电站绝缘子串及空气间隙的绝缘配合方法基本相同，根据电网运行工频电压和过电压水平选择绝缘子串的片数和导线对杆塔的空气间隙。

一、绝缘子串片数的选择

所选择的线路绝缘子串应满足下列三个方面的要求：

（1）在工作电压下不发生污闪；

（2）在操作过电压下不发生湿闪；

（3）具有足够的雷电冲击绝缘水平。

按照绝缘子选择方法所选择的绝缘子应满足：①所选悬式绝缘子的型号应符合线路用；②按工作电压所要求的泄漏距离选择绝缘子串的片数；③按操作过电压的要求应有的片数；④所选择绝缘子的片数能保证线路耐雷水平和雷击跳闸率应满足规定要求。

1. 按工作电压要求选择绝缘子片数

为了避免发生污闪事故，所需绝缘子片数的选择式为

$$n_1 \geqslant \frac{\lambda U_m}{K_d L_0} \quad (\text{片}) \tag{10-17}$$

式中　λ——爬电比距，kV/cm；

U_m——电网最高运行电压，kV；

K_d——绝缘子爬电距离有效系数（详见§10.3绝缘子串的绝缘配合）。

L_0——几何爬距，cm。

由式（10-17）得出的绝缘子的片数，已包括零值绝缘子，故不需要再增加零值绝缘子。

【例10-1】 处在清洁区0级110kV线路，绝缘子为XP-70（或X-4.5），$\lambda=1.39$，几何爬距$L_0=29$cm，取$K_d=1$，试按工作电压的要求计算所需绝缘子的片数n_1。

解

$$n_1 \geqslant \frac{1.39\times 110\times 1.15}{1\times 29}=6.06$$

取7片。

由上例计算可知，这种计算方法同样适用于中性点非直接接地系统中。

2. 按操作过电压要求选择绝缘子片数

要求绝缘子串在操作过电压作用下，不应发生湿闪。如果操作冲击波下湿闪电压无准确数据时，可近似地用绝缘子串的工频湿闪电压来代替，对于最常见的XP-70（或X-4.5）型绝缘子，其工频湿闪电压幅值（$U_{w,s}$）可用下面经验公式求得

$$U_{w,s} = 60n + 14 \quad (\text{kV}) \tag{10-18}$$

式中　n——绝缘子片数。

电网中操作过电压幅值$U_{max}=K_0 U_{ph,m}$，此时应有的绝缘子片数为n_2'，由n_2'片组成的绝

缘子串的工频湿闪电压幅值为

$$U_{w,s}=K_tK_0U_{ph,m}\quad (kV) \tag{10-19}$$

式中　K_t——综合考虑各种影响因素后的综合修正系数，一般 $K_t=1.1$；

K_0——操作过电压倍数；

$U_{ph,m}$——电网最高运行相电压。

根据式（10-19）计算出操作冲击波下湿闪电压应有的绝缘子片数，再考虑需要增加零值绝缘子片数 n_0 后，最后得出操作过电压所要求的片数 n_2。

则
$$n_2=n_2'+n_0 \tag{10-20}$$

我国在各级线路预备零值绝缘子片数如表 10-11 所示。

表 10-11　　零值绝缘子片数

额定电压/kV	35～220		330～500	
绝缘子串类型	悬垂串	耐张串	悬垂串	耐张串
n_0	1	2	2	3

【例 10-2】 试按操作过电压的要求，计算 110kV 线路所用 XP-70 型绝缘子串的片数 n_2。

解　该绝缘子串应有的工频湿闪电压

$$U_{w,s}=K_tK_0U_{ph,m}=1.1\times3\times\frac{1.15\times110\sqrt{2}}{3}=341\quad (kV)$$

$$n_2'=\frac{341-14}{60}=5.45$$

取 6 片。

考虑零值绝缘子后，110 kV 线路应有片数

$$n_2=n_2'+n_0=6+1=7\quad (片)$$

如果已经明确绝缘子串在正极性操作冲击波下的 50%放电电压（$\oplus U_{50\%,std}$）及与片数的关系时，可以用下面的方法求出此时应有的片数 n_2' 和 n_2。

该绝缘子串应具有 $\oplus U_{50\%,set}$ 操作冲击放电电压，则

$$\oplus U_{50\%,set}\geqslant K_sU_{max} \tag{10-21}$$

式中　U_{max}——操作过电压幅值，$U_{max}=K_0U_{ph,m}$；

K_s——绝缘子串操作过电压配合系数，对范围Ⅰ取 $K_s=1.1$，对范围Ⅱ取 1.25。

3. 按雷电过电压选择绝缘子片数

按工频电压选择的 n_1 片和操作过电压得出的 n_2 片，取其最大者作为绝缘子的片数 n，应校验在雷电过电压下线路的耐雷水平和雷击跳闸率，应符合有关规程的规定。

在实际中，雷电过电压下要求的绝缘子片数不大于上面两种情况下的 n_1 与 n_2。因为线路的耐雷性能的优劣并非完全取决于绝缘子的片数，而是取决于线路各种防雷措施的综合性效果的问题，影响线路防雷性能优劣的因素很多，要综合分析评价。

根据国内外运行经验建议，为了保证输电线路绝缘 25 年不检修运行周期，实施在绝缘子串中增加绝缘子的个数。由于线路虽有零值绝缘子，但线路长期运行时零值绝缘子检测和

更换工作量较大。若在每串绝缘子串中适当增加个数，这相当于增加了零值绝缘子的储备，保证在25年运行周期不检修和更换零值绝缘子。这样，既保证了线路的绝缘水平，又大大减轻了检测和更换绝缘子的工作量。

二、输电线路导线对杆塔空气间隙的选择

架空输电线路风偏后导线对杆塔空气间隙应满足下列三种电压作用的要求进行选择。

1. 工频电压作用下的空气间隙

风偏后导线对杆塔空气间隙的工频50%放电电压$U_{50\%,\sin}$应不小于电网最高运行工频电压U_m乘以间隔系数K_C，即

$$U_{50\%,\sin} \geqslant K_C U_m \tag{10-22}$$

式中 U_m——电网最高运行电压，中性点直接接地系统为$\frac{U_m}{\sqrt{3}}$，中性点非直接接地系统为U_m；

K_C——间隔系数，对范围Ⅰ，110kV～220kV取$K_C \geqslant 1.35$，66kV及以下取$K_C \geqslant 1.20$；对范围Ⅱ，取$K_C \geqslant 1.40$。

2. 操作过电压下的空气间隙

风偏后导线对杆塔的空气间隙在正极性操作冲击电压波50%放电电压$\oplus U_{50\%,set}$应不小于线路操作过电压水平乘以间隔系数K_C。即

$$\oplus U_{50\%,std} \geqslant K_C U_{max} \tag{10-23}$$

式中 K_C——间隔系数，对范围Ⅰ取$K_C \geqslant 1.03$，范围Ⅱ取$K_C \geqslant 1.10$；

U_{max}——操作过电压水平，其中$U_{max} = K_0 U_{ph,m}$；

K_0——操作过电压倍数；

$U_{ph,m}$——电网运行相电压。

3. 雷电过电压下的空气间隙

风偏后雷电过电压下导线对塔杆空气间隙在正极性雷电冲击电压波下50%放电电压应不低于清洁区绝缘子串相应电压的0.85倍。

海拔不超过1000m地区架空输电线路，清洁区每串绝缘子串片数和风偏后导线对杆塔的最小空气间隙值可按表10-12中选择。在实际工程中，要考虑到杆塔尺寸误差、横担变形和施工误差等不利因素，空气间隙应留有余地。

表10-12　架空输电线路清洁区每串绝缘子片数和风偏后导线对杆塔的最小空气间隙

cm

系统标称电压U_n/kV		3～20	35	66	110	220	330	500
最高电压U_m/kV		3.6～24	40.5	72.5	126 (123)	252 (245)	363	550
清洁区全能悬垂式每串绝缘子片数*		2	3	5	7	13	19	25
风偏后导线对杆塔最小空气间隙	工频电压间隙	5	10	20	25	55	90	130
	操作过电压间隙	12	25	50	70	145	195	270
	雷电过电压间隙	35	45	65	100	190	260	330

* 绝缘子型式：220kV及以下为XP-70，330kV为XP-100，500kV为XP3-160。

对海拔超过1000m以上地区的架空线路，由于空气间隙的放电电压随海拔高度的增加而降低，所以，对空气间隙的放电电压要进行修正。其导线对杆塔的最小空气间隙相应增大，以满足在上述三种作用电压下的要求。

§10.5 特高压直流输电系统的绝缘配合

特高压直流输电系统，因长空气间隙绝缘饱和、高海拔和电气设备制造水平等因素的影响，对过电压的限制和绝缘配合提出了更高要求。最为关键的问题就是如何用最低的工程造价将过电压限制到一个合理的技术水平内，便于选择合理的设备绝缘水平和空气间隙距离；在保证输电系统可靠运行的前提下，使工程造价更加合理。

一、换流站主要设备绝缘水平的选择

1. 绝缘配合的原则

根据设备上可能出现的过电压水平，同时考虑相应避雷器的保护水平，来选择确定电气设备的绝缘水平。

直流换流站绝缘配合的方法与交流绝缘配合的方法相同，采用惯用法进行绝缘配合。即在电气设备上可能出现的最大过电压与电气设备的雷电冲击耐受电压（LIWV）或操作冲击耐受电压（SIWV）之间留有一定绝缘裕度。我国±800kV直流输电工程绝缘配合裕度推荐值见表10-13。

表10-13　±800kV直流输电工程绝缘配合裕度推荐值

设 备 类 型	配合裕度	
	操作	雷电
交流场母线、户外绝缘子和其他常规设备	1.20	1.25
交流滤波器元件	1.15	1.25
换流变压器（油中） 网侧 阀侧	 1.20 1.15	 1.25 1.20
换流阀	1.15	1.15
直流阀厅设备	1.15	1.15
直流开关场设备（户外）（包括直流滤波器和直流电抗器）	1.15	1.20

2. 雷电冲击绝缘水平

从雷电侵入波防护的角度出发，换流站可分为三个区域（如图10-2所示）：一是交流区域，从交流线路入口到换流变压器的网侧；二是换流区域，从换流变压器的网侧到直流平波电抗器的站侧；三是直流开关场区域，从直流线路入口到直流平波电抗器的线路侧。

（1）交流侧区域。换流站母线产生雷电过电压的原因与常规交流变电站相同。由于换流站安装多组交流滤波器和电容器组，它们对雷电过电压有一定的抑制作用，使得换流站设备上的雷电过电压有所降低。所以，换流站交流设备的绝缘配合与设备的雷电冲击绝缘水平可

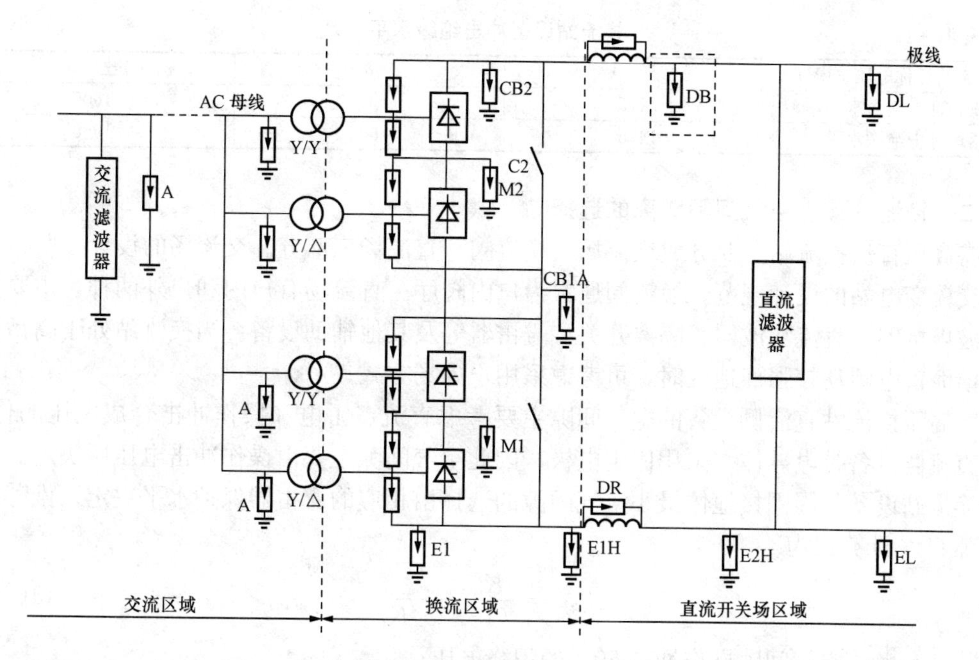

图 10-2　换流站三个区域

按常规的交流变电站设备选择。

(2) 换流区域。换流区域的设备，由于有换流变压器和平波电抗器的抑制作用，由交、直流侧的雷电波传递到换流区域后，其波形类似于操作冲击波形。因此，换流区域只按操作冲击绝缘配合考虑。换流区域的操作冲击绝缘水平（BSL）可用下式确定

$$BSL = K_{sd}[PL]_{sd} \tag{10-24}$$

式中　K_{sd}——操作冲击电压下的绝缘裕度系数（见表10-13，其值 $K_{sd}=1+$裕度值）；

$[PL]_{sd}$——避雷器在操作冲击电压下的保护水平。

(3) 直流开关场区域。换流站直流开关场设备上的雷电过电压是由直流线路和接地极线路的雷电侵入波引起的，它由直流线路避雷器（DL）和接地极线路避雷器（EL）来限制。接在直流极母线和中性母线上设备的雷电冲击绝缘水平分别由避雷器DL和EL的雷电冲击保护水平决定。雷电冲击绝缘水平（BIL）可按下式确定

$$BSL = K_{ld}[PL]_{ld} \tag{10-25}$$

式中　K_{ld}——雷电冲击电压下的绝缘裕度系数（$K_{ld}=1+$裕度值）；

$[PL]_{ld}$——避雷器DL、EL雷电冲击电压下的保护水平。

3. 操作冲击绝缘水平

直流系统的操作过电压是由交、直流系统的各种操作和故障引起的。这些操作和故障将在换流站的交、直流设备上产生过电压，它决定了交、直流设备操作冲击绝缘水平。

直流系统暂态过电压的幅值和波形与系统结构、运行方式、操作与故障类型、故障点位置有关，并且还与避雷器的保护水平、直流控制保护等各种因素有关。

4. 换流站设备冲击绝缘水平

我国的电器制造水平和发展方向，决定了换流站设备冲击绝缘水平，见表10-14。

表 10 - 14　换流站设备冲击绝缘水平

直流系统标称电压（kV）	±500	±600	±700
操作冲击绝缘水平	1175	1350	1600
雷电冲击绝缘水平	1425	1675	1950

二、换流站最小空气间隙距离的选择

特高压直流换流站主要分成交流场、换流阀和直流场三部分。交流场的设计按照特高压户外交流变电站的设计规范。换流阀通常为户内阀厅。直流场有户内和户外两种，主要安装了平波电抗器、直流滤波器、隔离开关、避雷器等及其他辅助设备。当换流站处于高污秽地区或沿海雷电活动较强烈地区时，可考虑采用户内场方式。

特高压换流站直流侧设备的空气间隙主要考虑直流、雷电和操作冲击合成电压的作用。由于直流侧设备带电导体多采用固定电极，因此空气间隙主要由操作冲击电压所决定。

换流站设备与周围接地体最小空气间隙的选择由相应的避雷器保护水平决定，推荐的空气间隙$U_{50\%}$计算式为

$$U_{50\%}=\frac{K_{\mathrm{co,ins}}U_{\mathrm{p,std}}}{(1-2\sigma)K_{\mathrm{n}}} \tag{10 - 26}$$

式中　$U_{50\%}$——空气间隙操作冲击50%的闪络电压；

$K_{\mathrm{co,ins}}$——设备的操作冲击绝缘水平和避雷器保护水平的绝缘裕度系数；

$U_{\mathrm{p,std}}$——避雷器的操作波保护水平；

σ——空气间隙的操作冲击放电电压变异系数；

K_{n}——海拔修正系数。

换流站内直流设备的高压端都处在特高的直流电压下，电场极强。为了改善电场分布，降低电极表面的电场强度，为提高起始电晕电压和降低对无线电的干扰，在设备电极顶端和四周有棱角突出部位安装了大尺寸的均压环和屏蔽环。因此，换流站内设备与周围接地体的最小空气间隙，实际上就是均压环和屏蔽环与周围接地体之间的最小空气间隙。

操作冲击波放电电压和放电特性与电极形状和周围环境条件关系密切。当电极形状和周围环境条件不同时，对操作冲击放电电压产生一定的偏差，这种偏差用放电电压变异系数σ表示，$\sigma/U_{50\%}$称为平均变异系数，σ由试验结果总结而来，见表10 - 15。

表 10 - 15　换流阀屏蔽环对接地体放电电压

空气间隙	间隙距离 S（m）	波头时间 τ_{f}（μs）	放电电压$U_{50\%}$（kV）	变异系数（$\sigma/U_{50\%}$）%
屏蔽环对屋顶（屏蔽环对墙间距 10m）	8	260	1785	4.5
	8	450	1780	4
	10		1935	5
屏蔽环对屋顶（屏蔽环对墙间距 10m）	6	2000	1660	4
	8		1890	3
	10		2050	3
	12		2100	4

续表

空气间隙	间隙距离 S（m）	波头时间 τ_f（μs）	放电电压 $U_{50\%}$（kV）	变异系数（$\sigma/U_{50\%}$）%
屏蔽环对墙（屏蔽环对屋顶间距 9m）	8	2000	1990	6
	9		2050	5
	10		2155	7

三、输电线路杆塔空气间隙距离的选择

为了减小线路走廊宽度，特高压直流输电线路大多采用V型绝缘子串的悬挂方式，而±500kV直流输电线路多采用I型绝缘子串悬挂方式。直流输电线路杆塔空气间隙的选择，通常要考虑直流电压、操作过电压和雷电过电压的影响。理论分析和运行经验证明，雷击造成直流线路绝缘闪络并建立电弧后，直流系统可以重新启动，不会导致线路停电。因此，雷电冲击电压下的空气间隙也可作为杆塔尺寸设计的影响因素。

为了确定在直流工作电压、操作过电压和雷电过电压作用下杆塔需要的最小空气间隙距离，应首先对仿真模拟塔头空气间隙进行直流电压、操作冲击电压和雷电冲击电压的放电特性试验。

1. 工作电压下空气间隙距离

工作电压下空气间隙距离参照DL/T 436—2005《高压直流架空送电线路技术导则》给出直流放电电压$U_{50\%}$与直流额定电压U_N关系，即

$$U_{50\%}=\frac{K_w K_{rel}}{(1-3\sigma_N)K_a}U_N \tag{10-27}$$

式中 U_N——直流输电线路的额定电压；

K_a、K_w——直流电压下间隙放电电压的空气密度、湿度校正系数；

σ_N——空气间隙直流放电电压的变异系数，取$\sigma_N=0.9\%$；

K_{rel}——安全系数，取1.1～1.15。

特高压直流输电线路直流电压下的放电特性试验，总结出空气间隙距离推荐值，见表10-16。

表10-16 工作电压下的空气间隙距离

海拔高度（m）	间隙距离（m）	
	±800kV	±1000kV
1000	2.1	2.7

2. 操作冲击电压下空气间隙距离

特高压直流输电线路大多采用V型绝缘子串的悬挂方式，从绝缘配合的角度、操作冲击电压下要求的空气间隙距离对塔头起着重要作用。所以，操作冲击电压下要求的空气间隙距离对塔头的设计和工程的经济性影响很大。

同样参照DL/T 436—2005《高压直流架空送电线路技术导则》给出的操作冲击放电电压$U_{50\%}$的计算公式，有

$$U_{50\%}=\frac{K'_a K'_W}{(1-2\sigma_S)K_o}U_m \tag{10-28}$$

式中 U_m——直流输电线路最高工作电压；

K'_a、K'_W——操作冲击电压下空气间隙放电电压的空气密度、湿度校正系数；

K_o——操作过电压倍数，$K_o=1.7_{p.u}$；

σ_S——空气间隙在操作冲击电压下放电电压的变异系数。

根据式（10-28）可求出特高压直流输电线路塔头操作冲击电压下空气间隙的距离，可将最高操作过电压倍数 K_o控制在 $1.7_{p.u}$内。特高压直流输电线路最高操作冲击过电压倍数 $K_o=1.7_{p.u}$下的空气间隙距离推荐值见表 10-17。

表 10-17　特高压直流输电线路最高操作过电压 K_o为 $1.7_{p.u}$下的空气间隙距离

海拔高度（m）	间隙距离（m）	
	±800kV	±1000kV
1000	6.0	8.6
2000	6.7	9.2

在一般情况下，直流架空线路的塔头空气间隙距离取决于内部过电压的要求。通常取直流输电线路的内部过电压计算倍数 $K_o=1.7$，最高工作电压 U_m比额定工作电压 U_N高 5%，则内部过电压计算式为

$$U_{sd}=1.7\times1.05\times U_N=1.8U_N \tag{10-29}$$

由于操作冲击电压作用在空气间隙时，因波形、放电时延、海拔、空气湿度等各种因素的影响，内部过电压计算值需进行修正，修正后的内部过电压计算值按下式确定

$$U'_{sd}=K_rK_{cor}U_m=1.8K_rK_{cor}U_N \tag{10-30}$$

式中 K_r——绝缘裕度系数，取 $K_r=1.15\sim1.2$；

K_{cor}——操作波形换算系数，取 $K_{cor}=1.1$；

U_N——直流输电线路额定工作电压，kV。

由上述可知，直流输电线路空气间隙距离的确定，将取决于内部过电压的要求。由于直流输电系统内部过电压倍数小于交流输电系统的倍数，所以，直流输电线路塔头空气间隙距离可取得比交流线路要小。

本 章 要 点

电力系统电力设备绝缘，在正常运行时将承受工作电压和各种过电压的作用，随着输电电压等级的不断提高，设备绝缘在设备制造上的投资比例越来越大，技术上要求越来越高。工程上必须采取相应限制过电压和保护措施，以解决设备绝缘带来的困难。所谓绝缘配合就是根据设备在运行过程中可能承受各种过电压的作用，并考虑保护装置的特性和设备绝缘性基础上，确定设备绝缘的耐电强度，把各种电压所引起的绝缘损坏和影响连续运行的概率，降低到工程上所能接受的水平。绝缘配合的任务就是在技术上处理好各种电压、各种限压措施和设备绝缘耐受能力三者之间的配合关系。

由于工作电压等级不同，设备绝缘水平也不相同，220kV 及以下电压等级的设备绝缘水平是由大气过电压决定，并能承受内部过电压作用。大气过电压的幅值是由保护装置（避雷器）的保护水平所决定，是以类电流为 5(10) kA 的残压值为大气过电压幅值，即避雷器

的保护水平。330kV及以上超高压系统，大气过电压不如内部过电压危险大，所以，330kV及以上超高压系统的电力设备绝缘水平是按内部过电压幅值决定的，其保护水平是按可能出现的内过电压幅值作为基础确定限压措施的保护水平。

电力系统中性点工作方式对设备绝缘水平有一定影响，当系统发生单相接地故障时：35（66）kV及以下系统非故障相上工作电压为线电压；110kV及以上电力系统最高电压为相电压。所以，相应保护装置的保护水平也不相同，其工频电压和雷电冲击耐受电压下的标准绝缘水平是有差别的。

变电站的绝缘配合包括电力设备绝缘配合、绝缘子串和空气间隙等。电力设备绝缘水平应满足额定工频耐压试验和雷电冲击电压下的耐受电压（BIL）及操作冲击耐受电压（BSL）。

电力设备绝缘配合是以变压器绝缘水平为基础，作为中心环节进行的：长期运行条件下的爬电比距应满足规程中的有关规定；长时间工频耐压试验应满足设备内绝缘对耐电强度的要求；具有承受暂态过电压和谐振过电压的能力；雷电冲击电压下绝缘水平应满足 $BIL \geqslant K_C U_{CP}$ 的要求；操作过电压下的操作水平应满足 $SIL = K_S K_0 U_{ph,m}$ 的要求。

变电站绝缘子串应按下列三种情况进行绝缘配合：按工频电压爬电比距要求的绝缘子片数为 $n \geqslant \lambda U_m / K_d L_0$；按操作电压确定的绝缘子片数应 $\oplus U_{50\%,std} \geqslant K_C U_{max}$；同时还应增加1～2片零值绝缘子；雷电冲击电压下应使得绝缘子串的 $\oplus U_{50\%} \geqslant K_C U_{CP}$。

变电站带电导体对构架空气间隙的确定应考虑风偏。在工频电压下确定最小空气间隙应分两种情况：中性点有效接地系统中，空气间隙的 $U_{50\%,sin} \geqslant K_C U_{ph,m}$；中性点非有效接地系统中，空气间隙的 $U_{50\%,sin} \geqslant \sqrt{3} K_C U_{ph,m}$。按操作过电压水平确定的最小空气间隙，使用MOA时：对于范围Ⅰ，取操作过电压幅值（U_{max}）作为最大操作过电压水平；对范围Ⅱ，取MOA操作冲击电流下的残压作为它的保护水平（U_{CP}）。最小空气间隙在操作冲击电压下应满足 $\oplus U_{50\%,std} \geqslant K_C U_{max}$ 和 $\oplus U_{50\%,std} \geqslant K_C U_C$ 的要求。对变电站相间空气间隙：工频电压下 $U_{50\%,sin} \geqslant K_C U_m$；操作冲击电压 $U_{50\%,std} \geqslant K_C U_{CP}$，雷电冲击电压下，取相应对地间隙的1.1倍。

架空线路绝缘子串片数的选择：工频电压要求绝缘子的片数为 $n_1 \geqslant \lambda U_m / K_d L_0$ 片（计算结果取整数）；按操作过电压要求的绝缘子片数应按经验公式求得（见有关资料），并留有零值绝缘子；按雷电过电压选择的绝缘子片数取工频电压和操作过电压计算结果的最大者，应满足耐雷水平和雷击跳闸率的要求。

架空线路导线对杆塔的空气间隙，风偏后：工频电压作用下空际间隙的放电电压应为 $U_{50\%,sin} \geqslant K_C U_m$；操作冲击电压下放电电压 $\oplus U_{50\%,std} \geqslant K_C U_{max}$；雷电冲击电压下的50%放电电压不得低于绝缘子串的 $\oplus U_{50\%,a}$ 的0.85倍。

直流输电系统按绝缘配合分为三个区域：

（1）交流区域。交流区域母线上产生的雷电过电压与普通变电站母线上雷电过电压相同。所以，交流区域设备的绝缘配合和雷电冲击绝缘水平按交流变电站方法选择。

（2）换流区域。由于换流变压器和平波电抗器对雷电波有一定的防雷保护作用，来自于交、直流侧的雷电波传递到换流区域后，雷电波的波形发生畸变，畸变后的波形类似于操作冲击波形，因此应按操作冲击绝缘水平进行绝缘配合。换流区域的操作冲击绝缘水平（BSL）可用式 $BSL = K_{sd}\ [PL]_{sd}$ 确定。

（3）直流开关场区域。直流极母线上的电气设备由直流线路避雷器 DL 相配合；中性母线上的电气设备由接地极线路避雷器 EL 相配合，分别由 DL 和 EL 的雷电冲击保护水平所决定。雷电冲击绝缘（BIL）可按式 $BIL=K_{ld}[PL]_{ld}$确定。

特高电压换流站直流侧电气设备的空气间隙主要考虑直流、雷电和操作冲击三种电压的作用。由于直流侧电压设备多采用固定电板，空气间隙距离主要由操作冲击电压决定。经修正后的操作冲击电压可按式 $U'_{sd}=K_rK_{cor}U_m=1.8K_rK_{cor}U_N$计算。

思考与练习

10-1　什么是电力系统的绝缘配合？

10-2　绝缘配合的任务是什么？有哪几种配合方法？常采用的是哪种方法？

10-3　电力设备的绝缘水平是如何确定的？

10-4　电力系统中性点工作方式对设备绝缘水平和耐受水平有哪些影响？

10-5　什么是保护装置的保护？对绝缘配合有什么影响？

10-6　在变电站电力设备绝缘配合时，为何要分别进行在工频电压、雷电过电压和操作冲击电压下的绝缘配合？

10-7　保护装置的保护特性对绝缘配合有何影响？什么型式的保护装置更有利于绝缘配合？

10-8　绝缘子的爬电比距是如何定义的？它对绝缘子串的放电电压和绝缘子片数的确定有什么影响？

10-9　什么叫零值绝缘子？确定绝缘子片数时为什么要留有一顶片数的零值绝缘子？

10-10　在电力设备绝缘配合时，在什么情况下可用工频耐压试验代替雷电过电压和操作冲击电压试验？

10-11　在确定变电站带电导体对构架和线路杆塔空气间隙时，为什么要考虑风偏的影响？变电站与线路风偏的影响有什么不同？

10-12　变电站母线和输电线路绝缘子片数的确定方法有何区别？在相同电压等级下为什么变电站母线绝缘子片数比输电线路要多？

10-13　输电线路的避雷线是否考虑风偏？它对架空线路绝缘配合有什么影响？

10-14　换流站的绝缘配合与普通变电站的绝缘配合有哪些区别？

10-15　特高压输电系统中的绝缘配合，为何多采用操作冲击电压作为设备的冲击绝缘水平？

10-16　直流输电线路杆塔的塔头对空气间隙有什么影响？

阶 段 自 测 题（二）

一、各词解释

1. 过电压
2. 波动过程
3. 行波
4. 波的过渡
5. 电容传递过电压
6. 雷电流
7. 落雷密度
8. 落雷次数
9. 工频续流
10. 灭弧电压
11. 残压
12. 反击
13. 绕击及绕击率
14. 击杆率
15. 建弧率
16. 耦合地线
17. 耐雷水平
18. 雷击跳闸率
19. 正、逆变换过电压
20. 截流

二、填空题

1. 由左至右为X轴的__________方向，__________方向行进的波为__________行波，同时又规定X轴以上的行波为__________极性；X轴以下的行波为__________极性。

2. 正极性的前行电压同时伴随着__________极性的__________行电流；负极性的反行电压同时伴随着__________极性的__________行电流。

3. 当行波传播到开路的长线末端时，会发生波的__________现象，此时全部的__________能量转变为__________能量，从而使长线末端电压__________，电流__________。

4. 当行波延长线传播到接地（短路）末端时，会发生波的__________现象，此时全部的能量转变为__________能量，从而使长线末端电压__________，电流__________。

5. 彼得逊规则的意义为：把长线__________参数的波阻抗__________成__________参数的阻抗，单位为__________电源电压取__________的__________电压，画出计算用__________电路图，然后再计算。

6. 当行波通过有串联__________线圈或有并联__________的线路时，由于__________线圈中的__________不能突变和并联__________两端的__________不能突变，从而使得侵入波的波头被________，其陡度________。

7. 在三相星形连接中性点不接地变压器中，当幅值为U_0的侵入波沿两相绕组传播到中性点时，此时中性点上的稳态电压为________，振荡电压幅值为________。

8. 侵入波陡度对旋转电机中性点的过电压影响很大，实验表明，当波头长度$T_1 \geqslant$________时，中性点过电压就________超过________幅值。

9. 对于电压等级较高的变压器，仅靠变压器外部的________来保护是不够的，还必须在变压器内部采取防雷措施，主要措施有________和________两种，其中前者又分为________与________两种方式。

10. 雷云对地放电可分为________、________和________三个阶段，雷电流是指________阶段的电流。

11. 避雷针的保护半径（范围）是指被保护设备高度为________的________面上的保护半径。

12. 普通阀型避雷器主要由________、________、________和________等元件所构成。

13. 对避雷器的工频放电电压规定了________值，它的放电电压不能超过________值，因避雷器的冲击系数β值一定，若超过________值时，意味着它的________放电电压也要增高，使得避雷器的________性能变坏；同时也不能低于________值，若低于________值时，意味着它的________电压要降低，有可能引起在________过电压下动作，造成避雷器________。

14. 普通阀型避雷器的火花间隙上并联________，它是用来提高________放电电压的，而不能提高________放电电压，为提高________放电电压，在避雷器顶端加装________。

15. 衡量输电线路防雷性能的优劣有两个________：一是线路的________；二是________。

16. 输电线路上的感应过电压U_g，其极性与雷电流极性相________，U_g的大小与雷电流幅值I_L成________、与导线对地平均高度h_d成________而与雷击点距导线间水平距离S成________。

17. 对架有避雷线的线路，发生雷击线路时，由于避雷线的________作用，穿过导线的将减少，此时导线上的感应过电压U'_g要降低。它分为两部分：一部分是导线的________过电压________；另一部分由避雷线对导线间的耦合作用，耦合系数为________。耦合到导线上的这部分过电压与雷电流极性相________，其值为________，导线上总的过电压为________，比无避雷线时降低了________倍。

18. 雷击地面时，由于雷击点的自然接地电阻值较________，雷电流幅值I_L一般不超过________kA。实测证明，感应过电压一般不超过________kV，对35 kV及以下的水泥杆线路可能会引起________；但对于________kV及以上的线路，由于线路________较高，所以一般不会引起________。

19. 为防护直击雷过电压，发电厂、变电站都装设了避雷针进行保护，在考虑避雷针的________和________及________时，当避雷针落雷后，都不应该发生________现象。

20. 为保证设备安全运行以及工作人员的人身安全，按规定必须对 SF_6 气体的_________以及设备的_________情况作相应的_________，通常进行_________和_________检测。

21. 常用的现场 SF_6 气体微水量测试方法，依据所使用的_________不同，主要有_________、_________和_________三种。

22. 当绝缘子串或支柱绝缘子中有一个或数个绝缘子_________后，绝缘子串中各元件上的_________将与_________情况不同，_________会发生_________。

23. 电气设备的故障可分为两大类：_________和_________的。它们各自会产生某些_________，大体上说，_________故障产生大的_________、_________类气体；_________性故障将使_________和_________的含量增加；而_________性故障的特征则是_________和_________的含量大增；当故障涉及周围固体绝缘时，则会引起_________和_________的含量明显增加。

24. 为防护变电站的侵入波损坏母线上电气设备，我国_________ kV 及以上线路都装设了进线保护，它有两个作用：一是利用进线段的限制通过母线避雷器的雷电流不超过_________ kA；二是利用进线段的_________限制侵入波的电压_________不超过允许值。

25. 当行波投射到变压器高压绕组时，开路的低压绕组对地有一定的_________，称为波的_________，它有两个分量：由绕组间_________耦合到低压绕组的电压称为_________分量，它对低压绕组_________危险_________保护；而由绕组间_________感应所产生的电压称为_________分量，它对低压绕组_________危险就_________保护。

26. 发电厂、变电站在考虑避雷针的安装方式时，由于 35 kV 及以下配电装置的_________水平低于感应过电压，必须装设_________避雷针；而对于 110 kV 及以上配电装置，由于它的_________水平较高，雷击避雷针时在配电装置_________上出现的高电位不会造成_________事故，可以将避雷针装设在_________上，构成_________避雷针。

27. 旋转电机由于绝缘结构、制造工艺以及运行条件等因素决定了它的绝缘水平_________。运行中的电机试验电压值虽高于相应磁吹避雷器的残压值，所以单靠母线上的磁吹避雷器来保护是不够的，还需与_________、_________、_________等元件相配合才会可靠。

28. 我国 35～220kV 电网中，虽然绝缘水平选得较高，但因切断空载线路时的过电压，而引起多次绝缘_________或_________事故。根据运行经验证明，当断路器的_________能力愈差时，断路器_________重燃的可能性愈大，过电压可能_________。断路器_________重燃次数愈多时，过电压就愈_________，所以_________是产生这种过电压的根本原因。

29. 电力系统中的许多电气设备可以看作电感、电容元件，这些元件可以储存_________或能量，可以形成各种不同的振荡回路，当满足一定条件时，会产生不同类型的谐振现象，引起谐振_________，按其性质可分为_________谐振、_________谐振和_________谐振三种类型。

三、分析题

1. 纠结式绕组的变压器与普通连续式绕组有何区别？它是如何起到防雷保护作用的？

2. 新型 GMOA 避雷器与普通 MOA 避雷器相比区别在什么地方？有哪些优点？

3. 试述避雷线的线路受雷击时，在什么情况下才会引起相间闪络事故？

4. 发电厂、变电站母线上装设避雷器来保护变压器（以变压器为例）时，为何会出现变压器上电压幅值高于避雷器上的电压？实际中采取哪些措施来降低变压器上电压幅值？

5. 在分析与计算大气过电压一系列问题时，为何引入彼得逊规则？如何正确地使用这一规则？使用条件又是什么？

6. 雷电波在变压器绕组中传播时，绕组上的最大电位包络线是如何确定的？试分析变压器中性点接地与不接地时，它们的最大电位包络线有何特征？

7. 雷电波在变压器绕组中传播时，绕组首端的起始电压分布最为不均匀，这种不均匀分布有何危害？工程上采取哪些措施来改善其分布？采取何种措施加以防护？

8. 电压等级较高的变压器，内部都采取了防雷保护措施，其中电容环和屏蔽线匝两种方法应用的最多，试述这两种方法是如何起到保护作用的。

9. 试述阀型避雷器的工作原理，并分析为什么阀型避雷器的火花间隙采用多个小间隙串联。

10. 在高压特别是超高压装置中广泛采用均压环，如避雷器顶端、支柱绝缘子顶端、悬式绝缘子串靠母线第一片绝缘子端部都装设了均压环，试述上述三种情况均压环的作用是什么。

11. 35kV GIS变电站防雷保护有何特点？它是如何进行防雷的？

12. 什么是电力系统的绝缘配合？工程中有哪些重要意义？

13. 变电站内绝缘配合分哪几项？绝缘配合方法有什么要求？

14. 输电线路绝缘配合包括哪几项？是如何进行配合的？

15. 换流站避雷器的配置和普通变电站避雷器的配置有什么不同？

16. 换流站中的换流区域和直流开关区域是如何进行绝缘配合的？

17. 换流站最小空气间隙距离是如何选择的？

四、应用与计算题

1. 发电厂、变电站中，除在母线上装设避雷器外，在很多情况下还在靠主变压器出线端再装设一组避雷器，这是为何？这组避雷器是按什么条件装设的？

2. 某厂有一高100m、上端口直径为5m的烟囱，上端口外侧装有一根高出烟囱3m的避雷针，烟囱曾被雷击坏过。试校验原有防雷保护的有效性，并提出新的保护方案。

（注：在原有防雷措施上提出新的保护方案；按比例作出保护范围图。）

3. 某长线波阻抗 $Z=400\Omega$，若有幅值为 U_q 的前行波和幅值为 U_t 的反行波同时延长线行进，如题图2-1所示。

当两行波相会后，试求题图2-1所示四种情况下长线上总电压和总电流各为多少？并说明其物理意义。

4. 某变电站母线上有三条线路，如题图2-2所示，已知所有线路波阻抗都为 Z，$Z=400\Omega$。设 $U_0'=600$kV 与 $U_0''=-300$kV 的矩形波分别沿线路 x—1 与 x—2 同时侵入到变电站母线上。试求：

(1) 画出等值电路图，求母线上过电压数值；

(2) 求各条线路上电压和电流数值。

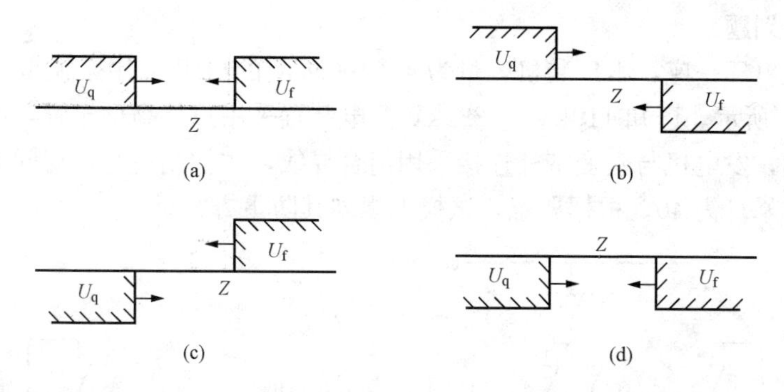

题图 2-1

（a）$U_q=400\text{kV}$、$U_f=400\text{kV}$；（b）$U_q=400\text{kV}$、$U_f=-400\text{kV}$；

（c）$U_q=400\text{kV}$、$U_f=-400\text{kV}$；（d）$U_q=-400\text{kV}$、$U_f=-400\text{kV}$

5. 有一雷电波，若波头电压陡度 $\alpha=450\text{kV}/\mu\text{s}$，$t=0$ 瞬间侵入到变电站母线上，如题图 2-3所示。已知波速度 $v=300\text{m}/\mu\text{s}$，母线上避雷器 FB 的残压值 $U_{c5}=332\text{kV}$，变压器截波试验电压 $U_{Tj}=550\text{kV}$，避雷器与变压器间电气距离为 $l=90\text{m}$，变电站母线上有两条线路。试求：

（1）变压器上过电压为多高？

（2）FB 的最大保护范围是多少？

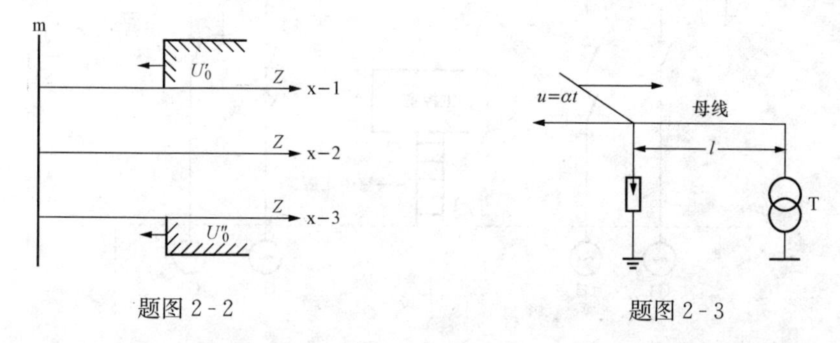

题图 2-2　　题图 2-3

6. 有一幅值 $U_0=1800\text{kV}$ 的雷电波直击在离变电站 2km 外线路 x—1 上，如题图 2-4 所示。已知两条线路波阻抗为 Z，$Z=400\Omega$，线路的冲击闪络电压 $U_{50\%}=700\text{kV}$，母线上避雷器 FZ-110J，它的 5kA 的残压 $U_{c5}=330\text{kV}$，冲击放电电压 $U_{ch}=310\text{kV}$。试计算：

（1）先不计母线 FZ 的作用，画出计算等值电路图，求母线过电压数值。

（2）当计及母线 FZ 的作用时，FZ 是否动作？若 FZ 动作，画出等值图，求通经避雷器的雷电流数值。

（3）根据上面的计算结果，说明其实际意义。

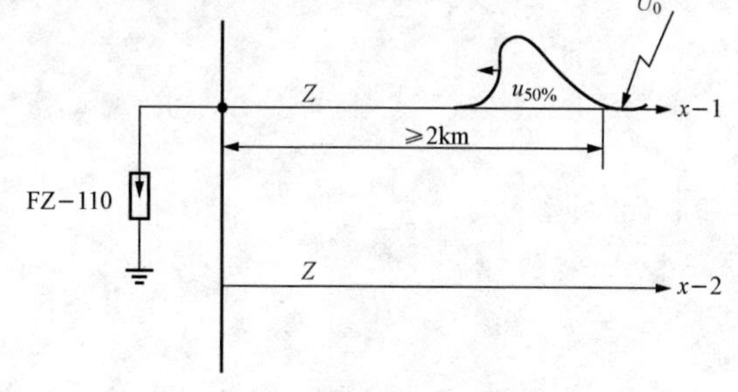

题图 2-4

7. 使用断路器切断 110kV 空载线路，设切断瞬间（$t=0$）电源电压达到正的幅值电压 U_m，此后断路器发生多次电弧重燃。求 $t=0.2\text{s}$ 时，空载线路上的最高振荡电压幅值及过电压倍数。

五、防雷规划题

新建火力发电厂一座，本厂装机容量为4×100MW的机组，用来模拟防雷规划的电气接线如题图2-5所示。已知110kV与220kV配电装置采用户外高型布置，主变压器距厂房与主母线间较远，发电机与主变室外连接采用组合导线，主控制室与厂房间为空中走廊，本厂所在地区的雷暴日为40，根据题意，试模拟规划其防雷方案。

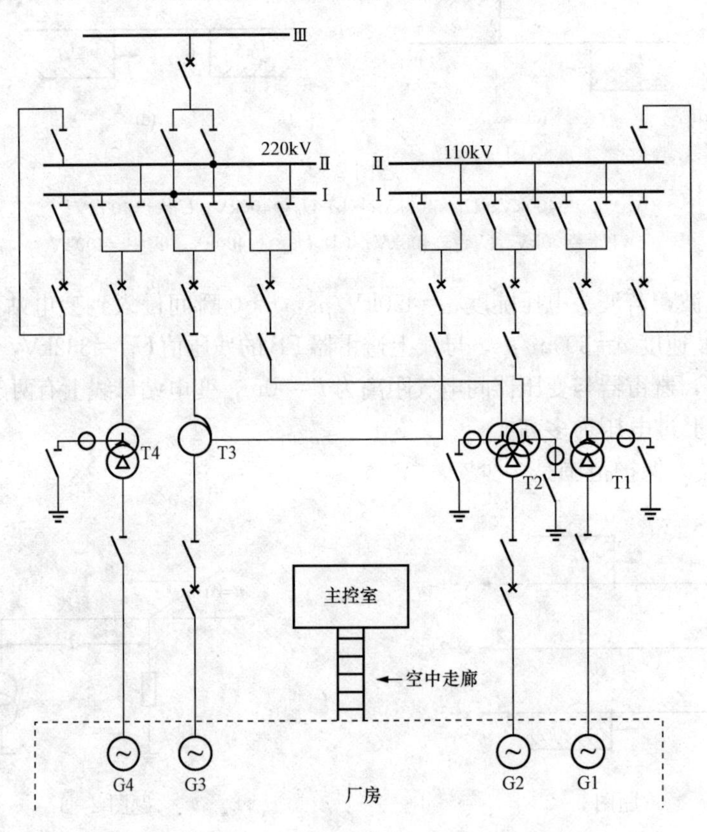

题图2-5

附 录

附录1 标准球隙放电电压

附表1-1、附表1-2均满足：

（1）一球接地。

（2）标准大气条件（101.3kPa，293K）。

（3）电压均指峰值，kV。

（4）括号内的数字为球隙距离大于0.5D时的数据，其准确度较低。

附表1-1 **球隙放电电压表**

球隙距离/cm	球直径/cm											
	2	5	6.25	10	12.5	15	25	50	75	100	150	200
0.05												
0.10												
0.15												
0.20	2.8	8.0										
0.25	4.7	9.6										
0.30	6.4	11.2										
0.40	8.0	14.3	14.2									
0.50	9.6	17.4	17.2	16.8	16.8	16.8						
0.60	11.2	20.4	20.2	19.9	19.9	19.9						
0.70	14.4	23.4	23.2	23.0	23.0	23.0						
0.80	17.4	26.3	26.2	26.0	26.0	26.0						
0.90	20.4	29.2	29.1	28.9	28.9	28.9						
1.0	23.2	32.0	31.9	31.7	31.7	31.7	31.7					
1.2	25.8	37.6	37.5	37.4	37.4	37.4	37.4					
1.4	28.3	42.9	42.9	42.9	42.9	42.9	42.9					
1.5	30.7	45.5	45.5	45.5	45.5	45.5	45.5					
1.6	(35.1)	48.1	48.1	48.1	48.1	48.1	48.1					
1.8	(38.5)	53.0	53.5	53.5	53.5	53.5	53.5					
2.0	(40.0)	57.5	58.5	59.0	59.0	59.0	59.0	59.0	59.0			
2.2		61.5	63.0	64.5	64.5	64.5	64.5	64.5	64.5			
2.4		65.5	67.5	70.0	70.0	70.0	70.0	70.0	70.0			
2.6		(69.0)	72.0	74.5	75.0	75.5	75.5	75.5	75.5			
2.8		(72.5)	76.0	79.5	80.0	80.5	81.0	81.0	81.0			
3.0		(75.5)	79.5	84.0	85.0	85.5	86.0	86.0	86.0	86.0		

续表

球隙距离/cm	球直径/cm											
	2	5	6.25	10	12.5	15	25	50	75	100	150	200
3.5		(82.5)	(87.5)	95.5	97.0	98.0	99.0	99.0	99.0	99.0		
4.0		(88.5)	(95.0)	105	108	110	112	112	112	112		
4.5			(101)	115	119	122	125	125	125	125		
5.0			(107)	123	129	133	137	138	138	138	138	
5.5				(131)	138	143	149	151	151	151	151	
6.0				(138)	146	152	161	164	164	164	164	
6.5				(144)	(154)	161	173	177	177	177	177	
7.0				(150)	(161)	169	184	189	190	190	190	
7.5				(155)	(168)	177	195	202	203	203	203	
8.0					(174)	(185)	206	214	215	215	215	
9.0					(185)	(198)	226	239	240	241	241	
10					(195)	(209)	244	263	265	266	266	266
11						(219)	261	286	290	292	292	292
12							275	309	315	318	318	318
13							(289)	331	339	342	342	342
14							(302)	353	363	366	366	366
15							(314)	373	387	390	390	390
16							(326)	392	410	414	414	414
17							(337)	411	432	438	438	438
18							(347)	429	453	462	462	462
19							(357)	445	473	486	486	486
20							(366)	460	492	510	510	510
22								489	530	555	560	560
24								515	565	595	610	610
26								(540)	600	635	655	660
28								(565)	635	675	700	705
30								(585)	665	710	745	750
32								(605)	695	745	790	795
34								(625)	725	780	835	840
36								(640)	750	815	875	885
38								(655)	(775)	845	915	930
40								(670)	(800)	875	955	975
45									(850)	945	1050	1080
50									(895)	(1010)	1130	1180
55									(935)	(1060)	1210	1260

续表

球隙距离/cm	球直径/cm											
	2	5	6.25	10	12.5	15	25	50	75	100	150	200
60									(970)	(1110)	1280	1340
65										(1160)	1340	1410
70										(1200)	1390	1480
75										(1230)	1440	1540
80											(1490)	1600
85											(1540)	1660
90											(1580)	1720
100											(1660)	1840
110											(1730)	(1940)
120											(1800)	(2020)
130												(2100)
140												(2180)
150												(2250)

注　本表不适用于10kV以下的冲击电压，适用于：①工频交流电压；②负极性冲击电压；③正、负极性直流电压。

附表1-2　球隙放电电压表（适用于正极性冲击电压）

球隙距离/cm	球直径/cm											
	2	5	6.25	10	12.5	15	25	50	75	100	150	200
0.05												
0.10												
0.15												
0.20												
0.25												
0.30												
0.40		11.2										
0.50		14.3	14.2	16.8	16.8	16.8						
0.60		17.4	17.2	19.9	19.9	19.9						
0.70	11.2	20.4	20.2	23.0	23.0	23.0						
0.80	14.4	23.4	23.2	26.0	26.0	26.0						
0.90	17.4	26.3	26.2	28.9	28.9	28.9						
1.0	20.4	29.2	29.1	31.7	31.7	31.7	31.7					
1.2	23.2	32.0	31.9	37.4	37.4	37.4	37.4					
1.4	25.8	37.8	37.6	42.9	42.9	42.9	42.9					
1.5	28.3	43.3	43.2	45.5	45.5	45.5	45.5					
1.6	30.7	46.2	45.9	48.1	48.1	48.1	48.1					
1.8	(35.1)	49.0	48.6	53.5	53.5	53.5	53.5					

续表

球隙距离/cm	球直径/cm											
	2	5	6.25	10	12.5	15	25	50	75	100	150	200
2.0	(38.5)	54.5	54.0	59.0	59.0	59.0	59.0	59.0	59.0			
2.2	(40.0)	59.5	59.0	64.5	64.5	64.5	64.5	64.5	64.5			
2.4		64.5	64.0	70.0	70.0	70.0	70.0	70.0	70.0			
2.6		69.0	69.0	75.5	75.5	75.5	75.5	75.3	75.5			
2.8		(73.0)	73.5	80.5	80.5	80.5	81.0	81.0	81.0			
3.0		(77.0)	78.0	85.5	85.5	85.5	86.0	86.0	86.0	86.0		
3.5		(81.0)	82.5	97.5	98.0	98.5	99.0	99.0	99.0	99.0		
4.0		(90.0)	(91.5)	109	110	111	112	112	112	112		
4.5		(97.5)	(101)	120	122	124	125	125	125	125		
5.0			(108)	130	134	136	138	138	138	138	138	
5.5			(115)	(139)	145	147	151	151	151	151	151	
6.0				(148)	155	158	163	164	164	164	164	
6.5				(156)	(164)	168	175	177	177	177	177	
7.0				(163)	(173)	178	187	189	190	190	190	
7.5				(170)	(181)	187	199	202	203	203	203	
8.0					(189)	(196)	211	214	215	215	215	
9.0					(203)	(212)	233	239	240	241	241	
10					(215)	(226)	254	263	265	266	266	266
11						(238)	273	287	290	292	292	292
12						(249)	291	311	315	318	318	318
13							(308)	334	339	342	342	342
14							(323)	357	363	366	366	366
15							(337)	380	387	390	390	390
16							(350)	402	411	414	414	414
17							(362)	422	435	438	438	438
18							(374)	442	458	462	462	462
19							(385)	461	482	486	486	486
20							(395)	480	505	510	510	510
22								510	545	555	560	560
24								540	585	600	610	610
26								570	620	645	655	660
28								(595)	660	685	700	705
30								(620)	695	725	745	750
32								(640)	725	760	790	795
34								(660)	755	795	835	840

续表

球隙距离/cm	球直径/cm											
	2	5	6.25	10	12.5	15	25	50	75	100	150	200
36								(680)	785	830	880	885
38								(700)	(810)	865	925	935
40								(715)	(835)	900	965	980
45									(890)	980	1060	1090
50									(940)	1040	1150	1190
55									(985)	(1100)	1240	1290
60									(1020)	(1150)	1310	1380
65										(1200)	1380	1470
70										(1240)	1430	1550
75										(1280)	1480	1620
80											(1530)	1690
85											(1580)	1760
90											(1630)	1820
100											(1720)	1930
110											(1790)	(2030)
120											(1860)	(2120)
130												(2200)
140												(2280)
150												(2350)

附录2　实　　验

实验1　绝缘电阻和吸收比测量

一、实验目的

（1）掌握用兆欧表测量绝缘电阻和吸收比的方法。

（2）进一步认识不均匀介质在直流电压下的吸收现象。

（3）熟悉利用绝缘电阻和吸收比判断电气设备绝缘状态的方法。

（4）了解兆欧表的结构及使用方法。

二、实验内容

用兆欧表测量被试品（三芯电缆）的绝缘电阻和吸收比。

三、实验设备和接线

1. 实验设备

兆欧表（2500V）一只，三芯电缆（被试品）一段，单极开关和秒表各一，软裸导线与连接导线若干。

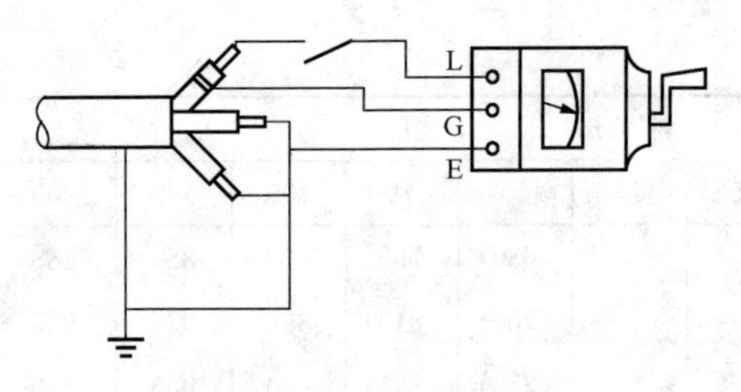

附图 2-1 用兆欧表测量电缆绝缘电阻接线图

2. 实验接线

实验接线如附图 2-1 所示。

四、实验步骤

(1) 用清洁柔软的布巾擦去电缆头表面的污垢，使电缆头保持清洁、干燥。

(2) 检查兆欧表是否正常：将兆欧表水平放置，开路时，以额定转速（120r/min）摇动手柄，指针应指“∞”位；将 L 和 E 端用导线短接，轻轻摇动手柄，此时指针应指零。

(3) 按附图 2-1 接线，摇动兆欧表达额定转速，合上开关并开始计时。保持额定转速，分别读取 15s 和 60s 时的绝缘电阻值。

(4) 读数完毕后应继续摇动兆欧表，拉开开关后方可停止摇动，以防损坏兆欧表。

(5) 试验完毕，应将被试品充分放电，确认被试品放电完毕后，方可拆除连接线。

(6) 记录被试品名称、型号、安装地点、试验结果、气候情况及温、湿度等数据，以便校正。

五、实验时注意事项

(1) 现场试验时，应先将被试品的电源及对外连线拆除，并充分放电后才能进行。

(2) 整个试验过程应维持兆欧表匀速，摇动转速最低不得低于额定转速的 80%。

(3) 拉、合开关应使用绝缘工具。

(4) L 端引线不能与地接触，也不能与 E 端引线缠绕。屏蔽环的位置应靠近 L 端，但不得相碰触。

(5) 三芯电缆应分别测量三芯对地绝缘电阻，以便比较。

六、整理实验结果

(1) 写明实验名称、实验目的、实验设备及接线。

(2) 将实验结果与有关数据记录于附表 2-1 中。

附表 2-1 **实验数据**

	U 相对地	V 相对地	W 相对地	备注
R_{15s}（MΩ）				
R_{60s}（MΩ）				
R_{60s}/R_{15s}				
气候情况：$t=$ ℃				

(3) 将在试验条件下所测得数值换算至 20℃时每千米长的数值，以便比较。换算公式为

$$R_{i20}=R_{it}KL$$

式中 R_{i20}——20℃时电缆每公里长绝缘电阻值，MΩ；

R_{it}——t℃时电缆长度为 L 的绝缘电阻值，MΩ；

L——电缆段实际长度，km；

K——换算系数，如附表 2-2 所示。

附表 2-2　**K 换算系数**

温度/℃	0	5	10	15	20	25	30	35	40
K	0.48	0.57	0.70	0.85	1.0	1.13	1.41	1.66	1.92

(4) 结果判断。新装油浸纸绝缘电缆，换算为20℃时每千米的单一芯线对外皮的绝缘电阻应达下列数值：

1) 额定电压为6kV及以上各种截面电缆不小于100MΩ；

2) 额定电压为1～3kV的电缆不小于50MΩ。

除此以外，还要比较各相之间的绝缘电阻值。

根据吸收比K值进行判断：K值≥1.3属正常；K值<1.3为受潮。

(5) 分析实验中观察到的异常现象。

实验2　泄漏电流及直流耐压试验

一、实验目的

测量被试品的泄漏电流与试验电压的关系曲线，学习直流耐压试验方法，根据试验结果分析、判断被试品绝缘状况。

二、实验内容

(1) 测量被试品的泄漏电流。

(2) 进行直流耐压试验。

三、实验设备及接线

1. 实验设备

调压器1台、试验变压器1台，高压硅堆、水电阻、微安表、滤波电容（0.1μF)、开关各一，6kV纸绝缘电缆一段（被试品)、连接导线若干。

2. 实验接线

实验接线如附图2-2所示。

四、实验步骤

(1) 按附图2-2接线，电缆接法可参考附图2-1。检查接线是否正确牢固，接地和屏蔽是否可靠。

(2) 检查安全措施是否完善、可靠。

(3) 检查调压器和表计是否在零位。

(4) 合上电源开关，调压器从零开始升压，升压速度应均匀缓慢，每$\frac{1}{2}U_N$为一试验级。在升压过程中分别在$0.25U_t$、$0.5U_t$、$0.75U_t$、$1.0U_t$（U_t为试验电压）时各停留1min，读取泄漏电流值。保护微安表的开关，只有在读取泄漏电流值时才可打开，其他试验过程中应在闭合位置。

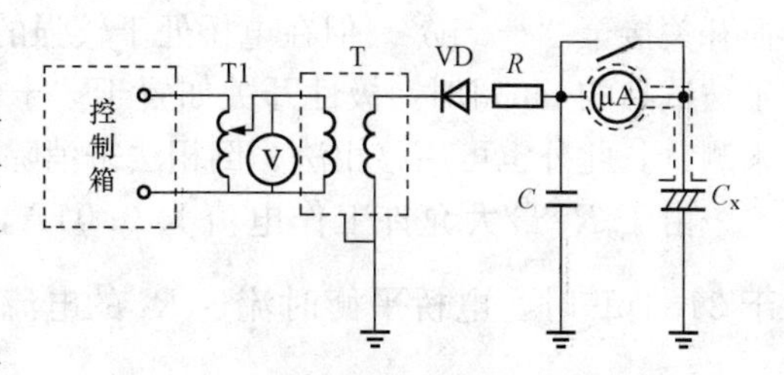

附图2-2　直流泄漏和耐压试验接线图

(5) 升到规定试验电压U_t后，立刻计时进入直流耐压过程，耐压时间为5min，并读取

5min 时的泄漏电流。

（6）试验完毕，将调压器调至零，断开电源，用放电棒对被试品充分放电。记录温度、湿度等数据。

五、试验时注意事项

（1）被试品 6kV 纸绝缘电力电缆直流耐压值不得超过 30kV。

（2）试验电源合闸时，应有示警装置（如警铃等）。

（3）在升压和耐压过程中，应注意高压侧电压和被试品泄漏电流的情况，发现异常，应立刻降低电压，停止试验，待查明原因后才可恢复试验。

（4）用以保护微安表的开关，只有在读取泄漏电流值时，才可打开，读毕应立即合上，防止微安表在升压过程中被损坏。

（5）直流试验施加的电压应为负极性。

六、整理试验结果

（1）将测得的实验数据记录在附表 2-3 中。

附表 2-3　　实验数据

	$0.25U_t$	$0.5U_t$	$0.75U_t$	$1.0U_t$
试验电压/kV				
泄漏电流/μA				

（2）绘制泄漏电流与试验电压关系曲线。

（3）分析实验结果，判断被试品绝缘状况。

实验 3　介质损耗角正切值的测量

一、实验目的

了解 QS1 型西林电桥的基本结构，掌握用 QS1 型西林电桥测介质 $\tan\delta$ 的方法及测量时的注意事项。

二、实验内容

用 QS1 型西林电桥测量被试品（35kV 充胶式套管）的介质损失角正切值（$\tan\delta$）。

三、电桥使用说明

QS1 型电桥有 4 个桥臂：第一桥臂为被试品 C_x，第二桥臂为标准电容 C_N，这两个桥臂均为外接设备；第三桥臂为可调电阻箱 R_3，第四桥臂由固定电阻 R_4（阻值为 $10000/\pi=3184\Omega$）和可调电容 C_4 并联组成。在电桥箱盘面上，调节 R_3 和 C_4，使电桥达到平衡。

电桥箱盘面上的极性转换开关标有"$+\tan\delta$"，和"$-\tan\delta$"。正常情况下，应把极性转换开关接至"$+\tan\delta$"。但在电桥处于较强的电场干扰下或标准电容 C_N 的介质损耗 $\tan\delta_N$ 大于被试品的 $\tan\delta_x$ 时，极性开关如置于"$+\tan\delta$"，不能使电桥平衡，应将它转到"$-\tan\delta$"来测量。此外也可用移相法、倒相法来消除外界强电磁场的干扰。

由于 R_3 最大允许工作电流为 0.01A，故在 10kV 试验电压下，当被试品电容量大于 3184pF 时，电桥平衡时流过 R_3 的电流将超过 0.01A$\left[\text{可以近似地 } I_3=U/\left(\frac{1}{\omega C_x}+R_3\right)\approx U\omega C_x=10\times10^3\times2\times\pi\times50\times3184\times10^{-12}\approx0.01\text{A 计算}\right]$。所以，当被试品电容的估算值

超过 3184pF 时，需接入分流电阻。表盘上的分流电阻转换开关位置标有 0.01、0.025、0.06、0.15、1.25 等五档，表示允许测量最大电流，这时接入的分流电阻值如附表 2-4 所示。

附表 2-4　　转换开关各档对应的分流电阻值

最大允许电流/A	0.01	0.025	0.06	0.15	1.25
分流器电阻/Ω	$100+R_3$	60	25	10	4

分流器转换开关各档位置与被试品最大电容的关系如附表 2-5 所示。

附表 2-5　　转换开关各档与被试品最大电容的关系

最大允许电流/A	0.01	0.025	0.06	0.15	1.25
10kV 试验电压下被试品最大电容/Ω	3000	8000	19400	48000	400000

四、实验接线

用西林电桥测量介质的 $\tan\delta$ 时，其接线方法有正接法和反接法两种，本实验采用正接法来测量套管的 $\tan\delta$。接线方法如附图 2-3 所示。套管的两极分别为导杆和法兰。

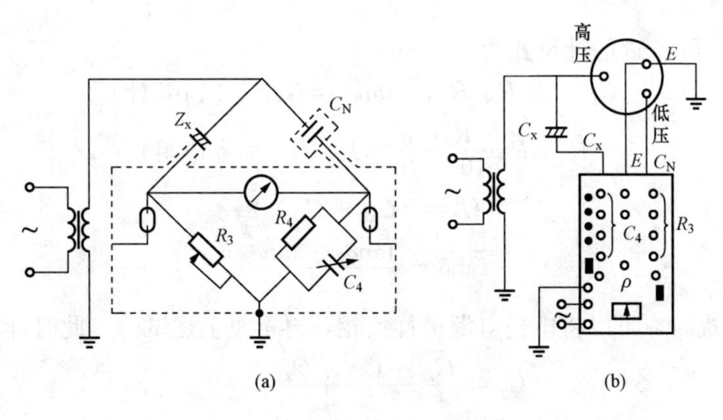

附图 2-3　用西林电桥测套管的 $\tan\delta$

(a) 原理接线图；(b) 实际接线图

五、实验步骤

(1) 按附图 2-3 (b) 接线，仔细检查并确认接线正确无误，安全措施完好。

(2) 升压至规定的试验电压。

(3) 根据被试品 C_x 的电容量，正确选择 R_3 的分流器位置。

(4) 把极性开关切至“$+\tan\delta$”的“接通 1”位置（或“接通 2”位置）。

(5) 顺时针逐步调节“灵敏度调节”旋钮，使检流计指示为 1/3～1/2 量程，同时反复调节 R_3 和 C_4，使仪表指示最小，直至“灵敏度调节”旋钮至最大值。

(6) 记录 R_3 及滑线电阻 ρ 的阻值、C_4 电容器位置及极性转换开关位置。

(7) 将极性转换开关由 $+\tan\delta$ 转换至 $-\tan\delta$，重复上述步骤，并记录结果。

(8) 实验完毕后，将“灵敏度调节”旋钮转至零，极性转换开关转至“断”的位置，降低试验电压至零，切断电源。

六、实验时注意事项

（1）表面泄漏电流对测量结果影响很大，必须清除绝缘表面的污垢和潮气，最好采用屏蔽。

（2）在不影响测量的情况下，应尽可能减小 C_x 和 C_N 的引线长度。

（3）在调节电桥平衡过程中，应先调节 R_3，再调 C_4，并且从高位到低位调节，使检流计指示有明显变化，以利电桥尽快平衡。

（4）不允许大电容电流通过电桥。在试验过程中若出现异常情况，应立刻停止试验，待查明原因，消除缺陷后再恢复试验。

（5）试验结束应对被试品放电。

七、实验数据记录

将数据记录于附表 2-6 中。

附表 2-6　　实验数据

试验电压/kV	接通 1					接通 2					平均值	
	R_3/Ω	ρ/Ω	$C_4/\mu F$	$\tan\delta_1/\%$	$C_{x1}/\mu F$	R_3/Ω	ρ/Ω	$C_4/\mu F$	$\tan\delta_2/\%$	$C_{x2}/\mu F$	$\tan\delta/\%$	$C_x/\mu F$

所测得的 C_4 和 $\tan\delta$ 的计算式为

$$C_x = R_4 R_N / R'_3,\quad \tan\delta = C_4 (C_4 \text{ 以 } \mu F \text{ 计})$$

其中

$$R'_3 = R_N \frac{R_3+\rho}{100+R_3} \quad (R_N \text{ 为分流器电阻})$$

平均值

$$C_x = (C_{x1} + C_{x2})/2$$

$$\tan\delta = \frac{\tan\delta_1 + \tan\delta_2}{2}$$

当电桥受干扰时，可以将电桥电源极性反相，再重复上述试验，此时计算结果为

$$C_x = \frac{C_{x1} + C_{x2} + C_{x3} + C_{x4}}{4}$$

$$\tan\delta = \frac{\tan\delta_1 + \tan\delta_2 + \tan\delta_3 + \tan\delta_4}{4}$$

其中，C_{x3}、C_{x4} 和 $\tan\delta_3$、$\tan\delta_4$ 为电源极性反相后的测量结果。

八、整理实验结果

（1）实验名称、实验目的、实验内容和实验接线。

（2）计算 $\tan\delta$ 和 C_x，根据试验结果，分析被试品的绝缘状态。

（3）根据分析情况，结合历史记录和规程有关规定，作出实验结论。

（4）填写各项试验记录表。

实验 4　工频交流耐压试验

一、实验目的

（1）了解工频试验变压器。

（2）掌握工频耐压试验的原理接线、试验方法。

二、实验内容

用工频试验变压器进行支持绝缘子和互感器的耐压试验。

三、实验设备及接线

1. 实验设备

工频试验变压器	YDJ-25/150	1套
户外支持绝缘子	ZPC2-35	1只
电压互感器	JDJ-35	1只

2. 试验接线

工频耐压试验原理接线图如附图 2-4 所示。互感器只做一次绕组对地试验，二次绕组与外壳需接地。试验设备的选择参考§3.5。

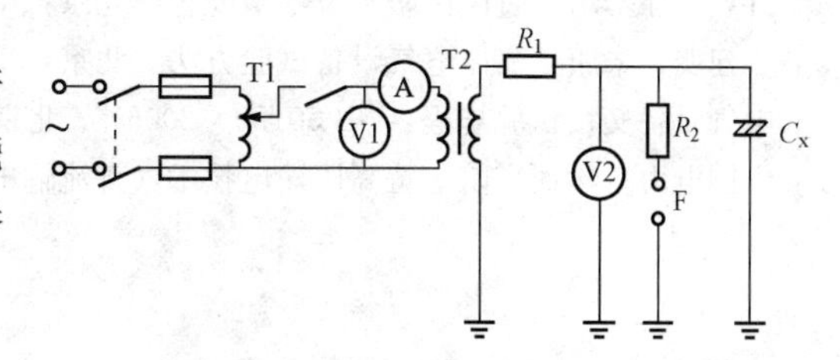

附图 2-4　工频耐压试验原理接线图

T1—调压器；T2—试验变压器；F—保护球隙

四、实验步骤

(1) 根据被试品的额定电压，按试验规程选取合适的试验电压。

(2) 合理布置试验设备、接线，高压各部分对地安全距离，非被试部分一律可靠接地。

(3) 试验前先用 2500V 兆欧表测量被试品的绝缘电阻。

(4) 布置完毕后，先空载试验一下试验设备，同时将保护球隙 F 的放电电压调整到试验电压的 115%～120%，球隙放电时过流保护应可靠动作。

(5) 接上被试品，合上电源，开始升压。前半程可以快速升压，后半程以每秒3%～5%试验电压的速度升压。待升至试验电压时，立即开始计时，耐压 1min，耐压结束后匀速降压至零，断开电源，挂上接地线。

(6) 再用兆欧表测量被试品绝缘电阻，其值不应低于试验前的结果。

五、试验时注意事项

(1) 试验时，调压器应从零开始按一定速度升压，禁止调压器不在零位合闸。

(2) 试验时的安全措施一定要落实，并要有专人负责。非试验部分必须可靠接地。

(3) 试验过程中若发现表计指针摆动或被试品、试验设备发出异响、电晕放电加剧、冒烟等异常情况时，应立即降低电压，切断电源，在高压侧挂接地线，待查明原因后再恢复试验。

(4) 试验过程中，因空气湿度或表面污秽引起的被试品表面闪络，不应认为被试品不合格，在经过清洁、干燥处理后再进行试验。

(5) 试验结束时，应该将电压降到零后再切断电源。

(6) 耐压试验前后应摇测绝缘电阻，以便比较。

六、整理实验结果

(1) 实验名称、实验目的、实验内容、实验设备及接线。

(2) 查阅试验规程，判断被试品的绝缘状况。

(3) 分析实验中出现的异常情况。

(4) 分析高、低压侧测量试验电压的结果。

参 考 文 献

[1] 张力．高电压技术．北京：中国电力出版社，2008.
[2] 赵智大．高电压技术．3版．北京：中国电力出版社，2013.
[3] 沈其工，方瑜，周泽存，等．高电压技术．4版．北京：中国电力出版社，2012.
[4] 许颖，徐士珩．过电压防护及绝缘配合．北京：中国电力出版社，2006.
[5] 李建明，朱康．高压电气设备试验方法．北京：中国电力出版社，2001.
[6] 电气设备交接试验规程（GB 50150—2006）．北京：中国电力出版社，2006.
[7] 中国电力科学研究院．特高压输电技术（直流输电分册）．北京：中国电力出版社，2012.